KB052209

독일 국유지의
가치평가

국토연구원
『세계 국·공유지를 보다』 시리즈 05

독일 국유지의 가치평가

군사시설 반환부지를 중심으로

초판 1쇄 펴낸날 2023년 5월 31일
지은이 펠릭스 놀테
옮긴이 안영진
기획 국토연구원 국·공유지연구센터
펴낸이 박명권
펴낸곳 도서출판 한숲 | 신고일 2013년 11월 5일 | 신고번호 제2014-000232호
주소 서울특별시 서초구 방배로 143, 2층
전화 02-521-4626 | 팩스 02-521-4627 | 전자우편 klam@chol.com
편집 남기준, 김민주 | 디자인 조진숙
출력·인쇄 한결그래픽스

ISBN 979-11-87511-37-3 93530

＊파본은 교환하여 드립니다.

값 22,000원

독일 국유지의 가치평가

군사시설 반환부지를 중심으로

펠릭스 놀테 지음
안영진 옮김
국토연구원 국·공유지연구센터 기획

Was kostet die Konversion von Militärflächen?

도서출판
한숲

일러두기

군 반환공여지: 군 반환공여지는 군사용으로 사용이 해제된 군사용지

군 전환용지: 군사시설로 이용된 토지를 민간 혹은 지방자치단체가 활용하도록

용도를 변환한 용지로 자세한 내용은 3장을 참조할 것

「세계 국·공유지를 보다」 시리즈를 펴내며

국토연구원 국·공유지연구센터는 우리나라 국·공유지 정책을 체계적, 지속적으로 연구하기 위해 2019년 설립되었습니다.

우리나라 국·공유지 정책은 국·공유지를 처분 위주에서 유지·보전 중심으로, 최근에는 국가 정책을 뒷받침하는 국유재산 활용 정책으로 변화해 가고 있습니다. 정부 입장에서는 경제 선순환 및 활력 제고, 국유재산 민간 참여 개발, 공공주택 공급 등 공익을 위해 국·공유지를 활용하는 것이 중요하다고 여기고 있습니다. 또한 미래세대를 위해 국·공유지의 가치를 높이고, 보다 효율적으로 관리하려는 노력도 하고 있습니다. 국토연구원 국·공유지연구센터도 정부와 발맞추어 성공적인 국·공유지 정책을 만들기 위한 노력을 수행할 것입니다.

정부는 국·공유지의 적극적 개발과 활용을 통해 국가 경제 활력을 제고시키고 있으며, 미래세대를 위해 국·공유지의 재산 가치를 증대하고 국·공유지의 효율적 관리·운용 기반을 마련하려고 노력하고 있습니다. 국토연구원 국·공유지연구센터는 도시 내 미·저활용되고 있는 국·공유지의 최유효 이용 방안을 마련하는 등 체계적이고 전문적인 국·공유지 연구와 정책 지원을 위해 출범하였습니다.

국토연구원 국·공유지연구센터에서 이번에 기획한 「세계 국·공유지를 보다」 시리즈는 유휴 국·공유지에 주목하는 세계 각국의 이야기가 담겨져 있습니다. 이 시리즈 발간물이 그 중요성에도 불구하고 그간 부족했던 국·공유지 연구의 시작점이 되어 활력 있는 국토를 만들어 가는 데 많은 도움이 되기를 기대합니다. 이 시리즈물이 발간되는 과정에서 함께 애써주신 국토연구원 국·공유지연구센터 관계자분들에게 감사드립니다.

국토연구원 원장 강현수

「세계 국·공유지를 보다」 시리즈를 기획하며

「세계 국·공유지를 보다」 시리즈의 다섯 번째 책인 『독일 국유지의 가치평가 - 군사시설 반환부지를 중심으로』는 수백 건에 달하는 대규모 군사시설 이전부지의 매각 사례를 바탕으로, 국유지의 적절한 가치평가 방식을 모색하는 책입니다.

「세계 국·공유지를 보다」 시리즈의 첫 번째 책인 『미지의 땅』에서 우리는 미국 주요 도시에서 점차 증가하는 유휴지 문제에 대해 공감할 수 있었습니다. 이후 두 번째 책인 『공터에 활기를』에서는 현재 주목받는 정책 중 하나인 그린 뉴딜 관점에서 어떻게 유휴지 문제를 해결할 수 있는가에 대해 생각해볼 수 있었습니다. 세 번째 책인 『뉴 인클로저』는 국유지의 처분으로 인한 사회적 변화에 대한 고민을 영국의 사례를 통해 전망하고자 했습니다. 네 번째 책인 『일본 국·공유지 활용과 PPP』는 우리의 관심을 바로 옆 나라인 일본으로 돌려 일본의 국·공유지 활용 정책과 그 사례에 대해 소개했습니다.

금번 발간하는 다섯 번째 책인 『독일 국유지의 가치평가』로 유휴 군용지의 민간 용도로의 전환 과정과 그 과정에서의 토지에 대한 가치평가 방식을 소개하고자 합니다. 국·공유지연구센터의 번역 시리즈 중 다섯 번째 책으로 이 책을 선택하게 된 것은 독일 유휴 군용지의 민간 용도로의 전환 과정과 가치평가 방식이 우리에게 시사하는 바가 크기 때문입니다. 독일은 과거 동·서 분단과 냉전으로 인해 100만 명 이상의 병력이 국토 전역에 주둔했고, 독일 국토 면적의 5%에 달하는 면적에 약 2,000개소의 군사기지가 설치되었습니다. 그러나 통일 및 냉전 종식으로 병력 수는 1/4 수준으로 감소했고, 군축에 따라 발생한 대규모 유휴 군용지의 민간 용도 전환과 체계적인 활용 문제가 대두되었습니다. 독일 정부는 통일 이후 유휴 군 부지에 대한 용도 변경 가이드라인을 구축해 체계적인 개발을 유도하고, 도시 인프라 설치 및 노후 구시가지 재개발 등에 유휴 군용지를 적극 활용함으로써 도시 (재)활성화를 추진하고 있습니다. 우리나라도 국군 병력이 2005년 68.2만 명에서 2022년 현재 50만 명까지 감소했고, 저출산의 여파로 인해 2040년대에는 30만 명대로 줄어들 것으로 예측되고 있습니다. 군 규모 축소에 따른 대규모 유휴 군용지 발생이 예측되는 상황에서, 독일의 사례는 국토의 효율적 이용 측면에서 우리에게 큰 시사점이 될 수 있습니다.

앞서 말했듯이, 이 책은 「세계 국·공유지를 보다」 시리즈의 다섯 번째 책입니다. 국토연구원 국·공유지연구센터는 앞으로도 미국, 프랑스 등 세계 각국의 국·공유지 관련 전략을 다룬 책들을 순서대로 발간할 예정입니다. 작은 관심 부탁드립니다.

국·공유지연구센터 센터장 이승욱

감사의 말

이 연구는 지난 3년 이상의 시간 동안 직장과 가정, 때로는 열차 안에서 주로 저녁 시간과 휴가 동안 이루어졌다. 여러 사람이 많은 도움을 주었기 때문에 이 연구가 가능할 수 있었다.

이 박사학위 논문을 검토하고 평가해 준 자비네 바움가르트Sabine Baumgart 교수와 토마스 크뤼거Thomas Krüger 교수 그리고 논문심사위원회의 위원장을 맡아 준 슈테판 지덴토프Stefan Siedentop 교수에게 감사드린다.

연구를 위해 토지매각과 관련된 데이터를 제공해 준 연방부동산업무공사 Bundesanstalt für die Immobilienaufgaben: BImA에 특별히 감사를 드린다. 특히, 외르크 무지알Jörg Musial, 악셀 콜펜바흐Axel Kolfenbach 그리고 프리데리케 올레프스Friederike Ollefs의 지원과 전문적인 조언에 감사를 드린다. 또한 직장 업무를 병행하며 박사학위를 취득하는 것에 동의해 준 리타 드루데Rita Drude, 게랄트 브룸문트Gerald Brummund 그리고 페터 반더스Peter Waanders에게 감사를 드리는 바이다.

가족의 지원이 없었더라면, 이처럼 짧은 시간 안에 박사학위를 취득할 수 없었을 것이다. 무엇보다도 굳건한 후원을 아끼지 않은 아내에게 고마움을 전한다. 항상 지원을 아끼지 않으신 부모님께 이 논문을 바친다.

펠릭스 놀테

차례

약어

Abs.: Absatz - (법률의) 항(項)

abzgl.: abzüglich - 제외하고

BauO: Bauordnung - 건축법

BBL: Bruttobauland - 총 건축부지

BGF: Bruttogrundfläche - 연면적

BHO: Bundeshaushaltsordnung - 연방예산법

BImA: Bundesanstalt für Immobilienaufgaben - 연방부동산업무공사

BImAG: BImA Gesetz - 연방부동산업무공사법

BMUB: Bundesministerium für Umwelt, Naturschutz, Bau und Reaktorsicherheit - 독일 연방환경·자연보호·건설·원자력안전부

BMVBS: Bundesministerium für Verkehr, Bau und Stadtentwicklung - 독일 연방교통·건설·도시개발부

BMVg: Bundesministerium der Verteidigung - 독일 연방국방부

BoRiW: Bodenrichtwert - 기준지가

BRW-RL: Bodenrichtwert Richtlinie 2011 - 2011년 기준지가평가지침

BVerwG: Bundesverwaltungsgericht - 연방행정법원

DCF-Verfahren: Discounted-Cash-Flow-Verfahren - 현금흐름할인평가방식

DenkSchG: Denkmalschutzgesetz - 기념물보호법

ebf: erschließungsbeitragsfrei - 기반시설 설치 부담금이 없는

ebpfl: erschließungsbeitragspflichtig - 기반시설 설치 부담금의 의무가 있는

EFH: Einfamilienhäuser - 단독주택

EuGH: Europäischer Gerichtshof - 유럽사법재판소

f bzw. (f): Flächenabgabe: kostenlose Übertragung zukünftiger öffentlicher Flächen an die Kommune - 토지 양도: 미래의 공공용지를 자치단체로 무상으로 양도하는 것

GFZ: Geschossflächenzahl - 건폐율

Grdstk: Grundstück - 토지(부지, 부동산)

GRZ: Grundflächenzahl - 용적률

i.V.m.: in Verbindung mit - …과 함께

ImmowertV: Immobilienwert Verordnung - 부동산가치평가령

KAG: Kommunalabgabengesetz - 자치단체공과금법

KP: Kaufpreis - 매매 가격

MRA: Marktorientierter Risikoabschlag (für ehemalige Altlasten) - (이전 토양 오염 구역에 대한) 시장 지향적 위험 할인

NBL: Nettobauland - 순 건축부지

NHK: Normalherstellungskosten - 표준제조비

NNE: Nationales Naturerbe - 국가자연유산

NRW / NW: Nordrhein-Westfalen - 노르트라인-베스트팔렌주

oF: ohne Flächenabgabe (Entwicklungskosten oF) - 토지 양도가 없는 (토지 양도 가 없는 개발비)

OLGR: OLG-Report, Zeitschrift, getrennt für Gruppen von Oberlandes-gerichten - 주고등법원의 그룹별로 구분된 보고서, 잡지

ÖPNV: Öffentlicher Personennahverkehr - 공공 근린교통

OVG: Oberverwaltungsgericht - 고등행정법원

Rn.: Randnummer - 난외번호

SEM: Städtebauliche Entwicklungsmaßnahme (§ 165ff BauGB) - 도시계획적 개발조치(연방건설법전 제165조 이하)

VerbR: Verbilligungsrichtlinie - 할인 지침

VG: Verwaltungsgericht - 행정법원

WGT: Westgruppe der Truppen, Bezeichnung zwischen 1988 und 1994 für die ehemaligen sowjetischen Streitkräfte in Ostdeutschland - 서부집단군으로, 1988년에서 1994년 사이 동독에 주둔한 구소련 군대를 지칭함

zzgl.: zuzüglich - …을 포함해서

제1부
서론

제1장 도입

군 전환용지[1]의 개발은 다른 개발 사업보다 난이도가 높다는 점에서 자치단체, 개발자 그리고 매입자에게 특별한 도전이 되고 있다. 이 군 전환용지의 개발은 군 전환용지 자체, 개발 계획의 실행 그리고 가치평가의 세 부분으로 나누어 볼 수 있다. 앞의 두 부분에 관해서는 기존 연구가 있다. 이전에 군사용지로 사용했던 부지의 건설적 그리고 계획적 변환에 관한 연구는 존재하지만, 가치평가 또는 개발비에 관한 연구는 전혀 없다. 여기서 가치평가는 개발비와 연관되고 있는데, 특히 군 전환용지의 경우 연역적 가치평가 방식은 개발 계획과 토지의 현재 상태와 밀접히 관련되어 있다. 필자는 개발에 대한 구체적인 비용 산출 방법과 그 대상 물건物件 그리고 개발 계획에 따른 원인 간의 연계성에 관한 연구가 결여되어 있다고 생각한다. 이러한 비용 산출 방법을 통해 자치단체와 개발자는 개발의 수익성 평가를 통한 계획의 실행 가능성을 판단하기 전에 개발에 따른 소요 비용뿐만 아니라 대략적인 매매 가격도 산출할 수 있다.

개발비는 여러 가지 요인에 달려 있으므로, 서너 가지의 사례만으로 평균 비용이나 평균 매매 가격에 관한 신뢰할 만한 수치를 파악할 수 없다. 따라서 많은 군 전환용지의 사례를 대상으로 포트폴리오Portfolio 분석이 필요하다. 대규모 부동산 개발자는 경험을 바탕으로 개발비를 잘 알고 있지만, 이를 기밀로 다루고 있다. 이 연구의 목적은 특정 유형의 군 전환용지에 대한 개발비를 파악하는 것이다.

군 전환용지의 계획적 그리고 건설적 개발은 그 자체로 이미 복잡한 주제이며, 이에 관해 몇 가지 연구들도 나와 있다. 그러나 보다 새롭고 더 중요한 부분이 기존 문헌에서 여전히 빠져 있다. 2005년 이후 독일 군 전환용지의 소유자인 연방부동산업무공사Bundesanstalt für die Immobillienaufgaben: BImA[2]는 경제적 기준에 따라 민간 토지 소유자처럼 행동한다. 예를 들어, 반환된 군 병영과 같이 비영리 부동산은 연방부동산업무공사의 유동자산에 귀속되고, 경제적 원칙에 따라 거래 가격(시장 가격)으로 매각된다. 여기서 매입자는 민간이나 자치단체이다. 언론 보도에 따르면, 매매 가격과 관련하여 연방부동산업무공사와 자치단체 간에 항상 반복되는 논란이 발생하고 있다. 언뜻 보기에 이는 놀라운 일인데, 왜냐하면 군 전환용지에 대한 자치단체의 매입, 곧 자치단체가 이른바 선취(Erstzugriff)를 하는 경우 양측이 모두 공공부문이기 때문이다. 이와 관련하여 제기되는 문제는 무엇보다도 자치단체의 개발 계획에 따라 군사시설 반환부지를 개발하는 데 비용이 얼마나 필요한가에 대한 것이다. 오랜 협의는 개발 계획의 실현을 지연시킨다. 그러나 성공적인 군사시설 반환부지의 전환은 토지 소유자의 상황에 따른 개발 계획의 경제성에 있다. 이 연구에서 말하는 경제성이란 민간 개발의 경우 비용에 상응하는 이윤을 창출하는 것을 그리고 자치단체가 개발하는 경우 규정된 손실을 초과하지 않는 것을 의미한다. 이 연구는 후속 이용 계획을 고려한 개발비의 산출과 군사시설 반환부지의 전환 과정에 관해 서술할 것이다.

독일 연방부동산업무공사는 이 연구에 필요한 데이터 자료를 지원해 주었다. 필자는 2010년 이후 연방 군사시설 반환부지의 매각 데이터베이스를 모든 관련 지표를 포함하여 학술적으로 평가하고 그 결과를 발표한 첫 번째 사람이라고 할 수 있다. 군사시설 반환부지의 전환 분야에서 독일 연방 전역에 걸쳐 있는 매각에 대한 학술적 평가 외에도, 부동산 개발에 대한 추가적인 결론을 도출할 수 있도록 여타 정보에 관한 데이터 자료(기초지가, 위치 그리고 건축부지)를 보완하였다. 연방부동산업무공사의 매각에 대한 행정적 표준화 작업으로 인해, 이 연구에서 언급된 군사시설 반환부지의 매각 사례들은 다양한 매각자들의 사례보다 비교하기가 훨씬 용이하다. 비교의 가능성은 무엇보다도 가격과 연관된 용지의 상태, 가치평가, 각종 위험을 비교하고 판단하여 결정하는 형량 그리고 매매 계약 조건 등과 관련이 있다.[3]

이 연구의 특별한 점은 부동산 경제적 실무와 2010년 이래 수백 건에 달하는 대규모 군사시설 반환부지의 전환 사례를 평가했다는 점과 관련이 있다. 실무와의 연관성은 이미 매각된 군 전환 부동산에 대한 분석과 군 전환용지의 개발 프로젝트와 연관된 모든 주제, 특히 예를 들어 토양 오염 구역, 건축권 그리고 생물종의 보호 등과 같은 거래를 방해하는 요소들에 관한 기술을 통해 증명된다. 이 연구는 부동산의 유형, 위치 그리고 후속 이용과 같은 다양한 요인에 근거하여 매매 가격을 분석하고, 이에 따라 프로젝트 개발에 소요되는 개발비를 제시할 것이다. 이로써 향후 모든 군 전환용지에 대한 비용을 사전에 산정할 수 있다. 재고 조사, 전환 과정 그리고 계획적 실행에 관한 필자의 포괄적인 지적과 함께 개발 프로젝트의 실행을 가속하는 군 전환용지에 대한 실무 지향적 기초 작업이 밝혀진다. 독일에서 군사시설 반환부지의 전환 분야에 관해 이러한 깊이(연구 주제와 관련하여) 또는 이러한 폭으로(군사시설 반환부지의 전용 사례의 수와 관련하여) 수행된 연구가 이제까지는 없었다고 생각한다.

1.1 연구의 배경과 목적

위에서 언급한 바와 같이, 군 전환용지의 개발은 모든 참여자에게 도전이 되고 있다. 이 연구는 군 전환용지의 개발과 관련된 일반적인 법적, 기술적 그리고 과정적 제반 문제점을 제시하고, 개별 개발 계획에 대해 매매 가격 비용과 개발 비용의 차액을 산출해야 한다. 아래에 이 연구의 목적이 설명되어 있다. 이와 관련하여 연구 목적이 설정되고, 이로부터 다음 절에서 서술할 연구 문제가 도출된다.

필자의 경험에 따르면, 규모가 큰 자치단체에서는 수요 부족, 건물 철거 비용 그리고 기반시설 설치 등과 같은 토지 개발의 일반적인 장애물이 알려져 있다. 그러나 이보다 작은 자치단체에서는 자체 매입의 경우 인적 그리고 기술적으로뿐만 아니라 경제적으로도 그 한계에 빠르게 직면한다. 개발용 토지의 자체 매입에 대한 자치단체의 원칙적 의사결정은 비용 요인과 매매 가격이 조기에 알려진 경우에만 내려질 수 있다. 자치단체는 매입자의 역할에서 다른 사례들과 마찬가지로 계획법적으로뿐만 아니라 경제적으로도 개발 프로젝트에 대처하고, 따라서 경제적 해결책과 공익 사이에서 저울질해야만 한다. 군 전환용지의 토지 규모로 인해 개발은 자치단체 선거의 회기보다 오래 걸릴 수도 있으며, 따라서 언제나 정치적 차원을 지니고 있다. 정치는 군 전환용지의 개발에 있어 하나의 결정적 요인인데, 왜냐하면 다른 유휴지와 달리 군 전환용지의 매각자도 행정 관청이기 때문이다. 이는 물론 연방정부 수준에서 말하는 것이다. 그러므로 자치단체의 계획 당국뿐만 아니라 2018년 신임 연방재무부 장관인 사회민주당SPD 소속 올라프 숄츠Olaf Scholz가 예고한 정책 방향의 전환이 보여주듯이(BMF.de, 2018), 연방부동산업무공사도 정치적으로 영향을 받는다.

먼저, 이 연구는 군 전환용지의 개발을 위한 전문 서적으로 활용되어야 할 것이다. 또한 군 전환용지의 경우에는 그 개발 계획이 특별히 가치 결정에 영향을 미치기 때문에, 이 연구도 이와 관련하여 개발이 임박한 군 전환용지의 연역적 가치 표시를 규명하고, 가까운 장래에 발생할 비용에 대한 개관을 제시하는 데 도움을 주어야 할 것이다. 이 가치 표시는 당연히 거래 가격에 대한 감정평가를 대체하지 않지만, 자치단체 수준에서 정치적 개발 목적의 배경으로 비용을 활용할 수 있다. 특정 자치단체에서는 군 전환용지의 자치단체 개발을 통해 민간 개발자가 행하는 경우보다 공익에 한층 큰 도움을 줄 수 있다. 다음에서는 먼저 이 연구 목적을 서술한 후, 이로부터 연구 문제를 도출하고자 한다.

연구 목적 1(학술적으로): 군사시설 반환부지의 변환에 관한 서술
이 연구의 출발점에서 독일의 군사시설 반환부지의 전환에 관한 간략한 역사를 서술하고자 한다. 실태가 중요하기 때문에, 재고조사에 특별히 주의를 기울이고 프로젝트 개발에서의 군 전환용지의 특수성을 제시하고자 한다. 이를 위해 소유자와 대상 물건 그리고 과정에 따른 세부 사항을 설명해야 할 것이다. 더군다나 다른 유휴지 개발의 형태와 구별이 이루어져야 할 것이다. 군사시설 반환부지의 전환에서 도시계획과 부동산 경제가 마주치지만, 일반적이지 않은 역할을 한다. 이처럼 연방정부나 자치단체가 개발자로서 역할을 할 수 있다. 그러므로 자치단체와 연방부동산업무공사 그리고 개발자에게 가장 유리한 접근 방법에 관한 권고 사항이 주어진다. 이 밖에도 의사결정의 배경을 설명하로써 상호 이해가 증진될 수 있을 것이다.

연구 목적 2(실행과 관련하여): 도시계획적 수단의 서술
군 전환 물건의 복잡성으로 인해 도시계획적인 모범 방식을 확정하는 것은 불가능하다. 그 대신에 개별 개발 수단의 작용에 관한 평가가 세 행위자(자치단체, 연방부동산업무공사, 개발자)에 대한 영향에 관한 서술과 함께 행해진다.

연구 목적 3(학술적으로): 군 전환용지의 가치평가에 대한 설명
군 전환용지는 건축이용령Baunutzungsverordnung: BauNVO[4]의 그 어떤 건축지구 유형으로도 분류될 수 없다. 군 전환용지는 제한적인 존속 보호Bestandsschutz[5]를 받을 뿐이며, 유사한 대상 물건에 대한 그 어떤 지역적인 비교 가격도 존재하지 않는다. 또한, 이제까지의 이용을 포기하게 되며, 후속 이용에 관해서는 대부분 여전히 계획권이 존재하지 않는다. 이에 따라 일반적인 비교 가치평가 방식, 원가 평가 방식 또는 수익 가치평가 방식은 군 전환용지의 거래 가격 평가에서 배제된다. 그러므로 거래 가격을 산출하는 또 다른 방법이 제시된다. 이러한 거래 가격은 대상 물건이 부분적으로 공개 시장과 수정이 이루어지는 시장에서 공급되지 않기 때문에 현실(시장 가격)에 근접해야 한다. 그러므로 거래 가격은 곧 매매 가격이 된다.

새로운 군 전환용지의 근사적 가격을 기준지가를 기반으로 하여 이미 비용 견적과 토지감정평가서가 나와 있지 않은 상황에서 산출하기 위해서는 (예를 들어, 군 병영이나 비행장에 대한) 평균 개발비를 알고 있어야만 한다. 이제까지의 연구에서는 다양한 개발자들이 개별 프로젝트를 수행하였으며, 이들 개발자가 또한 개별 프로젝트에 대한 각각의 매매 가격 또는 건설비를 공개하지 않고 있으므로, 군 전환용지의 개발에 대한 제곱미터당 유로(€/㎡) 단위의 그 어떤 비용 산출 방법도 제시할 수 없었다. 이에 따라 이 연구의 목적은 과거 프로젝트의 개발비를 산출하는 것이다.

연구 목적 4(학술적으로): 군 전환용지의 매매 가격과 개발비에 관한 서술

이제까지의 군 전환용지의 매각에 관한 분석은 첫 번째 연구 결과와 연결되어야 한다. 매매 가격, 토지의 규모(크기), 입지(위치) 그리고 추가적인 검색 데이터 자료에 근거하여 독일 전역을 개관할 수 있어야만 한다. 매매 가격의 관계를 설정하기 위해 군사시설 반환부지의 매각 사례마다 총 건축부지Bruttobauland: BBL, 주거지역과의 관련성, 후속 이용 그리고 비교 기준지가 등을 조사해야 한다. 이 연구에서는 이로부터 특정 군 전환 부동산 유형에 대한 평균 개발비(순 건축부지의 제곱미터당 유로)를 평가해야 할 것이다. 매우 많은 수의 사례로 인해 이 개발비를 우선 하향식의 방법(기준지가에서 매매 가격을 빼는 것)을 통해 평가하려고 한다.

매매 가격		순 건축부지 지가
순 건축부지 개발비 (하향식)	개발자 이윤 및 위험	(순 건축부지 × 기준지가)
	대기 기간	
	자치단체로의 토지 양도	
	기반시설 설치 및 공공녹지의 조성	
	철거 및 토공사	

그림 1. 지가와 토지 개발비 간의 관련성

간단히 말해, 이 경우에 개발 후 산출 가격에서 매매 가격을 차감하면, 순 건축부지Nettobauland: NBL의 개발비가 남게 된다. 순 건축부지의 개발비에는 기반시설 설치 부담금이 면제된 기준지가[6]를 달성하는 데 필요한 것과 개발자가 실행해야 할 모든 것이 포함되는데, 즉 철거와 토공사(지반 형성 작업 등), 내부 기반시설 설치(이를 위한 부설이 토지 양도[7]를 포함하여), 대기 기간 할인, 개발자 이윤, 신규 토지 분할, 경우에 따라 계획권의 생성 비용 그리고 또한 경우에 따라 개발 대상지 밖의 인프라(후속 조처) 비용 등이 포함된다. 개발비에는 또한 기준지가의 약 5~10퍼센트에 달하는 위험에 따른 할인을 산입할 수 있다. 목적은 위에서 언급한 개별 비용 항목에 해당하는 경우, 비용의 평균값을 찾는 것이다.

1.2 연구의 문제

위에서 언급한 연구의 목적을 달성하기 위해, 이러한 연구 목적을 아래의 연구 문제로 정리하고, 이 연구 목적을 달성하기 위해 분석 문제를 설정한다. 이에 대한 답변은 각 장에서 이루어지며, 연구의 끝부분(8.1절)에 요약되어 있다.

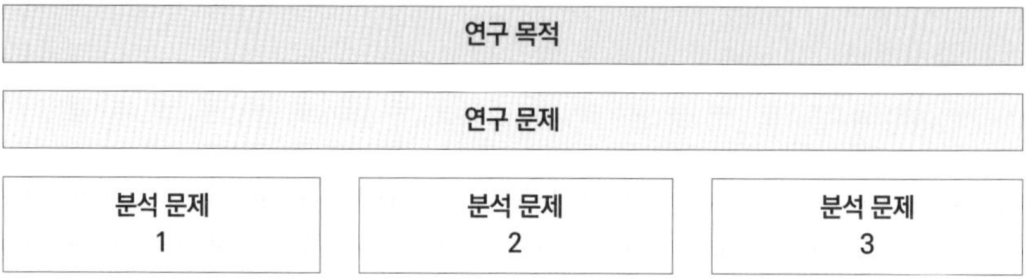

연구 목적		
연구 문제		
분석 문제 1	분석 문제 2	분석 문제 3

앞서 언급한 연구 목적에서 다음과 같은 연구 문제가 도출된다.

	1. 군사시설 반환부지의 변환에 관한 서술	2. 도시계획적 수단에 관한 서술	3.+4. 군 전환용지의 가치평가 및 개발비
목적			
연구 문제	군사시설 반환부지를 변환할 때, 고려할 사항은 무엇인가?	군사시설 반환부지의 변환은 어떻게 조정될 수 있는가?	군 전환용지의 가치는 어떻게 평가되는가?

그림 2. 연구의 목적과 연구 문제

가치평가(3.)와 개발비 및 매매 가격에 관한 서술(4.)의 목적에 관해서는 공통적인 연구 문제가 발생한다. 연구 문제와 연구 목적으로부터 분석 문제가 도출될 수 있다. 다음의 분석 문제 뒤에 각 장과 절은 괄호 안에 표시되어 있다.

1. **연구 문제: 군사시설 반환부지를 변환할 때, 고려할 사항은 무엇인가?**
   연구 목적 1(학술적): 군사시설 반환부지의 변환에 관한 서술
   분석 문제:
   • 연구 상황은 어떠한가?(2.1절)
   • 독일에서의 군사시설 반환부지의 전환 현황은 어떠한가?(3.1.3절)
   • 군 전환 부동산은 비교를 위해 유형화될 수 있는가?(3.1.2절)

- 연방부동산업무공사, 자치단체 그리고 개발자에게 어떤 역할이 부여되는가?(3.2절)
- 군사시설 반환부지의 매각 과정에서 주목할 점은 무엇인가?(3.3절)
- 군사시설 반환부지의 프로젝트 개발에서 어떤 주제와 위험에 주목해야 하는가?(3.5절)
- 토양 오염 구역은 개발과 매매 가격에 어느 정도로 영향을 미치는가?(5.6절)
- 군 전환용지는 다른 유휴지와 비교할 수 있는가? 군 전환용지에 특수성이 존재하는가?(3.1.4절)

2. 연구 문제: 군사시설 반환부지의 변환은 어떻게 조정될 수 있는가?
연구 목적 2(실행과 관련하여): 도시 계획적 수단에 관한 서술
분석 문제:
- 기존 토지의 이용 전환이 계획법적으로 가능한가?(4.1절)
- 자치단체는 군사시설 반환부지의 전환을 자체적으로 조정하는데 어떤 개발 계획적 수단을 활용할 수 있는가? 이와 관련하여 보통의 유휴지와 달리 특수성이 존재하는가?(4.3절)
- 자치단체와 연방부동산업무공사는 각각 최종 개발 계획에 어떤 영향을 미치는가?(7.1절)

3. 연구 문제: 군 전환용지의 가치는 어떻게 평가되는가?
연구 목적 3(학술적): 군 전환용지의 가치평가
분석 문제:
- 연방정부가 군사시설 반환부지를 자치단체에 매각할 때 특별한 가치평가 방식에 주목해야 하는가?(예를 들어, 조달가치 원칙, 공공 공익 목적 등)(5절)
- 매매 가격에 큰 영향을 미치는 요인들은 무엇인가?(5.4.3절)
- 군 전환용지의 매각 가격이 타당하여, 이로부터 도출된 가격이 다른 유휴지에도 적용될 수 있는가?(5.6절)

연구 목적 4(학술적)**: 군 전환용지의 개발비**

　분석 문제:

• 연방부동산업무공사의 모든 매각에 관한 기존 포트폴리오는 얼마나 대표성을 띠는가?(6.3.3절)

• 통계적으로 고찰하여 매매 가격에 영향을 미치는 요인들은 무엇인가?(6.2.4절)

• 기준지가와 군 전환 물건의 종류, 규모 그리고 위치 간에 상관관계가 존재하는가?(6.3절)

• 매각 가격은 실제로 계획된 후속 이용을 지향하고, 예를 들어 도시 내부에 위치한 병영은 도시 외부에 위치한 병영과 동일한 매매 가격 할인으로 매각되는가?

• 독일에서 군사시설 반환부지의 전환은 얼마만한 비용이 드는가?(6.5.2절)

1.3 연구의 설계와 구성

연구의 출발점에는 기존 데이터를 바탕으로 경험에서 도출된 이론이 있다. 필자가 보완한 연방부동산업무공사의 매각 데이터베이스에 따라 군사시설 반환부지의 전환에 관한 논제를 구성하고 검증할 것이다. 이를 통해 얻은 시사점은 경우에 따라 추가적인 논제로 이어지는데, 이 추가적인 논제는 또다시 검증되고, 이때 가능하다면 추가적인 데이터 자료도 수집되어야 할 것이다. 이 연구의 지도교수는 데이터 자료의 상황으로 인해 이 절차 외에 다른 대안이 없다고 지적한 바 있다.

　이 연구는 'I. 도입'과 'II. 기본 사항' 그리고 'III. 분석'의 세 부분으로 나누어진다(아래 그림 4 참조). 제1부(1장과 2장)의 학술적 목적은 논문의 접근 방법을 이해할 수 있도록 제시하는 것이다. 우선 연구 과제를 기술하고, 연구의 필요성을 제시한다. 이는 연구 문제로 수렴된다. 뒤이어 방법론 부분은 문헌조사와 연방부동산업무공사의 데이터베이스를 다루는 방법에 관한 서술 그리고 전문가 인터뷰에 관해 설명한다. 데이터베이스의 분석과 선택에 대한 접근 방법과 이와 관련한 추가적인 데이터 자료의 수집에 대해서는 초반의 방법론 부분이 아닌 후속 분석에 대한 기초로서 연구의 끝에 있는 제3부에서 서술할 것이다.

　연구의 제2부에서는 군사시설 반환부지의 전환과 관련한 부문적 기초와 기본 조건을 제시한다. 이 부분은 시간상으로 순차적으로 이어지는 단계에 따라 세 개의 장으로 나누어져 있다.

- 현재 상태(3장)
- 계획 및 실행(4장)
- 가치평가(5장)

군사시설 반환부지의 현황(3장)과 개발 계획(4장)은 가치(5장)에 영향을 미친다. 제2부의 첫 번째 장(3장)에서는 군사시설 반환부지의 전환에 관한 이론적 기초를 설명하고, 재고조사를 구체적으로 다룬다. 따라서 독자들은 우선 특정 군 부동산이 특정 장소에 왜 자리 잡고 있는지와 이에 대한 개발이 어떻게 진행되고 있는지를 파악할 수 있다. 여기서는 또한 유휴지 개발과 관련한 상위 주제와의 구별과 연구 과제에 따른 특정 군 전환용지에 대한 제한이 이루어진다. 그리고 군사시설 반환부지의 전환 과정에 따라 각각의 이해관계를 가진 참여자들을 소개한다. 부분적으로 상충하는 이해관계에 대한 지식은 전환 개발의 실행과 가치평가에 있어 민간 유휴지 개발의 경우보다 한층 큰 불일치가 왜 나타나는지를 이해하는 데 필수적이다. 이어서 군사시설 반환부지의 재고조사에 대한 포괄적인 기술이 행해진다. 이러한 맥락에서 부동산의 복잡성이 명확해지고, 따라서 후속의 가치평가 요인들도 서술된다.

　제2부의 두 번째 장(4장)에서는 자치단체의 관점에서 개발 계획과 실행의 가능성을 서술한다. 여기에서는 계획권에 대한 문제와 개발 계획 수단이 제시되고, 이에 이것들이 각각 군사시설 반환부지의 전환에 어떻게 작용하는지를 살펴본다. 더군다나 비공식 수단과 기타 실행에 관련된 주제에 관해 서술한다. 이 장은 필자의 권고사항으로 마무리된다.

　제2부의 세 번째 장(5장)에서는 가치평가의 결정적 논점을 설명한다. 우선 가

치평가의 고전적인 방식이 왜 배제되는지를 설명한다. 여기서는 군사시설 반환부지에 결여된 존속 보호와의 연관성이 등장한다. 이를 통해 가치평가의 문제에 관한 첫 번째 지적 사항이 도출된다. 가치평가 방식을 기술하는 데 이 연구는 계획권에 기반을 둔 연역적 가치평가에 중점을 두고 있으므로, 앞의 4장에서 논의한 주제를 다시 거론한다. 이 장에서는 또한 가치평가가 재고조사와 관련된 주제와 금전적으로 어떻게 연관되는지를 보여주기 위해, 재고조사에서 기술한 주제를 다시 다룬다. 더군다나 문헌 연구에 따라 나중에 실증 분석에서 답변해야 할 다양한 문제들이 발생한다.

이 연구의 제3부(6장에서 8장까지)는 연방부동산업무공사의 매각 가격에 대한 평가와 전문가 인터뷰에 전념한다. 연방부동산업무공사의 매각 데이터베이스를 평가하기 위해, 미가공 상태인 데이터 자료를 구조화하고 처리해야 한다. 제3자도 이해할 수 있도록 보장하기 위해, 이 장의 모든 단계를 자세히 설명하고 수치로 백업하고자 한다. 더군다나 예를 들어 군사시설 반환부지의 매각 사례를 요약할 수 있는지를 살펴보고자 한다.

우선, 매각 데이터베이스에 담겨 있는 특성(예를 들어, 군사시설 반환부지의 규모, 매매 가격, 매각 연도)과 개별 검색 방법과 결부된 조사할 특성(예를 들어, 위치, 후속 이용)에 대해 기술할 예정이다. 왜냐하면, 넘겨받은 모든 매각 사례(예를 들어, 개별 주택 또는 산림)가 연구 문제의 해명과 관련이 있는 것은 아니기 때문에, 필자는 다음으로 왜 어떤 사례를 선정했는지에 관해 설명한다. 이와 연계하여 통계적 방법을 사용하여 데이터 자료를 분석할 예정이다. 분석의 구조는 문제 인식의 진행에 따라 구성되어 있다. 초기의 단순한 분석은 개별 요인에 대한 보다 깊이 있는 분석이 필요함을 보여준다. 예를 들어, 개발비를 더욱 세분하기 위해 가정을 설정해야만 한다. 미래 부동산의 매매 가격과 개발비의 산출과 같은 연구 목적에 도달하기 위해서는, 결과에 대한 체계적 서술이 필요하다. 또한 개별 평균 매매 가격을 다른 개발 프로젝트에 얼마나 원용할 수 있는지에 대한 설명도 있어야만 한다.

7장에서는 전문가 인터뷰를 요약해 놓았다. 이러한 결과는 연방부동산업무공사의 매각 데이터베이스와 마찬가지로 영업 기밀에 해당하기 때문에, 개별 논점에 대한 종합적인 평가가 이루어진다.[8] 하나의 목적은 앞 장의 결과들을 검토하고, 이론에서 도출된 답변이 이루어지지 않은 문제에 해답을 제시하는 데 있다.

연구의 끝부분(8장)에서 분석 문제에 답변을 주고, 추가적인 연구의 필요성을 제시하는 연구의 성찰을 하고 결론을 맺는다.

목적	군사시설 반환부지의 변환에 관한 서술	도시계획적 수단에 관한 서술	군 전환용지의 가치평가 및 개발비
연구 문제	군사시설 반환부지를 변환할 때, 고려할 사항은 무엇인가?	군사시설 반환부지의 변환은 어떻게 조정될 수 있는가?	군 전환용지의 가치는 어떻게 평가되는가?
연구의 부	1부와 2부	2부	2부와 3부
연구의 장	1장, 2장, 3장	4장	5장, 6장, 7장

그림 3. 연구의 목적, 연구 문제 그리고 연구 구성의 장

다음은 연구의 종합적인 개요이다. 각 화살표는 개별 주제 간의 직접적인 연결 관계를 설명한다(그림 4).

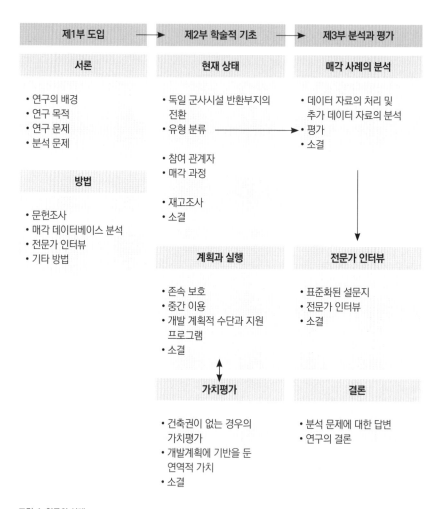

그림 4. 연구의 설계

1.4 연구 결과의 가능한 관련성

유휴지의 개발비, 특히 군사시설 반환부지의 전용에서의 개발비라는 주제에 관해 그다지 많지 않은 문헌을 고려할 때, 이 연구의 결과가 학술적 그리고 또는 실천적 관련성을 가질 수 있는지에 대한 문제가 제기된다. 언뜻 보기에 이와 달리 말할 수 있는 측면이 충분히 존재하기 때문이다.

부동산의 매매 가격은 여러 많은 요인에 달려 있다. 일반적으로 생각하듯이, 모든 부동산은 서로 다르고 각각의 부동산은 유일하다. 위치라는 중요한 요인은 기준지가에 따라 평가할 수 있으며, 따라서 비교할 수 있다. 특히 개발 프로젝트에서는 건축 준비를 마친 다양한 토지도 앞서 살펴본 요인들로 인해 상당한 비용 차이가 발생할 수 있다. 이에 따라 전체 연구 결과, 특히 제곱미터당 유로(€/m²)로 표시되는 비용에 관한 설명은 방향 설정 가격이 된다. 부동산을 세밀하게 평가하면 할수록, 관련 사례의 수는 그만큼 더 줄어든다(예를 들어, 기념물 보호 및 주거용 후속 이용이 있는 시가지 외부 구역에 위치한 비행장). 만약 4건의 관련 부동산의 제곱미터당 유로로 표시한 평균 개발비를 산출하면, 72건의 부동산의 경우(예를 들어, 주거용 후속 이용이 있는 시가지 내부 구역9에 위치한 병영)보다 오차가 발생할 위험이 한층 더 클 것이다.

따라서 비교할 수 없는 부동산을 비교하는 것이 과연 의미가 있는지 하는 문제가 제기된다. 왜냐하면, 궁극적으로 매각 이전의 모든 군 전환 부동산에 대해 각각의 개별적인 거래 가격을 산출해야 하며, 그럼에도 불구하고 거래 가격 평가의 결과가 이 연구에서 참고하는 부동산 유형의 평균 매매 가격과 정확히 일치하지 않을 위험이 존재하기 때문이다.

위에서 언급한 실행 과정에 따라 평균 가격을 기반으로 한 정확한 매매 가격을 산출하는 것은 어려울지라도, 현재의 데이터베이스 평가를 설명하는 많은 요인이 있다. 즉, 다음과 같다.

• 가격의 일반화라는 문제점에도 불구하고, 많은 전문가는 건축이 기대되는 토지의 평균 가격과 포괄 비용을 언급하고 있다(5.2절 참고). 이는 방향 설정 가격

이 전적으로 필요하다는 점을 보여준다.

• 발표된 학술적으로 근거가 있는 가격 또는 비용 산출 방법은 존재하지 않기 때문에, 모든 발표는 더욱 투명한 시장을 향한 중요한 걸음이 된다.

• 각각의 기준지가를 조사하면, 매각 가격을 정확하게 판정할 수 있다. 토지의 차후 개발로 인해, 예를 들어 시설 특성, 현행 임대차계약과 같은 그 밖의 여러 많은 부동산 가격 요인들은 전혀 관련성이 없다. 이에 따라 부동산의 비교는 충분히 가능한 데, 왜냐하면 몇 가지 주요 차등 특성들이 떨어져 나가기 때문이다.

• 유휴지의 매매 가격에 대한 독일 전역에 걸친 실증적 연구가 부족한 이유는 매매 가격이 국지적 그리고 지역적 행위자들에게만 제공되고 있다는 사실[10]과도 연관이 있다. 따라서 이 연구는 필요한 기존 데이터의 구득을 통해 독일 전역에 걸친 유사한 부동산을 최초로 비교할 기회를 제공한다.

• 기존 및 발표된 거래 가격 감정평가서는 개별 사업 계획을 깊이 있게 분석하고 있다. 이들 평가에서는 개별 비용 항목의 변동으로 인해 최종 거래 가격이 양방향으로, 심지어 0으로 향해 100퍼센트의 편차를 보일 수 있음이 분명하다. 예를 들어, 단 5건의 개별 프로젝트에 대한 평가에서 개별 비용 항목의 특수성으로 인해 평균 매매 가격에 대해 얻은 인식이 논란의 여지가 있을 수 있다. 그러나 여기서 분석한 285건의 사례는 일례로 드는 개별 사례를 분석하는 것과 달리 대량이기 때문에, 규칙에서 벗어난 예외를 더 간단하게 식별할 수 있다. 그러므로 개별 사업 계획에 대한 향후 분석 결과도 한층 손쉽게 분류할 수 있다.

이 연구가 많은 수의 사례를 살펴보고 있지만, 특정 사례 군집의 세부 사항을 규명하는 것은 중요하다. 따라서 기준지가 외에도 총 건축부지와 기념물 보호에 대해서도 조사하였다. 이를 통해 부분적으로 경우에 따라 평균과의 편차를 논증할 수 있다. 더군다나 군사시설 반환부지의 입지는 독일 연방건축·도시·공간계획연구원Bundesinstitut für Bau-, Stadt- und Raumforschung: BBSR의 연구(BBSR,

2015b)에 따라 성장하고 축소(쇠퇴)하는 기초자치단체(게마인데)로 분류하였다.

연구의 진행 과정에서 데이터의 후속 처리 작업은 기존 데이터 자체의 평가와 다르지만, 한층 타당한 결과로 이어진다는 사실이 밝혀졌다. 이 점에 관해서는 6장에서 자세하게 살펴볼 것이다. 6.2절에서는 기존 데이터 자료와 그 설명력과 관련하여 추가적인 고찰을 하였다.

---

1. (옮긴이) 여기서 '군 전환용지(Militär-Konversionsflächen)'는 군사시설로 이용되었던 토지를 민간 혹은 자치단체가 활용하도록 용도를 변환한 용지를 말하며, '군사시설 반환부지(Militärflächen)'는 군사용에서 사용이 해제된 군사용지를 말한다.

2. (옮긴이) 독일 연방부동산업무공사의 법적 지위는 독일의 특별법에 따라 설치된 공법상의 '영조물법인(Anstalt des öffentlichen Rechts)'으로, 공단 형태에 가까운 기관이다. 이를 두고 '부동산청' 또는 '재산청'으로 부르는 경우도 있으나, 기본 업무와 법적 지위에 비추어 볼 때 '공사'로 표현하는 것이 적절한 것으로 보인다. 따라서 여기서는 '공사'라는 용어를 사용하기로 한다.

3. '매각 실패의 위험'과 '높은 매매 가격' 그리고 거래의 '신속한 완료' 사이에 형량(Abwägung, 衡量)하는 것은 상당한 매매 가격의 차이를 초래할 수 있다. 예를 들어, 다소 미숙한 민간 매각자는 낮은 매매가격을 달성한다고 하더라도 유지비를 절감하기 위해 신속한 거래 완료를 목표로 삼을 수 있다.

4. (옮긴이) 독일의 '건축용도규제령' 또는 '건설용도령'이라고 할 수 있는데, 동 법규 명령의 정확한 명칭은 '토지의 건축적 이용에 관한 명령(Verordnung über die bauliche Nutzung der Grundstücke)'이다. 우리나라에서는 '토지이용령'으로 번역하여 설명하기도 한다.

5. (옮긴이) 존속 보호(存續保護)는 법률적으로 개별 재산권자의 수중에 놓인 재산적 가치가 있는 권리의 존속을 보호하거나 보장하는 것으로, 여기서는 주로 토지의 소유권이나 이용권 등의 유지나 지속 또는 보존을 보호 보장하는 것을 일컫는다. 이에 관한 자세한 것은 이 책의 4.1절 이하를 참조하라.

6. "기준지가(연방건설법전(BauGB)의 제196조 제1항)는 획정된 구역(기준지가 구역) 내의 대부분 토지에 대한 지면의 평균적 상황가(Lagewert)를 말하는데, 이 토지는 해당 토지의 특성(부동산가치평가령(ImmoWertV) 제4조 제2항), 특히 이용 가능성의 종류와 정도(부동산가치평가령 제6조 제1항)에 따라 거의 일치하며, 본질적으로 동일한 일반적인 가치 관계(부동산가치평가령 제3조 제2항)를 보여준다. 기준지가는 서술한 토지 특성이 있는 토지(기준지가 토지)의 세곱미터당 대지 면적을 바탕으로 한다." 기준지가 평가를 위한 지침, 즉 기준지가 평가지침(Bodenrichtwertrichtlinie: BRW-RL), 2011년 1월 11일.

7. 부동산가치평가령(ImmowertV)에 따르면, 대규모 토지의 경우에는 토지의 75퍼센트가 순 건축부지로 간주된다. 나머지 건축부지에는 기반시설 및 공공녹지가 조성되고, 이후 무상으로 기초자치단체(게마인데)로 양도된다.

8. 어느 전문가도 자신들의 추정치를 발표하는 데 동의하지 않았다. 회사의 기밀 유지 취지가 있는 경우에는 해당 내용을 공개하지 않았다.

9. (옮긴이) 독일에서 모든 개발 및 재개발, 용도 변경, 건축 행위가 허용되는 것은 각 자치단체의 '토지이용계획(Flächennutzungsplan: FNP)'에 따라 '지구상세계획(Bebauungsplan: B-Plan)'이 수립된 지역에 한정된다. 다만, 지구상세계획이 수립되어 있지 않아도 '연담건축지역(기존시가지구역: Im Zusammenhang bebauter Ortsteile)'에서는 이 연담건축지역 구조와의 조화를 조건으로 각종 개발과 건축 그리고 용도 변경 행위가 허용된다. 이처럼 개발 및 건축 행위 등이 허용되는 이 두 지역을 정리하여 '내부 구역(Innenbereich)'이라고 하고, 이에 대해 원칙적으로 이들 행위가 허용되지 않는 지역은 '외부 구역(Außenbereich)'이라고 한다. 물론 외부 구역에서 시행되는 소규모 개발 행위에 대해서는 별도의 개발 통제 수단이 마련되어 있다. 따라서 자치단체 전역이 도시계획법상의 관념에서 내부 구역과 외부 구역의 두 개로 구분된다. 이에 관한 자세한 것은 이 책의 4.1.2.1절 이하를 또한 참조하라.

10. 감정평가위원회, 주(州)개발공사, 대형 프로젝트 개발자 등이다.

제2장 연구 방법

아래에서 이 연구의 방법을 제시하고자 한다. 문헌조사와 연방부동산업무공사 BImA의 매각 데이터베이스에 대한 평가 그리고 전문가 인터뷰에 관해 설명한다. 이어서 예를 들어 연구대상 지역에 대한 개설, 전문 학술회의의 참석 그리고 필자의 군사시설 반환부지 전용 실무 경험과 같은 세부 방법에 관해 간략히 서술한다.

2.1 문헌조사
문헌조사는 전문적인 논의의 기초를 형성한다. 문헌조사는 현재의 연구 상황을 서술하고, 따라서 연구의 공백을 확인할 수 있다. 또한 문헌 평가의 인식은 기존 논제와 연계시킬 수 있다. 이하에서 이 연구에 대한 문헌조사가 어떤 형태로 이루어졌는지를 설명하고자 한다(통상적이고 일반적으로 알려진 방법에 대한 기본적인 서술 자체는 생략한다).

이 연구와 관련이 있는 군사시설 반환부지의 전용, (건축부지 또는 유휴지의) 거래가격 평가, (건설이 이루어진) 건축부지의 개발비, (유휴지에 대한) 프로젝트 개발 그리고 (유휴지 개발에 초점을 맞춘) 도시계획 등의 주제에 대한 문헌조사는 우선 몇몇 독일 대학교의 도서관 도서 목록(예를 들어, 독일 국립도서관의 도서 목록, 대학 도서관센터의 연합 도서 목록[11] 그리고 도르트문트공과대학교의 '도서 목록 플러스')에서 주제어 및 표제어 검색을 통해 수행하였다. 또한 구글Google 검색 엔진(웹 검색, 구글 학술 검색, 구글 뉴스)을 이용하여 문헌조사를 진행하였다.

제3부에서는 별도로 매각 데이터베이스의 개별 부동산에 관한 조사를 하였다. 그렇지만 이와 관련하여 언급해 두어야 할 점은, 이를 위해 주로 자치단체의 언론 기사와 공개 간행물(자치단체 의회 문서 시스템에 대한 검색)을 활용하였다는 것이다. 이 연구의 전체 문헌 출처는 출판물이며, 연방부동산업무공사의 내부 문서는 자료원으로 사용하지 않았다.

개발 계획과 부동산 경제라는 주제에 관한 문헌은 방대하다. 이와 반대로 군사시설 반환부지의 전용에 초점을 맞춘 문헌은 거의 없다. 이와 관련된 연구 문헌은 개발 전략 및 계획에 초점을 맞춘 저술과 기술 및 경제에 초점을 맞춘 저술로 나누어진다. 전자의 문헌에는 유휴지 관리, 전환 과정, 부분적으로 지역 차원에서 다룬 개발 계획 및 관리 등의 주제 영역에 관한 논저들이 해당한다. 기술 및 경제와 관련한 연구들은 건축 기술적 토지 공사와 소유자 또는 매매자의 시각에서 부동산 경제의 세부 사항을 고찰하고 있다. '전환Konversion' 이라는 용어는 비군사적 토지의 변환에도 사용되고 있으므로, 많은 출판물[12]이 더욱더 면밀한 검토에서 관련성이 크게 떨어지는 것으로 밝혀졌다.

아래에서 기존 연구에 대해 개관하고자 한다. 즉, 다음과 같다. 군사시설 반환부지의 전용과 관련한 학술적 연구는 1990년 이후 독일의 첫 번째 군사시설 반환부지의 전환 물결과 더불어 비로소

이루어지고 있다. 당시에 2+4 조약[13]에 따라 서방 동맹국들뿐만 아니라 구 바르샤바조약 국가들도 독일에서 주둔 군대를 철수하기 시작하였다. 1990년대 말 이후 두 번째의 전환 물결은 주로 독일군의 감축에 따른 결과였다. 'REFINA' 연구 프로그램[14]의 일환으로 2004년부터 군사시설 반환부지의 전용을 주제로 한 다양한 연구들이 이루어졌다.

군 부동산의 역사적 배치 및 계획과 이로 인한 결과적인 건설과 관련하여 시대별로 구분된 그리고 독일 연방국방부BMVg가 발간한 메이어-보네Meyer-Bohne의 출판물은 깊은 통찰을 제공하고 있다(BMVg, 2005: 2009). 특히 이 출판물은 군 전환 물건의 현재 상황을 설명한다. 군 전환용지의 운영, 인력, 지역 그리고 입지에 관해서는 그룬트만(Grundmann, 1994: 1995: 1998)과 비숄레크 (Wieschollek, 2006)의 연구가 있다. 뮐러는 두 자치단체를 갖고서 군 주둔지 폐쇄의 영향을 분석하고 있다(Müller, 2014). 독일과 헝가리에 관한 연구는 동유럽, 특히 헝가리에서 구소련 군대의 군사시설에 관해 쉽지 않은 경험적 재고조사를 다루고 있다(Orosz & Pirisi. 2014). 바가인(Bagaeen, 2006)은 독일과 영국 그리고 요르단의 세 가지 사례를 비교한 연구를 제시한다. 포츠담 크람피츠Krampitz

군부대를 사례로 군 전환용지 개발 방식의 선택에 대해서는 'SINBRA' 연구 프로젝트(BBG, 2009)[15]의 출판물에서 찾아볼 수 있다. 프레디거(Prediger, 2014)는 독일 헤센Hessen주 하나우Hanau에 있는 파이오니아Pioneer 군 병영을 그의 석사학위논문에서 다루고 있다. 거의 유일한 최근의 연구로, 하우실트(Hauschild, 2017)는 연방부동산업무공사의 내부 지침과 군사시설 반환부지의 매각 절차를 살펴보고 있다. 연방부동산업무공사에 관한 추가 정보는 독일 연방하원Bundestag의 간행물이 제시하고 있다.

　다음과 같은 문헌은 이 연구에 한층 더 중요하다. 보이텔러 외(Beuteler et al., 2011), 야코비(Jacoby, 2008), 블레저와 야코비(Bläser & Jacoby, 2009) 그리고 또한 테세노(Tessenow, 2006) 등의 연구는 군사시설 반환부지의 전용과 관련하여 자치단체에 도움을 주는 개관을 제시하고 있다. 자치단체에 관해서는 주건설장관협의회Bauministerkonferenz의 도시계획전문위원회Fachkommission Städtebau가 발간한 실무 중심 군사시설 반환부지 전용 지침서(FaKo StB, 2014)가 있다. 또 다른 주요 문서는 "군사시설 반환부지 전용 실무 안내서"(BMVBS, 2013)이다. 헤센주의 업무 대행사도 2015년에 이와 관련한 지침서를 제작하였다(Hessen Agentur, 2015). 그렇지만 이 모든 연구에서는 군사시설 반환부지의 개별 부동산의 전용에 대한 비용 산출 방법은 결여하고 있다.

　이에 따라 필자는 후속 비용이라는 주제를 통해 군사시설 반환부지의 전용에 따른 개발비에 접근했다. 개발비 부문에서는 요약 수준에서 개별 부분 영역(예를 들어, 기반시설 실치)에 대한 비용 산출 방법만이 언급되고 있다. 슈미트-아이히슈테트Schmidt-Eichstaedt와 짐머만Zimmermann은 군 병영의 신규 입지로 인한 자치단체의 재정 증가분을 계산하기 위한 분석 모델을 제시하고 있다(BBG, 2009: 22이하). 여기서는 인프라 비용에 대한 산출 방법이 서술되어 있다. 쾨터는 도시 건축적 비용 산출 방법을 설명하고 있다(Kötter, 2005; DVW, 2012). 이 연구에서는 노르트라인-베스트팔렌Nordrhein-Westfalen주 오이스키르헨Euskirchen의 52건에 달하는 지구상세계획Bebauungsplan; B-Plan을 분석하고, 개발 부지의 규모를 바탕으로 하여 평균적 기반시설 설치 비용을 산출하였다(DVW, 2012). 후속 비용의 주제 영역(Gutsche & Schiller, 2005: Gutsche, 2009)은 이 연구의 비용 산출 방법에 관한 중요한 인식을 제시하였다.

연방부동산업무공사의 매각 가격을 설명하기 위해 가치평가와 부동산 경제에 관한 문헌을 인용하였다(특히, Kleiber et al., 2017). 이 주제에 관해서는 폭넓은 일련의 문헌이 존재한다. 물론 기존 연구는 특수한 가치평가 방식을 활용하고 있으므로, 이 경우에도 특정 문헌만이 군 전환용지를 고찰하고 있다. 드란스펠트(Dransfeld, 2012)와 클라이버(Kleiber, 2017)는 군 전환용지의 가치평가, 특히 연역적 가치평가 모델을 지적하고 있다. 연역적 가치평가에 관한 추가 문헌은 부동산경제연구협회gif e.v.(Gesellschaft für Immobilienwirtschaftliche Forschung e.v., 2008), 독일측량협회Deutscher Verein für Vermessungswesen: DVW, 로이터(Reuter, 2002: 2011) 등의 논저에서 찾아볼 수 있다. 군 전환용지의 계획법적 특수성에 관해서는 코흐(Koch, 2012)의 연구를 들 수 있다. 이와 관련하여 추가로 법원 판결을 참조할 수 있다.

토양 오염 구역과 그에 따른 가치 하락이라는 주제에 대해서는 역시 다양한 연구들이 나와 있다(특히, Bartke et al., 2009). 이들 연구 또한 무엇보다 기술 중심적으로, 따라서 평균 비용 산출방법을 전혀 설명하지 않고 있다. 그렇지만 이 주제에 대한 다양한 설명은 유휴지 개발에 관한 여타 문헌에서 찾아볼 수 있다.

2.2 경험적 지식: 연방부동산업무공사의 매각

연방부동산업무공사는 2006년부터 매각한 군 전환 부동산에 관한 SAP-System[16]에 데이터를 가지고 있다. 필자는 2010년부터 군 전환용지의 모든 매각에 대한 매각 데이터를 안전한 환경 속에서 엑셀 표로 제공받았다.[17] 군 전환용지의 개발비는 매각 가격을 통해 산정되어야 할 것이다.

매각 가격은 개발비를 산출하기 위해 다음과 같이 사용된다. 즉, 개발비는 매매 가격(연방부동산업무공사가 개발자에게 매각함)과 개발 후의 (이론적) 매각 가격(기준지가 × 순 건축부지) 간의 (매매) 차액을 말한다.

기준지가	매매 가격
×	500,000€
순 건축부지 =	순 건축부지 개발비
2,000,000€	1,500,000€

연역적 가치평가의 원리도 이 논제에 바탕을 두고 있다. 매매 가격은 엑셀 표에서 알 수 있지만, 매각 가격은 여전히 결여하고 있다. 개발 후 매각 가격을 산정하기 위해서는, 정확한 비교 기준지가를 선택하기 위해 미리 마련해 놓은 후속 이용 계획에 대한 지식이 중요하다.[18] 매각 시점에서의 후속 이용 계획은 인터넷을 통해 조사하였다. 후속 이용에 대한 조사의 근거는 부동산별로 기록하였다. 후속 이용 조사에 관한 보다 자세한 내용은 6.2.1.4절에 살펴볼 수 있다.

후속 이용의 종류(용도)가 알려지면, 후속 이용(예를 들어, 상업용)을 위한 매매 연도의 역사적(과거) 기준지가를 산출할 수 있다. 토지 비교를 위한 기존의 기준지가는 온라인에서 조사하거나 주(州)의 (상급) 감정평가위원회에 요청하였다. 몇몇 연방 주(예를 들어, 노르트라인-베스트팔렌주)에서는 역사적(과거) 기준지가에 자유롭게 접근할 수 있었으며, 다른 주에서는 온라인 접근을 요청해야만 하였다(예를 들어, 니더작센주). 부분적으로 상급 감정평가위원회가 수집해 놓은 토지 가격을 활용할 수 있도록 하거나(니더 바-뷔르템베르크주) 하급 감정평가위원회(바이에른주)에 토지 가격을 개별적으로 요청하였다. 이 주제는 6.2.1.6절에서 자세히 설명할 것이다. 또한 2016년의 기준지가를 조사하였는데, 이는 지역적 토지 시장의 변동을 파악하기 위해서였다.

조사를 진행하면서, 특정 매각 사례가 기존 사업 계획 프로젝트에 대해 그 어떤 부가가치도 가져다주지 않는다는 사실이 분명해졌다. 그러므로 분석을 시작하기 전에 다양한 부동산을 선별하였다. 예를 들어, 오로지 기존 재고 상태로 계속 이용된 개별 주거 부동산에 대해서는 평가하지 않았다.[19] 더군다나 군 훈련장의 전환에서는 이 용지가 녹지로 계속 이용되는 한(녹색 전환) 평가에 포함하지 않았다. 이와 마찬가지로 모든 농경지(농지와 산림)는 분석에서 배제하였다. 마지막으로 1헥타르 미만 규모의 용지도 데이터베이스에서 제외하였는데, 이는 이들 용지가 부분적으로 별다른 개발 조치가 없어도 재이용될 수 있기 때문이다. 이점은 후속 연구에 대한 이해를 위해 미리 언급해 두고자 한다. 데이터의 선택에 관한 자세한 설명은 6.2절에서 찾아볼 수 있다.

2.3 전문가 인터뷰

연구의 결과를 인식하고 정리하기 위해 여러 전문가와 면담을 진행하였다. 다른 설문 방법은 낮은 효용성의 이유로 활용하지 않았다.[20] 앞서 조사한 문헌에서는 드란스펠트(Dransfeld, 2012)와 클라이버(Kleiber, 2017)만이 군 전환용지의 가치평가라는 주제를 자세히 다루었다. 이를 토대로 하여 여러 많은 군사시설 반환부지의 전용 프로젝트에 참여하였고, 이 참여 집단을 대표하는 사람들(예를 들어, 감정평가인, 개발자)과의 전문가 인터뷰를 진행하기로 하였다. 이 목적을 위해 지침에 따른 인터뷰와 표준화된 설문지를 설계하였다. 전문가 인터뷰의 구상은 다음과 같은 진행 방식을 기반으로 하였다.

1. 문헌조사, 탐색적 인터뷰, 데이터베이스에 대한 첫 번째 평가
2. 이론 분석이 끝날 때까지 설문 항목 및 인터뷰 지침의 작성
3. 전문가 선정
4. 인터뷰 진행
5. 인터뷰 응답 내용의 분석
6. 연구의 실증적 부분에서 인터뷰 내용의 활용

따라서, 지침에 따른 전문가 인터뷰는 주로 기존 문헌으로 답을 찾을 수 없었던 문제에 해답을 찾는 역할을 하였다. 표준화된 설문지의 답변을 통해 데이터베이스의 평가 결과를 정리할 수 있었다.

학술 문헌에서는 전문가 인터뷰가 질적 사회 연구의 모든 것에 앞서 일반적으로 알려져 있으나, 정확히 정의되어 있지 않다. 보그너(Bogner, 2012)는 탐색적 전문가 인터뷰와 심층 전문가 인터뷰를 구분하고 있는데, 이 전문가 인터뷰는 각각 정보 획득을 중시하거나 해석 지식 획득을 중시하는 것이다. 전문가 면담으로도 일컬어지는 탐색적이고 정보 획득을 강조하는 인터뷰는 주로 모든 연구의 시작 부분에서 행해지고, 문제에 대한 개관을 얻는 데 도움이 된다.[21] 이에 매매 가격 평가의 의의와 관련하여 탐색적 그리고 해석 지식 획득을 중심으로 한 질문이 이어졌다. 필자는 연구에 대한 개요를 구성하고 데이터베이스로부터 첫 번째 결과를 얻은 후, 체계적인 전문가 인터뷰를 위한 심층적인 정보 중심의 질문(설문지)과 이론 생성 위주의 전문가 인터뷰를 위한 심층적인 해석 지식 지향 질문(지침에 따른 전문가 인터뷰)을 개발하였다(Bogner et al., 2012: 102이하 참조). 이론 생성 인터뷰에서는 전문가들에게 주로 그들이 맡은 기능의 측면에서 질문을 행하였다. 탐색적 질문과 답변은 면담의 마지막에 이루어졌다.

설문지와 지침에 의거한 인터뷰

2015년과 2016년에 연구 과업을 파악하기 위한 부동산 및 군사시설 반환부지 전용 전문가들과의 탐색적 면담은 기록하지 않았으며, 따라서 이 연구에 원용하지 않았다.

표준화된 설문지 및 지침을 활용한 전문가 인터뷰는 학술적인 질적 방법으로써 활용된다. 표준화된 설문지(부록에 첨부)는 대체로 비교할 수 있는 답변을 얻기 위해 사용되었다. 지침에 따른 인터뷰에서는 표준화된 설문지 외에도 개별적인 질문을 던졌다. 지침에 따른 인터뷰는 질문 항목을 사전에 정식화하여 발송하였기 때문에 부분적으로 표준화된 것으로 설명할 수 있다. 인터뷰 상황만으로 이미 객관적 설문조사의 이상을 달성하기 어려웠다(Bogner et al., 2012: 37.3). 표준화된 설문지는 일반적 질문과 개발비 추정을 위한 사례라는 두 부분으로 구성되어 있다.

관련 전문가들

전문가의 정의로는 보그너 외(Bogner et al.)의 정의를 원용할 수 있을 것이다. 즉, "전문가들은 (명확히 구분할 수 있는 문제 영역과 관련된 특정한 실천 또는 경험 지식을 바탕으로) 타인들을 위한 구체적인 행동 분야를 의미 있고 행동 지향적으로 구성할 가능성을 창출해 온 사람들로 이해할 수 있다"(Bogner et al., 2012: 13). 전문가는 또한 지식인으로 정의될 뿐만 아니라 이러한 지식을 행동 지향적으로 적용해 왔다. 지식의 적용과 연결은 전문가를 전공자로부터 구별한다(상게서: 14). 이러한 논의 방향은 향후 군사시설 반환부지의 전용 프로젝트에 대한 행동 권고안을 제시하려는 이 연구의 목적에 부합한다. 전문가의 선정(표본 추출)은 실무 경험과 특정 그룹에 대한 대표성 그리고 전문 지식 등의 변수에 의거하여 이루어졌다. 또한 무지알Musial(연방부동산업무공사 소속)과의 탐색적 인터뷰에서 나온 권고 사항도 고려하였다. 필자는 그에게 '전문가'라는 칭호를 부여하고, 따라서 그 선정이 대표적이지 않을 수도 있다는 점을 잘 알고 있다. 하지만 문헌 분석을 고려할 때, 선정된 사람들은 현시점에서 군사시설 반환부지의 전용이라는 주제에 대해 독일 연방 전역에 걸친 가장 광범위한 지식을 지니고 있다고 확신할 수 있으므로, 이는 상당히 대표적인 표본이라고 언급할 수 있다. 이러한 점은 특히 무지알, 콜펜바흐Kolfenbach 그리고 드란스펠트Dransfeld에 유효하다.

아래의 표에 언급된 전문가들과의 면담이 진행되었다. 전문가들은 개인적인 면담 전에 지침을 받았다. 인터뷰는 각 면담자의 직장에서 이루어졌다. 면담의 내용은 기록하고, 이를 인터뷰 파트너에게 제시하여 승인받은 후 공개하였다. 면담 결과는 모두 기록한 것이 아니라, 결과 중심으로 요약 정리하고 이 연구에 인용문으로서 본문에 포함하였다.

성명	전문가 그룹	전문가인 이유
에그베르트 드란스펠트 (Egbert Dransfeld) 박사 도르트문트 토지관리연구소 (BoMa)	군사시설 반환부지 전용 전문가, 공식 임명 감정평가인	군사시설 반환부지의 전용에 관한 여러 편의 출판물의 저자 2018년 6월 25일 인터뷰
외르크 무지알 (Jörd Musial) 매각저장 연방부동산업무공사 본부	연방부동산업무공사, 개발자	2002년 이래 군사시설 반환부지의 전용 주제에 관한 독일 연방 전역에 걸친 실무 경험 2018년 5월 11일 인터뷰

지침에 기반을 둔 설문지의 내용은 이 연구의 실증 부분에 설명되어 있다. 위에서 언급한 그리고 다음 전문가들은 표준화된 설문지를 작성하였다.

평가

표준화된 설문지에는 다양한 논제에 대한 전문적인 질문뿐만 아니라 개별 조치(예를 들어, 철거 또는 기반시설 설치)에 대한 비용 산출 방법도 포함하고 있다. 무엇보다도 비용 산출 방법에서 중요한 것은 개별적으로 공개할 수 없는 기밀 데이터이다. 기밀 유지의 과학적 이점은 비밀 투표와 유사하게 답변을 할당할 수 있는 경우보다 한층 더 정직할 수 있다[22]는 것이다.

답변에 대한 평가는 필자가 단독으로 행하였다. 주관성을 피하기 위해 보그너가 권고한 여러 사람을 통한 평가(Bogner et al., 2012: 377)는 기밀 데이터로 인해 기존 사례에서는 수행할 수 없었다. 개별 질문과 그 평가는 이 연구의 실증 부분에서 설명한다.

성명	전문가 그룹	답변: 일시와 장소
악셀 콜펜바흐(Axel Kolfenbach) 감정평가과 과장, 연방부동산업무공사 본부	연방부동산업무공사, 감정평가인	2018년 7월 23일, 본
로버트 에르트만(Robert Erdmann) 메클렌부르크-포어포메른 주(州)토지 취득공사(LGE: Landesgrunderwerb)	대표이사	2018년 6월 18일, 슈베린
프란츠 마이어스(Franz Meiers) 노르트라인-베스트팔렌 어반(Urban)	대표이사	2018년 6월 29일, 뒤셀도르프
마틴 알트만(Martin Altmann) 드레스 & 좀머(Drees & Sommer) 주식회사	라인루르 개발관리 부장	2018년 4월 20일, 쾰른
모니카 폰테이네-크레처머 (Monika Fontaine-Kretschmer) 나소이셰 하임슈테테(Nassauische Heimstätte) 주택개발공사	대표이사	2018년 7월 16일, 프랑크푸르트 암 마인
위르겐 카츠(Jürgen Katz) 디터 바톨라(Dieter Watolla) 바덴-뷔르템베르크 주립은행(LBBW) 부동산개발공사	대표이사 및 군사시설 반환부지 전용 선임 프로젝트 책임자	2018년 6월 26일, 슈투트가르트
부크하르트 슈뮈츠(Burkhard Schmütz) 주토지취득 개발공사(LGE) 및 마르크 바인슈토크(Marc Weinstock) 베이게 건축그룹(BIG-Bau Gruppe), 데에스카(DSK) 주식회사	대표이사, 기업협회	2018년 7월 2일, 크론스하겐

2.4 기타 방법

이미 설명한 학술적 방법에 추가하여, 이 연구는 필자가 부동산 경제, 프로젝트 개발 그리고 서로 다른 세 사용자와 관련한 군사시설 반환부지 전용 등의 분야에서 오랫동안의 업무 경험을 통해 얻은 지식을 바탕으로 하였다. 지식을 얻는 고전적인 방법과는 달리, 이 경우에는 전문가 회의를 방문하거나 전문위원회 회의에 참석하는 것과 유사하게 지식 습득을 가능하게 하는 귀납의 경험적 방법이 중요하다. 필자의 업무 경험에 대해 언급하거나 설명하는 것은, 독자가 개인적인 경험에 바탕을 둔 진술을 질적으로 분류할 수 있도록 하기 위한 것이다. 즉, 이에 상응하는 진술은 보편타당할 수 없으며 예외에 근거할 위험이 있다. 이는 과학에서 귀납적 종결의 전형적인 문제이기도 하다. 그럼에도 불구하고 자신의 경험을 바탕으로 얻은 지식을 포함하고 이에 의해 가령 전문적인 학술 문헌의 진술을 평가하는 것은 의미가 있다. 이점은 특히 거의 연구되지 않았거나, 이 연구의 경우와 마찬가지로 실증적인 근거가 빈약한 연구 분야에 적용된다. 예를 들어, 필자의 업무 경험은 당면한 주제에 관한 연구의 필요성을 인식하고, 이 주제를 탐색적 전문가 인터뷰와 처음의 문헌 분석을 통해 제한하고 입증하는 데 기반을 형성하였다. 이 연구는 초기에 연방부동산업무공사의 군사시설 반환부지 전용 데이터베이스의 평가를 통해 정량적인 실증과 함께 기술적 접근방식을 사용하였다.

이 연구에서 필자의 경험은 적절한 과학적 거리를 두고서 상응하는 논점을 뒷받침하는 경우에만 언급된다. 이것은 학술 문헌이나 고전적인 경험에 우선권을 부여한다. 군사시설 반환부지의 매각이나 가치평가에 있어 연방부동산업무공사의 접근 방식이 이와 관련하여 사례의 논제로 거론될 수 있을 것이다. 이 연구에서 이 논제는 필자의 연방부동산업무공사 내부 지식에 의거한 것이 아니라, 기존 문헌(특히, Hauschild, 2017; Kleiber et al., 2017; Dransfeld, 2012)을 기반으로 하여 우선 서술하였다. 그러므로 이 연구는 연방부동산업무공사와의 군사시설 반환부지의 매각 협상에 지침으로 활용될 수 없다.

현장 방문

부동산 경제와 도시계획에서 각 개발 프로젝트의 면모를 파악하기 위해 현지 검증은 필수적이다. 물론 직업상의 업무와 함께 여기서 다른 입지의 대부분을 탐방하는 것은 실행할 수 없을 뿐만 아니라 효율적이지도 않다. 부록의 표 54에 열거된 40건의 대상 물건은 직접 점검하였으며, 때때로 건물의 내부도 살펴보았다. 이와 관련하여 평가 시에는 일부 대상 물건이 통상적으로 대중에 공개되지 않았다는 점에 유의해야 한다. 부동산의 경우, 이 연구의 평가 포트폴리오에 포함되지 않는 많은 것이 있지만, 건축 유형에 근거하여 많은 대상 물건은 독일 연방 전역에 걸쳐 비교할 수 있다.

11. (옮긴이) 독일 노르트라인-베스트팔렌(Nordrhein-Westfalen)주와 라인란트-팔츠(Rheinland-Pfalz)주 '대학도서관센터(Hochschulbibliothekszentrum)'의 일반도서, 전자도서, 비디오 등의 목록 자료를 제공하는 플랫폼이다.

12. 예를 들어, 전환용지 – 개발, 마케팅, 추진 과정(Toni Thielen, 2008, Konversionsflächen – Entwicklung, Vermarktung, Prozesse)이 있다.

13. (옮긴이) 2+4 조약(독일어 Zwei-plus-Vier-Vertrag)은 1990년 9월 12일 모스크바에서 독일 통일의 외부 문제를 규정하기 위한 동서 독일 양 당사국과 영국, 프랑스, 미국, 소련 4개국 사이에서 체결된 조약으로, 1990년 5월부터 4차례 진행된 2+4 회담의 최종 합의 문서이다. 독일 관련 최종 해결에 관한 조약이라고도 하는데, 2+4 회담의 승인을 얻어 10월 3일 마침내 독일 통일을 이끌어 내게 되었다.

14. 독일 연방교육연구부(BMBF)는 2004년부터 '토지 수요 감축 및 지속 가능한 토지 관리에 관한 연구(Forschung für die Reduzierung der Flächeninansruchnahme und ein nachhaltiges Flächenmanagement: REFINA)'라는 연구 지원 중점 사업을 통해 이 주제에 관한 학술적 기반을 구축하려고 노력해 왔다. 이 연구는 당시 신규 주거지 및 교통 부지에 대한 1일 토지 사용 요구량을 30헥타르로 감소시키고 내부 개발(Innenentwicklung)을 우선하는 것을 2020년까지 달성할 목표로 삼고, 토지의 효율적 활용에 중점을 두었다. 이러한 목표는 특히 토지 재활용을 통한 토지 순환의 비전과 함께 토지 관리를 통해 추진하려고 하였다. 이 연구 프로그램에서 군 전환용지 문제도 포괄적으로 다루어졌다.

15. (옮긴이) 독일 연방교육연구부(BMBF)가 추진한 'REFINA' 연구 지원 중점 사업의 일부로 이루어진 'Forschungsvorhaben SINBRA — Strategien zur nachhaltigen Inwertsetzung nicht wettbewerbsfähiger Brachflächen am Beispiel der Militärliegenschaft Potsdam-Krampnitz'라는 연구 부문 프로젝트를 말한다. 원서의 표기인 'SIMBRA'는 오기로 보인다.

16. (옮긴이) 이 정보 관리 및 처리 시스템의 명칭은 'Systems Applications and Products in Data Processing'이다.

17. 참고로, 전달받은 데이터는 '연방데이터보호법(Bundesdatenschutzgesetz: BDSG)' 제40조에 따라 매입자에 관한 그 어떤 데이터도 포함하지 않았다. 군사시설 반환부지의 매입자가 자치단체인지 그렇지 않은지에 대해서만 파악할 수 있었다.

18. 기준지가는 거의 독일 연방 전역에 단독주택, 다층주택 또는 고가의 상업지, 일반 상업지(집회장 등), 농지 또는 산림 등의 범주로 분류되어 있다. 또한 기준지가 구역도 지정되어 있다. '부동산가치평가령(ImmoWertV)' 제10조는 통일적 기준지가의 근거를 형성한다.

19. 이러한 재이용의 경우, 소요 비용은 토지 개발 비용을 산출하는 데 관련이 없는 주로 건물 개축에 들어간다.

20. 예를 들어, 이 연구에서 거론된 자치단체의 모든 장(시장)에 대한 설문조사는 한편으로 너무 번거로웠을 것이며, 다른 한편으로 이미 오래전으로 거슬러 올라가는 매매 연도의 가치평가에 대한 그들의 진술은 나중의 인상으로 인해 왜곡될 수 있고 더 이상 제한 없이 원용할 수 없었을 것이다. 필자가 인식하고 있는 바에 따르면, 독일 연방 전역에 걸쳐 대규모 군 전환용지를 다룬 적은 매우 드물었기 때문에, 설명력을 지닌 일정 수의 부동산 감정 평가인을 대상으로 한 설문도 포기하였다.

21. 이에 관한 하나의 사례는 2016년에 필자가 독립 감정평가인인 드란스펠트(Dransfeld)와 연방부동산업무공사(BImA) 소속 감정평가인인 콜펜바흐(Kolfenbach)에 군 전환용지의 개발비에 관한 연구를 알고 있는지 그렇지 않은지를 문의한 것이었다.

22. 예를 들어, 전문가는 프로젝트에 대한 협상에 참여할 때 갈등에 빠질 수 있지만, 이 프로젝트에서 출판물과는 다른 기반시설 설치 비용을 적어낼 수 있다.

제2부
기초

제3장 군 전환 물건과 전환 과정

이 연구의 방법을 설명한 뒤, 이제 군사시설 반환부지의 전환이나 전용에 대해 논의를 시작하고자 한다. 우선 전환이라는 용어를 명확히 규정하고, 이어서 전환 부동산의 유형을 분류하고자 한다(3.1.2절). 이는 군사시설 반환부지의 전환에 대한 일반적인 이해와 함께 후속의 분석을 위해 필요하다. 이를 바탕으로 하여 군사시설 반환부지의 전환에 관한 역사와 현재 상태에 관해 서술한다(3.1.3절). 이어서 군사시설 반환부지 전환에의 참여 주체들을 소개하고, 그 전환 과정을 설명하고자 한다(3.2절). 군사시설 반환부지의 전환에는 연방부동산업무공사와 자치단체들이 항상 포함되어 있다. 매입자나 개발자와 같은 그 밖의 역할들이 혼합되어 있을 수 있다. 이에 뒤이어 3.3절에서는 매각의 진행 과정과 자치단체의 선취를 기술하는데, 이에 대한 이해는 특히 개발 계획 및 가치평가와 관련이 있다. 이러한 근본적인 주제들을 살펴본 후, 군사시설 반환부지의 전환 과정의 어려움을 요약하고, 이 과정에서 필자가 독일의 오늘날의 전환 상황을 평가한 첫 번째 결론을 3.4절에서 도출하고자 한다. 군사시설 반환부지의 재고조사에 관한 지적 사항(3.5절)은 이 부분에서 주제의 복잡성을 설명해 준다. 연구의 이 부분은 또한 개발 계획의 실행을 용이하게 하거나 이를 방해하고 저지할 수 있는 모든 주제에 관한 근거로서의 역할을 한다. 3.5절은 또한 후속의 가치평가 및 분석의 기초로서의 역할을 한다.

3.1 전환

군사시설 반환부지의 전환은 이와 결부된 대규모 부지의 유휴화로 인해 도시 개발에서 큰 의미를 지니고 있다. 이 전환은 자치단체에 기회와 동시에 도전적 과제를 제공한다. 아래에서는 기본 사항을 설명하고, 대상 물건을 유형 분류하며, 유휴지 개발과의 차이점을 부각시키고자 한다.

3.1.1 "전환"이라는 용어

전환Konversion이라는 용어는 라틴어인 'conversio'(변환, 변동)에서 파생된 것이다. 전환이라는 용어가 다양한 맥락에서 사용되고 있는데, 예를 들어 종교적 맥락에서는 개종(회심)에 사용되고 있다. 이 용어는 일부 논자들에 의해 민간 토지의 개발에 대해서도 사용되고 있다. 이러한 부지는 예를 들어 철도 부지, 우편 부지 그리고 산업 부지 등이다. 그렇지만, 이 연구에서 전환은 가장 널리 퍼져 있는 의미, 즉 군사시설 반환부지의 변환Umwandlung을 말한다. 이에 이 용어는 필자의 연구 목적의 방향에 따라 약간 달리 활용된다. 이를테면 독일 본 Bonn 소재 '국제전환센터Bonn International Center for Conversion: BICC'는 대략 "군 예산의 전용, 군수 산업의 개편, 군 시설 입지의 폐쇄 그리고 군인의 동원 해제" 등을 전형적인 전환의 주제로 보고, 이때 "이들 자원을 목표에 맞추어 용도 변경하고 될 수 있는 대로 최선으로 이용 전환될 수 있다"(Jacoby, 2008에 인용된 BICC)라고 언급하고 있다. 반면에 블레저와 야코비는 이 용어를 다음과 같이 정의하고 있다. 즉, "매우 간단하게 말하여 군 전환에 있어 관건은 더 이상 군사적으로 필요하지 않은 자원을 민간 용도로 변환시키는 것으로, 이 변환과 결합한 효과도 고려하는 것이다"(Bläser & Jacoby, 2009: 156).

바로 이 연구에서 전환이라는 용어는 군사시설 반환부지의 민간 용도로의 도시계획적 변환이라는 의미로 사용된다(Duden & Prediger, 2014: 20 참조). 따라서 여기서는 "군비 전환"이나 "동산의 전환"이 아니라, 시설 입지 또는 부동산의 전환이 중요하다(Jacoby, 2008: 12이하 및 73).

부동산 또는 시설 입지의 전환은 예전에 군사적으로 사용된 토지와 부동산 그리고 인프라 등을 민간 목적으로 이용 전환하는 것을 일컫는다(살색). 또한 시설 입지의 전환 과정에서는 대부분은 복잡한 계획법적 절차 외에도 예전 군사시설의 이용 전환을 위한 부동산 경제적, 환경 기술적 그리고 정책적 문제가 논의되어야 한다. 따라서 자원[23]은 항상 사용할 수 있도록 준비되어 있는 것이 아니기 때문에, 시설 입지 전환은 해당 자치단체와 지역에 복잡한 도전적인 과제를 던져 준다(Jacoby, 2008: 73). 시설 입지의 전환은 "따라서 예전에 군사적으로 사용된 토지를 일정 지역 내에서 민간 목적을 위한 토지로 변경하는 것과 관련되어 있다. 한 걸음 더 나아가 입지(주둔지) 해체 과정에서 야기된 민간과 군 인력 그리고 지역 경제적 파급 효과의 감소를 상쇄시키는 것이 중요하다. 이는 전환을 모든 관련 행위자에게 높은 요구를 하는 반전反轉으로 볼 수 있음을 의미하는데, 왜냐하면 오랜 구조를 해체하고 여러 영역에서 새로운 발전을 추진해야 하기 때문이다"(Jacoby, 2008: 14).

군사시설 반환부지는 군(독일 연방군과 기타 주둔군)이 사용하는 관련 토지를 말한다. 전환용지는 군사적 이용을 포기하였거나 가까운 장래에 포기할 토지이다. 이 연구는 이러한 이전의 군사시설 반환부지의 장기적인 후속 이용을 논의하고자 한다.

이미 임대 계약으로 임시로 사용되고 있는(중간 이용 중인) 예전의 군사시설 반환부지도 이러한 군 전환용지에 포함된다. 개별적으로 군 전환용지에는 독일 연방경찰Bundespolizei[24]의 병영도 찾아볼 수 있다. 당시 연방국경수비대는 준準 군부대였으며, 따라서 해당 부동산은 통상적으로 이전의 병영으로 여겨졌기 때문에, 이것은 전환 대상 물건에 대한 정의의 확대를 나타내지 않는다. 이른바 '녹색 전환', 따라서 군 훈련장의 자연보호지역으로의 대규모 면적의 변환은 이 연구에서 부차적 역할을 한다. 또한 군 주거용 부동산의 민간 용도로의 계속된 이용은 더 자세히 분석하지 않는다. 그러므로 이 연구에서 군 전환용지를 언급하는 한, 이는 일반적으로 개별 군 주거용 또는 행정용 건물이나 군 훈련장을 말하는 것이 아니다.

군사시설 반환부지의 전환은 재사용으로 이어질 수 있는 반환된 토지(특히, Koch, 2012: 219)와 관련되어 있으므로, 유휴지 개발 분야에 포함할 수 있다(Jacoby, 2008: 76에 인용된 Ferber, 2006: 25 참조). 산업 유휴지는 "산업 개발 또는 유사 개발로 인해 사전 작업 없이는 그 어떤 경제적 후속 이용에도 적합하지 않은" 토지이다(DVW, 2011: 2).

문헌에서는 토지 재활용, 토지 재활성화, 토지 전환 그리고 재개발에 대한 주제 상의 교차점이 존재한다. 토지 재활용Flächenrecycling과 토지 재활성화

Flächenreaktivierung는 대규모로 유휴화된 토지를 경우에 따라 다양한 토지 소유자들과 함께 다시 이용할 수 있도록 하는 과정을 나타낸다. 토지 규모와 개발 기간에 근거하여 이 경우에는 도시 개발 계획적 프로젝트에 관해서도 논의된다(gif. 2016: 5). 이러한 규모의 부지는 주로 군사시설 반환부지의 전환과 구별되는 산업적, 상업적 또는 인프라 관련 기존 용도를 지니고 있다. 재개발 Redevelopment은 새로운 이용으로 이어져야 하는 개별 건물 또는 토지와 관련이 있다. 이는 재생Revitalisierung과 개선refurbishment(독일어 'Aufpolieren'에 해당하는 영어)보다 한층 더 광범위하고 장기적으로 구상된다(gif. 2016: 6f).

3.1.2 유형 분류

이 연구의 후속 분석에서 군 전환용지를 세분하여 살펴보기 위해 유형화가 행해져야 할 것이다. 우선, 군 시설의 건축적 형태와 배치는 간략한 역사적 개관에 의거하여 고찰할 것이다. 이어서 군 시설의 용도에 따라 각각의 유형을 서술하고자 한다.

대부분의 군 시설은 제2차 세계대전이 시작되기 전에 건설되었다(BMVg. 2005). 병영의 건설에는 1여 년의 시간이 소요되었다(상게서: 44). 1933년에서 1936년 사이의 짧은 기간 동안 독일 육군건설처Heeresbauverwaltung는 육군만을 위해 약 6,300헥타르에 523개의 병영시설을 건립하였다(BMVg. 2005: 10). 1939년 육군 병영시설의 면적은 약 1만 3,000헥타르(상게서: 22)에 달하였다. 이와 함께 병영 인근에 비행장과 군수 보급 건물 그리고 주둔지 부속 훈련장 등이 있었다. (제2차 세계대전 후) 신생 독일 연방공화국의 군대 건축은 1950년대의 새로운 건축 양식(격자형, 떨어섬, 개방성, 간결성)을 추구하였다. 계획법적 그리고 경제적 이유로 1930년대의 병영들이 계속하여 사용되기도 하였으나(BMVg. 2009: 19), 새로운 입지에도 세워졌다. 1956년부터 특정 건물 유형의 계획과 시행에 관한 사전에 정해둔 원칙 또는 기준을 포함한 건축 지침 A, B, C가 있었다(상게서: 21). 제2차 세계대전 이후 건설 계획은 기관 조직상 나치 독일의 제국재무부에서 독일 각 연방주의 고등재무국(Oberfinanzdirektion: OFD)[25]으로 이전되었다.

고등재무국은 또다시 외부 건축가들에게 군 병영의 건설 계획을 위탁할 수 있었다. 1970년대에는 대부분의 숙소 시설들이 독일 연방군의 창설 이전 시기로부터 유래하였으며, 군 내무반이 정원을 초과함에 따라 새로운 건축 프로그램을 추진하였다(BMVg, 2004b: 23).

도시계획

아래와 같은 설명이 근거를 두고 있는 독일 연방국방부BMVg의 연구에 따르면, 1930년대의 군 병영은 또한 '새로운 시대'의 표상이며, 그리고 그 자체로 모습을 드러낸 것이었다고 한다(상게서: 44). 이뿐만 아니라 건물의 설계에 있어 지역적 건축 양식을 고려한 것이었다. 이처럼 알프스Alpen 인근에 건립된 산악전투부대의 병영은 목재와 천연 슬레이트 지붕의 소재를 보여주고 있는 반면, 베스트팔렌Westfalen 지방의 뮌스터Münster에서는 현지에서 획득한 사암砂巖을 사용하였다. 1930년대의 전형적인 병영 건물은 건축 지침 또는 군사 규정에 따라 지어졌다. 병영의 전형적인 도시 건축적 구조는 다음과 같은 요구 사항에서 비롯되었다. "배치 계획 설계의 원칙은 숙소 및 행정 관리 구역을 마구간 또는 차량 거치장이 있는 기술 구역으로부터 분리하는 것이었다"(BMVg, 2005: 44이하). 사병 건물은 중대 단위로 보유하고 연병장에 근접해 있어야 하였다. 관리 건물(구내식당, 부사관 집회소, 의무실 등)은 다소 먼 거리에 떨어져 위치해야 하지만, 역시 사병 건물의 도달거리 안에 있어야 하였다. 기술 구역은 이것들과는 분리되어야만 하였다. 군 참모부 건물도 쉽게 도달할 수 있어야 하며, 초소를 갖추어야 하였다. 이 때문에 사병 건물과 구내식당이 있는 관리 건물은 연병장 옆에 놓였다. 이런 점에서 참모부 건물은 가능한 부대의 앞과 건물에 배치된 보초병 때문에 동시에 입구에 자리 잡았다. 그러므로 기술 구역은 입구의 반대편에 놓여야만 하였다. 건물의 배치는 자연스럽게 도시 구조 상의 위치와 군사시설 반환부지의 원래 지형도 고려해야만 하였다. 뤼켄-이스베르너와 뮈터(Lüken-Isberner & Mütter, 2000)는 사례에 따라 군부대 건물 배치의 세 가지 기본 유형을 분석하였다(그림 5 참조).

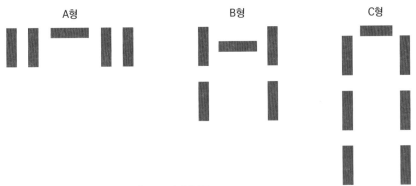

A형 B형 C형

그림 5. 군 병영의 기본형(출처: BMVg(2005: 48)에 인용된
뤼켄-이스베르너와 뮈터(Lüken-Isberner & Mütter, 2000)에 의거한 필자 작성)

물론 다양한 특수 형태의 건물 배치도 있었다(그림 6). 노르트라인-베스트팔렌
주 데트몰트Detmold의 호바트Hobart 병영, 바덴-뷔르템베르크주 프라이부르크
Freiburg의 보방Vauban 병영 그리고 브란덴부르크주 포츠담Potsdam의 네틀리처
Netlitzer 병영에 의거하여, 이러한 군부대 건물의 특수 형태 또는 특수성을 파
악할 수 있다(BMVg. 2005: 45).

호바트 병영

그림 6. 호바트(Habart) 병영의 모식

시설물은 시간이 흐르면서 현실적인 수요에 적응해 왔다. 그래서 마구간은 차
고가 되었으며, 6~8인용 방은 4인 또는 1인용 아파트로 바뀌었다. 1936년의
육군 군사시설 규정에 따르면, 보병부대 병영은 8~10헥타르의 규모와 기갑부
대 병영은 14~16헥타르의 규모를 가져야 하였다. 이것에 더해 군부대는 80
헥타르 또는 250헥타르의 주둔지 부속 훈련장을 가져야 하였다(BMVg. 2005: 9).
그러므로 하나의 군 주둔지에는 대부분의 경우 적어도 하나의 병영, 하나의 훈련장 그리고 하나의 탄약고가 있었다고 결론지을 수 있다. 후자의 탄약고는 안전상의 이유로 주둔 지역에서 떨어진 곳에 위치하였다.

건축

군 건물의 건축은 우선 위생 관리로부터 유래한 지식을 기반으로 하였다. 대부분의 역사적인 병영은 개별 공간을 가진 대략 3층의 2개의 날개를 가진 건물이었다. 독일제국의 사병 건물은 먼저 옆으로 이어지는 복도를 통해 접근할 수 있었기 때문에, 복도를 가로질러 방을 환기할 수 있었다.

이와 달리 1930년대의 후기 숙소 건물에는 복도 양쪽 끝에 창문이 있는 약 2.5미터 너비의 중앙 복도가 있었다. 약 2,500제곱미터의 가용 면적을 가진 이 시대의 사병 건물은 일반적으로 길이가 평균 60~70미터이고 폭이 16미터인 두 변의 3층 건물이었다. 건물은 콘크리트 천장을 가지고 있었으며, 또한 부분적으로 콘크리트 서까래(이른바 석관)를 가지고 있었다. 중앙 복도 양편에는 방마다 6명의 병사를 수용할 수 있는 숙박 공간이 있으며, 각 방에는 표준화된 두 개의 창문을 가지고 있었다. 복도와 출입문의 표준 범위를 벗어난 넓은 치수는 전시에 빈 병영을 병원으로 활용할 수 있다는 가정에 바탕을 둔 것이었다(BMVg, 2004b: 33). 이러한 관념은 제2차 세계대전 후에도 계속하여 추구되었다(상게서: 33).

모든 병영의 건설은 당시 유효하였던 건축 지침(BMVg, 2005: 28 및 44 참조)에 따라 수행되었으며, 따라서 이들 건물은 합법적으로 건립되었다. "1930년대와 1940년대의 군 건축물은 견고한 방식으로 고급 자재를 사용하여 지어졌다고 확신할 수 있다. 따라서 유용하고 우수한 건축물을 거의 모든 곳에서 찾아볼 수 있다. 자주 사용되었음에도 불구하고 내부 인테리어는 종종 양호한 상태로 유지되었다"(BMVg, 2005: 211).

3.1.2.1 군 부동산의 종류

군 부동산은 군사 용도에 따라 다음과 같은 유형으로 구별할 수 있다. 즉, 병영, 비행장, 각종 창고, 군수 보급 건물,[26] 참호(벙커), 주거 부동산 그리고 훈련장 등이다.

병영은 숙소 건물로 이루어져 있는데, 적어도 하나의 참모 및 행정 관리 건물과 차량 및 각종 장비를 보관할 수 있는 시설물로 구성된다. 추가로 사병과 부사관 그리고 장교를 위한 구내식당은 부지에 하나의 건물이나 별도 건물로 배치되어 있으며, 종종 여가 구역도 배치되어 있다. 행정 관리 구역과 사병 건물은 대체로 공간의 배치에 있어서만 구별된다. 기술 구역의 규모는 무기의 종류에 따라 서로 다르다. 예를 들어, 기술 구역에서는 탱크나 운송용 차량을 보관하고 정비하고 수리한다. 탄약의 대부분은 대체로 인접한 참호 시설에 보관하였다. 이 연구에서는 병영에 군 병원도 포함시킨다(예를 들어, 함(Hamm)과 데트몰트에 위치한 구 연방군병원).

비행장은 이착륙 활주로와 격납고, 관제탑 그리고 위에서 언급한 숙소 및 행정 관리 건물로 구성된다. 일반적으로 탄약과 항공기는 참호에 보관되었다. 이러한 항공기 참호는 격납고shelter로도 불린다. 격납고에서는 정비가 이루어진다. 녹지로 둘러싸인 활주로는 비행장 시설의 대부분을 차지한다. 부분적으로 비행장은 제2차 세계대전 이후 병영으로서만 사용되었다. 방공 시설도 비행장의 구역에 속한다. 이 방공 시설은 미사일 발사기지, 통제기지 그리고 숙소 시설 등으로 구성되었다. 이와 관련하여 일부 핵 방어 시스템(예를 들어, NIKE[27])이 배치된 것이 주목할 만하다. 당시 항공기지Fliegerhorst로 불린 군 비행장은 1930년대에 역시 전형적인 기본 구조를 가지고 있었다(BMVg, 2005: 56이하 참조). 활주로는 독일에서 우세한 서풍으로 인해 동서 방향으로 배치되었다. 대부분 2층의 건물이 활주로의 북쪽과 남쪽에 자리 잡았다. 위장을 위해 건물은 부분적으로 마을처럼 군집화되었다(예를 들어, 윌첸(Uelzen) 군(郡)의 노이-트랍(Neu-Trapp): 말름스하임(Malmsheim) 비행장의 건물들은 오늘날 부분적으로 이전한 농가의 헛간으로 위장되어 있다). **활주로의** 대부분은 처음에는 눌러 깎은 잔디밭으로 되어 있었다. 대형 항공기의 출현으로 인해 항공 활주로와 정류장은 콘크리트로 포장되었다.

그림 7. 귀터스로(Gütersloh) 비행장(출처: Digital Orthophotos(2015년)
©Geobasis NRW 2018, dlade/by-2-0; 2018년 3월 15일 접속)

창고는 각종 장비와 재료들을 보관 저장하기 위한 것이었다. 전쟁이 발발한 경우, 그 보관 물품은 예비품으로 사용되었을 것이다. 이러한 창고는 다양한 설계 및 안전 표준에 의거하여 존재한다. 일반적으로 창고는 군 기지의 외부 지역에 놓여 있다(Bläser & Jacoby, 2009: 166). 이 범주의 대표적인 사례는 예를 들어 하일브론Heilbronn군郡의 지겔스바흐Siegelsbach에 있는 옛 탄약고이다.

특수 건물은 종종 특별 건축물이기 때문에, 여기서 별도로 언급하고자 한다. 예를 들어, 연합군의 군무원들(만)은 자체 운영 슈퍼마켓에서 보조금이 있는 자국 제품을 면세로 구매할 기회가 있었다. 예를 들어, 비스바덴Wiesbaden의 워싱턴슈트라세Washingtonstraße에 있는 미군의 피엑스PX: post exchange 판매장이나 영국군의 나피NAAFI 판매장28(예를 들어, 헤르포트(Herford)의 발터게리슈트라세(Waltgeristraße))에 있다. 또한 미군만의 기준에 따라 신축하였거나 개조한 자체 학교와 유치원도 가지고 있었다. 이러한 편차가 있는 기준으로 인해, 후속 이용 가능성은 직접적으로 존재하지 않는다. 특수 건물에는 상수도, 하수처리장, 주둔지 현장 사격장, 스포츠 시설, 방송 시설 그리고 기타 특수 건물들도 포함된다.

주거용 부동산은 온전히 (군인) 주거용으로 활용되고 있다. 1950년대에 독일 연방정부는 연합군에 압수된 주택들을 민간인들이 재사용할 수 있도록, 영국군과 그 가족들을 위한 독자의 주거단지를 건설하였다. 이들 주거단지는 단독주택, 2세대 주택 그리고 연립주택 등으로 이루어지고, 군 비행장 바로 옆에 건설되지 않는 한 일반적으로 그동안 성장해 온 도시에 통합되었다(예를 들어, 귀터스로(Gütersloh)의 파르세발(Parseval) 주거지). 주거단지에 개설된 도로는 사용私用 도로이거나 공공 도로이다. 미군은 병영 부지에 통합된 주거 숙소를 선호하여 폐쇄형 주거 시설을 구축하였다(주택단지). 이 밖에도 대부분 슈퍼마켓, 유치원, 학교 그리고 영화관 등이 있었기 때문에, 군인과 그 가족들이 사실상 군 병영 부지를 벗어날 필요가 없었다. 독일 연방군도 군 병영 외부에 군인들을 위한 관사를 건립하였다.

주둔지 현장 훈련장 및 부대 훈련장은 전투 훈련을 위해 사용된다. 주둔지 현장 훈련장[29]은 일반적으로 작고, 주로 병영 근처에 놓여 있다. 반면에 부대 훈련장은 훨씬 크고 전투 사격이 가능하며, 지휘관이 별도로 배치되어 있다. 부대 훈련장은 도로와 장애물 그리고 부분적으로 훈련 목적의 건물 등이 있는 넓은 녹지로 이루어져 있다. 훈련장은 군사 보안 구역[30]으로, 민간인의 자유로운 출입이 허용되지 않는다. 대형 훈련장은 철도망에 연결되어 무장 차량의 이동이 가능하며, 초청 군인들을 위한 추가적인 숙소를 갖추고 있다. 잘 알려진 부대 훈련장은 예를 들어 작센-안할트Sachsen-Anhalt주 가르데레겐(Gardelegen의 알트마르크Altmark, 니더작센Niedersachsen주 뤼네부르크 하이데Lüneburger Heide의 베르겐Bergen과 문스터Munster, 오버팔츠Oberpfalz의 그라펜뵈르Grafenwöhr와 호헨펠스Hohenfels 그리고 오스트베스트팔렌Ostwestfalen의 파더보른-젠네라거Paderborn-Sennelager 등이다. 훈련장은 연방부동산업무공사의 산림부처에서 관리하고 있다.

3.1.2.2 위치에 따른 유형 분류

군사시설 반환부지를 체계적으로 파악하기 위해서는 공간상의 위치를 또 다른 특징으로서 활용할 수 있는데, 왜냐하면 이로부터 도시계획적 용도 지역제 Zonierung에 의거한 미래의 이용이 유도되기 때문이다.

병영은 기초자치단체Gemeinde가 소유한 토지의 수용, 매입 또는 무상 양도를 통해 공지에 자리 잡았다. 필자가 알고 있는 바에 따르면, 이와 관련하여 기반시설 설치 비용을 기초자치단체에 이전하기 위해, 군은 기초자치단체와 부분적으로 이른바 주둔지 계약을 체결하였다. 필자는 기초자치단체가 심지어 공공 실내 수영장을 할인 가격으로 이용할 수 있도록 허용한 2건의 주둔지 계약을 잘 알고 있다. 경제적 이익을 기대하거나 최소한 그 어떤 재정적 불이익을 두려워하지 않았기 때문에, 기초자치단체는 병영의 입지를 환영해 왔다고 확신할 수 있다.

예전에 군사적 목적으로 건축된 부지의 재이용에 관한 증거는 발견되지 않았다. 그 이유는 아마도 한편으로 건물이 없는 토지가 개발하기 한층 용이하고 또한 저렴했기 때문일 것이다. 다른 한편으로 건설 정책적 측면에서 병영 건설의 절정기에 토지 절약의 목표는 존재하지 않았다. 1945년까지의 시기 동안 예전에 사용된 그 어떤 제국 소유의 부지도 이용 전환될 수 없었기 때문에, 농지가 병영의 건설에 사용되었다. 제2차 세계대전 후의 시기에는 도시에서 떨어져 병영이 입지하였으며, 따라서 여기서도 건물이 있는 토지의 재이용은 의문의 여지가 없었다. 그러므로 병영은 경제적 이유로 건물이 있는 토지에 입지하지 않았다.

이 연구에서 분석한 군사시설 반환부지는 지극히 다양한 주거지역과의 관련성을 보여주고 있다. 군 전환 부동산의 대부분은 1900년에서 1940년 사이의 시기에 공지, 즉 건물이 없는 넓은 녹지에 건설되었다. 건물이 있는 토지까지의 거리는 1930년대의 군 복무 규정 410/6에 따른 방공의 이유와 가용 건설부지에 따른 결과였다(BMVg, 2005: 43). 비행장 또한 일반적으로 토지상의 고립시설로서, 소규모 기초자치단체 인근에 건설되었다(BMVg, 2005: 56). 아래에서는 이 연구에서 말하는 위치에 대한 정의를 보다 자세히 살펴보고자 한다. 이것은 나중의 분석에서 매우 중요하기 때문이다.

내부 위치

지속적인 도시 개발과 증가하는 교외화에 따라 녹지에 건설된 많은 부동산은 오늘날 도시와 통합된 위치에 놓여 있거나 적어도 주거연담지역 Siedlungszusammenhang에 직접적으로 접하게 되었다. 즉, 대부분 직사각 형태인 부동산은 적어도 두 면에서 주변 건축물과 경계를 이루고 있거나 건축물에 둘러싸여 있다. 물론 이는 이러한 지역의 현존 건축물들이 오늘날의 주변 환경에 적합하다는 것을 의미하지 않는다(연방건설법전(BauGB)³¹ 제34조). 이와는 반대로, 특히 소도시에서는 심지어 다층 건물과 집회장으로 지어진 부동산이 2세대 주택으로 둘러싸여 있는 것이 더 일반적이다. 포드주의적 산업단지와 달리 오염물 배출이 적다는 이유로 제2차 세계대전 이후 독일에서도 직접적으로 경계를 접하고 있는 주택 건설이 배제되지 않았다. 아래 사진은 도시가 확대되고 병영을 둘러싸고 발전하여, 통합 병영의 현존 건물들이 내부 구역에서 다소 이질적으로 영향을 미치고 있다는 사실을 명백히 보여주고 있다.

그림 8. 헤르포트(Herford)의 내부 위치에 있는 병영(출처: Digital Orthophotos(2015) ©Geobasis NRW 2018, dl-de/by-2-0)의 디지털 사진의 레이어에 의거하여 필자 작성)

일부 군 병영(그리고 부분적으로 비행장)은 오늘날 주거지역의 외곽에 위치하고 있다. 이러한 부동산은 적어도 한 면으로 주거지역과 경계를 접하고 있다. 따라서 주거지역의 확장 압력이 있는 한, 도시에의 (부분적인) 통합이 가능할 것이다. 더군다나 외부 구역으로의 이전은 완전히 통합된 병영에서처럼 사방으로부터 주거지역의 확장 압력이 없이 부동산의 단계별 개발을 가능케 한다. 외곽 위치는 부동산의 배치에 있어 회색 지역을 말하는데, 예를 들어 부동산은 한 면으로만 도시와 경계를 접할 수 있으나, 그럼에도 불구하고 인접한 숲이나 구릉지가 자연 경계를 형성하기 때문에 도시의 유일한 논리적인 확장은 이 방향으로만 가능하다. 회색 지역의 또 다른 예는 비록 원래 도시의 외부에 있었지만, 상업지역과 경계를 접하고 있는 부동산이다. 이 경우에도 발전은 지역의 토지 수요와 관련이 있다.

앞서 주거지역과 관련된 위치에 대한 기준이 불명료하다고 지적한 후, 필자는 '내부 위치'의 유형을 정의하였다.

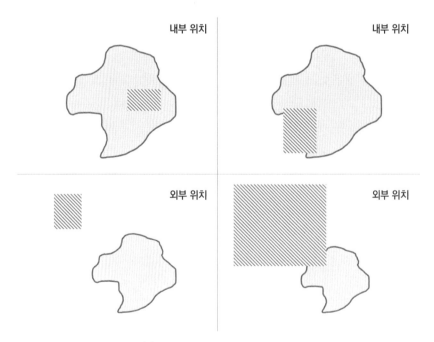

그림 9. 주거지역과의 관계에서 본 군(軍) 부동산의 위치와 규모

위치의 범주인 '내부 위치'의 분류를 위한 기준으로, 해당 부동산이 대부분 건축이 기대되는 전형적 부지인지 아니면 미이용 건축부지인지의 여부를 선택하였다. 예를 들어, 주거지역 외곽과 한쪽 면으로 경계를 접하고 있는 도시의 부동산은 현재 정책 의도와는 달리 건축이 기대되는 부지로, 내부 위치로 간주할 수 있다. 주거지역의 확장 압력은 이때 토지를 절약해야 한다는 요구로부터 발생한다. 즉, '교외의 공지'에 건축지역이 들어서기 전에 우선 유휴지를 재가동해야 한다는 것이다. 여기서 하나의 예로 홀츠비케데Holzwickede에 있는 엠셔Emscher 병영을 거론할 수 있는데, 이 경우 병영이 건축부지가 되기까지 10년 이상의 시간이 걸렸다. 또는 죄스트Soest에 있는 벰-아담Bem-Adam 병영을 거론할 수 있는데, 이는 철거되기까지 예술인과 여러 사회단체가 수년 동안 사용하였다. 또 다른 사례들로는 하나우Hanau의 병영과 브란넨부르크Brannenburg의 카프라이트Karfreit 병영 그리고 란슈트Landshut의 쇼흐Schoch 병영 등이다.

외부 위치

외부 구역 위치 또는 외부 위치에 있는 부동산은 일반적으로 항공사진으로 명확히 인식할 수 있다. 군의 순수한 외부 구역 부동산은 자치단체가 그곳에 장기적으로 그 어떤 개발도 원하지 않는 경우, 일반적으로 건축이 기대되는 부지가 결코 될 수 없다. 즉, 존속 보호가 군사적 이용의 포기 후 외부 구역에서는 소멸한다(비교, 연방행정법원(BVerwG), 2000년 11월 21일 - 4 B 36/00 참조). 따라서 고립 부동산을 '외부 위치'라는 상위 개념에 분류하는 것은 간단하다. 그러나 순수한 단독 위치 외에도 작은 마을과 경계를 접하고 있는 대규모 병영도 있다. 이 경우에도 부동산의 좁은 구역은 가장 선의로 보아 최대한 연방건설법전BauGB 제34조에 귀속시킬 수 있다. 그러므로 이러한 대규모 병영은 외부 위치에 속한다. 이론적으로 외부 위치에 대규모 병영을 대대적으로 건설하게 되면, 독자적인 지구가 만들어질 수 있다. 하지만 이는 기존 사례들에서 상업적 후속 이용에서만 파악할 수 있었다. 따라서 그 어떤 실질적인 주거지역과의 관련성이 발생하지 않기 때문에, 고립적인 상업 지구는 외부 위치에 머물게 된다. 외부 위치에 있는 병영의 예는 바이에른Bayern주 퓌르트Fürth의 비행장, 슐레스비히-홀슈타인Schleswig-Holstein주 호헨로크슈테트Hohenlockstedt의 홍거리거 볼프Hungriger Wolf 비행장, 바이에른주의 멤밍거베르크Memmingerberg 비행장, 메클렌부르크-포어포메른Mecklenburg-Vorpommern주 토어겔로Torgelow 인근 산림 속의 병영 그리고 베를린Berlin 및 브란덴부르크Brandenburg주 포츠담 그로스 글리니케Groß Glienicke의 로자 룩셈부르크Rosa-Luxemburg 병영 등이다.

그림 10. 토어겔로(Torgelow) 주변에 있는 병영의 항공사진
(출처: ©OpenStreetMap(2018년 8월 16일 접속)에 기초하여 필자 작성)

위치에 따른 유형 분류에 대한 결론

경계를 접하고 있는 건축물에 의거하여 위치를 규정하는 것만으로는 연구의 의도에 적합하지 않다. 이러한 모든 사항을 고찰할 때, 나머지 주거지역에 대한 군 부동산의 규모의 비율을 고려해야 한다. 30헥타르 규모인 마을의 외곽에 위치한 30헥타르 규모인 병영은 분류상 외부 구역 위치로 간주되는 반면, 대도시의 외곽에 위치한 이러한 규모의 병영은 전형적인 도시의 확장 부지로 분류

될 수 있다. 이 연구의 다양한 군 전환용지를 분류할 때, 필자는 우선 범주들을 구성해야 하였다. 필자는 건축 기대의 여부에 따라 내부 위치와 외부 위치의 두 가지 범주를 구성하기로 하였다. 이 경우에는 연방건설법전 제34조 및 제35조와 무관하게 주거지역과의 관련성에서 살펴본 위치를 경계를 접하고 있는 건축물과의 규모의 비율과 연결하게 된다. 이러한 측면은 6.2.1.3절의 위치 분류에서 고찰하게 된다. 예를 들어, 대도시의 경우 여기서 분석한 대부분의 부동산은 내부 위치에 속한다(건수와 면적에 따라). 이것이 소도시와 농촌 기초자치단체의 경우에는 정반대이다. 이러한 결과는 물론 부분적으로 앞서 설명한 외곽 위치에 있는 부동산의 분류와 관련이 있을 수 있다.

3.1.2.3 기타 유형화 모델

뮌헨에 있는 독일 국방대학교의 연구가 제시하고 있는 또 다른 유형화 모델은 "지속 가능한 공간구조를 위한 가능한 기여에 따라, 그리고 특히 그 부동산의 경제적 잠재력에 따라" 부동산을 분류하고 있는데, "이로써 조기에 부동산의 가능한 경쟁력과 경제적 수익성과 관련한 개략적인 방향 설정을 제시할 수 있다"(Beuteler et al., 2011: 48). 이 모델은 독일도시학연구소Deutsches Institut für Urbanistik gGmbH: Difu의 A-B-C 모델(BBR, 2007: 53이하 참조)에 의거하여 다시 한 번 유럽유휴지연구협의회의 모델인 CABERNETConcerted Action on Brownfield and Economic Regeneration Network[32]에 기반을 두고 있다(Jacoby, 2008: 74 참조).

베렌트 외(Behrendt et al., 2010)는 'CABERNET'에 근거하여 도시계획, 경제 개발 그리고 환경 보호 등의 분야가 기준으로서 고려하고 있는 유휴지에 관한 상세한 평가 도식을 개발하였다. 평가 기준의 중요도 판정은 자치단체의 관련 직원들에 의해서만 이루어지고 있기 때문에, 이러한 평가 도식의 결과에 대해서는 주로 자치단체가 관심을 기울이고 있다. 따라서 무엇보다도 의사 결정자가 중요도 판정에 관계하게 될 때, 이것은 자치단체의 유휴지 관리 및 개발 목표의 설정에 도움이 된다. 필자의 견해로는 유휴지의 소유자가 결국 매각 시점과 매각 가격을 결정하기 때문에, 유의미한 중요도 판정을 위해 수요 및 비용에 관한 투명성이 보장되어야 한다고 생각한다. 그러므로 군 전환용지의 경우에는 연방부동산업무공사를 포함시키는 것이 바람직하다.

바이트캄프는 네 가지 유형의 유휴지, 즉 자체 개발 가능한 유휴지, 충당 가능한 유휴지, 소극적으로 개발 가능한 유휴지 그리고 개발 불가능한 유휴지로 분류하는 또 다른 유형화 방법을 제시하고 있다(Weitkamp, 2009).

- "충당 가능한 유휴지의 경우에는, (건축을 위한 지반 형성 등의) 토공사 비용이 실현 가능한 지가 상승에 부응하거나 이 비용이 개발 프로젝트와 연관된 위험의 비율만큼만 그 지가 상승을 초과한다."
- "소극적으로 개발 가능한 유휴지는 원칙적으로 개발할 수 있다. 물론 토공사 비용이 지가 상승을 초과한다. 여기서는 일반적으로 정비(오염 제거 또는 철거를 포함한 안전 조치)와 기반시설 설치에 높은 비용을 부담할 수 있다. 이때 지원금으로 상쇄해야 하는 수익성이 없는 비용이 발생한다. 유휴지의 재생과 함께 일반적으로 지가 상승이 이루어진다."
- "개발 불가능한 유휴지는 후속적으로 이용할 수 없다. 이러한 유휴지는 경제적 결손 상태에 놓여 있다. 지원금을 통해서도 재생된 토지는 마케팅, 즉 판촉할 수 없는데, 왜냐하면 그 어떤 추가적인 (건축적) 이용도 필요하지 않기 때문이다. 이러한 지역의 경우, 여전히 사용 중인 용도가 종종 재건된다. 이와 관련해서는 복원만이 가능하다."
- "자체 개발 가능한 유휴지는 경제적으로 이윤을 남기는 개발이 가능하다."

바이트캄프(Weitkamp, 2009: 225이하)의 이 분류는 군사시설 반환부지에도 동일하게 적용된다. 필자의 경험에 비추어 볼 때, '자체 개발 가능'이라는 범주에 속하는 군 전환 부동산의 개발은, 연방부동산업무공사가 양호한 가격을 얻고자 하고 필요한 경우에는 몇 년을 기다리기 때문에 반드시 다른 범주의 경우보다 빠르게 진행되지 않는다. 민간 개발자는 일반적으로 연방정부보다 높은 기회 이자 또는 금융 이자를 감수하기 때문에, 시간이라는 요소는 민간 개발자보다 연방정부에 덜 중요하다. 구체Gutsche는 유휴지의 소유자가 새로운 건축부지의 소유자보다 소극적으로 개발에 나선다고 추정하고 있다. 그의 진술에 따르면, 이는 높은 매매 가격에 대한 기대(경우에 따라 높은 장부 가격과 결부되어 있을 수 있음)와 관련이 있다. 대기 기간 동안 수요가 있는 지역에서 발생하는 가격 상승은 유지비와 기회 이자의 의미를 제한하였다(Gutsche, 2005: 5 참조).

3.1.2.4 결론

위에서 서술한 군 전환용지의 개발 가능성에 바탕을 둔 바이트캄프Weitkamp의 유형 분류는 군 전환용지에 대한 새로운 개발 계획을 다루는 연구에 중요하다. 그런데, 이 연구에서는 이미 매입자를 찾은 토지에 대해 논의하고 있다. 이 경우에 5.4.3.7절에서 자세히 설명하는 것처럼, 개발 가능성은 대기 기간에 따라 매매 가격에 고려된다. 이 연구는 군 건축물 재고에 의거하여 이 장의 시작 부분에서 기술한 유형 분류를 기초로 하였다. 추가로 위치에 따른 유형 분류를 행하였다. 예를 들어, 외부 위치에 있는 비행장, 내부 위치에 있는 특수 건물 또는 내부 위치에 있는 병영 등이다.

3.1.3 독일과 유럽의 군사시설 반환부지 전환

위에서 서술한 독일 연방군 창설 단계 이후, 1980년대 후반부터 군비 축소 및 구조 조정 단계가 시작되었다. 냉전의 종식으로 유럽 군대는 주둔 구상을 수정하였다. 이와 동시에 잠재적인 군 투입 지역과 가능한 전쟁 시나리오도 변경하였다. 그래서 예를 들어 독일 연방군의 경우에는 기능적, 운영 관리적 주둔 입지 결정을 보다 우선시하였다(BMVg, 2004a: 7). 그 결과는 군 주둔지를 포기하거나 축소하는 것이었다. 1990년대 말에 독일은 군사시설 반환부지 전환의 두 번째 물결을 겪었다(Pursiainen, 2006: 25; Jacoby, 2008: 72에 인용된Tresch, 2005: 66이어 참조). 세 번째 전환 물결은 2004년에 2010년까지 독일 연방군을 축소하기로 한 결정과 함께 시작되었다(이어, Koch, 2012: 10). 2011년부터 독일 연방공화국은 연방군의 개편과 특히 2020년까지 미군 및 영국군의 철수로 인해 네 번째 전환 물결에 놓여 있다.

3.1.3.1 독일의 군사시설 반환부지 전환의 역사

현대 군비 축소의 역사는 제1차 세계대전 이후 독일에서 시작되었다(BMVg, 2005: 9). 나치 독일의 제국재무부는 더 이상 필요하지 않은 토지를 매각하거나 이를 민간 또는 경찰 이용으로 용도 전환하였다. 이 전환의 단계는 오래 지속되지 않았다. 즉, 1939년 독일 육군이 보유한 토지는 38만 6,035헥타르에 달하였으며, 이 중 약 1만 3,000헥타르가 군 병영 토지 면적이었다(상게서: 22).

제2차 세계대전 후 군 병영은 연합군 또는 후에 독일 연방군이 계속해서 사용하였다. 제2차 세계대전 이후 신생 독일 연방군은 주로 과거 나치 독일의 국방군 병영에 주둔하였다. 1950년대 말부터 새로운 군 병영이 다시 건립되었다. 1970년 구서독의 420개소의 군 주둔지 가운데 221개소의 군 주둔지가 과거 국방군 병영이었다(Müller, 2014: 10에 인용된 Jurczek, 1977: 5이하). 1960년대부터 또한 구조 취약지역을 강화할 목적으로 새로운 군 기지의 입지 선정이 이루어졌다. 따라서 기본적으로 농촌지역의 소규모 자치단체가 새로운 군부대 입지로 고려되었다(Müller, 2014: 11이하). 또한 군부대의 이동성 향상과 저렴한 토지 조달 그리고 핵 공격 목표로부터 떨어진 위치 등에 의해 농촌지역이 최적의 입지를 제공하였다(상게서). 1970년대에는 'WI5-Programm'으로 군인을 위한 약 1만 2,000채의 숙소가 지어졌다. 이와 관련하여 타입 설계도 수립되었다. 군 확충에 따른 이용 토지의 확장이 냉전이 종식될 때까지 지속되었다.

냉전의 종식과 독일의 재통일로 독일에서는 군 주둔의 근본적 방향이 바뀌었다. 한편으로 독일이 이제 우호국에 둘러싸이게 되었기 때문에, 직접적인 국토 방위는 요구되지 않았다. 다른 한편으로 구동독의 인민군Nationale Volksarmee: NVA은 해체되어, 병사 중 2만여 명만이 연방군에 편입되었다(Müller, 2014: 25). 과거의 독일 내 국경 수비부대와 병영은 기능적으로 완전히 불필요하게 되었다.

1989년 이후 변화된 상황은 외국의 독일 주둔 군대에도 구조 변화를 의미하였다. 구동독에서는 인민군NVA 외에도 주로 구소련군이 주둔한 반면, 구서독 영토에는 연방군Bundeswehr 외에도 미군, 프랑스군, 벨기에군, 네덜란드군, 캐나다군 그리고 영국군 등이 주둔하였다. 그 주둔 입지의 분포는 주로 제2차 세계대전 이후 독일 내의 옛 점령지역의 분할에서 비롯되었다.

　재통일된 독일에 여전히 주둔하였던 구소비에트[33] 군대, 이른바 서부집단군Westgruppe der Truppen: WGT[34]은 1994년까지 독일에서 완전히 철수하였다. 외부 국경의 변화와 병력의 추가 감축으로 인해 기존의 2,300건의 군 부동산 가운데 약 4분의 3은 더 이상 필요하지 않게 되었다(Müller, 2014에 인용된 BMVg, 1994: 15). 구동구권 국가들에서도 많은 군 부동산이 국가로 반환되었다. 헝가리에서는 이러한 군 부동산이 부분적으로 납득할 수 있는 이용 구상을 제시하는 한, 무상으로 자치단체에 양도되었다. 그런데 오로츠와 피리시의 연구에 따르면, 이러한 이용 구상의 30퍼센트만이 실제로 이행되었다고 한다(Orosz & Pirisi, 2014: 192). "[헝가리에서] 모든 군 전환용지의 44퍼센트가 상업용 기능을 부여받았지만, 부분적으로 이론적으로만 부여받았다. 부지의 60~80퍼센트가 비어 있음에도 불구하고, 10개소의 과거 병영은 '산업단지'의 명칭을 얻었다"(상게서: 192). 구동독에서도 연방정부가 군사시설 반환부지의 무상 인수를 제안하였다. 작센주, 튀링겐Thüringen주 그리고 브란덴부르크Brandenburg주는 이를 활용하여 서부집단군WGT의 모든 주둔지를 무상으로 인수하였다(Kratz, 2003: 65이하). 구동독에 주둔한 서부집단군이 보유한 23만 1,595헥타르 중 15만 5,401헥타르가 연방 주들에 무상으로 넘어갔다(Kratz, 2003: 33).[35]

　1989년과 1995년 사이에 군사시설 반환부지 면적은 9,680제곱킬로미터에서 6,400제곱킬로미터로 감소하였다(BICC, 1996: 179). 2004년부터 독일 연방군의 재편이 시작되었으며, 이에 국토방위는 계속하여 뒤로 후퇴하고 해외작전이 한층 더 중요하게 되었다. 연방군의 개편과 병역의무의 폐지로 인해 2011년부터 추가로 주둔지가 폐쇄되었다. 아래 표는 냉전 이후 독일에서의 병력 감축의 역사를 보여준다.

연도	독일 연방군	영국군	미군	소련군 및 서부집단군	기타
1989					구동독 인민군 해체
1990	2+4 조약 군 370,000명 으로 감축			완전 철수	프랑스군 철수
1991		1차 물결	1차 물결		
1992					
1993			잔류: 70,126명		
1994	군 335,000명 으로 감축				
1995					
1996					
1997					
1998					
1999					프랑스군 철수
2000	군 285,000명 으로 감축				
2001			바트 크로이츠나흐		
2002		6개소 주둔지			벨기에군 철수 25,000명
2003					
2004	군 252,000명 으로 감축				
2005			2차 물결 30,000명		
2006					
2007					
2008		오스나브뤼크			
2009					
2010					

2011	군 185,000명으로 감축				
2012					
2013			하이델베르크		
2014			3차 물결 '아시아 중심 전략' (Pivot-to-Asia)		도나우에쉬겐 (프랑스군)
2015		완전 철수			
2016			잔류: 34,562명		프랑스군 잔류: 594명
2017	잔류: 178,304명				
2018					
2019					
2020		잔류: 200명			

그림 11. 독일의 군 감축(출처: 독일 연방국방부(BMVBS, 2013: 8)(연방군)
및 wikipedia(2018년 5월 21일 접속)의 데이터에 기초한 필자 작성)

독일 연방국방부의 실행 계획에 따르면, 2013년부터 약 120개소의 군 주둔지에서 약 150건의 부동산이 비워질 것이라고 한다(BMVBS, 2013). 이에 더해 외국군의 군사시설 반환부지의 전환도 이어져 왔다.

미군	2,650ha	6,000채의 주택
영국의 라인 주둔군	20,000ha	6,900채의 주택

2008년과 2014년 사이에 연방부동산업무공사는 다음과 같은 군사시설 반환부지를 매각하였다(Bundestang, 2014).

표 1. 연방하원(2014) 자료에서 나온 연방부동산업무공사의 매각

구분	전환 사례의 수	총수익 (백만 유로/년)	매각 면적 (㎡)	매각 면적 (주거 건물)(㎡)
2008	266	126	35,910,000	119,418
2009	395	186	26,760,000	795,584
2010	478	154	16,630,000	826,830
2011	289	204	33,130,000	805,318
2012	195	168	10,420,000	75,934
2013	237	135	13,970,000	330,129
2014. 02	36	11	1,410,000	6,290

출처: 연방하원(Bundestag, 2014) 자료에 따라 필자 작성

그러나 바덴-뷔르템베르크Baden-Württemberg주에서만 2017년 초에 936헥타르의 군 전환용지가 여전히 유휴지로 남아 있었다(Landtag BW, 2017). 그런데 모든 토지 정보에서는 이 토지의 대부분이 개방지이거나 산림일 수 있다는 점에 유의해야 할 것이다. 이점에 관해서는 나중의 분석에서 좀 더 자세히 살펴볼 것이다.

3.1.3.2 전환의 결과

위에서 언급한 수치를 고찰할 때, 블레저와 야코비(Bläser & Jacoby)가 말하는 지역적 파급 효과와 관련하여 다음과 같은 사항에 주목해야 한다. 한편으로 독일 연방군이 어느 한 주둔지에 있는 근무처를 축소한다고 해서 반드시 부동산을 포기할 필요는 없다. 다른 한편으로 부동산의 폐쇄가 동시에 주둔지의 인력 감축을 의미하지 않는데, 왜냐하면 주둔지는 여러 부동산을 포함할 수 있기 때문이다. 군 반환 부동산의 총수는 또한 가능한 부지 잠재력을 평가하는 데 간접적으로만 도움이 되는데, 왜냐하면 군 부동산은 서로 다른 위치에서 다양한 규모로 활용되고 있기 때문이다.

3.1.3.2.1 경제적 영향

구조 취약지역에 군 주둔지를 입지시키는 1950년대와 1960년대의 배치 정책은 기초자치단체를 병영에 의존하게 만들었다(Müller, 2014: 12에 인용된 Sperling & Fischer, 1992: 67). 따라서 그러한 주둔지의 폐쇄는 "지역 경제적 위기"를 초래하였다(상게서). 특히 시간제(파트타임) 근로자의 경우에는 출퇴근 통근 시간이 길어 근무처가 이전하게 되면, 일자리를 잃을 수 있다. 뮐러가 다양한 자료를 바탕으로 보여주고 있듯이, 지역 인프라에 대한 보조금도 연방 군인의 주둔과 결부되어 있었다(Müller, 2014: 24).

"군 주둔지는 특히 농촌지역에서 중소기업의 서비스에 대한 중요한 수요자이며, 따라서 지역 경제에 과소평가해서는 안 되는 버팀목의 하나이다" (Grundmann, 1998: 56). 소도시인 비트슈토크Wittstock의 예에서 알 수 있듯이, 세수 손실도 무시해서는 안 될 요소이다. 즉, 그곳에서 군 주둔지의 폐쇄로 연간 150만 유로의 세수 손실이 발생하였다(Palkowitsch, 2011: 45).

외국 군대의 철수는 전체 국민 경제에 즉각적으로 명백한 영향을 미칠 것이다. 즉, 외국군의 군인들이 독일에서 철수하면, 그들의 급여는 더 이상 독일의 소비 지출에 기여하지 않는다. 반면에 연방군의 군인들은 주둔지가 폐쇄될 경우 독일 내 다른 지역으로 옮겨가고, 따라서 국내에서 계속해서 소비한다(BMVg, 2004: 7). 외국 군대가 부분적으로 자체 공급 시설을 운영한 지역에서도, 소비 지출의 일부는 여전히 지역 경제에 남아 있었다. 더군다나 모든 군대에서는 민간 고용자들이 예를 들어 비서, 기계공 또는 회계사 등으로서 근무한다. 이와 같은 외국군에 대한 의존을 보여주는 하나의 예는 여러 영국군 병영이 위치한 노르트라인-베스트팔렌주 파더보른Paderborn의 도시구인 젠네라거Sennelager이다. 이 도시는 일찍이 그 이름이 이미 시사하듯이 독일제국 이래 젠네Senne 군 훈련장에 주둔한 군대로부터 형성되었다.

블레저 외(Bläser & Jacoby, 2009: 174)는 전환의 결과를 학술적으로 분석하였으며, 지역이 크면 클수록 그리고 경제적으로 번영하면 할수록, 주둔지 폐쇄를 그만큼 더 쉽게 수용할 수 있다는 점을 밝히고 있다. 또 다른 분석에서는 "특히

··· 작은 자치단체는 군사시설 반환부지의 전환 문제를 다루는 데 있어 인적 및 재정 자원과 그 경험의 한계에 직면하고 있다"(Jacoby, 2008: 66)라는 사실을 보여주었다. 이에 더해 (적어도 노르트라인-베스트팔렌주에서는) 작은 자치단체가 큰 자치단체에 비해 한층 적은 도시 건설 촉진 자금을 신청하는 경향이 있는데(difu, 2018: 36), 여기서 전체적으로 인력 부족을 중요한 원인으로 볼 수 있을 것이다(상게서: 45이하)라고 한다.

앞서 언급한 논리적 가정과 개별 사례에서 유래한 경험 외에도, 정반대를 증명하는 흥미로운 연구가 있다. 즉, 팔로요 외(Paloyo et al.)는 전환의 장기적인 부정적 효과가 작다는 것을 통계적으로 입증하였다. "우리는 독일에서 군 기지 폐쇄가 지역 경제에 거의 영향을 미치지 않았다는 점을 알게 되었다. 2003년에 시작된 독일군 현대화 작업의 일환으로 발생한 군 기지 폐쇄는 그 주변 지역 사회에 중대한 사회 경제적 영향을 미치지 않았다"(Paloyo et al., 2010: 12). 이들 저자는 이점을 병영의 독립적인 공급, 자치단체별로 인구에서 차지하는 군인의 낮은 비중 그리고 성공적인 후속 이용(상게서: 12) 등에 따른 것으로 설명하고 있다.

3.1.3.2.2 계획적 그리고 도시 건축적 영향

주둔지의 포기로 인해 해당 자치단체에는 도시계획적 기회가 성립한다. 많은 군 병영은 1930년대 이후 도시가 둘러싸고서 발달한 하나의 "금지 구역"이었다. 따라서 부동산의 포기는 해당 도시에 이용 공백을 남긴다. 하지만 군 병영의 외피, 즉 건물 구조와 울타리가 이용 전환될 때까지 계속 존재하기 때문에 병영 단지는 우선 장벽 효과를 유지한다.

군 부지는 높은 비율로 외부 구역에 위치하고 있으며(Beuteler et al., 2011: 36), 이는 이 연구에서 분석한 사례의 경우에도 반영되고 있다. 이러한 토지는 녹지로의 후속 이용이라는 폭넓은 스펙트럼에 적합하다. 더군다나 아무것도 방해하지 않는 한(정치적 의지, 토양 오염 구역, 무기, 자연 보전 등), 그곳에 대규모 사업 계획을 추진할 가능성도 있다.

큰 토지 비율에도 불구하고, 군 전환용지의 용도 전환 가능성은 종종 낮은 것으로 평가된다. 독일 일간지인 쥐트도이체 차이퉁Süddeutsche Zeitung은 데에스카 주식회사DSK GmbH의 마르크 바인슈토크Marc Weinstock를 인용하여 다음과 같이 적고 있다. "낮은 비율만이 주거 공간으로 전환되거나 신규 주택의 택지로 사용될 수 있다." 그리고 한 걸음 더 나아가 "모든 해제된 군사시설 반환 부지의 약 3분의 1만이 전형적인 병영 부지를 포함하며, 그것에도 전문가들의 추정에 따르면 기껏해야 건축물의 20퍼센트만이 주거 공간으로 전환하는데 적합하다"(Süddeutsche Zeitung, 2017년 3월 21일: "어려운 처지에 있는 군 전환용지", 페터 블레흐슈미트(Peter Blechschmidt)의 기사 참조). 구동독에서는 군 전환 토지의 위치가 확실히 별다른 관심을 끌지 못하고 있다. "따라서 주거 공간, 공공 수요 및 인프라 목적을 창출하기 위해 도시개발에 이용할 수 있는 토지와 관련하여, 심지어 1990년대 초반, 즉 구 동독지역 재건에 대한 낙관적인 경제 예측의 시기에도 토지 수요는 86제곱킬로미터에 불과한 것으로 파악되었다. 이는 과거 군사시설 반환부지의 겨우 6퍼센트에 지나지 않는다"(Palkowitsch, 2011: 40).

3.1.4 결론

이 연구에서는 개발 계획적 행동 조치와 부동산 경제적 발전을 보다 크게 필요로 하는 토지가 관건이기 때문에, 주거 부동산과 군 훈련장을 제외하여 건물이 있는 군사시설 반환부지의 전환에 분석 대상을 한정하는 것이 타당하게 여겨진다. 또한 선택한 접근 방법은 향후 연구에서 상위의 연구 분야인 '유휴지 개발'과의 연결을 단순화한다. 독일 철도Deutsche Bahn가 보유한 토지의 개발과도 유사성이 존재하는데, 이는 군 전환용지가 오늘날 도시에 통합된 위치에 놓여 있기 때문이다(2018년 인터뷰에서 드란스펠트(Dransfeld)도 언급함).

과거에 상업적으로 이용된 유휴지와의 차이점은 다음 표에 기록되어 있다.

표 2. 군 부동산 프로젝트 개발의 특성

군 부동산 프로젝 트개발과 유휴지 프로젝트 개발 간의 차이		
	상업 유휴지	군 부동산
개발 전 소유자	민간 소유자	연방부동산업무공사, 연방정부 재산
이때까지의 계획권	자치단체	부분적으로 광역자치단체 (연방건설법전 제37조)
계획권의 성립	매입자 또는 매각자가 자치 단체와 협상	앞과 다르지 않음
이력(역사), 토양 오염 구역에 대한 책임	부분적으로 다양한 이전 소유자, 부분적으로 더 이상 책임 여부를 명확히 할 수 없음	대부분 연방정부 또는 연방 부동산업무공사의 책임, 하지만 법적으로 제한됨; 산업적 이용의 경우보다 토양 오염 구역이 적음
이후의 매매 가격 평가	매각자 또는 부동산 중개인에 의해	거래 가격 감정평가인
매각 과정	일반적으로 개별 이해관계자와 별도 협상	자치단체의 선취 선택권 또는 입찰절차
매매 가격 평가 및 결정	결정의 자유, 일반적으로 시장 원리에 따라 행해짐	부동산가치평가령에 따른 가치평가, 연방예산법 제63조에 따른 매각
매매 계약	계약의 자유	연방 전역에 걸친 동일한 계약 원칙, 일반적으로 개선 (향후 조정)조항이 있음
소유권 이전 및 매매 가격 지급	매매 가격 전액 지급과 함께 소유권 이전, 일반적으로 처음 성립한 계획권과 함께	등기 전에 매매 가격 부과, 등기와 함께 소유권 이전, 계획권은 대개 여전히 보류되어 있음

남부 독일의 주택 시장에 대한 군사시설 반환부지의 전환이 미치는 영향과 관련하여 (기업의 입지 이전의 경우와는 달리) 미군의 군인들과 그 가족들이 주로 군 병영부지에 거주하고 있다(하였다)는 점을 고려해야 할 것이다. 따라서 군 병영에 있는 주거 부동산이 계속하여 이용되지 않는 한, 미군 철수가 주택 시장에 미치는 파급 효과는 미약하다.

오늘날 도시는 통합 위치에 있는 대부분의 병영을 둘러싸고 발달해 왔다. 특히 1949년부터 구조적으로 취약한 농촌지역에 새로운 군 주둔지가 개설되었다. 매각 사례를 분석할 때, 이러한 군 병영의 대부분이 그동안 통합 위치에 있는지, 주둔지가 여전히 구조적으로 취약한 것으로 여겨지는지, 그리고 중소 도시가 어떤 비율을 차지하는지 등을 검토해야 할 것이다. 비행장은 예전부터 외부 구역에 건설되었다. 따라서 오늘날에도 비행장은 여전히 외부 위치에 있는 것으로 예상할 수 있다. 물론, 예를 들어 쾰른-오센도르프Köln-Ossendorf의 과거 부츠바일러호프Butzweilerhof 비행장처럼 예외도 존재한다.

군사시설 반환부지의 전환은 도시 개발을 위한 기회를 제공한다. 팔로요 외 (Paloyo et al., 2010)는 전환이 장기적으로 그 어떤 부정적 영향도 미치지 않는다는 점을 입증하였다. 전환은 구조적으로 취약한 지역보다 성장하는 기초자치단체에서 한층 신속하게 실행되고 있다.

3.2 전환의 관계자들

일반적으로 군사시설 반환부지의 전환 과정에 토지 소유자로서 연방부동산업무공사, 개발 계획의 시행 주체로서 자치단체 그리고 토지 이용자로서 매입자라는 세 당사자가 관여한다. 이 관계자의 범위는 자치단체가 직접 군사시설 반환부지를 매입하는 경우 매입자 측에서 가능한 임차인을 둘러싸고 확장 또는 축소될 수 있다. 따라서 관계자 중 적어도 두 명은 공공부문에 속하고, 민간 매입자가 나타나지 않는 한 공공부문만이 참여하게 된다.

이 연구의 추가적인 이론적 고찰의 토대는, 매입자와 매각자가 기준지가 이론의 모델에 따라 이상적으로 행동한다는 것이다(자세한 것은 Aring, 2005: 28에 인용된 Schätzl, 1988: 62이하; Maier & Tödling, 2001: 125이하; Heineberg, 2001: 109이하).

우선 연방부동산업무공사와 자치단체의 역할을 소개한 다음, 매입자와 개발자 그리고 자문자의 역할을 설명하고자 한다. 이러한 역할에는 중첩되는 부분이 있으므로, 이상적인 기능 외에도 여타 측면들을 고려한다. 예를 들어, 자치단체는 매입자일 뿐만 아니라 개발자일 수도 있다.

3.2.1 토지 소유자인 연방부동산업무공사

연방부동산업무공사는 독일 연방정부의 부동산 자산을 관리하고 시장에 내놓으며, 거의 모든 경우에서 토지 소유자 측을 대표한다.

2005년 1월 1일부터 연방산림관리사무소Bundesforstämter, 연방재산관리청 Bundesvermögensverwaltung 그리고 고등재무국Oberfinanzdirektioen의 연방재산관리과Bundesvermögensabteilungen의 후속 기관으로서 연방부동산업무공사는 거의 모든 연방정부 소유 토지BImAG**36**의 소유자가 되었고, 이에 따라 군사시설 반환부지의 소유자로 등록되었다. 연방부동산업무공사의 주요 업무는 독일 연방의 부동산을 관리하는 것이다. 부동산 관리는 상업상의 원칙(Bundestag, 2018: 5)에 따른 통일적 부동산 관리Einheitliches Liegenschaftsmanagement: ELM에 따라 수행된다. 이는 예를 들어 연방군이 개별 물건에 대해 임대료를 연방부동산업무공사에 지급하고, 이로써 연방부동산업무공사가 건물 유지 관리를 담당한다는 것을 의미한다. 만약 연방부동산업무공사가 민간인에게 (소유 토지를) 임대한다면, 공사는 민간 임대자처럼 처리할 수 있다(Hauschild, 2017: 707). 연방부동산업무공사는 또한 연방정부의 각종 부동산 물건의 건축주이기도 하며, 이때 건축의 시행은 부분적으로 연방건설국토계획청Bundesamt für Bauwesen und Raumordnung: BBR에 부여되고 있다(Bundestag, 2018: 8이하).

연방부동산업무공사는 공법에 따른 연방정부 직할 공사의 하나이다. 공사는 자기 책임하에 상업적 규칙(연방부동산업무공사법(BImAG) 제1조 제1항)에 따라 업무를 수행한다. 공사는 연방재무부의 법률 및 업무 감독 아래에 있으며, 연방감사원 Bundesrechnungshof의 감사를 받고 있다(연방예산법(BHO) 제111조). 연방정부의 많은 부동산 재산과 상업적 활동과 관련하여 하우실트Hauschild는 대표성과 경제성의 목적에 근거하여 공사에 대한 명확한 정당성을 부여하고 있다(상계서: 690이하). 2018년 연방부동산업무공사에는 독일 연방 전역에 걸쳐 분포하는 여러 지부에서 약 7,100명의 직원이 근무하고 있다.

연방부동산업무공사는 총 면적이 약 8만 7,000헥타르에 이르는 약 2만 5,700건의 건물이 없는 토지를 보유하고 있다(연방하원 인쇄물(Drucksache) 19/2450).

"연방부동산업무공사는 현재 총 약 4,400건의 부동산을 포함하는 단기 및 중기 매각을 위한 부동산 포트폴리오를 보유하고 있다. … 경험에 따르면, 앞서 살펴본 물건의 약 50퍼센트가 계획에 따라 정기적으로 매각될 것이다. 그 후에 다음 2년 이내에 최대 2,000건의 부동산을 매각할 것[필자의 강조: 2019/2020년]으로 기대된다(2018년 6월 25일 간행된 연방하원 인쇄물(Drucksache) 19/2953).

주州, 행정관구 그리고 자치단체와 마찬가지로 연방정부도 고유한 유형 재산을 가지고 있다. "유형 재산은 … 연방 장거리 도로와 연방 수로(부동산)를 포함한 연방의 부동산 자산을 포함하는데, 이는 전형적인 행정 건물과 군사시설 그리고 산림지에서 시작하여 민간인이 이용하는 단독 및 다세대 주택에 이르기까지 독일 연방 전역에 걸쳐 분포하며, 전체 재산의 상당 부분을 차지한다" (Hauschild, 2017: 665). 국유재산은 전통적으로 재정 재산과 행정 재산으로 나뉜다. 전자는 수익을 창출하고, 후자는 행정 업무를 수행하는 데 필요하다. 예를 들어, 군인을 위해 건축한 단독주택을 민간 임차인에게 임대한다면, 이 물건은 행정 재산에서 재정 재산으로 바뀌게 된다. 상업적 회계에 따라 연방부동산업무공사는 재산을 고정재산AV과 유동재산UV으로 구분해 왔다. 따라서 앞서 언급한 단독주택은 고정자산에서 유동자산으로 바뀌는데, 이 유동재산에 비상업적 부동산이 있다. 특수한 것은 이른바 현금창출원cash cow[37]으로, 수익률로 인해 장기적으로 연방재산에 남아 있어야 할 것이다(Hauschild, 2017: 680). 유동재산은 2017년부터 계속 증가할 것으로 예상된다(실제서). 외국 군대가 사용한 토지 역시 연방부동산업무공사에 속하고, 북대서양조약기구군NATO 지위협정AG NATO Troop Statute: NTS[38] 제21a조에 따라 외국군에 위임되어 있다. 47만 헥타르의 토지와 약 3만 6,000채의 주택 그리고 매년 42억 유로 이상의 임대량을 가진 연방부동산업무공사는 독일에서 가장 큰 부동산 소유자 중 하나이다 (bundesimmobilien.de, 2018년 4월 7일). 이 임대량에서 연방군이 차지하는 비중은 연간 25억 유로이다. 부동산의 매각 수익이 2014년 4억 8,310만 유로 그리고 2013년 4억 4,080만 유로(BImA, 2014)였다. 매각 물건에는 외국 군대와 연방군의 주둔지도 포함된다. 매입자는 민간인과 자치단체였다.

3.2.2 자치단체 및 허가관청

자치단체는 군사시설 반환부지의 전환 과정에 언제나 관계한다. 기초자치단체는 모든 기초자치단체와 기초자치단체연합(예를 들어, 군과 시)을 말한다. 이들 기초자치단체는 공공 행정의 일부로서 의무 사무 외에도 자율 사무도 수행한다. 이러한 사무는 기초자치단체법Gemeindeordnung으로 규율된다. 주써는 기초자치단체법을 관할하지만, 기본법GG 제28조 제2항 제1호에 따라 자치단체의 자치행정 보장을 준수해야 한다. 군사시설 반환부지의 전환과 관련하여, 특히 건설 기본계획 수립Bauleitplanung의 의무적인 자치 행정 사무가 중요한 역할을 한다. "기초자치단체는 말하자면 건설 기회를 창출하고 유지하는 데 독점적 지위를 지니고 있다"(Battis et al., 2016, 제11조, 난외번호**39** 4). 자치단체의 중대 의사결정은 기초자치단체 의회 또는 시의회에서 내린다. 아래의 설명은 스스로 군 전환 부동산 매입자의 역할을 하지 않는 자치단체에 이상적으로 적용된다.

자치단체의 행정은 계획권과 관련하여 특정 사업 계획에 구속되어 있다. 즉, 자치단체의 행정은 지방자치 정책의 요구 사항과 법률적 과제 외에도 지역적 관심사와 일반인(공공 대중)의 관심사를 고려할 의무가 있다.

자치단체, 특히 중소 도시는 주거, 노동, 상업 등의 존재 기본 기능Daseinsgrundfunktion에 적잖은 문제를 불러일으키는 폭넓은 인구 통계적 도전과 씨름하고 있다(Baumgart et al., 2011: 12). 무엇보다도 대도시지역에서는 주민에게 저렴한 주거공간을 공급하는 것이 문제가 되고 있다(difu, 2017: 9이하). 군 전환용지의 재이용은 이 점에 도움을 줄 수 있다. 이에 사회적으로 혼합된 주거지구의 개발을 통해 사회적 분열과 양극화를 저지해야 할 것이다. 토지 소비를 감소시키고 기후보호 목표를 이행하는 것이 도시 개발의 목표로 여겨진다. 예를 들어, 2016년에 유럽연합EU은 토지에 대한 새로운 이용 수요의 동결을 장기적인 지속 가능성의 목표로 제안하였다. 그런데 이는 건축부지의 신규 개발과 부분적으로 또한 다소 밀도가 낮은 주거지구의 고밀도화를 저지한다. 구체에 따르면, 건축부지의 신규 지정과 관련하여 기초자치단체의 입지 결정 중 많은 것은 유휴지 대신에 경작지를 우선하는 방향에서 내리고 있다(Gutsche &

Schiller, 2005: 5). 기초자치단체에는 일반적으로 민간 개발자가 경작지에 건축 부지를 개발하는 것이 큰 이득이 된다. 즉, 개발자는 주변부에 건축부지를 상당히 저렴하게 개발하여 많은 인프라를 조성한 다음, 이를 무상으로 자치단체에 양도할 수 있다. 기초자치단체는 물론 종종 '교외 공지'의 개발에 따른 후속 비용을 생각하지 않는다(상세서: 5). 유휴지의 경우에는 인접한 인프라가 대개 이미 충분한 정도로 갖추고 있으므로, 이 후속 비용이 낮다. 더군다나 구체 Gutsche에 따르면, 새로운 세수와 관련된 전체적인 재정 효과는 종종 과소평가되고 있다(상세서: 5).

군사적 이용의 최종적인 포기와 함께 계획권Planungshoheit[40]은 자치단체에 다시 돌아간다(4.1.1.2절 참조). 이 연구를 더 진행하면서 자치단체가 기대하는 개발을 또한 실현하기 위해 어떤 수단을 적용할 수 있는지를 제시하게 될 것이다. 이 점에서 통상적인 수단 외에도 예를 들어 신혼부부 가정의 지원 또는 이른바 '원주민 모델Einheimische Modelle'[41]에 유용한 수단도 제시한다.

3.2.3 매입자, 개발자 그리고 기타

다음과 같은 행위자들의 경우, 그 역할에서 다른 행위자들과 중첩된다. 매입자, 개발자, 자치단체 매입자 그리고 전환 파트너가 행위자로서 소개된다. 하지만 연방부동산업무공사 및 자치단체와 달리, 이들은 독립적인 개별 행위자로서 군사시설 반환부지의 전환 과정에 관여할 수 없다. 예를 들어, 만약 자치단체가 군 전환용지를 자체적으로 매입한다면, 자치단체는 매입자의 역할을 하지만, 또한 개발 계획의 주무 관청의 역할을 유지한다.

3.2.3.1 매입자

이 연구에서 말하는 매입자는 연방부동산업무공사가 매매 계약을 체결하는 당사자들이다. 이들은 개인과 회사 또는 공법상의 단체(비엔)일 수 있다. 대규모 프로젝트의 경우에는 대개 프로젝트 개발 회사가 등장하며, 이 개발 회사는 또한 대부분 공공 지분을 보유할 수 있다(예를 들어, 주개발공사(Landesentwicklungsgesell-schaft: LEG)). 프로젝트 개발자는 사업 완료 후 제3자에게 물건을 매각하거나 계속해서 운영한다. 이들에 대해서는 나중에 별도로 설명하려고 하는데, 왜냐하면 이들은 민간 회사일 뿐만 아니라 공사일 수도 있기 때문이다.

매입자 측은, 우선 토지를 최적으로 활용하는데 가능한 최저 가격을 지급하고, 다음으로 이상적으로 이윤을 극대화하는 방향으로 개발 계획을 수립하고 건축할 것이라고 이상적으로 가정할 수 있다. 자치단체가 매입에 관심이 있는 경우에도 역시 자치단체가 토지를 가능한 한 유리하게 매입하고자 한다고 여겨지며, 이 경우 '유리한'이라는 용어는 금전적 요소보다 정치적 요소를 더 많이 내포하고 있다. 매입자 측은 이상적으로 공증 시점에 건축 기대와 관련하여 가능한 한 적은 위험을 감수하고자 한다. 민간 경제에서는 매매 가격의 지급을 성공적인 건축 허가 또는 원칙적으로 결정된 계획권(연방건설법전 제33조)과 연결하는 것이 일반적이다. 이는 종종 자금을 대는 신용기관의 요구 사항과도 연관이 있다.

매입자의 신용도 또는 그 금융 능력은 매각자가 심사해야 한다. 따라서 의심스러운 경우에는 매각자는 매입자에게 자기 신용 기관의 예비 자금 조달 약정을 자발적으로 제출하도록 요구할 수 있다. 신용 기관은 대출 채무 불이행을 원하지 않기 때문에 자체 전문가들과 함께 프로젝트를 실행할 수 있는지 그리고 계산이 올바른지를 확인한다. 신용 기관은 일반적으로 매입자의 재무 이력과 자본 상태도 파악하고 있다.

3.2.3.2 개발자

'개발 프로젝트'라는 용어에 관해서는 다양한 정의를 사용할 수 있다. 이 연구에서는 디데리히스Diederichs가 말하는 가장 널리 사용되는 정의를 원용한다.

"(프로젝트) 개발자는 프로젝트를 계획하고 실행하며 그리고 이를 위한 자금을 조달한다. 이상적으로 이는 단계 모델에 따라 특정 토지에 대한 사용 아이디어를 갖고 있으며, 개발 계획권을 생성하고, 기반시설 설치와 정비 작업을 수행하고, 건물을 건립하고, 이를 사용자에게 임대하고, 결국 투자자에게 매각하거나 프로젝트를 유지하는 프로젝트 개발자를 말한다. 군 전환용지의 경우에는 이 프로젝트 개발자가 단계마다 서로 다른 당사자일 수 있다. 군 전환용지에서는 특정 토지가 하나의 이용을 모색하는 프로젝트 개발이 중요하며, 이것은 아마도 프로젝트 개발 이유의 3분의 2를 차지할 것이다"(Schulte, 2014: 752에 인용된 Bohne-Winkel et al.).[42]

연방부동산업무공사와 자치단체 또는 민간 및 공공 개발 회사가 프로젝트 개발을 추진할 수 있으므로, 이 연구에서는 이 모든 행위자가 개발자의 역할을 수행하는 한, 이들에게 '개발자'라는 이름을 부여한다. 특정 당사자의 이해관계에 따른 특성(예를 들어, 개발자 역할을 하는 자치단체)은 연구를 진행해 나가면서 설명할 것이다.

여기서 상정한 이상적인 프로젝트 개발자의 역할은 개발 사업의 완성 또는 건축 준비의 완료로 끝이 난다. 개발 과정은 일반적으로 3년에서 5년이 걸린다(상게서: 751). 개발된 부지를 자체적으로 계속하여 이용하는 프로젝트 개발자는 개발 사업의 완성과 가상의 소유권 이전 이후부터 투자자로 간주된다.

3.2.3.3 매입자로서 자치단체

토지 매입에 관심이 있는 자치단체는 1인 2역을 한다. 즉, 자치단체는 계획권뿐만 아니라 개발자의 경제적 이해도 지니고 있다. 관점에 따라, 이것은 자치단체의 공익을 지향한 도시 개발을 위한 가장 양호한 전제 조건이거나 연방의 공익을 희생시키는 이해 상충을 위한 가장 양호한 전제 조건이다.

일반적으로 연방부동산업무공사는 자치단체와 군사시설 반환부지의 전환 계약을 체결한다(Bundestag, 2014, Drucksache 18/3188: 7 참조). 도시계획적 개발과 개별 자치단체의 주택 정책적 또는 사회 정책적인 목표의 실현은 연방부동산업무공사의 업무가 아니다(상게서). 연방부동산업무공사는 부동산을 경제적으로 매각해야 하므로, 여기서 목적 상충이 발생한다. 2012년부터 시행된 선취 신택권(Erstzugriffsoption)의 틀 속에서 자치단체는 자유로운 공개 시장의 이해 당사자들과 경쟁하지 않고 연방부동산업무공사의 부동산을 매입할 수 있다.[43] 이러한 매각은 산출된 거래 가격[44]으로 행해져야 한다.

연방부동산업무공사는 불필요한 토지를 '완전한 가격으로' 매각할 의무가 있다(연방예산법BHO[45] 제63조 제3항). 이에 대한 예외는 연방 예산안에서 연방하원의 승인을 받아야 한다. 연방부동산업무공사는 입찰 절차에서 기대 수익을 산출하는 독립적 감정평가인을 고용하고 있다. 이 기대 수익은 부동산가치평가령 ImmoWertV에 따른 거래 가격 평가에 기반을 두고 있다. 감정평가서는 위에서 언급한 유럽연합 고시EU-Mitteilung 97/C 209/03, II, 2a에 부합해야 한다(FaKo StB, 2014: 24). 2012년부터 자치단체와 입찰 절차가 없고 감정평가에 의한 거래 가격만이 존재하기 때문에, 자치단체는 협상의 방식이 아니라 거래 가격에 대한 감정평가에 의해 입증된 비용 차이를 통해서만 매매 가격을 낮출 수 있다.

자치단체가 계획권을 가지고 있으므로, 연방부동산업무공사는 자체 매입의 경우 이 계획권이 가치평가 전에 계획법적으로 확립되어 있기를 기대한다. 이를 위해 일반적으로 각 시장이 서명한 목적선언Zweckerklärung[46]으로 충분하다(선취 선택권 참조). 거기에는 향후 계획법적으로 가능한 이용에서 성립하는 가치평가와 관련된 기본 조건이 적시되어야 한다. 계획법적으로 이용할 수 있는 토지가 질적으로 또는 양적으로 변경되는 한, 개발 계획에 정확한 토지가 명시되어야만 한다. 연방부동산업무공사는 건물이 있는 토지의 경우 연역적 가치평가를 위한 모든 정보가 필요하다.

3.2.3.4 자치단체의 파트너와 기타 행위자들

일부 성공적인 프로젝트에서 자치단체는 다른 개발자를 파트너로 확보할 수 있었다. 이들은 한편으로 군사시설 반환부지의 전환 과정을 수행하는 회사이며, 다른 한편으로 개발에 금융상으로 참여하는 회사이다.

자문을 해 주는 경험이 풍부한 파트너로는 예를 들어 주의 공사(예를 들어, 노르트라인-베스트팔렌주의 'NRW.URBAN' 또는 헤센주의 'Hessen Agentur'와 같은)일 수 있다. 또한, 예를 들어 데에스카DSK 또는 드레스 & 좀머Drees & Sommer와 같은 민간 기업들은 경우에 따라 자문가 혹은 투자자 역할을 한다. 더군다나 자치단체 또는 연방부동산업무공사 측에서 활동하는 군사시설 반환부지 전환에 특화된 전문 법률사무소도 있다. 자문 파트너는 특히 투자비, 가치평가 그리고 매각의 진행 등과 관련하여 전환 프로젝트에 관한 많은 경험을 가지고 있다. 그러나 연방부동산업무공사에도 다양한 행위자들이 있으므로, 민간 파트너의 모든 경험이 주州의 경계를 넘어 이전될 수 있는 것은 아니다. 또한 연방부동산업무공사의 (내부) 지침은 시간이 지남에 따라 변화하며, 따라서 특정 협약이 다른 자치단체로 이전될 수 없다. 이 점에 있어서는 다만 가격 할인을 사례로 언급할 수 있다.

금융 파트너는 자치단체가 위험의 일부뿐만 아니라 이익의 일부도 민간에 전가할 기회를 제공한다. 이때 선취 선택권은 다수의 공사에 의해서만 행사될 수 있다는 점을 반드시 유의해야 한다. 각종 보조금의 지원을 받은 주택 건설에 대한 할인을 할인 지침Verbilligungsrichtlinie: VerbR[47]에 따라 신청하는 한, 그 사업 추진도 다수의 공공 업무를 행하는 회사에 의해 최소 10년 이상 동안 수행되어야 한다. 따라서 금융 파트너는 소수로만 관여할 수 있으며, 따라서 지역적 정책을 요구할 수 있다(도시계획계약에 대한 장 참조). 그러한 파트너는 이윤을 기대하고, 이 때문에 개발 계획에서 목표의 상충이 발생할 수 있다(Koch, 2012: 126). 물론 자치단체가 선취에서 (가격) 할인을 받지 않은 채 군 전환 부동산을 매입한 다음, 이 부동산의 전체 또는 일부를 민간 개발자에게 재매각할 가능성이 있다. 이 경우에는 규정 준수의 이유로 재매각을 투명하게 수행하는 것이 바람직하다. 이와 관련하여 하나우의 파이오니어 병영을 사례로 들 수 있다. 언론 보도에 따르면,[48] 하나우도시건축프로젝트유한회사Städtische Bauprojekt Hanau GmbH는 2016년 연방부동산업무공사로부터 이 병영을 390만 유로에 매입하고, 같은 해 유럽 전역에 걸친 개발 공모 절차 후 약 600만 유로에 데에스카와 헤센하나우 주개발공사LEG Hessen-Hanau에 양도하였다.

앞서 언급한 자문인 외에도 다른 행위자들도 자문을 하거나 영향을 미치는 기능을 수행할 수 있다. 이러한 행위자에는 예를 들어 이니셔티브Initiative 또는 협회와 같은 지역 주민들로 구성된 단체들이 포함된다. 이들은 매우 다양한 관심사에 따라 조직되고, 그들의 의사결정은 자치단체에 영향을 미칠 수 있다. 이러한 행위자들이 실제로 어떤 가시적 영향을 미치는지는 투명한 공개 참여에서만 알 수 있다.

3.2.4 연방부동산업무공사, 자치단체 그리고 개발자의 역할 분담에 대한 결론

연방부동산업무공사와 매입자는 처분하는 토지를 최대한 경제적으로 활용하는 데 공통적인 관심을 가지고 있다. 이를 통해 연방부동산업무공사는 높은 매매 가격을 달성하는 반면, 매입자는 최대한의 활용을 통해 경제적으로 가장 좋은 결과를 얻는다. 개발 계획자인 자치단체는 건축적 이용의 종류와 정도를 확정하는 것을 통해 매매 가격의 차익을 결정한다.

그러나 자치단체가 매입자의 역할을 한다면, 가치를 결정하는 계획권으로 인해 이해 상충이 발생한다.[49] 자치단체는 군 전환용지를 도시 개발의 기회로 보고, 유리한 자체 매입을 통한 추가적인 조정 수단을 기대한다. 이때 자치단체는 재산의 사회적 (활용) 의무(기본법GG 제14조 제2항)와 토지의 사회적 중요성을 강조하는 연방헌법재판소의 두 판결(Davy, 2006: 24이하)에 근거하고 있다. 그런데 연방부동산업무공사 역시 공공부문에 속하기 때문에, 이러한 논거는 매입자와 매각자 모두에게 적용될 수 있다. 따라서 자치단체는 우선 계획 관청의 역할에서만 주장할 수 있다. 그렇지만 자치단체가 군사시설 반환부지를 매입하면, 그 자체로 가격 상승을 초래한다. 따라서 연방정부뿐만 아니라 자치단체도 개발 계획으로 인한 가격 상승을 인지하고 있다. 클라이버Kleiber는 여기서 1880년대 베를린의 이른바 '쇠네베르크 백만장자 농부Schöneberger Millionenbauern'와 연결하고 있는데, 쇠네베르크의 농지는 개발 계획과 인프라를 통해 엄청난 가치를 얻었으며, 이에 의해 토지 개혁가들은 개발 계획을 요구하였다(Kleiber et al., 2017: 2445. 난외번호 599). 군 병영은 물론 주변에 지가를 상승시키는 영향과 관련하여 농민들의 농지와 확실히 비교할 수 없다.

슈뢰어와 쿨리크는 자치단체의 도시계획과 연방부동산업무공사의 '완전한 가격' 사이의 딜레마를 적절하게 설명하고 있다(Schröer & Kullick, 2013: 362). 즉, "연방정부가 넓은 지역의 구조 계획에 대한 책임을 그 이용의 철회를 통해 기초자치단체로 위임하는 즉시, 이와 동시에 연방정부가 구매 협상에서 융통성을 보이지 않고 오로지 최대 이익만을 고집함으로써 이 점에서 구조적 개발을 방해할 수 있다. 이것은 기초자치단체의 구조적 개발에 대한 지원과 관련하여 연방 정책의 기조와 상반된다. 다른 한편으로 자치단체도 도시 개발은 '계획의 작업장'의 명예로운 목표를 실현하는 데에만 있는 것이 아니라, 이러한 방식으로 다른 프로젝트를 '중재'할 수 있는 시장성 있는 건축 토지를 적절한 입지에 조성하는 것이 타당하다는 점을 인식해야 한다."

위에서 기술한 역할 이해를 파악하기 위해서는 공공부문의 특수성을 고려해야 한다. 즉, 자치단체와 연방부동산업무공사는 보통 신청을 받고 결정하는 그 밖의 고권을 가진 행정 관청의 자기 이해에 입각하여 각각 행동한다. 따라서 동등한 수준에서의 협력은 직원들의 일상적인 일 처리 방식이 아니다. 이 밖에도 연방정부가 자치단체에 대해 나름의 자기 이해를 갖고 있는 행정 관청의 계층도 존재하지만, 토지 소유자로서 연방부동산업무공사는 자치단체에 의해 하나의 기업으로 여겨지고 있다. 기본법에 명시된 기초자치단체의 자치 보장은 자치단체 측면에서의 이러한 역할 이해를 강화하고 있다.

3.3 군사시설 반환부지의 매각 과정

2012년 독일 연방하원 예산위원회가 의결한 선취 선택권에 의거하여 연방부동산업무공사는 모든 부동산을 공개 시장에서 매각하기 전에 맨 먼저 자치단체에 제공해야만 한다. 이 선취로부터 개발 계획과 가치평가에 대한 구속이 발생한다. 예를 들어, 연방부동산업무공사는 계획권과 관련된 이유에서 개발 계획에 근거한 거래 가격으로 자치단체에 우선 매각하고, 이와 병행하여 다른 매입자를 찾을 수 없다. 그러므로 이 3.3절은 시간순으로 구성되어 있는데, 우선 선취와 이와 관련한 주제(3.3.1절 이하)를 그리고 이와 연결하여 마침내 민간인에 대한 매각(3.3.5절)을 논의하고자 한다.

연방부동산업무공사는 연방부동산업무공사법BImAG 제1조 제1항에 따라 공사 운영에 불필요한 부동산을 매각할 의무가 있다. 부동산 매각 시작 시점의 선택은 공사 자체의 포트폴리오 전략에 근거하며, 매각의 진행은 독일 연방 전역에 걸쳐 입찰 절차에 따라 이루어지는데, 이는 "매각 편람Handbuch für den Verkauf"에 규정되어 있다(Hauschild, 2017: 704). 또한 2015년부터 존재해 온 할인 지침VerbR은 선취를 규정하고 있으며, 수차례에 걸쳐 업데이트되었다(예를 들어, VerbR, 2017; 2018). 할인 지침에 관한 자세한 것은 아래 절에서 볼 수 있다.

연방부동산업무공사는 결국 민간 토지 소유자처럼 자체적으로 국유 부동산의 판매 여부와 판매 시기를 결정한다. 또한 공사는 매각 전에 가격을 높일 수 있는 개발 조치를 수행할 수 있다. 다음의 설명은 특별히 출처를 밝히지 않는 한, 필자의 경험에 바탕을 두고 있다.

3.3.1 선취

일반적으로 아무리 늦어도 인계하기 3개월 전에 군사적 이용자(예를 들어, 연방군) 측은 군 부동산을 특정 날짜에 연방부동산업무공사에 인계할 것이라고 고지한다. 영국군은 2014년 공식 일정표를 작성하였는데, 여기에는 개별 부동산에 대한 반환 기간이 제시되어 있다. 이에 따라 2020년까지 모든 부동산은 명도되어야 할 것이다. 연방부동산업무공사도 정확한 철수 날짜에 대한 자세한 정보를 갖고 있지 않은 경우도 있다. 그래서 모든 연방군의 개혁에서 연방부동산업무공사는 자치단체와 마찬가지로 주둔지 폐쇄에 놀라게 되는 일이 발생할 수 있다. 인계 날짜가 확정된 후, 최초의 매각을 위한 준비가 행해질 수 있다. 우선, 연방부동산업무공사의 시설관리처가 연방 또는 주의 행정 관청이 해당 도시에서의 이용에 관심을 신청하였는지를 내부적으로 검사한다(이른바 주 또는 연방의 필요). 이와 관련한 문의는 행정 계층적 순서로 이루어지는데, 다시 말해 고등 행정 관청이 자치단체보다 우선한다. 2018년 말부터 연방부동산업무공사는 자체적으로 주택 건설에 나설 것인지에 대해 숙고하고 있다. 결과적으로 부동산은 선취에 따라 더 이상 제공되지 않을 수 있다.

자치단체의 선취

연방부동산업무공사는 2012년까지 입찰 절차를 통해 매각 포트폴리오의 부동산을 매각하였다. 이것은 위에서 언급한 1997년의 유럽연합EU 권고에 따른 것이었다. 하지만, 자치단체 입찰자는 종종 입찰 절차에서 민간 입찰자에 패배하기도 하였다.[50] 2012년 이래 부동산은 공개 시장에서 매각하기 전에, 우선 부동산이 위치한 현지 자치단체에 제공되어야 한다. 이는 2012년 3월 21일 독일 연방하원 예산위원회가 의결한 자치단체에 대한 선취 선택권(연방하원위원회 인쇄물(Ausschussdrucksache) 17(8)4356)에서 비롯된 것이다. 현재 거의 모든 자치단체는 우선적으로 선취를 행사하고 있다(Musial Interview, 2018).

선취 선택권은 2018년까지 연방의 모든 부동산이 아니라 군 전환 부동산에만 적용되었다. 정의에 따르면, 이것은 군사적으로 예전에 이용된 부동산에서 직접적으로 유래하는 모든 부동산을 말하는 것이었다(VerbR, 2017). 따라서 예를 들어 연방기술지원공사Bundesanstalt Technisches Hilfswerk: THW,[51] 세관 그리고 연방국경수비대가 보유한 토지는 제외되었다. 농지도 마찬가지로 제외되었다. 선취 혹은 매각을 위한 토지가 제공되는지 그리고 언제 제공되는지는 연방부동산업무공사가 결정하고 있다(VerbR, 2018).

선취의 제공과 목적 선언

군사시설 반환부지를 자치단체에 제공하는 것은 일반적으로 연방부동산업무공사(매가자)가 자치단체의 대표인 시장에게 발송하는 서신을 통해 이루어진다. 다른 문서에 근거한 통지 방법도 가능하다. 자치단체는 6개월 이내에 선취를 공표할 수 있으며, 그렇지 않으면 선취 선택권은 소멸하고, 연방부동산업무공사는 공개 시장에 부동산을 제공할 수 있다(VerbR, 2018). 여기서 관건이 되는 것은 우선 매입권Vorkaufsrecht이 아니라, 거래 가격으로 매매할 수 있는 선택권이다. 자치단체가 선취를 사용할 경우, 선취 선택권이 만료될 때까지 민간 매입자의 입찰은 고려하지 않는다(실체서). 선취는 자치단체가 매입이 "법적으로 의무가 있거나 주州의 자치단체법Kommunalverfassung 혹은 기초자치단체법

Gemeindeordnung에 따라 수행하는 공공 임무를 이행하는데 필요하다"라는 것을 구속력 있게 보증하는 목적 선언Zweckerklärung으로 이루어진다(VerbR. 2018: 4). 이 목적 선언에서는 공공 임무나 개발 목표가 명시되어야 한다. 목적 선언은, 예를 들어 개발 목표가 변경될 경우, 수정하여 다시 제출될 수 있다. 하지만 이 문건에 의해 기한은 연장되지 않는다(아래 참조). 다수의 공공 자치단체 공사가 매입자로 지명될 수 있다. 공식적으로 선취를 행사하기 위해, 군 전환 부동산의 향후 이용을 구체적으로 지정할 필요는 없다. 그러나 목적 선언의 접수로부터 2년의 기한이 만료되기 전에 매매 계약은 공증받아야 한다(VerbR, 2018). 그러나 부동산의 향후 계획권과 아직 개발되지 않은 향후 지구상세계획을 충분히 구체적으로 제시하기 전에는 가치평가를 시작할 수 없다. 따라서 용도를 정확하게 제시한 계획이 필요한데, 이 계획은 도면의 세부 수준과 관련하여 지구상세계획과 유사하다. 이에 토지는 건축적 이용의 정도를 적절한 수준으로 하여 건축이용령에서 말하는 다양한 범주로 구분되어야 한다. 공공 및 민간 교통 및 녹색 면적은 가격과 관련이 있으며, 누락되지 않아야 한다. 토지 개발에 대한 계산된 비용도 감정평가인에게 전달해야 한다. 정보가 없는 경우에는 가치평가를 시작할 수 없으며, 가치평가가 없는 경우에는 군 전환용지를 매각할 수 있는 거래 가격을 지정할 수 없으며, 또한 거래가격 없이는 부동산을 자치단체에 매각할 수 없다. 더군다나 거래가격 없이는 그 어떤 가격 할인도 확인하거나 결정할 수 없다. 결국, 자치단체는 단순화된 목적 선언을 제출하는 것을 피해야 한다. 목적 선언은 아무리 늦어도 공증인 지정이 합의될 때까지 "구속력 있는 서면 형태로" 제시되어야 한다(VerbR. 2018 제2조 제5항). 매매 계약의 개선 조항Besserungsklausel[52]은 일반적으로 목적 선언을 참조한다.

가치평가

할인 지침VerbR에 따르면, 거래 가격은 연방부동산업무공사의 감정평가인이 결정한 다음, 자치단체에 통지되어야 한다(VerbR, 2018). 이것은 또한 자신들의 감정평가인을 선정하는 민간 매각자에 의지하고 있다. 자치단체의 최고 조직과 연방부동산업무공사가 공동으로 작성하는 안내 서신에서 할인 지침(VerbR. 2018)의 규정이 구체화되어 있다[53](Städtetag et al., 2019). "첫 번째 가치평가 결과에 대해 선취 권한을 부여받은 사람과 연방부동산업무공사 사이에 상당한 근거 있는 불일치가 존재하는" 경우, "연방부동산업무공사는 외부 전문가(감정평가위원회 또는 기타 독립적인 감정평가인)에 의뢰할 수도 있다"(VerbR. 2018). 이 경우 연방부동산업무공사가 의뢰하는데, 따라서 외부 감정평가인을 선정하고 비용을 분담할 수 있다는 점에 유의해야 한다(Städtetag et al., 2019: 5). 자치단체가 스스로 더 낮은 가격으로 거래 가격 감정평가서를 작성하도록 하는 경우, 교착 상태가 발생한다. 즉, 매입자는 결코 더 높은 가격으로 매입할 수 없으며, 연방부동산업무공사는 더 낮은 가격에 매각할 수 없다. 따라서 외부 감정평가인에게 공동 안내 서신의 작성을 의뢰해야 한다. 연방부동산업무공사의 감정평가인은 독립적인 것으로 간주된다(Hauschild, 2017: 712).[54] 더군다나 선취를 통해 매입하는 경우, 자치단체와 연방부동산업무공사는 종종 연방부동산업무공사의 감정평가인 풀pool에 있는 외부 감정평가인과 합의하는데, 왜냐하면 이 외부 감정평가인에게 더 큰 독립성을 부여하기 때문이다.

기간

할인 지침은 연방부동산업무공사가 일방적으로 연장할 수 있는 기간을 포함하고 있다. 그러나 마감 기간에 있어 중요한 것은 제척 기간이 아니다. 이에 관한 더 자세한 규정은 없다. 기간이 만료되면, 연방부동산업무공사는 이미 발생한 것과 같이 공개 시장에 부동산을 제공할 수 있다. 기간과 관련하여 할인 지침(VerbR. 2018)에는 두 가지 관련 단계가 있다.

1. 매매 계약은 선취를 행사한 후 2년 이내에 공증받아야 한다(2년의 기간).
2. 가치평가 결과를 발표한 후 공증까지 1년 이상이 경과해서는 안 된다 (하나의 기간).

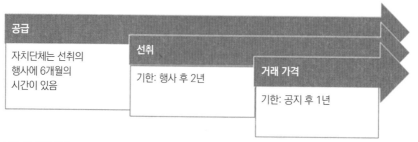

그림 12. 선취 기간

이러한 기한의 설정은 자치단체에 다음과 같은 문제로 이어진다. 즉, 군사시설 반환부지의 향후 이용 구상을 찾을 수 없는 경우, 가치평가는 지연된다. 병영의 가격을 평가하는 데에는 보통 최소 6개월 그리고 1년이 걸린다. 거래 가치평가의 결과, 즉 거래 가격의 결과가 2년의 기간이 종료되기 직전에 비로소 제출된다면, 1년의 협상 기간은 효력을 유지할 수 없다. 2014년에 독일 연방주의 건설장관은 2년의 기간이 이용 구상의 형태로 목적 선언을 제출한 후에만 적용될 것으로 생각하였다(FaKo StB, 2014: 26). 하지만 이것은 연방정부의 규정에 대한 주州의 해석이다. 연방부동산업무공사의 관점에서 협상은 가격 협상이 아니라 매매 계약 협상이다. 병영에 대한 복잡한 개발 계획의 경우, 연방부동산업무공사는 예를 들어 주택단지와 같은 단순한 매각의 경우보다 기간을 연장할 가능성이 더 크다.

선취가 만료된 후, 자치단체는 정상적 입찰 절차에 참여할 수 있거나 참여해야 한다. 그런 다음에는 법적 요건(공공 요구)이 충족되는 한, 최고 입찰에 대한 법적인 우선 매수권만이 남는다.

매매 계약과 개선 조항

연방부동산업무공사는 자체의 매매 계약안을 매입자에게 발송하고, 매입자는 이에 기초하여 공증인에 공증을 의뢰한다. 매매 계약 협상은 이를 뒤이어 행해진다. 연방부동산업무공사의 매매 계약안 조항은 과거의 매각 및 판결에서 얻은 연방부동산업무공사의 경험에 기초하고 있다. 연방부동산업무공사의 가치평가는 특정 계약 모델에 근거를 두고 있으며, 따라서 가치평가와 매매 계약은 맞물려 있다.

　매매계약안에는 일반적으로 연방정부에 그 어떤 책임도 면제하는 조항을 포함하고 있다. "주와 자치단체의 최고 조직의 관점에서 볼 때, 이와 관련하여 때때로 취득자의 부담으로 일방적인 위험 분담이 발생할 수 있다는 점을 알 수 있다"(FaKo, 2014: 28). 매매 가격에 연방토양보호법Bundes-Bodenschutzgesetz: BBodSchG[55] 제2조 제3항이 말하는 건물, 건물 유해물질 또는 유해한 토양 변화 그리고 또는 연방토양보호법 제2조 제5항에서 말하는 토양 오염 구역의 해체에 대한 공제가 포함되는 한, 이는 매매 계약에서 고려되어야 한다(상게서). "비용 부담은 일반적으로 계약 체결 시점에 이미 알려진 토양 오염 구역의 경우에는 100퍼센트, 계약 체결 시 토양 오염 구역이 아직 발견되지 않았을 경우에는 90퍼센트로 이루어진다"(상게서). 매매 가격은 임박한 폐기 처리 또는 해체 비용에 따라 가치평가에서 하락하였기 때문에, 일반적으로 매입자가 해체 또는 폐기 처리의 의무를 이행하지 않을 경우 매매 가격에 대한 추가 지급이 발생한다(BMVBS, 2013: 89). 여기서 매매 계약과 가치평가가 어떻게 맞물려 있는지가 나타난다. "전체적으로 연방정부는 책임 인수에 따른 비용 분담을 한결같이 누적하여 매매 가격의 수준 또는 이 매매 가격의 단 90퍼센트로 제한하고 있다"(상게서). 이것은 등기 후 상징적인 매매가격이 1유로인 경우, 연방부동산업무공사는 그 어떤 폐기 처리 비용도 상환하지 않는다는 것을 의미한다. "연방부동산업무공사는 종종 토양 오염 구역의 확인과 관련하여 책임 인수를 매매 계약 체결 후 몇 년으로 제한해야 하며, 토양 오염 구역의 정화 비용에 대한 분담 역시 시간상으로 기한을 정해야 한다고 제안하고 있다. 예외적인 경우에만 연방부동산업무공사는 현재 매매 계약에서 토양 오염 구역 정화 비용의 인수를 연방부동산업무공사 90퍼센트 대對 자치단체 10퍼센트의 비율에서 최대 매매 가격까지의 비율로 합의하고 있다"(BMVBS, 2013: 87이하).

　2012년 3월 21일 독일 연방하원 예산위원회의 의결을 통해 연방부동산업무공사는 건설법의 추후 개정에서 개선(改善) 증명에 합의하도록 명시적으로 요청받았다. 따라서 연방부동산업무공사는 일반적으로 특히 자치단체가 군사시설 반환부지를 매입하는 경우 매매 가격과 관련하여 개선 조항Besserungsklausel을 합의하고 있다(FaKo, 2014: 25; BMVBS, 2013: 86). 이에 의해 등기 후 부동산 물건이 거래 가격 감정평가서에 설정된 것보다 계획 법적으로 더 높은 가치로 활용될 때, 연방부동산업무공사는 매매 가격의 추가 지급Nachzahlung을 요구할 권리를 가지게 되었다. 또한 개선 조항은 우선 계획권이 없어도 매각을 가능하게 한다(Kleiber et al., 2017: 2444이하). 영국에서도 개선 조항은 일반적이며, 공공부문의 매각에서 권장되고 있다(carbinet papers, 2011: 23). 개선 조항을 통해 연방부동산업무공사는 "매매 계약 체결 후 최대 20년 동안"(BMVBS, 2013: 86) 개발계획에 따른 가격 상승에 참여할 수 있다. 개선 조항은 일반적으로 가치평가에서 매매 가격의 기준으로 가정된 토지 이용과 연관되어 있다. 독일 연방 주의 관계장관회의Fachministerkonferenz der Länder가 발간한 첫 업무시방서Arbeitshilfe에는 계획에 따른 가치 상승의 최소 50퍼센트를 회수할 것을 언급하였다(FaKo StB, 2014: 26). 이 개선 조항은 자치단체에 매각할 경우에 표준인데, 왜냐하면 매매 가격은 자치단체가 매매 후 자신들에게 유리한 방향으로 변경할 수 있는 계획권에 바탕을 두고 있기 때문이다. 이렇게 할 경우, 추가지급을 해야 할 것이다.

물론 다른 종류의 추가 지급 조항도 생각할 수 있는데, 예를 들어 개발 시간을 단축하는 경우이다(BMVBS, 2013: 86). 추가 지급과 관련된 개발 가능성이 매우 크고 매입 당사자들이 개발의 영향을 인지하였을 경우, 추가 지급은 100퍼센트의 수준까지 합의할 수 있다. 이와 관련하여 연방부동산업무공사의 추가 지급 조항이 개별적으로 합의되지 않았기 때문에 무효라고 선고한 하나우 지방법원의 판결을 참조할 것을 지적한다(하나우지방법원(LG Hanau), 2015년 2월 17일 - 9 O 1350/13).

필자는 개선 조항이 다음과 같은 세 가지를 달성한다고 생각한다. 첫째, 목적 선언에서 원래 계획된 것보다 가치가 떨어지는 이용 방안을 제시하는 것에 대한 경제적 이유가 더 이상 성립하지 않는다는 것이다. 둘째, 기존 계획권이 없어도 토지의 매각이 가능하다는 것이다. 셋째, 개선 조항으로 인해 매매 가격에는 그 어떤 투기적인,[56] 따라서 가격을 상승시키는 부분이 포함되지 않는다는 것이다. 그러므로 양측 모두에게 공평한 추가 지급 조항으로 인해 비대칭 정보는 무의미하게 된다.

또한 개선 조항은, 매각자가 알지 못하는 그 어떤 가치 향상도 매매 가격에 포함되지 않음을 보장하기 때문에, 필자가 연방부동산업무공사의 매각 데이터베이스를 더욱 정확하게 평가할 수 있다(표제어: 비대칭 정보).

3.3.2 가격 할인

1990년대에 국가 매각자인 연방재산청Bundesvermögensamt 측은 공공 용도로 사용되는 부동산에 대해 각각의 매매 가격 할인을 제공하였다(예를 들어, 렘고(Lemgo)[57]에 있는 슈피겔베르크(Spiegelberg) 병영 매매 가격의 50퍼센트). 그러나 연방예산법 BHO 제63조에 따른 부동산 업무를 위해, 연방부동산업무공사법BImAG 제1조의 경제성 준수 의무에 따르면, 연방부동산업무공사가 토지를 시장 가치 이하로 매각하는 것은 금지하고 있다(Deutscher Bundestag, 2017: 1). 완전한 가격 이하로 매각하는 것은 "긴급한 연방정부의 이해"(연방예산법 제63조 제3항 제3호)가 있는 경우에만 가능하다. 이러한 긴급한 연방정부의 이해는 매우 제한적으로 해석되며, 따라서 예산 입법기관(연방하원)은 매각을 동의해야만 한다(Hauschild, 2017: 719). 완전한 가격 이하로 매각하는 것은 긴급성이 있어야 하므로, 다음 예산법까지 시간상으로 유예하는 것은 불가능하다.

더군다나 완전한 가격 이하의 매각은 유럽연합의 기능에 관한 조약Vertrag über die Arbeitsweise der Europäischen Union: AEUV 제107조 이하에 따라 불법 보조금의 의혹을 초래한다(Hauschild, 2017: 720). 이 불법 보조금은 기업에 매각할 경우에 발생한다. 여기서 주목할 것은, 자치단체가 특정 경제 활동에서 보조금법Beihilferecht이 말하는 하나의 회사가 된다는 것이다. 이와 관련한 예로는 임대를 위한 매입(특정 임대값 이상으로 이용 함)을 들 수 있다.

이 규정에 대한 예외는 할인 지침, 즉 "토지의 할인 양도에 대한 연방부동산업무공사 지침VerbR"이다.⁵⁸ 가격 할인은 완전한 가격 이하로 매각을 가능하게 하며, 따라서 보조금법이 말하는 불법적 보조금Subvention으로 볼 수 있으므로, 연방부동산업무공사는 지침 제2장 제4절에 가격 할인 가능성을 구체적으로 열거하였다.

할인 지침(VerbR, 2018)은 다음과 같은 후속 이용에 대해 거래 가격으로의 할인을 용인하고 있다(VerbR 제2장 제4절 참조).

A) 보조금법과 관련성이 없는 부동산의 할인 양도
1. 강제권을 수반하는 자치단체의 고권적 활동 또는 감시 및 허가 활동에 사용하기 위한 취득
2. 국가가 재정을 지원하고 감독하는 공공 교육기관 시설에 사용하기 위한 취득. 실제 비용을 충당하지 못하는 상업적 기여금은 이러한 공공 교육시설로서의 사용에 방해되지 않는다.
3. 공공 사용에 대한 대가가 없는 일반 기초시설의 건축 및 운영에 사용하기 위한 취득
4. 사회복지 혜택만을 분배하는 순수 사회 시설의 사용을 위한 취득

B) 경우에 따라 보조금법과 관련성이 있는 부동산에 대한 할인 양도
1. 일반적 이해관계가 있는 서비스를 위한 순수 사회 시설의 사용을 위한 취득
2. 난민과 망명 신청자를 수용하기 위한 취득
3. 지역적 중요성이 없는 지역 인프라 시설물에 사용하기 위한 취득. 이러한 시설물은 주변 지역이나 해외로부터 수요나 투자를 유치하지 않고, 다른 회원국으로부터 온 기업의 설립에 지장을 주지 않으며, 지리적으로 한정된 지역에서만 사용하는데 관심을 받는 시설이다.
4. 연방건설법전 제136조에서 171조까지의 특별도시계획법에 관한 규정에 따른 조치를 준비하고 시행하기 위한 취득

위에서 언급한 사례에 대해서는 부분 거래 가격의 매매 가격에 35만 유로를 할인해 준다. 위에서 언급한 망명 신청자의 숙박시설(할인지침 제2장 제4절 B2)에 대해서는 가격 할인이 추가로 15만 유로가량 인상된다. 가격 할인은 매매 물건의 부분 거래가격을 초과해서는 안 된다. 예를 들어 전체 주거단지를 매입하는 범위에서(340만 유로) 자치단체가 2세대 주택Doppelhaus(20만 유로)을 유치원으로 기능 변경해야 한다면, 이 주택에 대해서는 20만 유로가 면제된다. 따라서 35만 유로의 할인이 해당 가격에서 감소한다. 결과적으로 전체 주거단지에 대한 매매 가격은 320만 유로가 된다. 이는 (이 경우 주거단지의 나머지 주택들의) 교차 보조금을 피하기 위한 것이다. 거래 가격이 할인액 이하이며, 0유로의 매매 가격이 가능하다(Städtetag et al., 2019: 3).

할인의 또 다른 이유로는 사회주택[59]의 건설을 언급할 수 있다. 다층 건물에 새로 조성된 사회주택당 매매 가격은 2만 5,000유로를 할인 받는다(할인 지침 제2장 제4절 C). 할인 지침에 따르면, 이러한 할인은 사회주택 토지의 부분 거래 가격에만 제한되는 것이 아니라, 매매 물건의 모든 미래 주택용도지역Wohnbauflächen에 제한된다.

할인은 다양한 조건의 적용을 받는다. 할인은 예를 들어 자치단체가 매입하거나 매입자가 대부분 공공부문에 속하는 경우에만 보증된다. 하지만 2018년부터 할인과 조건의 전달 하에 제3자에게 재매각하는 것이 가능하게 되었다. 또한 할인된 매매 물건은 완공 후 최소 10년 동안 적절하게 사용되어야 한다. 이와 함께 자치단체는 유럽연합의 위탁 발주 및 보조금 법률을 준수해야 한다.

주민들에게 주거 공간을 제공하는 것은 자치단체의 임무이기 때문에, 사회주택 건설에 대한 할인은 허용되고 유럽연합에 부합한다. 만약 자치단체가 사회주택 건설을 위한 할인된 토지를 민간인에게 재매각한다면, 이 민간인은 자치단체에 의해 임무를 위임받아야만 한다. 위탁은 위임 행위를 통해 이루어진다. 이 위임 행위는 예를 들어 자치단체 의회의 결정과 같은 것이다. 이러한 위임이 이루어지지 않으면, 자치단체는 할인을 상환해야 할 위험을 지게 된다.

2015년 이 할인 지침이 발효된 이후, 2017년 1월 1일까지 25건의 부동산이 할인받은 가격에 매각되었다(Bundestag, 2017: 128이하에 있는 개별 일람표 참조). 할인은 거래 가격에서 공제되기 때문에, 거래 가격 평가에 아무런 역할을 하지 못한다(Kleiber et al., 2017: 2444, 난외번호 594). 이에 따라 필자는 이 연구의 결과를 왜곡하지 않기 위해 연방부동산업무공사의 기존 포트폴리오의 할인된 매매 가격을 할인만큼 다시 인상하였다. 이 할인 금액은 위에서 언급한 연방하원의회(2017년)의 일람표로부터 산정할 수 있었다. 그럼에도 불구하고 군 전환용지의 매입과 관련해서는 가격 할인을 이해하는 것이 중요하다. 즉, 할인을 통해 자치단체는 민간 매입자(그런데, 이 민간 매입자는 자치단체가 선취를 포기한 후에야 비로소 매입할 수 있다)에 비해 유리한 위치를 차지할 수 있다.

3.3.3 위탁 발주

연방부동산업무공사를 포함한 공공부문이 매각할 때, 군 반환 부동산을 유럽연합 전역에 걸쳐 입찰을 붙여야 하는지 그렇지 않은지에 대한 문제가 제기된다. 부분적으로 높은 매매 가격으로 인해, 이것은 관련이 있을 수 있다. 하지만 소송 가능한 건축 의무가 없는 순수한 토지 거래는 2010년 3월 25일 유럽사법재판소Europäischer Gerichtshof: EuGH의 판결이 확인한 바와 같이 위탁발주법Vergaberecht의 적용을 받지 않는다.

매매 계약을 작성할 때, 매매 계약이 경쟁제한금지법Gesetz gegen Wettbewerbsbeschränkungen: GWB이 말하는 건축 위탁을 실수로 하지 않도록 주의해야 한다. 그러한 건축 위탁은 예를 들어 매입자가 연방부동산업무공사에 제공해야 하는 특정 소송 가능한 건축 공사를 매매 계약에 명시함으로써 발생할 수 있다. 이의 반대급부는 연방부동산업무공사에 직접적으로 도움이 되어야 한다(Beuteler et al., 2011: 114). 예를 들어, 매입자가 근린 토지에 연방부동산업무공사를 위해 5백만 유로의 가치가 있는 사무실 건물을 짓는 조건으로 토지가 매각된다면, 이것은 경쟁제한금지법GWB의 조항과 관련이 된다. 이 건축 공사에 대한 보상이 합의되지 않으면, 위탁발주법은 적용되지 않는다. 그러나 토지가 거래 가격 이하로 매각된다면, 이는 다시 경쟁제한금지법과 관련이 되는데, 왜냐하면 이 경우에 명백히 보상 급부가 관건이기 때문이다(상계서). 자치단체가 매각자인 경우에도 이것은 동일하게 적용된다. 따라서 경쟁제한금지법과 관련이 있는 매각의 경우, 건축공사발주계약규칙 A부Vergabe- und Vertragsordnung für Bauleistungen — Teil A: VOB/A[60]에 따라 위탁발주법이 토지 매입에 적용될 수 있다. 또한 유럽연합의 임계값도 고려해야 한다(경우에 따라 유럽연합 전역에 걸친 입찰).

3.3.4 협력 조직

현지 자치단체와 연방부동산업무공사 간의 협력을 조기에 조직하게 되면, 이후의 과정에서 더욱 효율적으로 작업을 진행해 나가는 데 도움이 된다. "명확한 조직 구조를 갖추고서 협력을 제도화하는 것은 대부분의 경우 협력적 절차와 합의적 접근을 지원하고, 관련자들 간에 신뢰를 형성시킨다"(Beuteler et al., 2011: 28). 이를 위해 누가 누구와 그리고 누구를 위해 이야기하는지를 결정할 필요가 있다. 연방부동산업무공사의 부처 조직과 자치단체 행정의 업무 관할로 인해, 그렇지 않을 경우 불리한 의사소통 경로가 초래된다. 공동 합의는 또한 각 당사자가 자신의 역할을 정리하는 데 도움이 된다. 일반적으로 실무협의회와 운영위원회가 설치되고, 중대 분쟁이 발생할 경우 운영위원회가 회의를 개최하게 된다. 모든 합의에 있어 연방부동산업무공사의 대표자뿐만 아니라 자치단체의 대표자도 배후에 있는 타 기관에 의해 통제된다는 점에 유의해야 한다. 이들 기관은 연방부동산업무공사의 본부와 자치단체 의회의 각종 위원회이다. 따라서 회의에서의 기본적 진술은 상급 기관의 의사 표시가 아직 없는 한, 항상 유보적으로 해석되어야만 한다. 그러나 연방부동산업무공사의 본부와 자치단체 의회조차도 군사시설 반환부지의 전환 과정에서 근본적인 의사결정을 좌절시킬 수 있는 또 다른 상급 기관에 의무를 지우고 있다. 이들은 독일 연방하원의 예산위원회(연방부동산업무공사의 경우)와 시민들(자치단체의 경우)이다. 초기의 시민 참여는 나중의 저항을 조기에 인식하고 지역의 인식을 제고하는 데 도움이 될 수 있다.

군사시설 반환부지의 전환을 올바른 방향으로 이끌기 위해서는 전환 협약을 체결하는 것이 바람직하다(Beuteler et al., 2011: 27). 전환 협약은 일반적으로 개별 부동산에 대한 개발 목표를 포함하지 않으며, 오히려 협력을 규정한다.

3.3.5 선취 외의 매각

선취의 기한이 만료되는 즉시, 연방부동산업무공사는 공개된 자유 시장을 통해 부동산을 매각하려고 시도한다. 이때 포트폴리오 관리가 부동산의 제공 여부, 제공 시기 그리고 제공 방법을 결정한다. 이와 관련해서는 연방예산법BHO 제63조에 따라 경제성이 결정적이다. 예를 들면, 다음을 의미한다.

- 연방부동산업무공사는 건축부지 확정의 증가를 통해 나중의 가격 상승을 기대하거나 순 건축부지의 증가로만 비로소 현실적인 가격에 병영을 제공하기 때문에, 병영은 즉시 제공되지 않는다.
- 연립주택으로 구성된 주택단지는 필지별로 분할하지 않은 채 패키지로 제공되는데, 왜냐하면 건물 분리(화재의 예방 및 진화 조처의 이유로)가 경제적이지 않기 때문이다.
- 다세대주택은 개인 소유 주택으로 분할된다.
- 연방부동산업무공사는 물건을 경매에 부친다. 경매에서는 최고 입찰가가 거래 가격이므로, 기초자치단체는 아무도 모르는 사람이 "값싸게" 거래할 위험에 처한다.
- 주거단지의 일괄 패키지 매각은 일반적으로 개별 매각보다 경제적일 경우에만 이루어진다.

연방감사원Bundesrechnungshof은 임의 추출 방식으로 경제성을 심사한다(연방예산법 제111조). 부동산은 공공 광고, 즉 인터넷상의 부동산 플랫폼과 광고를 통해 제공된다(특히, Koch, 2012: 131). 연방부동산업무공사는 좋은 가격을 얻으려는 의도를 가지고 있으므로, 광고의 광범위한 파급력에 관심이 있으며, 이는 동시에 지역적으로 알려진 이해 당사자들을 선호한다는 비판을 막아 준다. 매각은 공공부문의 매각에 대해 유럽연합 집행위원회가 권고한 대로 입찰 절차를 통해 이루어진다. 매입에 관심이 있는 사람들은 입찰이 끝날 때까지 매매 가격보다 높거나 낮을 수 있는 조건 없는 매매 제안을 제출한다. 조건이 없다는 것은 예를 들어 건축 준비가 완료된 후 토지의 더 높은 매매 가격을 제시하는 입찰가가 일반적으로 고려되지 않는다는 것을 의미한다.

경매의 낙찰은, 최저 가격이 달성된 경우 일반적으로 최고 입찰가인 가장 경제적인 입찰 가격을 따른다. 가장 경제적인 입찰 가격은 패키지 입찰 가격일 수도 있다.

3.3.6 매각 과정에 대한 결론

다음에서는 연방부동산업무공사의 매각 절차와 가격 할인에 대한 필자의 고찰과 경험을 설명한다. 이와 관련하여 유의할 점은 그동안에 변경 사항이 있었을 수도 있다는 것이다.

예를 들어, 매각 매뉴얼과 같은 연방부동산업무공사의 내부 수칙과 지침은 공개적으로 볼 수 없다. 민간 회사에서는 흔히 볼 수 있지만, 행정 관청에서는 종종 문제가 있는 것으로 여겨지는 이러한 불투명성은 연방부동산업무공사와 자치단체 사이에 갈등을 초래한다. 이렇듯 예를 들어 매매 계약의 내용과 가치평가가 어떻게 연관되고 있는지가 공식적으로 규정되어 있지 않다. 보통 가치를 평가할 때 내부 감정평가인은 매매 계약에서 고가의 이용에 관한 추가 지급 조항을 전제하며, 따라서 거래 가격은 기대되는 개발 계획권을 반영하고 그어떤 고가의 건축에 대한 기대를 포함해서는 안 될 것이다. 그러나 이와 관련하여 예외가 존재하므로, 가치평가 방법도 매매 계약의 내용도 사전에 결정할 수 없다. 이론적으로 자치단체는 자체 감정평가위원회에 가치평가를 위임하고, 그런 다음 가격을 자체 매매 계약안과 함께 연방부동산업무공사에 송달 서류를 법이 정한 방식에 의해 보낼 수 있다. 그러나 이는 연방부동산업무공사가 이 감정평가서의 전문 기술적 정확성과 매매 계약의 내용 모두를 의심하고, 내부 수칙 상황을 근거로 하여 자체 감정평가서를 작성하는 것으로 이어질 가능성이 크다. 필자의 경험에 따르면, 이러한 표준화된 매매 계약의 문제는 대기업의 부동산 매각에서도 나타나고 있다. 가치평가 매개 변수의 사전 확정을 포함하여 내부 규정의 공시는 군사시설 반환부지의 선취와 관련하여 미리 계산할 수 있는 가격으로 자동적인 매각으로 이어질 수 있을 것이다. 한편으로 연방부동산업무공사는 더 이상 협상의 여지를 갖지 못할 것이지만, 다른 한편으로 자치단체와의 갈등은 훨씬 줄어들 것이다. 이와 정반대로 자치단체는 매입을 강요받지 않을 수 있으며, 따라서 마감 기한의 준수를 주장해야 할 것이다.

선취는 자치단체가 투자자와 경쟁하지 않고도 매입할 기회를 제공하기 위해 만들어졌다. 이는 자치단체가 입찰 절차에서 일반적으로 열등하였다는 경험에서 비롯된 것이었다. 그 이유는 예를 들어 위험 회피적 행동 또는 비경제적 계획에 따른 것일 수 있다. 특히, 현재 저금리로 인해 수요가 증가하고 있으므로, 입찰 절차는 자연스럽게 연방부동산업무공사와 다른 매각자에게 받아들여지고 있다. 유럽연합 집행위원회는 공공부문의 매각과 관련하여 유럽 전역에 걸친 입찰 절차를 권장하고 있다(위 참조). 전체적으로 민간인에게 매각할 경우 연방부동산업무공사의 입찰 절차가 이례적인 것은 아니지만, 연방 주들 역시 입찰 절차에 따라 매각해야 한다.

연방부동산업무공사의 입찰 절차는 언론과 각종 시민단체로부터 한결같은 비판을 받고 있다. 이들은 낙찰을 결정하는 과정에 사회적 기준도 포함해야 한다고 요구하고 있다. 노르트라인-베스트팔렌주는 이미 2012년에 경제성과 함께 경제 구조 정책적 목표를 고려해야 한다고 요구하는 발의를 연방상원Bundesrat에 상정하였다(연방하원 인쇄물 227/12). 연방하원 예산위원회는 2015년에 최종적으로 기독민주당CDU과 사회민주당SPD의 표결로 매각에 있어 완전한 가격 원칙 및 최고 입찰가로부터의 탈피와 사회 친화적 매각 정책을 요구한 법률 제안을 기각하였다(인쇄물 18/3873). 연방부동산업무공사는 연방예산법BHO 제63조에 근거하고 있으며, 연방하원의 예산위원회로부터 추가적인 기준을 고려하라는 그 어떤 지시도 받지 않는다. 오히려 연방부동산업무공사는 자치단체가 주택을 거래 가격으로 매입하고 할인 가격으로 민간인에게 매각할 의무가 있다고 생각하고 있다. 연방부동산업무공사가 사회적 기준을 적용해야 하는지, 어떤 사회적 기준을 적용할 것인지 그리고 기초자치단체가 생존 배려 Daseinsvorsorge의 맥락에서 인간다운 생활에 필수적인 공공 서비스의 공급 부분을 고려해야 하는지 등을 결정하는 것은 정치의 임무일 것이다. 그러나 구체적인 전국적으로 유효한 기준을 지정한다고 하더라도 이는 쉽지 않을 것이다. 예를 들어 자녀수, 총소득(독일재건은행(Kreditanstalt für Wiederaufbau: KfW)에 근거한 지원금) 또는 인구 유입을 장려하기 위해 새로 이주한 시민에게 지급하는 등 지원금에 대한 기준이 있을 수 있다. 이러한 기준 외에도 입찰 절차에서 가능한 매매 가격 할인 또는 고정 가격은 연방부동산업무공사가 결정해야 할 것이다. 자치단체의 경우, 위에서 언급한 기준을 개별 지역에 대해 구체적으로 지정하는 것이 훨씬 더 간단할 것인데, 왜냐하면 지역 정치가 지역의 필요를 알고 지역적으로 권한을 부여받고 있기 때문이다. 그러나 할인 지침에 따르면, 이러한 예외 조항이 엄청난 행정상의 비용을 초래하는 유럽연합의 보조금법과 관련한 문제를 발생시킬 수 있다는 것을 인식할 수 있다.

필자는 경험을 통해, 연방정부 또는 주의 필요가 갑자기 발생하였기 때문에 연방부동산업무공사가 선취의 제공을 철회한 사례를 알고 있다. 특히 2015~2016년에는 망명 신청자를 수용해야 하였기 때문에, 많은 부동산에 대한 선취가 취소되었다. 하지만 부분적으로 연방정부의 필요(예를 들어, 세관에 대한)가 시간이 지남에 따라 발생하고 선취가 철회되었다. 연방부동산업무공사는 최고 연방 관청이 필요를 신고하고 해당 부동산이 등기 직전에 있지 않을 때는 그 어떤 행동 여지도 없다. 객관적으로 이러한 행동은 갑작스럽게 발생하는 가족의 필요로 인해 등기를 거부하는 민간 소유자의 행동과 비교할 수 있다. 자치단체가 수행한 개발 계획에 대한 손해 배상을 검토할 수 있지만, 이에 대해 연방부동산업무공사와 그 어떤 합의도 이루어지지 않을 것으로 보인다. 따라서 민간 매입자와 마찬가지로 자치단체는 발생한 비용에 대한 보상을 청구할 수 없다. 이와 반대로, 연방부동산업무공사는 선취 절차에서 자치단체의 과실상의 지연으로 인해 발생한 비용과 원가 손실을 검토할 수 있을 것이다. 특히 대규모 병영 부지의 경우에 자치단체가 도시계획적 구상을 개발한다면, 할인 지침의 규정 기간 내에 완전한 매각은 매우 까다로울 것으로 보인다.

모든 것을 다 설명하기 위해, 여기서 예를 들어 함부르크에서 실행하고 있는 토지의 사전 계약 방식Anhandgabeverfahren을 언급해야 할 것이다. 이 절차에서 는 건축주 집단이 일정량의 토지를 예약하고 계획권을 창출하기 위해 일정 기 간을 가진다. 이 예약에는 연간 거래 가격의 1~2퍼센트에 해당하는 수수료가 부과된다. 이 수수료를 부과하면, 무엇보다도 지가가 정체된 시기에 선취를 상 당히 가속화할 수 있을 것이다. 함부르크의 사전 계약에서 특별한 점은 토지 의 양도에 개발 구상이 70퍼센트를 그리고 매매 가격이 30퍼센트만을 결정한 다는 것이다. 자치단체가 계획권을 갖고 있으므로, 개발 구상에 기초한 양도가 연방부동산업무공사에는 가능하지 않다. 그러므로 사전 계약은 토지 매각자로 서 자치단체에만 타당한 것으로 보인다.

필자는 협력적 절차를 위해 다음과 같은 접근을 권장한다. 즉, 자치단체는 조기에 연방부동산업무공사와의 협력 속에 후속 이용에 관해 협의한다. 정치 적 기구는 일반적으로 목적 선언을 결정하기 때문에, 이러한 정치적 기구를 이 과정에 참여시켜야 한다. 후속 이용은 수립된 지구상세계획의 세부 수준에서 결정되어야 한다. 할인 지침VerbR에 따르면, 이것은 필요하지 않지만, 나중에 발생할 수 있는 논란을 피할 수 있다. 이 계획에는 다음과 같은 세부 사항이 포 함되어야 하는데, 즉 지구의 구분, 건축이용령BauNVO 제2조에서 제11조에 따 른 미래의 용도, 교통 및 녹지 면적 그리고 건축적 이용의 정도(밀도) 등이다. 또 한 연방부동산업무공사는 면적 규모(면적 균형)의 계산 외에도 철거, 토양 오염 구역 처리, 인프라, 인프라 후속 비용 그리고 경우에 따라 보상 및 대체 조치 등에 대한 질량 및 비용 추정을 요청하거나 자체적으로 산출해야 한다. 이러한 개별 사항의 자세한 내용은 지구상세계획과 마찬가지로 개별 위치의 적절성 에 대해 상당한 분쟁의 가능성을 제공한다. 토지의 선취를 행사해야 하는 6개 월의 시간 압박으로 인해, 이러한 포괄적인 목적 선언은 수개월의 준비 작업을 통해서만 이루어질 수 있다.

연방부동산업무공사는 유지 관리비가 발생하기 때문에 부동산을 신속하게 매각하는 데 큰 관심을 가지고 있다. 그러나 이것은 매각을 위해 상당한 가격 인하를 감수한다는 것을 의미하지 않는다. 오히려 일부 부동산은 이미 20년 이상 동안 비어 있다(예를 들어, 데트몰트의 호바트 병영). 선취 기간을 설정하는 데 있어 하나의 의도는 아마도 부동산을 2년 반 이상 시장에서 철회할 수 없다는 것이었을 것이다. 하지만 연방부동산업무공사가 자치단체의 개발 계획을 수용해야 할 의무는 없다. 그렇지 않을 경우, 선취 선택권과 관련하여 결과적인 거래 가격은 연방정부가 개발 계획에 따른 가치로 소유권을 포기해야 하며, 다시 한 번 가격 인하를 초래하는 개선 조항으로만 보호할 수 있다는 것으로 이어진다(예를 들어, 60퍼센트).

언론과 필자의 경험에 따르면, 일부 주둔지에서는 선취 선택권의 기간이 상당히 초과하였다. 관점에 따라, 이는 연방부동산업무공사의 시각에서 자치단체의 개발 계획과 관련한 고려 사항의 지속적 변경 때문이거나 자치단체의 시각에서 연방부동산업무공사의 너무 높은 기대 가격 때문일 수 있다. 다름 아닌 대규모 부동산과 특히 예를 들어 비행장과 같은 외부 구역에 위치한 부동산의 경우, 연방부동산업무공사와 자치단체는 상호 의존적이다. 이 경우 계획권의 거부나 기간 초과로 인한 선취의 취소로 군사시설 반환부지의 전환이 이루어지지 않고 있다. 거래 가격은 계획 수립을 완료하고 필요한 감정평가서가 나올 때 비로소 계산할 수 있으므로, 매매 가격은 이미 많은 시간과 노력을 투자한 경우에만 마침내 산출된다. 계획 수립 초기에 군 반환 공유지의 가치를 대략 표시할 수 있다면, 이는 자치단체에 직접 전략적으로 개입할 기회를 제공할 것이다. 이렇듯 연방부동산업무공사와 공동으로 자치단체의 관심사를 고려하는 동시에 개발자를 찾을 수 있을 만큼 경제적인 대강의 개발 계획을 개발할 수 있다. 이 연구의 목적 중 하나는 가격 결정에 대한 지원이다.

3.4 소결 및 평가: 독일의 군사시설 반환부지 전환 현황

1990년대 이후 계속되어 온 군사시설 반환부지의 전환이 여전히 진행 중이다. 계산 방식에 따라 현재의 전환 물결은 세 번째 또는 네 번째 물결로 간주할 수 있으며, 이 연구에서는 네 번째 물결로 규정한다. 최근의 촉발 요인은 마지막 영국군의 철수이며, 또한 미군 기지의 전환이 해당 지역에서의 중요한 문제로 부각되고 있다. 또 다른 촉발 요인은 현재 진행되고 있는 독일 연방군의 재편성이다. 비록 국방 예산이 최근 들어 다시 증액되었지만, 1990년대 이후 군 주둔지의 수가 꾸준히 감소해 왔다는 점이 주목된다. 따라서 군사시설 반환부지의 전환이 끝나가는 것인지 또는 어느 시점에 다시 군대를 위한 토지 조달이 가동될 것인지 하는 문제가 제기된다. 지난 수십 년 동안 독일 연방 전역에 걸쳐 거의 모든 지역이 전환의 영향을 받았기 때문에, 실제로 이 주제에 관한 많은 연구 등을 예상할 수 있을 것이다. 그러나 기대와 달리 대부분의 출판물은 오로지 'Refina-KoM' 연구 프로젝트[61]로 소급되고 있다. 이 연구는 개별 매각 사례에 대한 기본적 분석으로 군사시설 반환부지 전환에 초점을 맞추고 있다. 그런데 군사시설 반환부지의 전환에 따른 도시 개발이 연구 과정에서 향후 추가 분석을 위한 흥미롭지만, 여전히 거의 다루어지지 않은 주제 영역으로 밝혀졌다.

과거 수십 년을 되돌아보면, 전환의 경과는 매우 이질적인 모습을 보여준다. 그 이유 중 하나는 지역마다 그 영향이 달랐기 때문인데, 일부 군 전환용지는 도시 개발의 역동성으로 인해 표면상 단순히 재이용되었다. 반면에 다른 지역은 오늘날에도 여전히 부대의 철수와 전환 유휴지로 고통을 겪고 있다. 군 전환용지의 종류 외에도 이 점과 관련하여 지역의 성장은 결정적인 요인으로 보인다. 그럼에도 불구하고 개별 전환 프로젝트의 비교는 가능한데, 왜냐하면 한편으로 군 전환용지의 유형이 소수에 불과하고(병영, 비행장, 창고, 행정 관리 및 주거용 물건 그리고 특수 건물 등), 다른 한편으로 모든 군 전환용지의 소유자가 연방정부이기 때문이다. 군 전환 물건의 소유 구조와 양호한 비교 가능성으로 인해, 전체적으로 매우 이질적인 산업 유휴지의 경우보다 개발 요인을 한층 더 정확하게 분석할 수 있다. 예를 들어, 유휴지 전환 가격에 어떤 요인이 영향을 미치는지를 분석하려면, 군 전환용지의 경우 소유자와 다양한 건축적 특성은 처음부터 영향을 미치는 요인으로써 제외할 수 있다.

이러한 상수로 인해 이론적으로 군사시설 반환부지의 전환은 유휴지(민간 소유자와 이질적인 물건과 함께)의 개발보다 훨씬 더 조용하게 이루어졌을 것이다. 1990년대의 경험을 바탕으로 늦어도 2000년대 초반 이후 계획 수립과 실행, 그리고 가치평가 등의 과정과 관련하여 합의된 모범 사례가 확립하였을 것이다. 일간 신문을 살펴보면, 사정은 이와 정반대임을 알 수 있다. 수년 동안 독일 연방 전역에 걸쳐 분노한 자치단체가 연방정부의 행동이나 가치평가에 불평하는 기사를 찾아볼 수 있다. 선취(실제로는 자치단체에 대한 연방정부의 정책적 양보를 의미하는)로 인해, 첫째 추가적인 갈등 가능성 그리고 둘째 지속적인 갈등 가능성이 발생하고 있다. 즉, 당사자 간에 시장이 검증할 수 없는 모의 시장 가격(거래 가격)에 대한 논의가 이루어지고 있으므로, 추가적인 갈등이 발생한다. 이러한 논의가 부분적으로 수년 동안 지속되는데, 왜냐하면 선취 기간이 정치적 그리고 경제적 이유로 연장되어야 하기 때문이다. 자치단체는 계획권을 행사하고, 연방부동산업무공사는 토지 소유자로서의 지위를 압력 수단으로 활용한다. 만약 기회가 된다면, 양 당사자들은 각각 민간 매입자 및 매각자의 역할 또는 계획권자의 역할로 넘어가게 된다. 양측은 이때 전적으로 이해할 수 있는 동기로 대응하고, 공공의 이익을 위해 행동한다. 그렇지만, 마찰적 갈등은 첫 번째 전환 물결에서조차도 여전히 시장성이 있는 물건이 존재하고 있음을 보장한다. 시간이 지나서 생각해 보면, 양측이 처음부터 요구 사항의 일부를 포기하는 것이 한층 더 쉬웠을 것이다. 다른 물건의 경우, 원래 요구한 매매 가격은 최종적으로 공증한 매매 가격에 비해 다소 낮았다. 돌이켜 보면, 작금의 전환 물결의 물건에 대해 둘 다를 말할 수 있을지도 모른다.

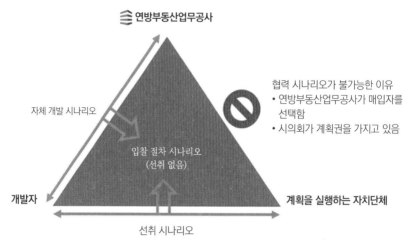

연방부동산업무공사

자체 개발 시나리오

협력 시나리오가 불가능한 이유
• 연방부동산업무공사가 매입자를 선택함
• 시의회가 계획권을 가지고 있음

입찰 절차 시나리오
(선취 없음)

개발자

계획을 실행하는 자치단체

선취 시나리오

그림 13. 군사시설 반환부지 전환의 관계자

지난 수년 동안 연방부동산업무공사의 경제 지향적 목표를 변경하려는 정치적 노력이 있었다. 이것은 당시 기독민주당CDU이 주도한 연방재무부BMF와 대연정[62]의 연방하원 위원들에 의해 저지되었다. 연방재무부는 2018년 사회민주당SPD이 주도하고 있으며, 신임 재무부장관인 숄츠Scholz는 이미 연방부동산업무공사가 신속한 주택 건설을 가능하게 하는 데 점점 더 집중해야 할 것이라고 말하였다.

위에서 설명한 것처럼, 소유자-매입자 상황으로 인해 군사시설 반환부지의 전환도 복잡하다. 그러나 군 전환 물건은 재고를 조사하고 용도를 결정할 때 부동산 프로젝트 개발의 기준에 따라 구조화하고 분류할 수 있다.

3.5 군 전환 물건의 재고조사

군 전환용지의 가격은 재고와 개발 계획에 따라 결정된다. 본 연구의 이 부분은 재고Bestand, 즉 군 전환 물건의 현황을 다루고자 한다.

용도를 결정하는 과정은 군사시설 반환부지의 재고조사와 이용을 위한 첫 아이디어의 개발로 시작된다.[63] 재고조사에서 얻은 지식은 개발 계획 및 가격과 관련이 있으므로, 재고조사는 프로젝트 개발에서 중요한 역할을 한다. 가치의 관련성은 후속의 장에서 다시 한 번 논의하게 될 것이다.

아래에서는 입지 평가와 개략적인 유형 분류에서 기술적 그리고 법적 세부 사항에 이르기까지 개별 분석 단계를 설명한다. 재고 분석을 기반으로 하여 특정 용도에 대한 기회가 발생하는 반면, 다른 용도는 배제된다. 개발 계획 수립에 대한 고려는 대체로 재고조사와 병행하여 진행되고, 역시 또한 개략적인 것에서 세부적인 것으로 진행된다.

군 전환 물건의 경우, 자치단체와 연방부동산업무공사의 관점에서 "토지가 사용자를 찾고 있다"라는 프로젝트 개발 시나리오가 중요하다. 특히 작은 기초 자치단체에서는 대규모 부동산의 위협적인 반환으로 인해, 기초자치단체가 시장을 구조화하여 분석하는 대신 무분별하게 용도를 모색할 수 있다.

관련 서류를 수집하고 기본적인 계획 목표를 논의하려면, 연방부동산업무공사와 자치단체 간의 조기 조정이 필요하다. 전문 감정평가인의 평가 보고서의 비용 부담도 여기서 명확히 해야 한다. 특히, 어떤 사무소가 적합하며 그 사무소의 조사 목적이 무엇인지를 명확히 해야 한다. 전문 감정평가인의 평가 보고서는 거래 가격에 포함된다. 위임 사무소는 상태(예를 들어, 식면 방치)뿐만 아니라 이와 관련된 비용(식면의 세거 및 폐기 사리)도 조사할 수 있어야 한다.

3.5.1 입지 및 시장의 분석

스와트SWOT 분석을 통해 군사시설 반환부지 재고의 측면에서 부동산의 강점과 약점을 서술할 수 있다. 재고에서 가져온 예로는 양호한 위치(강점)와 부적절한 건축(약점)이 있다. 개발 측면에서는 기회(상업에 적합한 토지와 같은)와 위협(상업용 건축부지 가격의 하락과 같은)이 대비된다. 분석은 일반적으로 계획에 대한 지속적인 환류를 요구하므로(Schulte, 2014: 764에 인용된 Bohne-Winkel), 아래에서 서술된 개별 단계와 구성 요소는 여러 번 업데이트해야 한다.

시장 분석은 다음과 같이 세 단계로 나누어진다.

1. 공급 분석에서는 지역 시장에서 현재 또는 향후 이용 가능한 토지 면적을

분석한다. 예를 들어, 군 반환부지에 주거용 건축물을 건설해야 한다면, 주변 지역의 모든 대규모 신규 주택 건설 토지 면적과 그 시장 준비 완료 상황을 조사해야 한다. 분석가는 어떤 거리 또는 도달 범위를 선택할 것인지를 스스로 결정해야 한다.

2. 수요 분석에서는 해당 토지 면적에 대한 필요(수요)를 조사한다. 조사 목표는 지역 시장의 흡수율을 평가하는 것이다. 대규모 시장은 일반적으로 더 투명한데, 왜냐하면 이 시장에서는 지역 부동산 행위자의 시장 보고서가 나와 있기 때문이다.

3. 가격 분석에서는 해당 가격 수준과 추세를 조사한다. 이것에는 예를 들어 제곱미터당 유로(€/m²)의 매각 가격과 건축비가 포함된다.

각종 지원금의 사용 가능성은 초기 단계에서 검토되어야 하는데, 왜냐하면 이러한 사용 여부에 따라 특정 용도가 배제되는 반면, 다른 용도는 가능할 수 있기 때문이다. 부분적으로 지원금은 상호 배제된다[64](4.7절 지원 프로그램 참조).

거시 지역적 입지 분석은 지역과 자치단체를 기술한다. 여기에서 부동산의 사회 경제적 환경 조건을 평가한다. 군 전환용지의 경우에는 지역 및 자치단체 수준에서 다음과 같은 요인들을 조사해야 할 것이다.

- 경제 구조(핵심 산업 부문과 그 발전, 국내총생산과 총부가가치,[65] 사회 보험 가입 의무 고용자, 통근자, 실업, 가계 소득, 구매력과 구매력 중심성 등).

- 사회 인구 통계(인구 동향, 인구이동, 외국인 비율, 가구 동향). 특정 주거 형태의 목표 집단은 사회 인구 통계로부터 도출할 수 있다.

- 부동산 시장(주거, 여가, 소매, 사무실, 산업 그리고 경공업 부문의 수요와 공급). 여기서는 토지의 공급(군 전환용지와 경쟁 용지), 수요 그리고 구득 가능한 임대 가격과 매매 가격에 주목한다. 경제 진흥, 연방부동산업무공사, 기타 부동산 업계의 행위자들은 일반적으로 이러한 데이터를 준비하고 있다. 공공 수요 시설물 또는 특수 용도(동물원, 청소년센터, 콘서트홀, 전문대학)를 위한 (토지) 가격이 도출되어야 한다.

- 국토 계획, 지역 계획 그리고 계획 수단(주 발전 계획,[66] 지역 계획, 토지 이용 계획 (Flächennutzungsplan: FNP), 재생 가능 에너지 잠재 지역에 관한 계획 등). 이러한 개발 원칙은 기초자치단체 또는 경쟁 용지의 개발 가능성과 관련이 있다. 여기서 지역 차원의 계획 주체가 더 깊게 관여해야 하는지 또는 의도된 이용이 적합한지가 분명해진다.
- 여가 및 관광. 이와 관련하여 목표에 비추어 검토해야 할 것이다(숙박 지수(평균 객실 요금, 숙박 기간 그리고 숙박 횟수), 관련 관광 목적지와 전시 행사).

미시 지역적 입지 분석은 도시 지구Quartier 차원에서 다음과 같은 요인들을 고려한다.

- 개발 입지 및 근린지구에 대한 계획권. 군 전환용지의 계획권은 계획에 의해 변경된다.
- 근린 지구의 기준지가 및 임대료
- 가능한 기존 오염 물질 배출, 근린지구 보호의 필요성
- 건축대지(부지) 경계까지 모든 교통 수단을 통한 접근성. 승용차와 화물차의 연결 가능성은 추가 계획 수립 과정에서 분석되어야 한다.
- 기반시설 설치 전반

3.5.2 법적 재고조사
이 절에서는 제3자의 잠재적 권리를 서술한다. 이에 관해 인식하는 것은 매우 중요한 의미가 있는데, 왜냐하면 제3자가 계획에 참여할 수 있는 조건을 구분하기 때문이다.

3.5.2.1 제3자 권리
3.5.2.1.1 관로권
재고조사에서는 부동산에 있는 전기선, 수도관, 하수관 그리고 통신선 등의 위

치, 흐름 방향 그리고 상태를 조사해야 한다. 이는 관로Leitung를 계속하여 이용할 수 있는지 그리고 관로가 신규 건축에 제한을 주는지를 설명해 준다. 또한 이를 통해 부지가 외부 기반시설 설치와 어떻게 연결되어 있는지가 명확해진다. 인접한 관로의 가능한 연결 지점은 개발 계획에 영향을 미칠 수 있다. 예를 들어, 공공 하수도관이 너무 작은 경우 대규모 계획을 위해서는 해당 지역에 추가적인 투자를 초래할 수 있기 때문이다.

3.5.2.1.2 토지 등기부, 사용권[67] 그리고 저당권

토지 등기부는 대중의 신뢰를 받고 있다. 만약 토지가 다른 토지에 대해 권리를 가지고 있다면, 이것은 등기부의 제1면(권한의 규칙)에 기재되어 있다. 제2면에서는 그에 속하는 필지와 그 규모를 확인할 수 있다. 더군다나 거기에는 제3자에 대한 가능한 사용권이 면시되어 있다. 전형적으로 이것은 관로권이나 통행권을 말한다. 그러나 특정 인접 주민에 대한 예외적인 권리(창문권,[68] 배출권, 광산 피해 포기,[69] 사용 금지 등)의 문제일 수도 있다. 계획의 실행을 위해 이러한 권한이 박탈되는 경우, 권한을 보유한 자에게 승인을 받아야 한다. 등록된 권리의 정확한 내용은 해당 항목에 관한 참조 문서에서 살펴볼 수 있다. 참조 문서가 있다면, 지방법원의 등기소에서 구할 수 있다. 토지 등기부의 제3면에는 가능한 저당권과 채권자가 기재되어 있다. 연방 소유의 부동산은 제3면에 있는 저당권이 일반적이지 않지만, 민간 행위자의 경우에는 일반적이다. 이러한 저당권의 삭제는 연체 보상금을 더해 미지급된 청구금액을 채권자에게 지급하는 경우에만 행해지며, 그런 다음 채권자는 삭제 승인서를 발행한다. 저당권이 있는 토지(제3면에서 첫 번째 순위에 있는)는 후순위이기 때문에 담보 대출을 받기가 한층 더 어렵다.

3.5.2.1.3 건물주 부담 의무

사용권(예를 들어, 이격지, 병합 부담 의무 또는 통행권)을 공개적으로 확보하기 위해서는 건물주 부담 의무가 자치단체의 건물주 부담 의무 지적부에 기재된다. 건물주 부담 의무를 삭제하려면, 토지 소유자와 수익자, 즉 사용권자(용익권자)의 동의 외에도 자치단체의 동의가 필요하다. 건물주 부담 의무는 타인의 토지에 가하는 부담을 통해 토지의 건축 가능성을 확보하기 때문에, 대체 금액의 지급에 대한 삭제는 일반적으로 불가능하다.

3.5.2.2 임대차계약 및 사용 계약

기존 임대차 및 사용 계약(이 연구에서는 "임대차계약(Mietvertrag)"으로 부른다)에 대한 조사는 초기 단계에서 행해져야 한다. 가장 중요한 사항은 다음과 같다.

- 임차인: 여기서 임차인의 신용도를 확인해야 하며, 상업 임대차계약인지 아니면 주택 임대차 계약인지가 중요하다. 주택 임대차계약은 보다 높은 법적 보호를 받고 있으며, 따라서 계약을 해지하기가 쉽지 않다. 상업 임대차계약의 경우, 일반적으로 특정 용도 또는 사업 유형에 합의한다(따라서, 다른 유형은 제외된다). 사업체 주택은 상업용 주택으로 간주된다. 여기서 임대차계약은 대개 입주자들의 활동과 연결되어 있다.
- 계약 기간: 임대차 관계의 잔여 기간은 임대 면적을 점유할 수 있었던 시점부터 결정된다. 또한 임대 계약 기간과 관련하여 특정 약관을 준수해야 하는데, 사전에 해약을 통고하지 않으면 임대차계약은 예를 들어 5년 연장된다(이른바 선택권).
- 임대료: 상업 임대차계약의 경우, 임대료 산정에 대해서는 이른바 순 임대료(따라서 부대 비용과 부가가치세가 없는 임대료)가 적절하다. 임대인이 일정 부대 비용을 부담해야 한다면, 해당 비용은 순 연간 임대료를 결정하기 위한 임대료 산정에 있어 연간 임대료에서 공제된다. 주택 임대차계약의 경우에는 부대 비용 없이 제시되는 기초 또는 기본 임대료[70]라는 개념이 있다.
- 임대 면적 및 임대 대상물: 임대 면적의 구획은, 부지가 개발되어야 하는 경우 임대 계약 기간과 더불어 특별히 중요하다. 임차인은 자신의 임대 면적에 접근할 권리를 가지고 있다는 점에 유의해야 한다. 부지를 계획할 때, 임대

면적의 영구적인 기반시설 설치(각종 관로와 도로)를 고려해야 할 것이다.

- 특별 약관: 일부 임대차계약에서는 다음과 같은 특별 약관 조항들을 포함한다.
  - 유해 물질 반입과 임차인에 의한 제거 처리에 관한 규정
  - 임대차계약이 특정 일자 이전에 종료되는 경우의 비용 보상
  - 특정 건물의 철거와 정비
  - 관용(예를 들어, 통행권, 특정 주차 공간에 대한 약속)

매각은 임대차 관계에 그 어떤 영향을 미치지 않기 때문에, 유효한 임대차계약의 완료와 평가는 매우 중요하다. 따라서 임대 물건이 소유권이 바뀌는 경우에도 임차인의 소유로 남아 있어, 개발 프로젝트에 걸림돌이 된다.

3.5.2.3 자연 공간적 상황: 동물과 식물

"산업용지 또는 군사용지가 오랫동안 유휴 상태에 놓여 있거나 매우 조방적으로 사용되고 있다면, 동물과 식물의 구성이 변화할 수 있다. 그러므로 경우에 따라 전환 물건은 희귀종에 서식지를 제공할 수 있다"(Jacoby, 2008: 80). 외부 구역에 놓여 있는 부동산의 경우, 그것이 생태적 가치 창출에 기여할 수 있는지를 검토하는 것이 바람직하다. 이는 해당 용지가 생태학적으로 평가 절상된다는 것을 의미한다. 이를 위해 낮은 시작 가격을 가진 용지만이 제공되고, 이 시작 가격은 평가 절상을 비로소 가능하게 한다. 해당 평가 절상을 통해 헤센주에서는 비용 단위당 0.35유로를 가산할 수 있다. 물론 개발을 하고자 한다면, 매년 두 차례 녹지 관리를 시행하여 개발을 방해하는 비오톱Biotop이 연속적으로 발생하지 않도록 해야 할 것이다.

3.5.3 기술적 재고조사

기술적 재고조사는 재고조사의 상당한 부분을 차지한다. 다양한 주제를 바탕으로 개발 과정에서 이러한 동일한 문제를 다루는 방법이 아래에서 설명된다.

이것이 결과를 평가하는 유일한 방법이다.

3.5.3.1 건물의 개조와 해체

건물의 재고는 일반적으로 건물의 연령과 군사적 기능으로 인해 신규 이용자의 요구 사항 및 건축법Bauordnung의 요구 사항에서 벗어나더라도 이용 전환 가능성을 검토해야 할 것이다(Koch, 2012: 221). 재고조사의 경우, 깊이 있는 조사를 진행하고, 이와 병행하여 건축법 관련 행정 관청과 대화를 나누는 것이 바람직하다. 이 대화에서 다양한 용도(예를 들어, 사무실, 주택, 양로원)에 대한 행정 관청의 최소 요구 사항을 구두로 논의하여야 할 것이다. 이 대화는 재고조사를 행하는 동안 특정 주제에 대해 심사관이 인식할 수 있도록 해야 한다.

연방건축도시공간계획연구원BBSR의 연구는 "비주거용 건물의 주거 공간으로의 이용 전환"이라는 주제를 다루고, 예전의 병영 건물 2채를 포함하여 연방 전역에 걸쳐 완료된 229건의 프로젝트를 분석하였다. 이 연구는 성장 지역의 양호한 중심적 위치에서의 개조가 가장 가치가 있다고 결론짓고 있다. 분석한 사례의 90퍼센트가 이러한 중심적 위치에 자리 잡고 있었다(아래에서 BBSR, 2015a 참조).

기존 건물의 용도를 변경할 경우, 건축 행정 관청은 현행 요구 사항에 따라 화재 방지, 정전기, 소음 방지 그리고 단열 등을 검사한다. 특히, 건물의 연령 등급은 건축법의 요구 사항과 따라서 예상되는 비용과 관련하여 중요한 역할을 한다. "이렇듯 예를 들어 제국 창건기[71]의 병영 건물이 창건기의 사무실 건물과 보이는 차이는 창건기 사무실 건물이 예를 들어 1960년대의 사무실 건물과 보이는 차이보다 작다"(BBSR, 2015a: 32).

건물 연령 등급과 관련하여 필자의 다음과 같은 평가는 연방건설전문정보와 연방건축도시공간계획연구원이 수행한 연구를 통해 뒷받침된다.

1871년에서 1918년 사이에 건축된 창건기의 건물들은 높은 천장이 있는 넓은 공간 때문에 고급 주택과 사무실에 적합하다. 주요 문제점은 목재로 된 건물 들보(회 에 벤 식, 3층 벤 식, 이중 지지의)와 큰 하중을 받는 내벽으로 인한 유연성이 떨어지는 평면 구조이다. 필요로 하는 추가적인 계단과 승강기를 설치할 수 있는 정도는 사례별로 검토해야 한다. 대부분의 경우, 이러한 건물들을 장애인들에게 적합하게 개조하기는 어렵다. 에너지 절감을 위한 조치는 설계상의 요구 사항에 따라 평가되어야 한다(예를 들어, 유젠트 양식[72] 건물 외관의 단열). 종종 이 시대의 군사용 건물은 적어도 부분적으로 문화재로서 기념물 보호를 받고 있다.

사진 1. 왼쪽은 제국 창건기의 병영(파더보른(Paderborn)), 오른쪽은 1930년대의 병영

1918년과 1940년 사이에 세워진 건물들은 제국 창건기의 건물들과 달리 한층 더 단조로워 보인다. 이러한 인상은 작고 낮은 공간과 긴 중간 복도 그리고 동일한 창문의 배열 및 크기 등에서 초래된다. 강철 보(거더)가 자주 사용되었기 때문에, 화재 방지와 개조 작업은 위에서 설명한 건물 연령 등급의 경우보다 용이하다. 하지만 이 경우 강철 보는 'F90' 방염 재료로 피복되어야 한다. 아직 완공되지 않은 경우, 비상계단과 승강기가 대개 추가되어야 한다. 건물의 규모는 큰 편이다. 기념물 보호를 받지 않는 한, 에너지 절감 관련 조치들이 필요하다(BBSR, 2015a 참조).

   1960년대까지 제2차 세계대전 이후의 건물들은 철골 구조를 사용하여 건립되었으며, 초기에는 여전히 천장이 낮은 작은 공간들을 가지고 있었다. 건축 방식은 평면도를 변경하는 데 유리하지만, 천장이 낮아서 천장에 추가적인 바닥 구조물이나 환기 배관을 거의 허용하지 않는다. 1960년대에는 훨씬 더 높은 천장이 다시 건축되었으며, 큰 사무실 공간이 계획되었다. 커튼월[73]이 유행하고 있었으며, 이는 창문과 마찬가지로 오늘날의 요구 사항을 더 이상 충족시키지 못한다. 건축은 점점 콘크리트 골격 구조로 되고 있다. 화재 방지 요구 사항은 오늘날의 기준을 충족하지만, 이 건물 연령 등급에서는 석면이 사용되었다. 상승 및 하강 관로, 수직 통로(샤프트) 그리고 부분적으로 바닥 섬유판에서 석면을 검사하는 것이 특히 중요하다. 1952년부터 DIN 4108[74]은 일정한 열 보호, 즉 단열을 규정하고 있지만, 오늘날의 요구 사항을 충족시키지 못하고 있다. 건물에는 종종 열교Wärmebrücke[75]가 있었다.

사진 2. 1960년대의 홀츠비케데(Holzwickede)에 있는 엠셔(Emscher) 병영

1977년의 단열령Wärmeschutzverordnung[76]은 보다 양호한 표준을 제공한다. 기존 승강기 수직 통로(샤프트)는 종종 구급차 들것을 수용하기에는 너무 좁고 너무 작아 특정 층에서 특정 용도를 배제할 수 있다. "나치 독일의 국방군 시대 동안 샤워실이 지하실에 있었으나, 연방군은 이제 습기가 차는 방들을 지상층에 배치하기를 원한다. 건축 기술상 엄습하는 습기(탕이 올라옴)로 인해 상당한 문제가 있었다. 그래서 재무부는 [위문대의] 지침을 발표하였다. 구체적인 시행령과 함께 지침은 전형화의 시작이다"(BMVg. 2004b: 32).

1980년대부터 건물은 모든 면에서 이용 전환하기가 한층 용이하지만, 첨단 콘크리트 기둥의 그리드는 현대적인 주거 용도에 적합하지 않을 수 있다. 이 시기부터 방음 및 단열[77]도 충분히 제공되고 있다.

사진 3. 빌레펠트(Bielefeld)의 옥상 주택이 있는 이용 전환된 방공호

벙커의 특수한 형태는 기존 건물의 일부 용도로만 적합하다. 벙커가 거의 이상적으로 적합한 사례가 많이 있지만, 이것들은 모두 높은 보안 요구 사항이 있는 특수 용도이다. 충분한 조명이 필요한 경우, 기존 건물을 주택이나 사무실로 이용 전환하는 데 비용이 많이 든다. 대형 창문을 위해 약 2.5미터 두께의 벽을 절개하는데 최대 10,000유로가 소요될 수 있다. 에너지 절감 및 건축의 평형 역학적 관점에서 고찰할 때, 벙커는 모든 용도에 이상적이다. 특히 양호한 위치에 있는 경우, 고급 옥상 주택인 펜트하우스를 원래 지붕에 단순히 배치한 벙커의 이용 전환 사례가 있다. 물론 벙커의 철거는 비용이 많이 들 뿐만 아니라 소음이 많이 나서 근린지구와 문제가 발생할 수 있다.[78]

실제와 목표의 비교를 통해 이용 전환에 대한 건축비를 계산할 수 있다. 2015년 연방건축도시공간계획연구원BBSR의 연구는 기존 건물을 주택으로 개조할 경우, 연면적BGF[79] 1제곱미터당 700~1,200유로의 개축 비용이 드는 것으로 파악하였으며, 평균적으로 1제곱미터당 1,000~1,200유로가 드는 것으로 파악하였다(BBSR, 2015a: 52). 이러한 비용은 신축 비용 수준이거나 신축 비용

사진 4. 철거 전 죄스트(Soest)의 벰-아담(Bem-Adam) 병영

수준 이상이다. 물건의 90퍼센트가 양호한 위치에 있었기 때문에, 개축의 품질이 평균 이상이었다고 가정할 수 있다. "분석에 따르면, 수익은 신축 프로젝트와 비슷하며 예외적인 경우에만 더 높다. 수익률이 낮은 프로젝트는 배타적으로 민간 부문에서 내세운 개발자보다 공공의 이익을 추구하는 개발자에 의해 한층 빈번히 실현되고 있다. 이들 개발자는 이를테면 협동조합이나 도시개발공사이다"(상세서: 53).

탱크 격납고를 상업용 집회장(집당)으로 이용 전환하는 것은 쉽게 상상할 수 있다. 라인란트-팔츠Rheinland-Pfalz주의 몬타바우르Montabaur에 있는 옛 베스터발트Westerwald 병영에서는 탱크 격납고가 단독주택으로 개축되어 성공적으로 매각되었다.

철거

건물을 후속 이용할 수 없는 경우, 새로운 개발 공간을 마련하기 위해 철거되어야 한다. 철거를 하기 전에 다음과 같은 다양한 사항을 검토해야 한다.

- 철거 허가
- 기념물 보호
- 보호할 가치가 있는 생물종의 서식(예를 들어, 지붕 서까래에 있는 박쥐)
- 건축 현장의 물류(폐기물 보관장, 화물차 운송, 각종 기계의 위치)
- 인근 지역에 대한 소음 방지

건물의 해체에는 매우 다양한 비용 계산법이 있다. 해체가 전체 조치에 양호하게 통합되면 될수록, 해체는 그만큼 더 저렴해질 수 있다. 비용 절감은 예를 들어 시너지 효과, 재활용 재료의 재사용 그리고 토양 관리 등을 통해 발생한다. 통상적인 철거 외에도 선택적 철거의 가능성(종별 철거 폐기물의 생성 및 철거 폐기물의 고품질 재활용)도 여전히 존재한다. 철거 비용을 고려할 때, 이 철거 비용을 다음과 같은 세 가지 범주로 세분해야 할 것이다.

Ⅰ. 위험 방지 비용, 즉 행정 관청의 규정에 따른 유해 물질의 제거 비용.
Ⅱ. 투자 위험 제거 비용. 이는 정상적 범위를 초과하는 철거와 관련한 비용이다. 여기에는 예를 들어 해체하기 전에 건물 내 유해 물질을 제거하기 위한 특별 비용이 포함된다.
Ⅲ. 유해 물질과 상관없이 정상적 철거 조치에서 발생하는 이른바 "이런저런 비용"의 형태를 띠는 투자 비용(예를 들어, 공사장 구덩이 굴착 작업)

이러한 고려는 매각자와 투자자에게 예전 사용자가 초래한 유해 물질로 인해 어떤 비용이 발생하였는지 그리고 투자자가 어쨌든 어떤 비용(이런저런 비용)을 부담해야 하는지를 투명하게 보여준다. 예를 들어 오염 제거 후 지면에 우묵한 곳이 남아 있다면, 개발자는 공사장 구덩이 굴착 작업을 할 필요가 없다. 따라서 건축 조치의 일환으로 이래저래 발생하였을 준설 작업은 오염 제거 비용에 포함되지 않는다. 그러므로 연방부동산업무공사는 "이런저런 비용"에 대한 비용 상환을 배제하고 있다. 건물의 유해 물질과 관련하여 부동산경제연구협회

gif e.V.는 몇 년에 어떤 유해 물질이 건축에 사용되었는지에 관해 개략적인 설명서를 작성하였다(gif. 2016: 37 참조).

3.5.3.2 토양 오염 구역, 건축부지 그리고 군사 무기

일반적으로 군대가 사용한 토지의 경우, 토양 오염 구역이 제거될 때까지 우선 토양 오염 구역Altlasten[80]으로 의심된다. 그러나 지하에 더 많은 위험이 숨어 있을 수 있다.

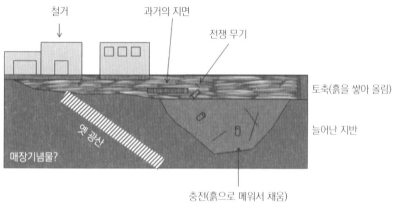

그림 14. 건축부지의 위험

3.5.3.2.1 토양 오염 구역

기본적으로 다음과 같이 명시할 수 있는데, 즉 "땅은 불멸이라는 대중적 논리는 틀렸다"(Kleber et al., 2017, 860, 난외번호 298)라는 것이다.

산업용지와 마찬가지로 군사시설 반환부지에서도 환경에 유해한 물질을 취급하고, 이에 의해 토양이 오염되었을 가능성이 있다. 따라서 연방토양보호법BBodSchG 제2조 제3항에 따라 유해한 토양 오염이 발생할 수 있으므로, 연방토양보호법 제2조 제4항에 따라 의심받은 토지가 될 수 있다. 환경에 유해한 물질을 취급한 폐쇄된(또는 철거한) 시설의 토지는 구 산업구역Altstandort으로 불린다. 특정 사전 용도의 경우에는 거의 자동적으로 토양 오염 구역으로 의심된다.[81] "구 동구권 국가에서 특히 (수많은 지역에 군사용 오염 구역이 있을 때) 반환된 토지의 규모와 그 상태가 가장 큰 도전이 되고 있다"(Oroz & Pirisi, 2004: 191에 인용된 Friedrich & Neumüller, 2006: 68). 필자의 경험에 따르면, 이 문제가 구서독에서는 이 정도까지 이르지 않는다. 토양 오염 구역의 문제는 예를 들어 건물을 계속하여 사용할 부지에 하수도를 설치하는 것과 같은 작은 조치를 포함하여 모든 건축 조치에서 지반에 대한 개입이 이루어지기 때문에 매우 중요하다.

군 전환 부동산의 경우, 연방정부는 두 가지 유형의 오염을 구분하고 있다(BMVBS, 2013: 44 참조). 즉, 첫 번째 유형에는 법적으로 제거할 의무가 있는 오염이 있는 토지가 포함되고(연방토양보호법에 따른 토양 오염 구역과 군사 무기 그리고 폐기물), 두 번째 유형에는 제거할 의무가 없는 오염이 있는 토지가 포함된다(건물의 유해 물질과 기타 토지 오염). 제거할 수 있는 오염 물질로는 한계치를 넘어서는 중금속, 광유 탄화수소MKW, 방향족 화합물BTEX,[82] 용제LHKW 그리고 각종 군사 무기와 폭발성 화합물STV 등을 들 수 있다.

2001년 작센주는 대략적인 계산을 통해 작센의 토양 오염 구역으로 의심되는 토지의 잠재적 가치를 조사하였다. 이에 따르면, 2000년에 구 산업구역으로 토양 오염 구역 등록부에 실린 총 2만 7,697건의 부지가 있었다. 면적의 규모는 부지의 절반 정도에서만 알려져 있다. 알려진 면적은 제곱미터당 20마르크DM로 추정되었으며, 이것만으로 50억 마르크의 시장 잠재력을 가진 것으로 밝혀졌다(Freistaat Sachsen, 2001: 19). 토지는 "종종 양호한 위치에" 있었으며, "많은 경우" 적어도 부분 개발된 것이었다(상게서). 제곱미터당 20마르크는 건축이 기대되는 토지의 가치에 상응한다. 물론 이것은 대략적인 계산일 뿐이다. 2016년 작센주에서는 주변부 위치에 있는 개발되었거나 재개발되었거나 건축 준비가 완료된 토지가 제곱미터당 20유로에 공급되었다

처분할 수 있는 토지의 토양 오염 구역 상황을 조기에 명확히 밝히는 것은 다음과 같은 이유로 무조건 권고할 수 있다.

1. 이미 진행되고 있는 건축 작업 중에 예기치 않은 오염이 발견되면, 토양 오염 구역의 정화에 따른 건축 지연으로 인해 상당한 추가 비용이 발생할 수

있다.

2. 토지의 오염 제거 조치의 비용은 개발할 가치가 없는 만큼 높을 수 있다.

3. 토양 오염 구역으로 인한 불확실성은 부분적으로 과도한 매매 가격 할인으로 나타난다(Bartke & Black, 2009: 98).

4. 주민 청문회에서 "토양 오염 구역"이라는 말은 정기적으로 우려를 불러일으킬 수 있다.

그러나, 이 문제에 대한 충분한 전문 지식이 독일 전역에 걸쳐 있으므로, 프로젝트 개발에서 토양 오염 구역의 처리는 하나의 표준이 되고 있다. 따라서 건물 배치와 지반 관리(아래 참조)를 토양 오염 구역의 상황에 맞게 조정할 가능성이 있다. 이를 위해서는 토양 오염 구역의 상황에 대한 정확한 지식이 필수적이다.

연방토양보호법BBodSchG 제4조 제2항에 따라 토지 소유자는 위험을 방지하기 위한 조치를 취해야만 한다. 오염 유발자(행동 방해자), 그 포괄 승계자,[83] 소유자(상태 파괴자) 그리고 실질적인 권력의 소유자는 개인이나 일반 대중에게 그 어떤 심각한 피해를 주지 않도록 이러한 오염된 토지를 정화할 의무가 있다(간략히 살펴본 연방토양보호법 제4조 제2항 이하; Rottke et al., 2016: 457에 자세히 설명되어 있음). 실제로 행동 방해자가 더 이상 직접적으로 구체화되지 않거나 파산한 경우, 정화 비용을 누가 부담할 것인지 하는 문제가 빈번히 제기된다. 독일 연방헌법재판소의 판결에 따르면, 소유자가 오염 유발자가 아니라고 할지라도 비용을 부담해야 할 수도 있다고 한다(BVerfGE 102, 1:21). 그렇지만 이때 오염 유발자에 이은 소유자가 과도하게 부담을 져서는 안 된다. 비례 원칙은 토양 오염 구역의 정화에 따른 가격 상승을 기준으로 하여 결정된다(위의 편집).

정화의 요구는 계획법에서 허용하는 이용(예를 들어, 건축이용령에 따른 일반 주거지구(WA))과 그 보호 필요성에 기반을 두고 있다. 계획에서 허용되는 이용이 변경될 경우, 따라서 경우에 따라 보호의 필요성도 변경되므로 오염의 재평가도 뒤따르게 된다. 그러므로 계획은 토양의 상태를 고려해야 할 것이다.

조사의 일반적 순서는 민간 부문에서도 적용하고 있으며, "토양 및 지하수 보호 건설 작업 설명서Baufachliche Arbeitshilfe Boden- und Grundwasserschutz: AH BoGwS"(BMUB, 2014: 11)에서 찾아볼 수 있는 다음과 같은 진행 체계를 기반으로 하고 있다.

I. I단계: 상황 파악 및 초기 평가
II. II단계: 분석 및 위험 평가
    a. IIa단계: 방향 설정 분석
    b. IIb단계: 상세 분석
III. III단계: 정화 및 사후 관리
    a. IIIa단계: 정화 계획 수립
        i. IIIa-1단계: 기본 결정, 예비 계획
        (경우에 따라 "특별 수행"으로서 실행 가능성 연구)
        ii. IIIa-2단계: 설계, 허가, 실행 등의 계획 수립
    b. IIIb단계: 정화 작업 시행
    c. IIIc단계: 사후 관리

개별 단계의 처리는 필요에 따라 좌우된다. 따라서 위험으로 인한 행동 조치가 필요하지 않을 때는 모든 단계를 거치지 않아도 된다.

I단계에서는 부동산을 파악하고, 오염이 의심되는 경우 부동산의 사용 이력을 조사한다. 예를 들어, 옛 건축 설계도를 활용하여 예전의 유류 탱크, 탄약고 또는 정비소의 입지를 찾게 된다. 관련 의혹이 제기된 경우, 이 단계에서 지하 터널(아래 참조), 지상 기념물 그리고 무기가 있을 것으로 의심되는 지점 등의 위치를 조사하는 것도 의미가 있다. 개별 감정인(대개 건축 행정 관청의 위탁을 받은 외부 전문 감정평가인 또는 연방군의 감정평가인)은 조사 결과를 판정하고, 이른바 오염 가설을 작성한다.[84] 이제 오염의 의심이 인정된 경우, 다음 단계가 이어진다.

II단계에서는 의심되는 토지를 더욱 자세하게 조사한다. 램코어사운딩

Rammkernsondierung을 통해 토양 표본(샘플)을 채취할 수 있으며, 지하 구조물과 공동(소세)을 찾을 수 있다. IIa단계에서는 격자망을 사용하여 시굴 지점을 설정하고, 의심되는 지점에 대해서는 더 많이 표본을 채취한다. 지하에서 장애물이 발견되면, 기술적 또는 경제적[85] 이유로 시굴은 중지된다. 이 단계는 IIb단계가 뒤따라야 하는지를 권고하는 서면의 "방향 설정적 위험 평가"로 끝난다. IIb단계에서는 상세 조사가 수행되는데, 이는 위험을 방지하기 위한 조치가 필요한지를 평가하는 위험 평가로 완료된다. 감정평가인은 연방 단위의 기준치(연방 토양 보호 및 토양 오염 구역에 관한 시행령(Bundes-Bodenschutz- und Altlastenverordnung: BBodSchV)의 부록 2에서 찾아볼 수 있음)를 바탕으로 하여 오염이 건강에 유해한지를 평가한다. 감정평가인은 또한 오염을 정화해야 하는지 또는 포장 처리해야 하는지를 명확히 한다. "이는 실제 적용의 경우 개별 사례의 조건과 관련하여 특별한 사유 없이 시험 값을 초과한다는 것만으로 정화 조치를 할 필요가 없다는 것을 의미한다"(AH GWS).

III단계에는 모든 기술적 그리고 행정적 계획과 오염 정화의 시행을 포함한다. 특히 여기서 가능한 이용 시나리오를 고려하여 오염 정화 작업을 계획하고 계산할 수 있다. 어떤 경우에는 오염된 장소를 건드리지 않기 위해 건물 배치를 변경하는 것이 바람직하다. 더군다나 III단계에는 사후 관리도 포함된다. 오염 구역이 부지 내에 남아 있다면, 경우에 따라 예를 들어 지하수를 관찰(모니터링)하기 위해 우물을 설치해야 할 수 있다.

의미상 조사 분석을 수행하는 기술사무소도 정화 또는 토양 관리를 계획하고 계산할 수 있어야 할 것이다. "일반적으로 도시계획과 전문 기술 계획이 병행되어야 한다. 이는 효율성과 비용 이점을 지니고 있다. 따라서 이용 구상은 어떤 건축적 시설을 해체해야 할지를 규정한다. 해체 구상에서 결정된 건물의 재료 구성에 따라 폐기 처리 구상에서 실명할 폐기 및 재활용 가능성이 결정된다. 폐기 및 재활용 방식은 또한 기술적 철거 절차에 영향을 미칠 수 있다"(AH KOSAR, 2010: 9).

실제로 이는 오염된 토양 위의 밀봉된 토지는 기본적으로 건축 조치에서 오염을 고려할 수 있는 구상이 제시되기 전까지 철거되거나 제거되어서는 안 된다는 것을 의미한다.

비용이 크게 들지 않는 색다른 방법으로는 디렉트 푸시direct-push 기반 지하수 표본 추출과 식물 표본 추출이 있다. 이 방법은 비텐스 외(Bittens et al.)가 병영의 실제 사례를 통해 기술하고 있다(BBG, 2009: 77이하 참조).

3.5.3.2.2 군 전환용지의 토양 오염 구역

연방부동산업무공사법BImAG 제2조에 따르면, 연방부동산업무공사는 소유자의 모든 의무를 지며, 다른 토지 소유자와 마찬가지로 취급될 수 있다. 그러나 부동산업무공사는 경제적으로도 행동해야 하므로, 공사가 자발적으로 모든 군전환 토지를 원래의 거의 자연적 상태로 되돌려 놓을 것이라고 기대할 수 없다. 연방정부의 토양 오염 구역을 제거해야 하는 의무와 관련하여 특별한 점이 있다. 기본법GG 제120조에 따르면, 연방정부는 연방 법률의 보다 상세한 조항에 따라 전쟁 피해에 따른 비용을 부담해야 하므로, 일반적인 오염 정화 혹은 제거를 고려하지 않는다(Kleiber et al., 2017: 878이하). 연방정부는 군사시설 반환 부지의 오염에 대한 책임을 지고, 실태를 파악하기 위해 조사를 의뢰한다. 연방정부는 심각한 위험으로 인해 이에 대한 공법상의 의무를 이행해야 하는 경우에만 토양 오염 구역의 정화를 한다. 더군다나 오염 정화는 경제적으로 필요한 경우에만 행해지거나 그 비용을 인정받는다. 이는 오염이 현재 상태에서 여러 경로(예를 들어, 토양-인간)에 영향을 미치는 경우에만 제거된다는 것을 의미한다.[86] 병영이 주택단지로 변경되어야 하고 정화 비용이 토지 가격을 초과하지 않을 경우, 연방부동산업무공사는 또한 이 정화 비용을 인정한다. 그렇지만 완전한 정화가 아니라 반드시 필요한 정화만을 맡게 된다.

2013년 이후 토지는 일반적으로 더 이상 조사 분석 없이 매각되지 않는다. 예상되는 정화 비용이 200만 유로를 초과할 경우, 연방부동산업무공사는 정화 사업에 연방 토양 및 지하수보호관리국Leitstelle Boden- und Grundwasserschutz: BoGwS을 관여시켜야만 한다.

군 전환용지의 경우, 2015년부터 매입자가 계산한 토양 오염 구역의 정화 비용은 오염되지 않은 토지 가격에서 공제되고 있다(Kleiber et al., 2017: 879, 난외 번호 361). 예전에는 정화 비용이 대부분 이른바 90/10-규칙에 따라 매입 후에 상환되었다. 필자의 경험에 따르면, 오염의 유발자로 여겨지고 장기적으로 존재하는 모든 매각자(예를 들어, 대기업)는 다른 유휴지의 경우에도 매매 가격 인하를 문제없이 인정하고 있다.

일반적으로 연방부동산업무공사는 조사 분석을 의뢰한다. 그러나 군대가 사용한 연방군 부동산의 경우, 연방군 자체가 이 업무를 수행한다. 이때 연방군 인프라, 환경보호 및 서비스청Bundesamt für Infrastruktur, Umweltschutz und Dienstleistungen der Bundeswehr: BAIUDBw의 법적보호업무부서Abteilungs Gesetzlich Schutzaufgaben가 관련 조치를 조정한다. 지역 차원의 업무 처리는 연방군서비스센터Bundeswehr-Dienstleistungszentrum: BwDLZ에서 수행한다(AH BoGwS, 2014: 8). 독일 연방군이 위임한 감정평가인은 현재의 군사적 이용에 근거하여 규제적인 위험만을 검토한다. 행동 조치가 필요한 유해 물질 농도의 임계값은 상업적 이용의 임계값을 기준으로 삼고 있다. 따라서 이러한 감정평가서는 부동산을 포기한 후에는 계획된 이용과 관련하여 다시 작성되어야 한다(Jacoby, 2008: 62이하 참조). 조사 분석은 니더작센주의 하노버에 있는 토양오염구역중앙통제센터Die zentrale Leitstelle für Altlasten가 조정하고, 각 주가 소유한 부동산공사(예를 들어, 노르트라인-베스트팔렌 주건설부동산공사(Bau- und Liegenschaftsbetrieb: BLB))가 의뢰하고 감독한다. 연방부동산업무공사의 지역 전문 계획자가 이러한 조사를 내부적으로 자문한다. 부동산이 반환되면, 연방부동산업무공사는 반환일로부터 조정과 비용을 맡게 된다. 2010년에는 249건의 군 전환 부동산 중 117건이 연방토양보호법BBodSchG이 말하는 토양 오염 구역으로 밝혀졌다(Bundestag, 2010: 25).

3.5.3.2.3 건물 유해 물질

기존 건물은 오늘날의 관점에서 사람이나 환경에 유해한 건축 재료를 사용하여 건축하였을 수 있다. 당시에는 이러한 위험성을 알지 못한 채 설치가 이루어졌다. 건물 유해 물질은 크게 두 그룹으로 나눌 수 있는데, 한편으로는 사용 중에 다양한 경로를 통해 신체에 유입되기 때문에 사용자에게 심각한 위험을 초래하는 유해 물질이 있다(예를 들어, 목재 방부제에서 나오는 독성 증기). 다른 그룹에는 개축 작업을 통해 독소가 방출되는 물질을 포함한다(예를 들어, 단단히 결합된 석면). 건물이 특정 건설연도, 예를 들어 1950년대 또는 1960년대에 지어졌을 경우에는 유해 물질 감정평가서를 받아야 한다. 해체 및 폐기 처리 비용은 다를 수 있지만, 소규모 건물의 경우에는 제한된다. 그런데, 건물 유해 물질에 관해 논의할 때, 해당 유해 물질이 각 건물 연령 등급에 있는 건물 대부분에서 발견되지만, 일반적으로 소규모 건물은 유해 물질 감정평가서 없이 부동산 시장에서 매각되고 있다는 사실을 명심해야 한다.

3.5.3.2.4 광산

예전의 광산, 특히 폐광산이 개발부지에서 발생하였다면(가동되고 있다면), 광산은 해당 지역의 개발비에 영향을 미친다. 신축 건물과 구축 건물의 안정성은 부지 아래에서 가동되고 광산의 영향으로 인해 훼손 받을 수 있다. 특히, 이른바 지표면 가까이에 있는 폐광산은 폐쇄 후에도 수십 년 동안 여전히 문제를 일으킬 수 있다. 이러한 형태의 채광은 탄소층이 지표면 가까이에 있는 지역에서 예상할 수 있다. 이와 관련한 예로는 루르Ruhr 지역 남부를 들 수 있다.[87] 갱도는 부분적으로 지도에 표시되지도 않고, 수동으로 운용되고 목재 기둥으로 지지하였다. 깊이는 다양하지만, 갱도는 지표면 아래 5미터 이상의 깊이에 놓여 있을 수 있다. 갱도가 버려진 후에는 대부분 채워지지 않았거나 붕괴하였다. 부분적으로 갱도와 (갱도가 무너져 생긴 깔때기 모양의) 구덩이는 가정용 쓰레기로 채워졌다. 광산 위에 있는 건물의 안정성을 보장하기 위해서는 기초를 보강하거나 갱도를 콘크리트로 채워야 한다. 갱도가 어떻게 펼쳐져 있는지는 램코어사운딩 Rammkernsondierung을 이용한 토양 탐사를 통해 파악할 수 있다. 갱도는 접근하기 어렵고 필요한 콘크리트 용량을 파악할 수 없으므로, 매립 비용을 계산하기는 종종 어려운 것으로 판명되고 있다. 기본적으로 콘크리트는 각 대상물 아랫부분이 채워질 때까지 갱도로 밀어 넣게 된다. 이러한 정화 비용을 계산하기가 쉽지 않기 때문에, 전체 조치의 경제성을 계산하기도 어렵다. 정화 비용의 부담자는 법적으로 오염 유발자 또는 그 승계자이지만, 이들은 대부분 확인되지 않는다. 이에 따라 정화 비용은 종종 부동산 소유주가 부담하게 된다.

이른바 심층 광산은 점차로 더 이상 침강이나 침하를 유발하지 않는다. 일반적으로 자치단체가 광산을 지도화하고, 이를 통해 광산 운영자의 승계 회사도 확인할 수 있다. 부분적으로 해당 토지의 토지 등기부에 광산 회사에 유리한 광산 개발로 인한 피해, 즉 광산 피해의 포기[88]가 포함되어 있다.

3.5.3.2.5 적재력

건축부지의 적재력Tragfähigkeit은 건축부지 감정평가서를 통해 파악된다. 적재능력이 있는 암석층에 도달할 수 있는 경우, 부분적으로 건축 파일을 박는 기초 공사는 바람직한데, 이것은 이를 통해 경우에 따라 토양 오염 구역의 정화와 군사 무기의 제거가 지점별로 발생하기 때문이다. 기존의 봉쇄된 부지를 후속 이용하는 경우, 지반이 하중을 견딜 수 없을 위험이 있다. 이 점은 과거의 군 훈련장뿐만 아니라 정비 건물의 지반에도 해당할 수 있다.

3.5.3.2.6 군사 무기

토목 공사 과정에서, 예를 들어 건물 기초 공사를 위한 구덩이를 굴착하는 과정에서 해체되어야 할 군사 무기를 발견할 수 있다. 무기는 "전쟁을 목적으로 하는 무의식적인 특정한 물품과 군사적 기원의 물질 그리고 그러한 물품의 일부"이다(BMUB & BMVg, 2014: 22 참조). 따라서 이것은 폭탄, 수류탄 그리고 탄약 등을 말한다. 하지만 프로젝트 개발의 경우 이 군사 무기의 철거는 불발탄의 순수한 해체만을 의미하지 않는다. 무기에 대한 조사는 탐사해야 하고 경우에 따라 쓰레기로 가득 차 있었을 수 있는 예전의 폭탄 투하 지점이나 참호가 현장에 있음을 밝혀낼 수 있다. 무기 철거의 문제는 토양 관리와 그 준비에 통합되어야 한다. 경제적 측면에서 추가 비용은 불발탄에 대한 탐사 및 굴착뿐만 아니라 시간 지연(건축 중단)과 한층 더 큰 비용이 드는 토 공사로 인해 발생한다.

무기철거작업설명서Arbeitshilfen Kampfmittelräumung: AH KMR[89]에 따르면, 무기 철거는 다음과 같은 4단계에 걸쳐 행해진다.

a. 역사 탐사
b. 기술 탐사
c. 철거 구상, 입찰 공고 그리고 위탁 발주
d. 철거, 수락, 문서 작성

토양 오염 구역의 조사와 마찬가지로, 역사 탐사에서는 군사시설 반환부지의 이용에 대한 빈틈없는 연대기가 작성된다. 초점은 특히 각 시기의 군사 과정(예를 들어, 특정 물질을 이용한 사격 연습), 생산, 가능한 전투 작전(예를 들어, 참호) 그리고 공격 지역(예를 들어, 폭탄에 의한)에 맞춘다. 정규 군사 작전에서 발생하는 무기의 오염 부하負荷는 병영에서 낮은 반면, 군사 훈련장과 시험 시설에서 높다(BMUB, 2014: 173). 120제곱킬로미터 규모의 이른바 "폭격장Bombodrom"으로 불리는 브란덴 부르크주의 비트슈토크Wittstock 군사 훈련장에 대해서는 2억 2천만 유로의 정화 금액이 책정되었다(Palkowitsch, 2011: 45). 생산 시설에서의 군사 무기로 인한 오염 부하는 예외적인 경우에만 발생하지만, 이곳은 독성 물질을 취급하였기 때문에 토양 오염 구역이라는 의심을 크게 받고 있다(상게서). 2010년에 249건의 부동산 중 89건이 군사 무기로 오염된 곳이었다(Bundestag, 2010: 25).

다음은 필자가 실무를 통해 알고 있고, 다른 관점에서 살펴볼 때 비로소 논리적으로 보이기 때문에 여기에 포함되어야 할 무기로 오염이 의심되는 장소의 몇 가지 예이다.

• 건물이 불발탄 위에 지어진 것은 드물기는 하지만, 그럼에도 불구하고 이에 상응하는 발견들이 있다. 이는 많은 불발탄이 충돌 후 측면으로 움직이고, 이

때 건물 아래로 들어갈 수도 있다는 사실 때문이다(BMUB, 2014: 235, 254).

• 제2차 세계대전의 공격 목표 바로 주변에서 부분적으로 오늘날에도 여전히 매우 높은 오염 부하가 남아 있다. 이것은 당시(1940년대) 농지의 불발탄이 때때로 제거되지 않았기 때문이다.

• 많은 불발탄은 6미터 이상의 깊이에서(따라서 더 이상 탐사할 수 없음) 발견되고 있다. 이것은 전후 여러 많은 지역에서 땅을 평탄화하기 위한 매립이 시행되었기 때문이다(BMUB, 2014: 236).

• 탄약이 처음에는 예전 탄약고에서 불균형적으로 멀리 떨어진 곳에서 발견되었다. 이는 종전 무렵 대량의 탄약을 폭파했을 때, 탄약이 부분적으로 크게(최대 반경 1킬로미터 이내) 흩어진 경우가 있었기 때문이다(BMUB, 2014: 169, 235).

무기의 평가 및 조사를 위해서는 무기철거작업설명서AH KMR에 자세히 기술되어 있는 다양한 기법들이 있다. 현장에서 의심이 드는 오염 장소를 찾기 위해서는 예를 들어 지상 레이더, 금속 탐지기 또는 시추공 탐사 등이 활용된다. 지구 자기장의 이상 현상에 대한 컴퓨터 지원 평가는 탐색을 훨씬 더 정확하고 효과적으로 만들어 주고 있다.

군사 무기가 발견되면, 모든 작업을 즉각 중단하고 무기 담당 기관에게 통고해야 한다. 실제 무기 철거에는 여러 가지 방법이 있다. 무기철거서비스기관[90] 은 무료로 운영되지만, 건축 사업 계획의 발주자는 토목 공사에 대한 접근 비용을 지급해야 한다.

해당 지역에 제한이 있든 없든 간에 무기가 없는지를 사전에 결정하는 것이 중요하다.

3.5.3.3 기반시설 설치

연방건설법전 제30조에서 제34조에 따르면, 기반시설 설치Erschließung가 확보된 경우에만 사업 계획이 허용된다. 계획법적 그리고 건축기준법적 기반시설 설치가 있다. 계획법적 관점에서는 계획법이 적절한 기반시설 설치 부지(예를 들어, 인접 도로)를 명시하면, 기반시설 설치가 확보된다. 연방건설법전 제127조 제2항에 따르면, 기반시설 설치 시설은 교통시설, 공급 및 폐기처리 시설 그리고 기타 시설(주차장 및 공해방지시설 등)을 포괄한다. 이를 통해 토지는 원칙적으로 건축될 수 있다. 주건축법(예를 들어, 노르트라인-베스트팔렌주 건축법(Bauordnung für das Land Nordrhein-Westfalen: BauO NR) 제4조 및 제5조)에서 건축기준법적 규정에 따른 기반시설 설치 요구 사항을 찾아볼 수 있다. 기반시설 설치는 또한 기술적으로 가능하고, 법적으로 보장되어야 한다.[91] 일반적으로 개발자가 기반시설 설치를 하고 토지(토지 부담금)를 포함한 시설을 무상으로 기초자치단체에 양도한다.

3.5.3.3.1 내부 기반시설 설치

부분적으로 토지에 기반시설 설치 시설이 이미 있을 수 있다. 이것들이 인수에 적합한 것인지를 검토해야 한다. 여기서 기반시설 설치 시설을 이전하거나 매입한다면, 가격을 상승시키는 영향을 미칠 수 있다는 점에 유의해야 한다. 이는 연역적 절차에서 기반시설 설치 시설의 철거와 신축은 비용으로 설정할 수 있으며, 이 때문에 인수가 기껏해야 비용 중립적 효과를 발휘하는 이유이다. 또한 기존 기반시설 설치 시설은 건축 면적을 구성하며, 경우에 따라 계획자의 생각과 모순된다.

3.5.3.3.2 교통

건설기본계획Bauleitplanung의 일환으로 개발지역 밖의 기존 교통망에 대한 계획의 영향을 연구한다. 이때 사업 계획으로 인해 발생할 수 있는 교통의 후속 비용을 추정하려면, 그것들을 별도로 결정하는 것이 중요하다. 특히 통합 위치에 있는 부동산의 경우에는 군사적 기존 용도에 비해 추가적인 교통 부하가 있는지 하는 문제가 제기된다.

3.5.3.3.3 배수

개발부지를 기존 하수도 망에 (계속) 연결하면, 망을 조정해야 할 수 있다. 우선 향후 연결 지점에서 공공 하수도관의 수용 용량을 파악해야 한다. 다음 단계에서는 발생하는 물의 양을 기존 계획 문서를 바탕으로 하여 파악해야 한다. 초기에는 이를 개략적으로 추정하고, 후에는 정밀하게 파악할 수 있다. 발생하는 물의 양은 빗물과 오폐수를 고려한다. 발생하는 빗물에 대해서는 해당 지역의 향후 보유량과 관련이 있다. 오폐수는 주민 수와 등가로 하여 측정된다. 내부 기반시설 설치와 관련해서는 경우에 따라 빗물 저류지가 필요한지가 중요하다.

3.5.4 소결: 군사시설 반환부지의 재고조사

군 전환용지의 경우 "토지가 프로젝트를 찾고 있다"라고 하는 프로젝트 개발 시나리오가 관건이기 때문에, 우선 먼저 그 어떤 계획도 입지 분석을 수행해야 한다. 이러한 입지 분석은 건축적 그리고 법적 재고에 대한 분석과 고전적인 시장 분석으로 나누어진다.

　행정과 정치 분야의 현지 행위자들이 부분적으로 미래 이용에 대한 구체적인 아이디어를 갖고 있더라도, 경쟁 관계에 있는 토지와 개별 부동산 시장에 대한 단호한 분석은 필수적이다. 입지-시장 분석을 위한 외부 전문 감정평가인의 참여는 시장과 입지에 영향을 미치지 않는 관점을 가능하게 한다. 더군다나 외부 감정평가인은 (서어) 정치적으로 민감한 주제를 논의에 부치기가 한층 용이하다. 기존 및 미래의 경쟁 관계에 있는 토지를 고려해야 할 것이다. 기존의 경쟁 관계에 있는 토지가 어떻게 개발되고 있는지 하는 것으로부터 자신의 토지가 어떻게 개발될 수 있는지에 대한 결론을 도출할 수 있다. 미래의 경쟁 관계에 있는 토지에 대해 알면, 자신의 토지가 개발 이후 어떤 경쟁 기회를 가질 것인지에 대한 보다 양호한 예측이 가능하다. 부동산 시장의 분석은 (이미 이용 전환에 대한 아이디어가 있다고 하더라도) 플랜B를 개발할 가능성을 제공한다. 호텔, 레저 공원 또는 공항과 같은 특정한 미래 이용에 대해서는 시장을 잘 알고 있는 특화된 전문 감정평가인을 추가로 참여시켜야 할 것이다.

　재고조사는 개발에서 중요하고도 많은 시간이 필요한 부분이다. 결과를 바탕으로 하여 현재 계획이 지속적으로 검토되어야 한다. 우선, 부동산의 유형에 따라 건물의 후속 이용이 가능한지 그리고 이를 위해 어떤 계획권을 획득해야 하는지를 확인할 수 있다. 결국 부동산의 유형은 두 가지의 큰 그룹으로 군집화할 수 있다. 한편으로 외부 구역에 있는 대규모 부동산(비행장과 보관 창고)과 다른 한편으로 도시에 (거의) 통합된 위치에 있는 병영이다. 간단한 토지 조달로 인해, 대부분의 군사시설은 야외 들판에 그리고 비행장과 보관 창고는 도시에서 멀리 떨어져 있는 곳에 설치되었다(3.1.2절의 유형 분류 참조). 오늘날 통합 위치에 있는 부동산의 경우, 일반적으로 도시가 이 부동산을 둘러싸면서 발달하였다고 가정할 수 있다. 오염물질 배출은 (그 당시의 산업 건물과 달리) 제한적이었다. 이 연구의 맥락에서 '내부 위치'는 부동산의 위치를 말하는데, 그 이용 전환은 의미 있고 현실적인 도시 확장을 나타낸다(3.4.1.2절 참조). 이 유형의 부동산은 연방건설법전 제34조의 암묵적인 관할 하에 부속시킬 수 없지만, 건축이 기대되는 토지로 분류된다. 다양한 종류의 군 전환 부동산은 또한 두 가지 그룹으로 나눌 수 있다. 즉, 한편으로 간단히 후속이용이 가능한 건물 및 토지와 다른 한편으로 건물로 인해 후속 이용이 어려운 부동산이다. 두 번째로 언급한 그룹에는 보관 창고와 벙커가 해당하는데, 왜냐하면 건물이 고가로 후속 이용될 수 없으며, 그 철거에 큰 비용이 들기 때문이다. 결국 개발자 또는 자치단체는 군 전환 부동산의 이러한 첫 분류를 통해 지역 부동산 시장에서 개발이 독자적으로 이루어지는지 아니면 어려운지를 초기 단계에서 인식할 수 있다. 뮌헨 국방대학교(Beuteler et al., 2011: 48이하)의 유형화는 분류에 도움이 된다.

부동산이 해제된 후, 기존 계획권과 관련하여 자치단체에 문의하여야 한다. 군 부동산은 토지이용계획FNP에 종종 특별 구역 또는 공공 수요 용지로 표시된다. 국방시설(연방건설법전 제37조)의 경우, 기초자치단체는 해제 후에 비로소 계획권을 회복한다. 이는 연방정부가 특별한 연방정부 목적에 시설을 더 이상 사용하지 않기로 결정한 시점에서 발생한다. 기초자치단체는 물론 해제 전에 이미 개발 계획 절차를 시작할 수도 있다.

연방부동산업무공사는 군사시설 반환부지의 경제적 후속 이용에 큰 관심이 있다. 이는 기존 건물을 상업적으로 후속 이용하는 것이 주거 용도의 목적을 갖고 모든 건물을 완전히 철거하는 것보다 매매 가격이 더 높다는 것을 의미할 수 있다. 이러한 이유로 군사시설의 존속 보호Bestandsschutz에 관한 논의가 종종 제기되고 있다. 군사적 기존 용도는 대개 그 어떤 민간 등가물과 일치하지 않기 때문에, 건축이용령BauNVO이 말하는 지구 유형 변화의 폭 내에서 움직일 수 없다. 따라서 외부 구역 위치의 군사시설에 대한 민간의 계획적인 존속 보호는 우선 비판적으로 판단되어야 한다. 이 점은 연방행정법원Bundesverwaltungsgericht: BVerwG이 판결로 확인하고 있다(BVerwG, 2000년 11월 21일, 4 B 36/00). 병영과 비행장은 일반적으로 서로 다른 용도의 건물을 가지고 있으므로, 전체 시설의 존속 보호를 판단하기 위해서는 우선 계획권을 고려하고, 다음으로 건축법을 고려해야 한다. 계획권(과 따라서 이론적으로 토지의 가치도)은 군사적 이용의 포기와 함께 다시 자치단체의 수중에 넘어간다. 그러나 지가는 건축 기대에 달려 있으므로, 기초자치단체가 당분간 계획권을 부여하지 않을 때 더 높은 수준에서 유지된다. 그러므로 계획권이 허용하는 최소 규모로 건축 부지를 확정하는 것은 매매 가격을 낮추지만, 바닥을 알 수 없는 곳으로 빠지게 해서는 안 된다고 말할 수 있다. 연방부동산업무공사는 가치가 있는 토지를 유지할 때 세금의 낭비를 막을 수 없으므로, 이러한 선택권을 확실히 활용할 것이다. 그러므로 건축권의 금지는 매매 가격을 낮추기 위한 날카로운 검이 아니다.

연방건설법전 제34조에 따라 건축권이 성립하는 한, 건물의 이용 전환과 함께 존속 보호에 관한 문제가 제기된다. 행정, 병원, 창고, 작업장, 주택과 같이 민간 등가물을 가진 다양한 군사적 용도가 있다. 민간 건물과 군사 건물 간의 건축기준법적 경계는 전투 훈련이 진행되는지 그렇지 않은지에 따라 의미 있게 그을 수 있다. 이것은 또한 변화의 폭에 대한 감각과 일치할 것이다. 즉, 동일한 용도의 군사 및 민간 건물의 도시 개발 효과는 같다. 예를 들어, 전차 작업장에 해당하는 민간 등가물은 예를 들어 화물차 작업장으로, 전자의 오염 물질 배출은 후자보다 훨씬 적다. 동일한 것이 위에서 언급한 다른 부동산에도 적용된다.

모든 토지 개발의 경우, 예를 들어 통행권이나 (소방 시설비와 수리비 등의) 건물주 부담 의무와 같은 기타 법적인 조건에 관한 현황을 파악하는 것이 필요하다. 군사 제한 구역에서는 민간 임차인이 있을 것으로 기대할 수 없으므로, 군사시설 반환부지의 전환에서 제3자와의 임대차계약에 관해서만 두려워할 것이 없다. 물론 오랫동안 공실 상태에 있는 부동산의 경우, 연방부동산업무공사가 개별 토지를 임대하였을 수도 있다(중간 이용 참조). 이러한 경우, 필자는 위치도에 면적과 기간을 포함한 모든 임대차계약을 기재할 것을 권장한다. 군사 제한구역에서의 통행권은 흔치 않은 일이다. 하지만 개발 토지를 가로지르는 관로권 Leitungsrecht**92**이 발생할 수 있다. 관로권은 예전의 매각 또는 건축 조치에서 발생하는 것으로, 그 기반시설 설치는 확보되어야만 하였다. 추가로 필자는 그러한 관로권도 기재하지 않아서 공급자가 현재 위험을 감수하는 경우와 마주치고 있다.

기술적 재고조사는 복잡하지만, 부동산의 전국적인 동질성으로 인해 양호하게 기술할 수 있다. 대부분의 부동산은 1930년대에 (본질적으로) 비슷한 건물과 동일한 배치로 지어졌다. 직각형의 연병장은 아마도 종종 마주칠 수 있는 건물의 엄격한 대칭과 축 방향의 배열을 초래하였을 것이다. 비행장의 경우에는 이와 달리 부분적으로 활주로를 둘러싼 타원형 배열을 확인할 수 있다. 개별 건물의 유형화를 통해, 제국 및 연방 전역으로 군사 지식이 없는 현지 건축가들에게 설계를 의뢰할 수 있었다.

건물 외에도 항상 동일한 소유자인 연방부동산업무공사 때문에 건물의 유지 관리도 비슷하다. 따라서 이 연구에서 얻은 지식은 모든 전형적인 군 전환용지에 원용할 수 있다. 또한 습득한 해체 지식은 행정 및 작업장과 같은 용도의 민간 유휴지에 전용할 수 있다. (1930년대부터 지어진) 행정 관리 및 사병 건물은 비교적 손쉽게 사무실 건물로 개축할 수 있다. 주택으로의 개축은 긴 복도로 인해 유리하지 않지만, 마찬가지로 실행할 수 있다. 개축 비용은 신축 비용과 비교할 수 있다. 따라서 개축을 통해 보다 높은 토지 이용률을 달성할 수 있는 한,

개축이 권장된다. 병영이 예를 들어 단독주택 지역에 있다면, 철거의 경우보다 기존 건물에 훨씬 더 많은 주택을 배치할 수 있다. 게다가 기존 건물이 이미 존재하기 때문에, 주변 환경과 어울리지 않다는 점에 대해 주민과의 도시계획적 논의를 피할 수 있다. 연방건축도시공간계획연구원(BBSR, 2015a)의 일반적인 연구는 주거지역에 있는 건물의 성공적인 개축의 90퍼센트가 성장 지역에서 이루어졌음을 보여주었다. 높은 개축 비용은 높은 주택 매매 가격(또는 지원금)으로만 충당될 수 있다. 이러한 지식은 토지 개발에 이전될 수 있다. 이 연구의 분석 결과는 성장 지역의 투자자 또는 매입자가 재매각할 때 발생하는 개축 비용을 부과할 수 있으므로, 기준지가에 대해 더 적은 할인을 요구하는 것을 보여주고 있다.

개축이나 철거가 계획되어 있는지와 관계없이, 오래된 부동산의 경우 건물 유해 물질에 대한 감정평가서를 받는 것이 바람직하다. 이 점은 군 전환 물건에도 유효하다. 부동산이 기념물로 보호받고 있다면, 해체는 배제된다. 그렇지만, 경제적인 이유로 기념물 보호가 부분적으로 취소된 것으로 알려진 예외가 있다(예를 들어, 데트몰트의 후버트 병영, 최스트의 배-어남 및 반-베센 병영, 뮌스터의 요크 병영). 기념물 보호는 경제적으로 개발에 긍정적 또는 부정적인 영향을 미칠 수 있다. 예를 들어, 외부 구역에서 기념물 보호를 통해 부동산을 경제적으로 유지하기 위한 사용권을 획득할 수 있다. 물론 기념물 보호는 건축 가능성을 제한하기도 한다. 연방부동산업무공사의 매각 가격 분석에서는 기념물 보호가 매매 가격에서 분명히 확인할 수 있는지 또는 할인이 문헌에서 말하는 범위 내에 있는지(초기준시기에서 5~10퍼센트 할인)를 밝혀내야 한다. 이 연구에서 살펴본 285건 중 51건에서 부분적인 보호 상태를 조사할 수 있었으며, 이 가운데 38건은 완전히 기념물 보호 아래 있었다.

부지가 건축적으로 개발되어야 한다면, 군사 무기와 토양 오염 구역의 토양을 검사하는 것은 불가피하다. 관련 문헌의 평가와 군 전환용지에 대한 필자의 경험에 따르면, 토양 오염 구역의 상태는 구 동구권 국가들, 따라서 또한 구 동독에서 구서독보다 한층 더 심각하다. 무엇보다도 건강에 유해한 물질을 취급한 곳에서 오염이 의심되기 때문에, 모든 것에 앞서 군 전환용지의 기술 구역이 의심받고 있다. 하지만 그곳에서도 구체적으로 의심을 받는 지점은 한정될 수 있다. 그러한 곳들은 예를 들어 정비장, 유류 하역장 또는 유류 탱크 등이다. 따라서 일반적인 생각과 달리 산업 유휴지에 비해 병영에서는 토양 오염 구역으로 의심을 받는 곳이 대체로 상대적으로 적다. 그러나 이 점과 관계없이 주택 건축의 경우 오염 정화에도 불구하고 신규 건축부지에 비해 할인을 예상해야 한다(Bartke & Schwarze, 2009에 의해 검증된 시장 지향적 위험 할인(MRA)). 2013년부터 연방부동산업무공사는 일반적으로 규제와 관련하여 처음부터 오염이 의심되는 모든 해제된 군 전환용지를 검사하고 있다. 이는 연방부동산업무공사가 모든 토양 오염 구역의 정화 처리 비용과 관련한 감정서를 작성하거나 모든 토양 오염 구역의 정화를 인정한다는 것이 아니라, 절대적으로 파괴적 토양 오염 구역에 대해서만 그렇게 행한다는 것을 의미한다. 프로젝트 개발에는 토양 오염 구역의 정화 비용 외에도 다시 설치할 수 없는 한 철거 자재의 폐기 처리 및 토양 매립의 비용이 중요하다. 후자는 폐기물로 불린다. 연방부동산업무공사는 감정평가서에서 유해 물질의 임계값으로 상업적 이용을 위한 임계값을 채택하고 있으므로, 주택 개발의 경우에는 새로운 토양 감정평가서를 작성해야 한다. 전반적으로 철거, 토공사, 무기 철거, 공사장 구덩이 굴착 작업 그리고 기반시설 설치의 준비 등은 상호 조정된 조치(토양 관리) 속에 계획되어야 한다. 이러한 방식으로 파손된 자재를 재사용하고 폐기 처리 비용을 절감할 수 있다. 개발 계획에는 토양 오염 구역의 상태도 포함되어야 한다. 2015년부터 군 전환용지의 토양 오염 구역 정화 비용은 대부분 거래 가격에서 공제되고, 나중에 더 이상 상환되지 않는다(Kleiber et al., 2017: 879).

이 연구에서 토양 오염 구역의 위험은 조사한 부동산의 절반(건수와 면적에 따른)에서 확인되었다. 2012년부터 연방 전역에 걸쳐 매각된 모든 부동산의 절대다수는 미리 토양 오염 구역과 관련한 조사를 거쳤다. 연방부동산업무공사는 오염이 의심되는 토지를 A~E 단계까지 분류하고 있으며, 이에 E 단계가 가장 높은 위험을 나타낸다. 다만, 유감스럽게도 오염이 의심되는 부동산이 실제로 얼마나 심각하게 오염되어 있는지를 전국적으로 평가할 수 없다.

재고조사의 경우, 기존 및 가능한 외부 기반시설 설치를 조기에 분석해야 한다. 비용이 많이 드는 외부 기반시설의 조성은 부동산의 가격을 너무 많이 떨어뜨려, 사업 계획이 더 이상 이익을 내지 못할 수 있다. 나중에 이러한 맥락에서 중요한 역할을 하는 인프라 설치 후속 비용과 그 거래 가격으로의 계산에 대해 자세히 논의할 것이다.

---

23. 노하우, 담당 인력, 예산 또는 재정

24. 2005년까지 '연방국경수비대(Bundesgrenzschutz)'로 불렸다.

25. (옮긴이) 독일의 국세와 관세 외에 토지, 건물 그리고 산림 등의 국유재산 전반에 대하여 관할 지역의 일선 행정 기관을 관리 감독한다.

26. 예를 들어, 창고 건물과 주둔군을 위한 소매점을 말한다.

27. (옮긴이) 미국의 지대공 및 대 요격용 유도탄을 말한다.

28. '나피(NAAFI)'는 영국의 '육해공군 군인회(Navy, Army and Air Force Institutes)'의 약자이다. (옮긴이) 영국 군인들이 이용할 수 있는 상점 등의 시설을 제공하는 기관을 말한다.

29. (옮긴이) 연병장을 말하는 것으로, 병사들을 훈련하기 위해 군 기지 내에 마련된 운동장이다.

30. 군 보안 구역에서는 출입이 금지되어 있다. "연방군 관할 부서는 군 보안 구역에서 보안 또는 질서를 유지하기 위해 개인의 행동에 대한 일반적인 명령을 내릴 수 있으며, 이러한 법령에 따른 권한을 가진 사람들에게 개별 지시를 내릴 수 있다." 출처: 연방군, 연합군, 민간인 경비대 등에 의한 직접적 강제 및 특별 권한 행사 등에 관한 법률(Gesetz über die Anwendung unmittelbaren Zwanges und die Ausübung besonderer Befugnisse durch Soldaten der Bundeswehr und verbündeter Streitkräfte sowie zivile Wachpersonen: UZwGBw).

31. (옮긴이) 독일의 '연방건설법전(Baugesetzbuch: BauGB)'의 과거 명칭은 '연방건설법(Bundesbaugesetz)'으로, 1960년에 제정되었다. 1987년 '일반도시계획법(Allgemeines Städtebaurecht)'을 규율하던 연방건설법과 '특별도시계획법(Besonderes Städtebaurecht)'을 규율하며 보충적으로 제정된 도시건설촉진법(Städtebauforderungsgesetz, 1971년 7월 발효)이 연방건설법전으로 통합되었다.

32. www.cabernet.org.uk.

33. 이는 간략히 살펴본 것인데, 왜냐하면 1991년 12월 21일 구소련이 해체되었기 때문에, 개별 국가들의 군대는 여전히 독일에 남아 있었다.

34. (옮긴이) 제2차 세계대전 후 독일에 주둔한 소련군은 1945년부터 1954년까지 소련 점령지에 주둔한 '독일 점령군(Gruppe der sowjetischen Besatzungstruppen in Deutschland: GSBT)', 1954년부터 공식적으로 점령이 종료된 1988년까지 '독일 소련집단군(Gruppe der sowjetischen Streitkräfte in Deutschland:

GSSD)', 그 후 1994년 철수할 때까지 '서부집단군(Westgruppe der Truppen: WGT)'으로 불렸다.

35. 이 중 11만 9,551헥타르를 브란덴부르크주가 차지하였으며, 추가로 약 23만 헥타르에 달하는 인민군(NVA), 국경군 그리고 연방내무부의 토지도 브란덴부르크주가 인수하였다(Palkowitsch, 2011: 24).

36. 연방부동산업무공사법(BImAG) - 2004년 12월 9일의 '부동산 업무를 위한 연방공사에 관한 법률(Gesetz über die Bundesanstalt für Immobilienaufgaben)'(연방법률공보. I S. 3235)로, 이 법률은 2009년 2월 5일 동 법률 제15조 제83항(연방법률공보. I S. 160)에 의해 개정되었다.

37. (옮긴이) 지속적으로 수익을 창출하는, 즉 돈을 벌어주는 상품이나 사업을 말한다.

38. 추가 규정들은 '나토군 지위에 관한 보충 협정(NTS: NATO-TS ZAbk)'과 함께 '서명협정서(NTS-UP)'에서 찾아볼 수 있다.

39. (옮긴이) '옆줄번호'로도 번역되는데, 책을 보는 데 필요한 참고사항 등을 텍스트의 외부에 번호로 표기해 놓은 것을 일컫는다.

40. (옮긴이) 계획권(計劃權)은 독일의 국가 또는 자치단체가 고유의 정치적, 행정적 형성권 또는 결정권에 따라 자기 지역의 건설을 합목적적으로 행하거나 토지 이용에 관해 확정할 수 있는 권한(독일 행정법에서 일반적으로 '고권(Hoheit)'이라는 용어는 지방자치법과 관련하여 자치단체의 고유한 권한을 의미함)을 말한다. 따라서 자치단체의 계획권은 국가의 기획이나 지시에 엄격히 구속되는 것이 아니고, 자치단체 구역 내에서 토지의 건축, 그 밖의 사용 및 이용에 대해 자유롭게 처분하고, 또한 자기 책임으로 행정적 가능성의 실현을 위해 계획상의 기본 노선을 국가의 관여를 받지 않고 전개할 권한을 의미한다. 독일 자치단체의 계획권은 1960년 6월 독일 연방건설법 제2조 제1항이 "건설 기본계획은 자치단체가 자기의 책임으로 필요한 범위 안에서 수립하여야 한다"라고 규정하게 됨으로써 실정법상 구체화되었다. 이와 관련하여 김성호·박신, 1999, "국토계획에 있어서 지방자치단체의 계획권의 적용에 관한 연구," 지방행정연구 제13권 제1호(통권 46호), 127–141을 참조하라.

41. (옮긴이) '토착민 모델' 또는 '지역 주민 모델'이라고도 한다. 독일에서 주택 수요가 많은 곳은 일반적으로 대도시의 주변 지역이나 경관이 뛰어난 휴양지이다. 이러한 지역에 대한 주택 수요를 자유로운 시장원칙에만 맡긴다면, 부유한 외지인의 주택 수요로 인해 현지 주민들의 주택 건축이 어려워질 수 있으며, 이러한 이유에서 지역 주민의 주택 수요를 충족시켜줄 필요가 있다. 이러한 지역 주민의 주택 수요의 촉진 및 확보에 대한 도시계획 계약을 체결할 수 있다는 것이다(김현준, 2006, 계약을 통한 도시계획의 법리: 독일 건설법전의 도시계획 계약을 중심으로, 토지공법연구 34: 14). 이와 관련한 법적 근거는 연방건설법전에서 찾을 수 있다(연방건설법전 제11조 제1항 제2호 제2목). 그러나 이러한 처분으로 인해 외부인들이 구매 가능성에서 완전히 배제되어서는 안 된다. 유럽연합 집행위원회는 이를 차별 금지 위반으로 간주하여 2006/2007년 독일에 대한 계약 침해 소송을 개시하였다. 2017년 2월에 유럽연합 집행위원회, 독일 연방환경부 그리고 바이에른 주 정부는 조정된 기준에 합의하였다. 즉, 자산과 소득이 특정 상한선을 초과하지 않는 신청자들은 모델에 적합하다는 것이었다. 그 다음 기준 항목 배분에서 '정주성' 기준에 최대 50퍼센트의 가중치를 부여할 수 있도록 하였다.

42. 사례의 3분의 1의 경우에는 사용자가 토지를 모색한다.

43. 연방 관청이나 주 행정 관청이 매입 또는 이용에 관심이 있는 경우, 이것은 자치단체의 순서대로 진행된다.

44. 연방건설법전 제194조에 따른 거래 가격의 정의: "거래 가격(시장 가격)은 조사와 관련되는 시점에 통상적 거래에서 토지나 기타 가치평가 대상의 법적인 여건과 사실상의 특성, 그 밖의 성질 및 상황에 의하여 일상적이지 않거나 개인적인 관계를 고려함이 없이 목표로 하여 얻을 수 있는 가격에 의해 결정된다." 2004년 6월 24일 '유럽연합지침과 연방건설법전의 동화에 관한 법률(Europarechtsanpassungsgesetz Bau: EAG Bau)'에 따

른 조문(연방법령공보, I S. 1359)이며, 2004년 7월 20일에 발효되었다.

45. 1969년 8월 19일의 '연방예산법(Bundeshaushaltsordnung)'(연방법령공보, I S. 1284), 2013년 7월 15일 동 법률의 제2조에 의해 마지막으로 개정되었다(연방법령공보, I S. 2395).

46. (옮긴이) 독일의 군사시설 반환부지의 전환에 있어 반환부지의 소유자인 연방부동산업무공사는 법에 따라 군사시설 반환부지의 소재지인 자치단체에 우선 취득할 수 있도록 선취(선택)권을 부여하고 있다. 자치단체는 군사시설 반환부지를 연방부동산업무공사로부터 매입할 의사 또는 의향과 함께 이 군사시설 반환부지를 향후 어떤 방향으로 이용할 것인지를 개략적으로 밝힌 미래 개발 계획을 작성하여 연방부동산업무공사에 통고하여야 한다. 이처럼 군사시설 반환부지의 매입 의사 및 향후 개발 방향을 연방부동산업무공사에 표시하는 것을 '목적 선언(目的 宣言)'이라고 한다.

47. (옮긴이) 할인 지침의 정확한 명칭은 'Richtlinie der BImA zur verbilligten Abgabe von Grundstücken'이다.

48. 출처: 부동산신문, IZ 25, 2017년 10월 27일 자, http://m.immobilien-zeitung.de/1000047884/2018-ist-baubeginn-fuer-hanauer-wohnquartier-pioneer-park; 2018년 2월 18일 접속.

49. 이에 관해서는 또한 Tessenow, 2006: 6을 참조하라.

50. 1997년 7월 10일 유럽공동체(EG)의 관보에 공표된 "공공부문의 건물 또는 토지의 매각에 있어 정부 보조 요소에 관한 위원회의 공지"(97/C 209/03).

51. (옮긴이) 연방기술지원공사는 1950년에 설립된 기술적 구제를 위한 연방 기관이다.

52. (옮긴이) 이는 일종의 추불 약관을 말한다.

53. 이 논문을 제출할 당시에는 이 서신이 없었다.

54. 그런데 은행의 모기지 대출 감정평가인 또는 대기업의 '국제회계기준(International Financial Reporting Standards: IFRS)'의 감정평가인과 유사하게 고용주에 의한 직접적인 의존성이 존재한다. 이러한 감정평가인은 지시에 구속되지 않지만, 일반적으로 고용주에게 사회적으로나 재적적으로 의존한다. 그럼에도 불구하고 이들은 유럽연합 집행위원회의 요구사항을 준수한다. "가치평가 전문가는 자신의 임무를 독립적으로 수행하는데, 다시 말해 공공기관은 평가 결과와 관련하여 지시를 내릴 권한이 없다. 국가 평가사무소, 공무원 또는 임직원은 이들의 평가 결과에 대한 허용되지 않는 영향력의 행사가 배제되는 한 독립적인 것으로 간주된다"(EU 97/C 209/03, II, 2a).

55. (옮긴이) 독일의 '연방토양보호법(Bundes-Bodenschutzgesetz: BBodSchG)'의 정식 명칭은 'Gesetz zum Schutz vor schädlichen Bodenveränderungen und zur Sanierung von Altlasten(유해한 토양 변화에 대한 보호 및 토양 오염 구역의 정화에 관한 법률)'이다.

56. 투기적 부분은 건축에 대한 높은 기대를 통해 지가에 반영될 수 있을 것이다.

57. Beat Trost, 2009, Interdisziplinäre Lösungsansätze für die Wiedernutzbarmachung von Brachflächen(유휴지의 재이용을 위한 학제적 해결 방안), Dissertation an der Fakultät für Geowissenschaften der Technischen Universität, Bergakademie Freiberg, 130을 참조하라.

58. 현행의 버전은 www.bundesimmobilien.de에서 확인할 수 있다.

59. (옮긴이) 독일의 임대 주택을 말한다.

60. (옮긴이) 독일 '건축공사발주계약규칙(Vergabe- und Vertragsordnung für Bauleistungen: VOB)'은 법률도 법령도 아니다. 독일 건축발주계약위원회(DVA)가 본래 공공 공사를 목적으로 하여 만든 건축 규정이다. A부는 건축 공사의 발주에 관한 일반 규정, B부는 시공에 관한 일반 계약조건 규정 그리고 C부는 일반 기술 규정을 담고 있다.

61. (옮긴이) 연방교육연구부(BMBF)의 'Reduzierung der Flächeninanspruchnahme und nachhaltiges Flächenmanagement: REFINA(토지 수요 감축 및 지속 가능한 토지 관리)'라는 연구 지원 중점 사업의 일환으로, 2007년부터 2011년까지 두 단계로 진행된 연구 부문 프로젝트인 'Konversionsflächenmanagement zur nachhaltigen Wiedernutzung freigegebener militärischer Liegenschaften: REFINA-KoM(해제된 군 부동산의 지속 가능한 재사용을 위한 군 전환용지 관리)'를 말한다.

62. (옮긴이) 기독민주당(CDU)과 사회민주당(SPD)의 연합 정권을 말한다.

63. 이 절의 모든 주제는 매입 이후 건축 단계와 관련이 있을 수도 있다. 그럼에도 불구하고 이상적인 경우에는 모든 개발 주제가 이미 매입 전에 검토되기 때문에, '개발'이라는 제목을 가진 '매매 계약 이후의 사건들'이라는 주제에 관한 별도의 절은 포기한다.

64. (옮긴이) 특정 사업이 중복하여 지원금을 받을 수 없다는 것이다.

65. '주(州)의 국민 경제 총 계정' 연구회를 통해 얻을 수 있다.

66. 여기서 목적과 원칙을 찾아볼 수 있다. '국토계획법(Raumordnungsgesetz: ROG)' 제3조 제1항에 따르면, 목적은 자치단체에 대한 구속력 있는 기준이다. 국토계획법 제4조 제1항 제1호에 따르면, 원칙은 자치단체의 형량(비교 판단 결정)에 대한 기준이다. 더군다나 여기에서 중심지 구성과 문화경관, 기후 보호 등에 대한 진술도 찾아볼 수 있다. 특히, 유휴지의 재이용과 관련하여 여기서 목적이 언급되고 있다.

67. (옮긴이) 이 사용권(Dienstbarkeit)은 타인의 토지나 재산에 대한 용익권을 말한다.

68. (옮긴이) 건물의 소유자는 자신의 건물에 창문, 발코니, 돌출형 창문 또는 이와 유사한 구성 요소를 설치할 수 있는 권리가 있으나, 이것이 인접 토지 및 건물에 불편과 불이익을 줄 수 있는 경우에는 그 권한이 제한될 수 있다.

69. (옮긴이) 광업 운영자는 자신의 재산에 대한 매매 가격 할인을 부여하거나 제3자 토지에 대한 가능한 광업 피해에 대해 '선지급' 보상금을 지급한다. 그 대가로 토지 소유자는 미래의 광산 피해(광해) 청구의 전부 또는 일부를 포기한다.

70. (옮긴이) 난방비와 부대 또는 추가 비용(수도료, 난방비, 주차장 사용료 등의 관리비)을 뺀 기본 임대료를 말하는 'Grundmiete' 또는 'Kaltmiete'이다.

71. (옮긴이) 창건기(Gründerzeit)는 1870~1917년 정치적으로 분리되어 있던 각각의 지역들을 통합해 독일제국이 처음으로 생겼던 시기로, 산업의 발달, 문화적 성숙, 과학의 번영, 부의 축적을 동시에 이룬 독일 역사상 가장 화려한 번영의 시기를 일컫는다.

72. (옮긴이) 유겐트슈틸(Jugendstill) 또는 유겐트 양식은 19세기 말부터 20세기 초에 걸쳐 독일에서 유행한 건축 양식이다. 프랑스의 아르누보 운동에 비견되는 것으로 꽃, 잎 따위의 식물적 요소들을 미끈한 곡선으로 추상화, 장식화한 것이 특색이다.

73. (옮긴이) 커튼월(Vorhangfassaden)은 건물의 주체 구조인 기둥과 보의 골조만으로 건물에 가해지는 수직 하중과 바람이나 지진 등에 의한 수평 하중을 지지하는 구조에서 벽체는 단순히 공간을 칸막이하는 커튼 구실만 하므로, 이때의 벽체를 커튼월(curtain wall)이라고 하며, 우리나라 건축 용어로는 '비내력 칸막이벽'이라고 한다.

74. (옮긴이) 'DIN'는 독일 연방에서 유일하게 인증한 민영 규격 제정 기관인 '독일규격협회(Deutsche Industrie Normen)'의 약자이며, DIN 4108은 건축물의 단열에 관한 기준을 규정하고 있다.

75. (옮긴이) 건물의 실내외 온도 차가 발생할 때, 건물 외피에서 열의 이동이 발생하는 부위로써 상대적으로 열 류량이 큰 부위에서 작은 쪽으로 발생한다. 이러한 열교(熱橋, heat bridge)는 건축물 전체의 단열 성능 저하, 에너지 손실을 증가, 열적 쾌적성 문제를 야기하며 결로의 원인이 될 수 있다.

76. (옮긴이) '단열령(Wärmeschutzverordnung: WärmeschutzV)'의 정식 명칭은 'Verordnung über einen energiesparenden Wärmeschutz bei Gebäuden(건물의 에너지 절감 열 보호에 관한 법령)'이다.

77. 1984년의 단열령(Wärmeschutzverordnung) 제2장

78. 빌레펠트에서는 소음 방지의 이유로 18만 유로의 굴착기 팔을 설치해야만 하였다(BBSR, 2015b: 176). Projekt: eustädter Str. 17/19.

79. (옮긴이) '연면적(BruttoGrundfläche: BGF)'은 대지에 들어선 건축물의 바닥 면적을 모두 합한 것을 말한 다. "총 면적"이라고 한다.

80. (옮긴이) '토양 오염 구역(Altlasten)'의 정의 규정인 독일 '연방토양보호법(BBodSchG)' 제2조 제5항에 의 하면, 이것은 "정지 상태에 있는 폐기물 제거 시설 및 기타 구역으로서 그 위에서 폐기물이 취급되었거나 놓였거 나 집적되었던 곳(폐기물 집적구역(Altablagerungen)) 및 정지 상태에 있는 시설의 구역 및 기타 환경 위험 물 질이 다루어졌던 구역(구 산업구역(Altstandorte))으로서(단, 원자력법에 의해 허가 정지를 요하는 시설은 제 외), 이를 통해 개인이나 공중에게 유해한 토양 변경 등의 위험이 초래되는 곳"을 말한다. 이 '토양 오염 구역'을 '위험 오염지'로 번역하는 경우도 있다.

81. 특히, 다음과 같다. 가스 공장, 코크스 공장, 석탄광, 철 및 강철 생산, 광유 생산 및 저장, 금속 주조 공장, 금 속 표면 정제 및 경화, 배터리와 축전지 생산, 무기 원료 생산, 화학물질, 페인트, 칠(래커), 플라스틱, 의약품, 상 업용 비료, 살충제, 탄약, 폭발물, 유리, 종이, 섬유, 고철 하치장, 철도 사업장, 비행장, 화학 세정, 산업 하수처리 장, 차량 수리 공장, 목재와 고무 그리고 가죽 가공 공장 등이다(Kleiber, 2017: 876, 난외번호 331에서 인용된 RdErl. Des MSV NRW in MinBl. NW, 1992: 876).

82. (옮긴이) 방향족 화합물(芳香族 化合物, aromatic compound)은 분자 내에 벤젠 고리를 함유하는 유기 화 합물을 말하는데, 휘발유에 포함된 벤젠(Benzene), 톨루엔(Toluene), 에틸벤젠(Ethybenzene) 그리고 자일렌 (Xylenes)이 대표적이다.

83. '독일측량협회(Deutscher Verein für Vermessungwesen e.V. – Gesellschaft für Geodäsie: DVW)', 2011: 7에 인용된 Muggenborg, Hans-Jürgen, 2005, Chemieparks unter der Lupe – Folge 20: Die Verursacherhaftung für Altlasten im Industriepark, ChemieTechnik, Nr. 6.

84. 민간 행위자와 달리 여기서 소유사는 외부 전문 감정인 없이 자체 조사를 하고 의심되는 오염을 판단할 수 있다. 원칙적으로 모든 행정 관청은 이것이 법적 규정과 지침을 준수한다고 가정한다. 매입자의 건축 단계에서 적어도 오염에 대한 잘못된 판단은 드러날 것이다.

85. 오늘날의 기술 규칙에 따르면, 지표면을 관통하기 위해서는 무거운 시추 설비가 필요하다. 그런데, Haake

에서 이러한 장비는 대부분 현장에 있지 않으므로, 별도로 주문해야 한다. 지표면의 시추는 지표면 아래의 토양 오염 구역으로 추정되는 경우에만 관심을 끌게 된다.

86. 예를 들어, 이것은 지하수에 스며드는 기름의 손상일 수 있다. 지하수에 도달하지 못하고 밀봉(Versiege-lung) 때문에 빗물에 씻겨 나가지 않는 기름 손상은 환경에 위협이 되지 않는다.

87. (옮긴이) 지하 깊은 곳에 있는 이른바 심층광(深層鑛)이 아니라 노천광(露天鑛)을 말한다.

88. 광산 피해 포기 또는 광산 피해 부분 포기를 통해 소유자 스스로는 채광의 결과에 대해 지급해야 한다. 토지 등기부에 이를 등록하면, 신용 기관에 따라 자금 조달이 어렵거나 불가능할 수 있다. 경우에 따라 광산 회사에 지급하는 대가로 등록을 삭제할 수 있다. (옮긴이) 여기서 광산 피해, 즉 광해(鑛害. Bergschaden)는 일반적으로 광산에서의 토지의 굴착, 광물의 채굴, 선광(選鑛) 및 제련 과정에서 생기는 지반 침하, 폐석(廢石)·광물 찌꺼기의 유실, 갱내수(坑內水)·폐수의 방류 및 유출, 광연(鑛煙)의 배출, 먼지의 날림, 소음·진동 등의 발생으로 광산 및 그 주변 환경에 미치는 피해를 일컫는다.

89. BMUB & BMVg, 2014. (옮긴이) 'Arbeitshilfen Kampfmittelräumung – Baufachliche Richtlinien zur wirtschaftlichen Erkundung, Planung und Räumung von Kampfmitteln auf Liegenschaften des Bundes'를 말한다.

90. 노르트라인-베스트팔렌주에서는 무기 철거 서비스(Kampfmittelbeseitigungsdienst: KMBD)이다.

91. 예를 들어, 접근 도로 또는 관로(Leitung)가 기술적 이유로 타인의 토지 위에 설치해야만 한다면, 거기에 건물주 부담 의무를 기재해야 한다.

92. (옮긴이) 관로권(管路權)은 토지 소유자가 토지의 아래 또는 위에 각종 관로를 설치 운영하기 위해 에너지 또는 통신 공급자에게 부여한 권리를 말한다. 이 경우 관로는 예를 들어 수도, 전기, 가스, 전화 회선 등이 될 수 있다.

제4장 도시계획적 과제와 수단

군사시설 반환부지의 전환에 있어 두 가지 가격 형성적 요인에 대해 우선 설명한 후, 계획을 두 번째 요인으로 설명하고자 한다. 하지만 제4장은 이와 연결된 주제인 군 전환용지의 존속 보호로 시작한다. 이 군 전환용지의 존속 보호는 민간 용도와 달리 거의 존재하지 않기 때문에, 이 장의 첫 번째 절은 계획은 물론 가격과도 특별히 관련성이 있다. 개발 계획의 실행을 위한 일반적인 도시계획적 수단 외에도 중간 이용, 특별도시계획법, 도시계획 계약 그리고 두 가지 부문의 계획적 측면 등에 특별한 초점이 맞추어진다.

독일의 계획 체계는 공공건설법Öffentliches Baurecht 부문에서 국토계획법(종합적 광역 계획으로서)과 자치단체 차원의 계획법Planungsrecht 및 건축기준법Bauordnungsrecht으로 구분된다.[93] "국토 계획의 목표는 광역 차원에서 공간 이용에 대한 다양한 개인적 그리고 집단적 요구를 포괄적으로 상호 조정하는 것이다"(Krebs, 2011: 415). 또한 연방정부는 도시계획법적 입법 권한을 가지고 있다(연방건설법전과 건축이용령). 연방 주들은 건축법Bauordnung을 독자의 권한으로 규율한다. 따라서 기초자치단체의 자치 보장(기본법 제28조 제2항)이 상급 계획에 의해 제한받기는 하지만, 약화하지 않는다(Krebs, 2013: 443 참조).

아래에서는 관계자 간의 협력적 행동을 전제한다. 군사용지의 해제 이후 계획권은 자치단체에 주어지므로(기본법 제28조 제2항), 자치단체는 연방부동산업무공사 및 개발자와 조정이 없어도 계획적 수단을 적용할 수 있다. 기초자치단체Gemeinde는 자체 책임하에 건설기본계획Bauleitplan을 수립할 수 있으며(연방건설법전 제2조 제1항), 국토 계획Raumordnung이나 부문 계획Fachplanung(예를 들어, 자연 보호)의 광역적 계획 목표에 의해서만 제한된다. 그 어떤 계획도 수립 전에 군 전환용지에 현재 어떤 계획권이 부여되고 있는지를 개발자는 명확히 해야 한다. 더군다나 군사시설 반환부지의 전환과 관련하여 계획적 고려 사항의 실질적인 이행을 방해할 수 있는 존속 보호가 적용되는지 하는 문제가 제기된다. 이 존속 보호는 또한 가치평가와 관련이 있다.

4.1 군 전환용지의 존속 보호

해제된 군 전환 물건에 대한 계획법적 판단은 한결같은 쟁점이 되고 있다. 드
란스펠트는 "병영, 비행장, 군 훈련장 등과 같은 반환된 대규모 군사용지 또는
기능 지역에 대해서는 일반적으로 그 어떤 건축권도 성립하지 않는다"라고 서
술하고 있다(Dransfeld, 2012: 5).[94] 많은 대규모 토지가 공적 특성 사용 해제[95] 후
에 그 규모로 인해 외부 구역(또한 내부 구역에서)으로 판단되기 때문에(Dransfeld &
Lehmann, 2008: 5), 이러한 주장은 전적으로 타당하다. 건설계획법적 그리고 건
축기준법적 이용 변경 청구권은 적어도 외부 구역(연방건설법전 제35조)에는 주어
지지 않으며, 이용의 최종적인 포기 후 계획상의 외부 구역에서는 존속 보호
(BVerwG, 2000년 11월 4일 - 4 B 36/00)조차 상실하게 된다. 그러나 일부 유형의 건
물은 직접적으로 민간 연계 이용(예를 들어, 군 주택이나 창고)에 적합하므로, 건축기준
법적 용도 변경은 일정한 조건에서 가능할 것이다. 이에 의해 부동산 가격은
유지되고, 전환이 단기에 이루어질 수 있다.

현재 사용되고 있는 군사시설은 연방건설법전 제37조 제2항에 따라 자치단
체의 계획권에서 벗어나 있는데, 왜냐하면 사업 계획의 허가에 대해서는 상급
행정 관청의 승인만을 필요로 하기 때문이다. 기초자치단체는 '청문'만 할 수
있다. 비록 상급 행정 관청이 반대하더라도, "소관 연방 부처는 관계 연방 부처
와 심리하고 소관 주 최상급 행정 관청과 협의하여 결정한다"(연방건설법전 제37조
제2항).

군 부동산의 경우, 연방정부의 해제와 함께 군사적 이용이 종료되고, 계획권
은 자치단체로 다시 이전된다.[96] 군사적 이용에 대한 존속 보호는 여전히 존재
하지만, 군사용 이용은 민간 등가물이 없으므로 다른 이용에는 자동으로 적용
되지 않는다(아래의 4.1.1절 참조). 이것은 특정한 이용 변경 또는 그 어떤 이용도 금
지된다는 것을 의미할 수 있다. 따라서 군 전환용지의 존속 보호 문제는 결정
적인 가격 요인이다(Kleiber et al., 2017: 2447, 난외번호 611; BVerwG, 2002년 5월 17일

- 4C 6.01). 후속 이용이 가능한 군 전환 물건의 존속 보호 문제는 명확한 판결이 없으므로, 자치단체 측에서 서로 달리 결정되었다. 이와 관련하여 스펙트럼은 연방행정법원의 판결(BVerwG. 2000년 11월 21일 - 4 B 36/00)에 근거하여 이용 변경(예를 들어, 뮌스터의 연립주택)에서 군대 철수 후 철거 조치(외부 구역에 있는 방송탑)에까지 걸쳐 있다.[97]

4.1.1 존속 보호의 정의

존속 보호는 독자의 법제로 발전해 왔다. 이것은 기본법 제14조(재산권)에 근거를 두고 있다. 이것은 한편으로 능동적 또는 수동적 존속 보호로 구별된다(예를 들어, Kuschnerus, 2010: 199). 수동적 존속 보호는 "소유권 행사로 발생한 것"을 보호하기 위해 성립한다(BVerwG 4 C 8/75). 능동적 존속 보호에서는 이용이 용인될 뿐만 아니라 계속해서 발전할 수도 있다.

다른 한편으로 이것은 형식적 존속 보호와 물질적 존속 보호로 구별된다. 형식적 존속 보호는 건물이 그 설치 시점에 적법하게 인가받았다는 것을 의미한다. 인가를 받지 못하였으나 설치 당시 적법한 규정을 준수하였을 경우에만 건물은 물질적 존속 보호를 받는다(BVerwG 1974년 7월 5일 - IV C 76.71). 존속 보호로 인해 예를 들어 대체 건축이나 확장을 위한 건축부지가 자동으로 생성되는 것은 아니다(연방헌법재판소(Bundesverfassungsgericht: BVerfG) 1972년 1월 21일, IV C 212.65). 존속 보호는 언제나 기존 건물과 그 이용에만 관련된다. "이용을 최종적으로 포기하게 되면, 이용에 대한 존속 보호뿐만 아니라 건물 소재(Gebäudesubstanz)에 대한 존속 보호도 상실된다. 그런 다음 원칙적으로 신축의 경우와 마찬가지로 건설계획법적 검토가 필요하다"(Battis et al., 2016, 제29조, 난외번호 18).

민간 물건의 경우에는 일반적으로 건축 허가가 존재하므로 기존의 건물 이용은 합법적이며 계속될 수 있다. 이것은 토지에 대한 계획권의 후속 변경과는 무관하게 적용된다. 허용된 이용을 포기하거나 변경하고, 따라서 계획상의 손해가 발생할 때, 손해 배상에 대한 요구권이 성립할 것이다(Kuschnerus, 2010:

205). 그러므로 기존 이용은 새로 성립하는 계획권을 침해한다. 그렇지만 대규모 개축이나 이용 변경의 경우에는 계획권(연방건설법전 제30조~제35조)이 다시 결정적이다(예를 들어, 노르트라인-베스트팔렌 주건축법 제63조 제1항). 그러므로 계획법적 그리고 건축기준법적 수준에서 기존 민간 이용의 경우, 현재 용도에 대한 존속 보호와 기타 적격성의 법적 통로가 존재한다. 민간 부문에서 사용자가 철수할 경우, 유사한 사용자가 물건을 계속하여 이용할 수 있다(예를 들어, 사무실이나 목공소). 그런 다음 계획권에서는 건축이용령BauNVO 제1조~제15조에 따른 이용 유형의 "변화의 폭"을 논의한다. 만약 새로운 이용이 도시 개발 계획의 관점에서 기존 용도와 다른 특질을 보여주는 경우, 변화의 폭을 포기하게 되고 자치단체의 이용 변경 허가를 받아야 한다(BVerwG. 1994년 12월 19일, 4 B 260/94 참조).[98]문제는 일반적으로 군사 용도가 건축이용령 제2조~제11조에 따른 명백한 민간 등가물이 없으며, 따라서 변화의 폭을 결정할 수 없다는 것이다(예를 들어, 전차 작업장을 대신하는 화물차 작업장). 여기서 예외가 되는 것은 주택과 행정 관리 건물이며, 이 경우에는 각각의 민간 등가물이 자명하다. 존속 보호 문제에 대한 거의 모든 기존의 판결은 주로 민간의 기존 용도 또는 이용 확장 또는 이용 변경의 존속 보호를 다루고 있다. 군사적 존속 보호와 관련한 판결은 거의 없는 실정이다.

그러므로, 이것은 군사적 기존 용도가 민간의 후속 이용과 동일시될 수 있는지 하는 어려운 법적 문제를 제기한다. 민간 사무실 사용자가 본부(군사 사무실)를 계속하여 이용할 수 있는가? 이에 기존 병영 건물은 민간인이 계속 이용할 수 있을 것인데, 이때 기초자치단체는 계획법적 위반을 주장하지 않을 것이다(적극적 존속 보호). 이 점을 염두에 두고 아래서는 모범적 사례의 병영을 민간이 연계 이용한 다양한 시나리오를 살펴볼 것이다.

여기서는 우선 민간 등가물이 없는 군사적 기존 용도에서 논의를 시작한다. 또한 철거를 방해하고 개발 계획 수립에서 고려해야 할 기념물 보호는 없다고 가정한다. 실제적 또는 법적 종류의 장애물로 인해 실행이 방해받는 지구상세 계획은 무효이다(BVerwG, 2001년 8월 30일 - 4 CN 9.00). 기념물로 보호받는 건물이나 동식물 서식지의 예상되는 철거가 그러한 장애물일 것이다.

드란스펠트에 따르면, 부동산의 군사적 해제와 함께 (규모에 따른) 계획의 요구 사항이 성립한다(Dransfeld, 2012: 5). "실제로 종료된 건축적 이용은 최종적으로 포기하게 되고 여론에 따라 더 이상 예상되지 않을 때, 그 대강을 결정하는 힘을 상실하기 때문이다"(BVerwG, 2016년 11월 23일 - 4 CN 2.16 또는 연방행정법원, 1988년 5월 24일 - 4 CB 12.88).

우선 예전의 군사시설 반환부지에 대한 건축권이 남아 있는지의 문제를 설명한다. 만약 남아 있다고 한다면, 기존 건물을 또한 계속하여 이용할 수 있는지를 논의하고자 한다.

4.1.2 기존 재고 건물의 사업 계획 허가

군사시설에 대한 기존의 건축 허가는 일반적으로 구 제국재무부 또는 상급 주州 행정 관청인 경우 건축주인 고등재무국Oberfinanzdirektion에 제출되고, 이들 기관에서 해당 자치단체와 협의하에 승인받았다. "공익에 필수적인 연방정부 또는 주의 건축 사업 계획이 이미 행정 절차에서 동의의 결여로 실패하지 않도록 하기 위해, 연방건설법전 제37조 제1항은 상급 행정 관청에 이 규정의 적용을 받는 건축 시설에 대해 자치단체의 동의 결여를 극복할 권한을 부여하고 있다"(BVerwG 4 C 24/90). 따라서 자치단체는 국방시설을 허가할 때 청문권만을 가진다. 그러나 일반적으로 허가가 과거에는 계획 수립에 포함되었는데, 왜냐하면 국방시설의 입지는 기초자치단체의 인프라에 영향을 미칠 수 있기 때문이다(시설을 사급자족적으로 공급하지 않는 한). 독일의 군사시설 반환부지 전환에 관한 장에서 설명한 것처럼, 군인들의 주둔은 자치단체의 재정에 긍정적인 영향을 미쳤다. 이에 따라 자치단체가 때때로 협력하고, 부분적으로 주둔지 계약[99]을 체결하기도 하였다.

일반적으로 일부 군사 주거단지를 제외하고 현재 사용 중인 군사시설은 토지이용계획FNP에서 특별 구역 또는 공공 수요 용지로 표시되고 있다. 계획권은 군사적 이용을 포기한 후에 비로소 자치단체로 다시 이전된다(앞 참조). 따라서 지구상세계획Bebauungsplan은 군사적 해제 이후에 비로소 법적 효력을 얻을 수 있다. 외부 구역에서는 군사시설이 주로 지역 개발 계획이나 지역 토지 이용 계획에 명시되어 있다.

군사적 이용을 포기한 후 계획 주체는 건설기본계획 수립Bauleitplanung을 조정하거나 연방건설법전 제34조 또는 제35조에 의거하여 향후 사업 계획의 적격성, 즉 법적 허용성이나 적법성에 대한 명확성을 확보해야 한다. 경우에 따라 지역 계획도 변경해야 한다. 아래에서는 예전의 군사용지에 대한 사업 계획의 적격성(연방건설법전 제34조와 제35조)을 먼저 설명한 다음, 이어서 지구상세계획의 효력을 설명하고자 한다.

4.1.2.1 미계획 내부 구역(연방건설법전 제34조)

예전의 군사용지에 관한 사업 계획을 검토할 경우, 먼저 토지의 건설권과 다음으로 건물의 존속 보호에 대한 문제가 제기된다. 군사시설 반환부지가 연방건설법전 제34조에 따라 내부 구역에 있는 경우, 신규 사업 계획은 해당 조항의 요구 사항에 따라 검토되어야 한다. 연방건설법전 제34조 제4항 제1호 제1목에 따라 기초자치단체는 내부 구역 규정을 결정할 수 있다. 이러한 선언적이고 내부적으로만 구속력이 있는 규정은 계획상의 외부 구역과 내부 구역을 구분한다. 이에 해명 규정과 개발 규정 그리고 보충 규정이 서로 구별된다. 연방건설법전 제34조가 말하는 지역에서는 계획적 존속 보호가 군사적 이용의 포기와 함께 즉시 상실되지 않는다. "군사 용도의 포기 때문에 존속 보호를 상실한 건물도 부지가 미未계획 내부 구역에 속하는지를 판단할 때 고려할 수 있다"(Schneidler, 2017: 750). 이용의 포기에도 불구하고 연방건설법전 제34조에 따라 건축권은 여전히 존재한다. "예를 들어, 인접한 민간 용도로 특징 지워지는 지역 내에 일부 토지가 있는 경우, 이는 건축부지이다"(Bell, 2006: 103; 또한 Schneidler, 2017: 751).

건축권의 문제가 해결되는 즉시 기존 건물을 계속하여 이용(재사용)할 경우에는 이용 변경과 관련한 문제를 조사해야 한다. 기존 건물에 대한 사업 계획을 검토할 때, 우선 건축이용령의 구역 유형에 대한 문제가 제기되는데, 왜냐하면 건축이용령은 구역 유형에 상응한 이른바 계획 대체 효과를 갖고 있기 때문이다. 즉, 주변이 주거용인지 아니면 상업용인지 하는 것이다. 기초자치단체가 예를 들어 연방건설법전 제34조의 지역에서 대강 계획Rahmenplan을 통해 예전의 병영에 주거단지를 계획한다면, 우선 주거 용도의 계획권이 성립한다. 기존 건물이 우연히 계획에 포함된다면, 이러한 건물이 주변 지역에도 적합할 경우(예를 들어. 예전의 사병 건물) 계획법적으로 주거용 건물로 계속하여 사용될 수 있다. 이 주제와 관련하여 뮌스터Münster에 있는 고등행정법원Oberverwaltungsgericht: OVG이 확인한 민덴Minden 소재 행정법원Verwaltungsgericht: VG의 판결은 내부 구역에 있는 과거 군 주거 건물이 존속 보호를 받는다는 것이었다(VG Minden, 2017년 12월 10일 - 9 K 4857/16). 가치평가의 관점에서 내부 구역에 있는 군 전환용지는 적어도 건축이 기대되는 토지의 개발 상태를 가지고 있다(Dransfeld, 2012: 5이하). 계획법적 문제가 해명된 후에 비로소 물질적 존속 보호와 관련한 건축기준법적 문제가 제기되는데, 즉 이용 변경 허가가 필요하고, 이를 위해 어떤 요건이 충족되어야 하는지 하는 것이다.

원칙적으로 주변 지역에 적합하다면, 연방건설법전 제34조의 지역에서는 신축 공사를 할 수 있다는 점에 유의해야 한다. 기존의 군 건축이 뚜렷한 특징을 나타내며, 주변 지역에 적합할 수 있다.

4.1.2.2 외부 구역에서의 특수성(연방건설법전 제35조)

합법적으로 건립된 현재 사용 중인 군사시설은 연방건설법전 제37조 제2항에 따라 특별한 공공 목적(공법)이 있으므로, 외부 구역에서 절차적 그리고 물질적, 법적 특권을 가진다. 하지만 전형적인 외부 구역(연방건설법전 제35조)에서는 군사시설의 존속 보호가 최종적인 이용 포기 이후 적용되지 않는다(BVerwG, 2000년 11월 21일, 4 B 36/00). 판사들은 군사적 이용을 포기하고 계획권이 기초자치단체로 이전된 이후 연방건설법전 제35조의 조항이 적용된다는 사실로 이를 정당화하고 있다. 외부 구역에서는 우선 연방건설법전이 말하는 특권적 사업 계획(연방건설법전 제35조)만이 허용되기 때문에, 주거 유형적 사업 계획이 (기초자치단체의 동의 없이) 이 지역에서는 허가될 수 없다(예를 들어, 주택이나 상업). 따라서 외부 구역에서 군 전환 부동산을 민간인이 계속하여 이용하는 경우, 먼저 사업 계획을 허용할 것인지 그리고 어떤 사업 계획을 이 지역에서 허용할 것인지를 기초자치단체와 합의해야 한다. 예를 들어, 2014년 바덴-뷔르템베르크주의 오프터스하임 Oftersheim에서 군 골프장은 이용 해제를 통해 하룻밤 사이에 자연 보호 구역이 되었다. 니켈과 아이딩의 법적 견해에 따르면, 남부 독일의 이른바 주거지역 housing areas으로 불리는 미군의 주거 도시는 외부 구역에서 민간의 연계 이용에 그 어떤 존속 보호도 없다(Nickel & Eiding, 2011: 336이하). 군사시설의 규모로 인해, 계속해서 이용하는 경우에는 계획 수요가 발생하는데, 이에 의해 지구상 세계획이 필요하게 된다. 보다 큰 시설도, 연방건설법전 제34조에 따라 내부구역의 성립에 필요한 것처럼(연방행정법원(BVerwG), 31. 22), 유기적 주거구조가 있는 별도의 지구를 형성하지 못한다(BVerwG, 2015년 6월 30일 - 4 C 5.14; Schneidler, 2017: 753이하).

사진 5. 외부 구역에 있는 귀터스로 비행장

그 어떤 경우에도 외부 구역에서 군사적 이용을 포기한 이후 이용 변경을 가정해야 하며, 따라서 연방건설법전 제35조의 예외적 상황이 적용되는지를 법률적으로 검토해야 한다. 다음과 같은 사실은 성공적인 이용 변경에 도움을 줄 수 있다.

- 기념물 보호: 이와 관련하여 기념물을 보존할 의무(예를 들어, 노르트라인-베스트팔렌주기념물보호관리법(DSchG NRW)[100]의 제7조)와 따라서 그 어떤 이용도 금지하는 데서 경제적 불이익이 발생한다. 노르트라인-베스트팔렌주에서는 이용 의무가 있다(DSchG NRW 제8조).
- 추가적인 주거 또는 상업 용지의 필요: 토지 절감에 대한 요구는 "교외 공지"에 신규 건설부지의 확정보다 이미 건물이 있는 토지의 사용을 우선시한다. 하지만 이를 형량할 경우에는 연방건설법전 제35조 제3항에 의거한 상충되는 문제도 고려해야 한다(예를 들어, 도로에 대한 비경제적 지출).
- 소규모 부지: 최대 3채의 신규 주택으로 보존할 가치가 있는 건물 소재의 이용 변경은 성공적으로 보이지만, 이 연구의 주제는 아니다.

결론적으로 외부 구역에서는 기초자치단체의 동의가 필수 불가결하다. 외부 구역으로의 분류는 "지극히 거래를 방해하고" 있다(Rottke et al., 2016: 375에 인용된 Krüper). 건물이 당시에 유효한 규정에 따라 건립되었다면, 이용이 허용되는 한 계속하여 이용이 허용된다. 이와 관련하여 건축이용령(BauNVO)에서 말하는 그 어떤 등가물이 없는 이용은 문제가 될 수 있다. 개별 군 사무실 건물이나 주택을 동일한 방식으로 계속 이용하는 것은 해당 장소에서 허용되는 한, 문제가 될 수 없다. 원래 합법적으로 건립된 건물의 유지 관리는 금지될 수 없다 (BVerwG, 12.03.1998, 4C 10/97).

불법적으로 건립된 건물은 소유자에 대한 철거 명령을 통해 제거될 수 있다. 하지만, 이와 관련한 연방행정법원(BVerwG)은 임의로 보이는 조치를 거부하는 몇 가지 판결을 했다(Kleiber et al., 2017: 677이하).

4.1.2.3 내부 구역에 있는 외부 구역

기존 건물이 연방건설법전 제34조에서 말하는 지역에 있는지 또는 그렇지 않은지(연방건설법전 제35조) 하는 이의가 제기되면, 문제는 훨씬 어려워진다. 포기한 부지가 독자의 주거 특성을 지니고 있으며, 그에 따라 자치단체의 의지와 달리 연방건설법전 제34조가 말하는 구역이 존재하는지의 문제에 대해서는 여러 판결이 존재한다. 즉, 군사시설의 규모가 기존 건축의 강제 없는 지속을 강요하지 않는 한, 외부 구역이 내부 구역 속에 형성된다(Kleiber et al., 2017: 673에 인용된 BVerwG, 1968년 11월 6일, 4 C2/66). 군 전환용지와 관련하여 연방행정법원의 판결에 하나의 방향도 나타나고 있다. "병영 부지의 군사적 이용을 포기하게 되면, 그 건물은 기본적으로 건축적 용도의 종류와 관련하여 그 어떤 결정력도 가지고 있지 않으므로, 유기적 주거 구조의 결여 때문에 연방건설법전 제34조 제1항 제1호가 말하는 하나의 지구를 형성할 수 없다"(BVerwG, 2016년 11월 23일, 4 CN 2.16). 하지만 기존의 건물이 (군사적) 이용의 최종적인 포기로 인해 불법이 되더라도, 이는 건축권이 이에 따라 또한 무효화되는 것을 의미하지 않는다(BVUwG, 2002년 5월 17일, 4 C 6/01). 계획은 변경될 수 있으므로, 내부 구역에 있는 그러한 토지의 거래 가격과 관련된 건축 기대는 계획권의 반대에도 그대로 유지된다(연방행정법원BVerwG, 1963년 12월 20일, III ZR 60/63; Dransfeld, 2012: 5). 클라이버에 따르면, 이와 관련하여 대기 기간이 결정적인 가격 요인이라고 한다(2017: 2449). 그러나 로이터가 입증한 것처럼(Reuter, 2009: 193이하), 대기 기간이 길면, 상당한 할인이 발생하고 결과적으로 가격의 부정확성이 증가한다(Reuter, 2009: 193이하).

기초자치단체는 구성적 개발 규정에 따라 외부 구역의 건물이 있는 토지를 내부 구역으로 선언할 수 있다(연방건설법전 제34조 제4항).

4.1.2.4 지구상세계획

연방건설법전 제30조 제1항에 따라 계획의 확정과 일치하는 모든 사업 계획은 허용된다. 따라서 이론적으로 기존 건물을 대표하고 건축이용령 제2조에서 제

11조에 따른 용도로 등록하였을 군사시설에 대한 지구상세계획이 존재할 때, 다만 존속 보호가 성립한다. 그렇지만 이럴 가능성은 적다. "군 전환용지의 예전의 군사적 이용으로 인해 반환 시점의 군 전환용지에 대한 (법적 효력이 있는) 지구상세계획은 한결같은 존재하지 않는다"(Mayer, 2017: 229). 따라서 지난 수십 년 동안 현재 사용 중인 군사시설에 대한 지구상세계획이 수립되었다고 가정할 수 없는데, 왜냐하면 이 개발 계획은 국방으로 인해(제37조) 법적 효력을 발휘하지 못하기 때문이다. 그러나 연방건설법전이 발효되기 이전 시기로부터 연유하는 오래된 시행 계획이 있을 수 있다. 이러한 시행 계획은 연방건설법전 제173조 제3항 제1호에 의해 이전되고, 따라서 군사적 해제 이후 지구상세계획과 동일한 법적 효력을 발휘한다.

기초자치단체가 예전에 미계획 내부 구역에 있던 군사시설 반환부지를 계획한다면, 건축이용령BauNVO이 말하는 지구 유형과 일치하는 계획법적 기존 용도는 없다. 군용 주택이나 개별 행정관리 건물과 달리, 병영의 경우에는 건축이용령이 말하는 특정 지구 유형 변화의 폭에 해당하는 유사한 민간 용도를 찾을 수 없다(위 참조).

결정적인 것은 우선 연방건설법전 제34조가 말하는 예전의 위상이 기초자치단체 측에 의해 확인되었는지 또는 기초자치단체가 사전에 이에 대해 언급하지 않았거나 해당 지역을 내부 구역에 있는 외부 구역으로 선언하였는지 하는 것이다. 일반적으로 건설기본계획을 수립할 때, 군 부동산의 민간 연계 이용도 고려해야 한다(연방건설법전 제34조 제4항 제3호).

4.1.3 존속 보호에 관한 결론

군사시설의 존속 보호가 일반적으로 군사적 이용의 포기와 함께 만료된다는 (빈번히 사용되는) 진술은 올바르지 않다. 오히려 건축의 가능성과 방법에 대한 문제는, 위치와 자치단체의 계획 수립 그리고 재고 건물에 달려 있다. 가치를 결정하는 요인으로서 계획법적 건축 가능성은 자치단체에 좌우된다. 그러나 가치평가에 관한 문헌은 주거인담지역에 있는 토지에 대해 건축 기대에 따라 게획법적 판단과 다른 가치평가를 제시한다. 이러한 건축 기대는 건축권이 부정적으로 결정되더라도 그대로 유지된다(Dransfeld, 2012: 5). 외부 구역에 놓여 있는 토지의 경우, 존속 보호는 '발로 진흙을 밟는 것'과 마찬가지이다. 즉, 여기서는 특권이 적용되지 않으며, 후속 이용은 연방건설법전 제35조를 따른다. 부동산의 규모로 인해 외부 구역에서는 후속 이용을 위해 지구상세계획이 수립되어야 한다. 그러나 이를 위해서는 지역 계획에서 설명을 변경해야 하므로, 이에 따라 자치단체도 자유롭게 계획할 수 없다.

4.2 군 전환용지의 중간 이용

부동산의 (이용) 해제와 (새로운) 건축 조치 사이의 시간은 중간 이용에 적당하다. "중간 이용은 건물이나 토지의 원래 이용을 포기하고 구체적인 후속 이용을 원하거나 계획하고 있다는 점에 의해 결정된다. 그 사이에 다른 방식의 이용이 한시적으로 이루어지는데, 최대한 후속 이용이 실현될 때까지이다"(BMVBS, 2008: 1). 군 전환용지의 가능한 중간 이용은 전시장, 난민 숙소, 콘서트장과 식당, 창고나 주차장으로서 고정된 면적의 이용, 대피소 그리고 이동 통신 시설 등이다. 실현된 중간 이용의 사례로는 노르트라인-베스트팔렌주 헤르포트Herford의 웬트워스Wentworth 병영, 바이에른주 가르힝Garching 인근 호흐브뤼크Hochbrück 및 레겐스부르크Regensburg 드라이팔티히카이츠베르크Dreifaltigkeitsberg의 동원군 기지 그리고 뮌헨의 옛 프린츠-레오폴트Prinz-Leopold 병영 등이 있다.

이 기간에 강당, 행정 관리 건물 그리고 광장은 계속해서 이용될 수 있다. 이와 관련한 긍정적인 측면들은 다음과 같다.

- 기술 인프라는 계속 운영될 수 있다.
- 시설물 파손, 금속 절도, 방화 그리고 쓰레기 등이 적다.
- 천이를 통한 새로 우거진 식물이 적다.
- 임대 수입은 운영비와 유지 관리비를 부분적으로 충당할 수 있다.

- 소유자인 연방부동산업무공사는 부대 비용 일부를 임차인에게 전가할 수 있으며, 경우에 따라 경계 근무를 가동할 필요가 없다(이에 관해 FaKoStB, 2014: 35 이하; Dransfeld & Lehmann, 2008: 7이하; BMVBS, 2008: 114이하 참조).

바움가르트와 슐레겔밀히는 도시 개발을 위한 또 다른 중간 이용의 잠재력을 강조하고 있다. 위에서 언급한 논점 외에도 중간 이용은 창업, 참여 그리고 입지 개선 등을 촉진할 수 있다(Baumgart & Schlegelmilch, 2007: 8).
주건설장관협의회 산하 도시건설전문위원회FaKo StB에 따르면, 중간 이용의 단점이 현저하므로 자제를 권고하고 있다(FaKo, 2014: 35). 단점은 예를 들어 다음과 같다.

- 부지는 방문자에게 개방하고, 특정 구역은 차단해야 한다.
- 중간 이용자는 경우에 따라 임차 공간을 기한에 맞게 그리고 깨끗이 청소한 채 남겨두지 않는다.
- 많은 병영의 수도관과 난방 배관은 순환 시스템에 연결되어 있다. 이에 따라 일부분을 사용하더라고 전체 시스템을 계속하여 가동해야만 한다. 시스템 가동으로 인해 비용이 발생한다.
- 건물이 또한 상수도에 연결된 경우, 겨울철에 건물을 난방해야 하는데, 왜냐하면 배관이 겨울철에 얼고 파열되지 않도록 하기 위해서이다.
- 단기 임대차 계약에는 신용도가 높은 임차인에게 제한된 시장만이 존재한다. 임대 기간이 불확실하므로 소유자나 임차인이나 임대 물건에 더 크게 투자할 가치가 없다.
- 장기 임대차계약으로 나중의 매각이 상당히 어려울 수도 있다. 필자의 의견에 따르면, 가장 좋은 임차인은 매입자 또는 (ㅇ)시이다.
- 건축기준법적 적격성(용도나 구성이나 승인에 따라 이용 변경 허가)이 일부 사례에서 어렵다. 부분적으로 화재 예방을 위해 상당한 투자가 필요하다(FaKoStB, 2014: 36; BMVBS, 2008: 116이하 참조).

큰 규모의 군 부동산의 민간 이용은 일반적으로 관련 행정 관청에 의해 이용 변경으로 판단된다(이와 관련해서는 존속 보호에 관한 장 참조). 일시적인 중간 이용 또는 철회의 허가는 필요한 건축기준법적 지위를 부여할 수 있으며(Koch, 2012: 120 이하: Bell, 2006: 106), 이와 동시에 중간 이용이 최종적인 이용이 되지 않도록 보장할 수 있다. 이론적으로는 연방건설법전 제9조 제2항에 따라 확정적 지구상세계획을 수립할 수 있으며, 여기서 허용되는 이용은 시간상으로 제한되어 있다(Kuschnerus, 2010: 469이하 참조). 그렇지만 이는 군사시설 반환부지 전환의 실무에서는 아직 발생하지 않고 있다(Koch, 2012: 120). 기초자치단체는 또한 허용되지 않은 중간이용을 용인할 수 있다. 이 승인은 방임(수동적)을 통해서나 일정 전제 조건에서 발생할 수 있다. 이러한 일정한 전제 조건은 행정절차법 Verwaltungsverfahrensgesetz: VwVfG 제38조에 따른 보증으로서 서면으로 통지할 수 있다. 이를 통해 임차인과 소유자는 기한이 정해져 있지만, 건축기준법적으로 보장된 이용을 확보할 수 있다. 즉, "여기서 승인은 건축 허가와 같이 사업계획을 합법화할 수 없다는 점에 유의해야 한다"(Bell, 2006: 102). 연방행정법원 BVerwG의 판결에 따르면, 일시적 승인은 새로운 도시계획적 특징을 초래하지 않으며, 이를 통해 이용에 대한 그 어떤 존속 보호도 성립하지 않는다(BVerwG, 1982년 12월 10일, 4 C 52/78).

중간 이용의 임대료는 일반적인 시장 조건에서부터 단순한 출입 허용에 이르기까지 다양하다. 개별 운영 비용 항목을 인수하는 것만으로도 이미 소유자에게 현상 유지에 비해 경제적 이익을 제공한다(Dransfeld & Lehmann, 2008: 5이하).

중간 이용이 거래 가격을 높이는 작용을 한다는 경험적 증거는 없다. "중간 이용자가 많은 일을 맡으면 맡을수록, 완전한 공실과 비교하여 거래 가격은 그만큼 더 상승한다"(Dransfeld & Lehmann, 2008: 20). 물론 이것은 개념적 조건에서 그리고 공실의 경우 기회비용을 고려할 때만 적용된다. 예를 들어, 매입자가 건물을 해체하려고 한다면, 유지 관리 상태 또는 그 원가는 상대적으로 아무래도 좋다. 그런 경우에는 중간 이용이 더욱더 방해될 수 있는데, 특히 문화적인 중간 이용과 매입자가 자치단체인 경우에 그러하다. 이는 예를 들어 죄스트Soest에 있는 벰-아담Bem-Adam 병영과 뮌헨에 있는 풍크Funk 병영의 경우이다. 이러한 경우에 중간 이용은 운영 비용의 절감만으로도 예전 소유자에게 이익을 가져다준다. 그러나 중간 이용의 지속은 이 중간 이용으로부터 지속 가능한 후속 이용이 발생할 때도 긍정적일 수 있다. 예를 들어 이것은 시장 임대료에서도 직원들에게 영구적으로 급여를 지급할 수 있을 정도로 성공적인 회사가 그러할 것이다. 중간 이용을 설정하려면, 종종 여유 공간과 가능한 이용자를 알고 있는 관리인이나 중개인이 필요하다(Baumgart & Schlegelmilch, 2007: 7).

중간 이용의 가능성은 현장의 임대 수요 상황 외에도 매각 전망에도 달려 있다. 예를 들어, 부동산이 향후 몇 달이나 몇 년 이내에 매각되어야 한다면, 해당 물건에 투자할 의향은 감소한다. 매각을 통한 현금화를 방해할 수 있는 그 어떤 중간 이용도 비현실적으로 보인다. 따라서 연방부동산업무공사는 자신의 책임 하에 선취권자에게만 임대를 한다. 그럼에도 불구하고, 이 경우에서도 선취가 취소되면, 임차인을 어떻게 처리할 것인지 하는 문제가 제기된다. 결국 경제적 그리고 법적 이유는 매각 포트폴리오에 있는 군 전환용지의 고품질의 중간 이용에 반대한다.

4.3 지구 관련 계획

앞서 군 전환용지와 관련한 계획법을 논의한 후, 다음에서는 후속 계획의 실행에 관해 자세히 다루어야 할 것이다. 우선, 공식 및 비공식 계획 수단과 부문계획적 측면에 관해 설명한다. 이어서 도시계획 계약과 특별도시계획법을 강조하는데, 이것은 군사시설 반환부지의 전환에 특별한 의의가 있을 수 있기 때문이다.

실현 가능한 후속 이용은 입지의 잠재력, 자치단체의 개발 목표 그리고 토지 수요 등에서 비롯된다. 3.1.2절의 유형 분류와 주변의 건축 상황에 따라 이미 특정 후속 이용에 우선순위를 지정할 수 있다. 고가의 후속 이용은 보다 높은 지가로 인해 더 많은 재정적 활동 여지를 허용하는데(Dransfeld, 2012: 53), 이때

보다 높은 비용과 결합한 더욱 높은 요구 사항이 간과되어서는 안 된다.

개발자는 입지-시장 분석에서 얻은 지식을 기반으로 하여 군 전환용지에 대한 이용 구상을 작성한다. 도시계획적 구조는 계획 (관)청과 계획 사무실 또는 도시 개발 계획 공모에 의해 설계된다. 사전에 정해둔 원칙이 자세하면 할수록, 이미 초기 단계에서 그만큼 더 많은 세부적인 것을 고려할 수 있다. 기껏해야 개발자는 처음부터 시설 관리, 마케팅 그리고 건축공학 분야의 전문가들을 자기 팀으로 포함시킨다. 성공 전망에 따라 전문가들은 인수 기반으로, 즉 무료로 작업한다. 자치단체가 자체적으로 개발한다면, 개발 공사를 설립하는 것이 바람직한데, 왜냐하면 가능한 최대의 행동 여지를 확보하고, 이 개발 공사는 자치단체 예산법의 적용을 받지 않기 때문이다(Koch, 2012: 125).

주거지역 내의 부동산은 이용 전환에 적합한 반면, 외부 구역 위치에서는 신축이 훨씬 더 많은 형량의 노력과 계획 노력을 의미한다.

주거지역에 있는 토지의 경우, 토지 재활용의 일환으로 부분 신축을 모색해야 할 것이다. 연방부동산업무공사는 통합적 그리고 건물이 있는(시가화된) 위치에 특히 녹지대를 조성하는 계획을 거부한다.

4.3.1 자치단체 간 그리고 광역적 계획 수단

대규모 (군사시설) 반환부지에 대한 그 어떤 개발도 인접 기초자치단체에 영향을 미친다. 상호 의존성의 강도는 규모, 경합적 용도 그리고 인접 자치단체와의 시간적 근접성 등에 달려 있다. 일부 개발 부지는 자치단체 경계에 직접 위치하고 있어, 경우에 따라 여러 자치단체 지역에 걸쳐 계획을 수립해야 할 수도 있다(예를 들어, 귀터스로의 프린세스 로열 병영(Princess-Royal-Barracks) 비행장). "연방건설법전 제2조 제2항은 인접한 기초자치단체가 건설기본계획을 공식적으로 그리고 실질적으로 상호 조정하도록 의무화하고, 자치단체 간의 최소 수준의 협력을 보장한다"(Battis et al., 2016, 제2조, 난외번호 22).

연방 주들은 국토계획법ROG 제13조 제1항에 따라 주와 부분 영역(지역)에 대한 지역 개발 계획을 수립한다. 주 개발의 고전적 수단은 주발전계획

Landesentwicklungsplan, 주발전프로그램Landesentwicklungsprogramm 그리고 국토
개발계획절차Raumordnungsverfahren이다. 주 발전 계획과 특히 지역 계획은 군
사 재고 자산을 나타내고 있으므로, 군사시설 반환부지 전환의 경우 일반적으
로 변동 또는 변경 절차가 수행된다.

노르트라인-베스트팔렌주의 사례: 2016 노르트라인-베스트팔렌 주발전
계획(LEP NRW. 2016)은 유휴지[101]에 새로운 용도를 제시하는 것을 목표로 내
세우고 있다. 군 유휴지는 "고비용"이 언급되지 않는 한 내부 개발을 위한 잠
재적 토지로 구체적으로 지정되고 있다(LEP NRW. 2016: 6.1.6). 그러나 산업, 상
업 또는 태양광 용도의 개별 사례가 아닌 한(LEP NRW. 2016: 6.1.4 및 6.3.3), 공
지Freiraum 속에 고립적 토지는 공지 이용에 할당되어야 한다(LEP NRW. 2016:
6.1.1). 노르트라인-베스트팔렌 주발전계획(LEP NRW. 2016, 6.1.8)에 따르면, "특
정 목적과 연결된 일반 주거지역"을 지정할 수 있다. 10헥타르[102] 이상의 토
지는 주계획법시행규정Verordnung zur Durchführung des Landesplanungsgesetzes:
LPlG-DVO에 따라 일반적으로 지역적으로 중요하므로, 지역 행정 관청은 이 토
지에 대한 지역적 개발 개념 구상을 수립한다. 노르트라인-베스트팔렌주에서
지역 계획의 수립은 행정관구Bezirksregierung 또는 루르지역의 경우 루르지역
연합Regionalverband Ruhr에 의해 수행된다.

아래에서는 군사시설 반환부지 전환의 맥락에서 문제가 되는 광역적 수단을
열거하려고 한다.

비공식 지구개발구상

"지역 계획"과 "건설 기본 계획"의 공식적 수준 사이에 비공식적으로 도시-주
변지역Stadt-Umland 개념을 확립할 수 있다. 여기서는 대화 지향적 방식으로 미
래 개발을 제시하고 정량화한다. 이를 통해 경쟁적인 개발 방향을 시간상으로
조정하고 각각의 경우에 우선순위를 설정할 수 있다. 예를 들어, 향후 20년 동
안 어느 장소에 얼마나 많은 주택을 건립할 것인지를 결정할 수 있다.

지역개발구상

지역개발구상Regionale Entwicklungskonzepte: REK은 도시-주변지역 개념보다 광범위하고 세분되어 있다. 이것은 중요한 (개발 계획) 조치와 개발 프로젝트에 대한 지역의 여러 자치단체 간의 조정을 포함하고 있다.

공동토지이용계획

연방건설법전 제204조에 따라 공동토지이용계획Gemeinsamer Flächennutzungsplan은 관련 기초자치단체의 자발적인 협력으로 수립할 수 있다.

자치단체 간 상업지구Interkommunale Gewerbegebiete

이러한 개발은 자치단체의 경계에 있는 군 전환용지의 경우에 명백하다. 인프라 비용을 분담하고 개발의 수용도를 높일 수 있다. 공사 형태로는 특수 목적 연합Zweckverband[103]이나 유한회사Gesellschaft mit beschränkter Haftung: GmbH가 제공된다. 이러한 자치단체 간 유한회사의 예는 귀터스로Gütersloh, 하르제빈켈Harsewinkel 그리고 헤르체브로크-클라르홀츠Herzebrock-Clarholz 시市가 주주로 있는 귀터스로공항주식회사Flughafen Gütersloh GmbH이다.

4.3.2 건설기본계획

건설기본계획Bauleitplan[104]의 수립은 두 단계로 진행된다(연방건설법전 제1조 제2항). (준비적) 토지이용계획은 향후 15년의 자치단체의 개발을 제시하고, (구속적) 지구상세계획은 세부 토지 관련 건축적 이용의 종류와 정도를 규율한다. 지구상세계획Bebauungsplan은 공공[105]건설법에 해당한다. 건설계획법Bauplanungsrecht 외에도 건축기준법Bauordnungsrecht이 있다. 건축법Bauordnung은 주州 수준(예를 들어, 노르트라인-베스트팔렌 주건축법)에서 규율되며, 무엇보다도 위험을 방어하고 해당 지역이 손상을 받지 않도록 보호하는 역할을 한다. 이 건축법은 예를 들어 건물 간의 이격 공간과 건물 일부에 대한 에너지 절약이나 화재 방지 요건 등을 규율한다. 건축법을 준수하는 것은 건축 감독 관청의 소관이다. 기초자치단체는 건축법에 관한 보충 규정을 공포할 수 있다. 자치단체의 계획권은 국토 계획의 목표, 특정 부문 계획 그리고 상위 수준의 보호 구역 지정(예를 들어, 자연 보호 및 기념물 보호) 등에 의해 제한된다(Mitschang, 2006: 642). 개발자의 추가 계획을 위한 첫 번째 전제 조건은 개발지가 미계획 내부 구역(연방건설법전 제34조), 외부 구역(연방건설법전 제35조) 또는 계획 지구에 위치하는지에 대한 계획 관청의 계획법적 진술이다(연방건설법전 제30조).

4.1절에서 설명한 바와 같이, 군 부동산의 경우에 자치단체의 계획은 해당 부동산이 연방정부에 의해 해제되었을 때 비로소 효력을 발휘할 수 있었다. 사전에 공식적 수단을 준비할 수 있다. 건축 계획 절차의 개시(예를 들어, 계획 수립의 결정을 통해) 외에 해제 전에 건축 계획 절차의 추가 단계를 처리할 수 있다. 하지만 계획의 완료 또는 조례의 결정은 연방정부의 해제 이후에 비로소 행해질 수 있다.

4.3.2.1 토지이용계획

토지이용계획Flächennutzungsplan: FNP은 상위 계획의 실행, 후속 계획의 관리 그리고 토지 이용의 직접적 입지 결정 등의 세 가지 임무를 가지고 있다(Battis et al., 2016. 제5조, 난외번호 4). 토지이용계획은 개별 토지의 필지에 관련된 것이 아니며, 계획 관청 내부에서만 구속력이 있다. 그것은 지구상세계획과 달리 일반 주민이나 토지 소유자에게 법적 구속력이 없다. 연방건설법전은 또한 토지이용계획이 다만 "표시Darstellung"와 지구상세계획과 같은 그 어떤 확정을 포함하고 있지 않다는 것을 통해 이러한 2단계 구조를 설명하고 있다(Kuschnerus, 2010: 1). 따라서 토지이용계획의 개별적인 표시에 대해 법적 조치를 취하는 것도 불가능하다.[106] 그렇지만 외부 구역(연방건설법전 제35조)에서는 토지이용계획이 지구상세계획과 유사한 기능을 가지며, 따라서 토지이용계획의 표시와 일치하는 외부 구역에서의 사업 계획은 허용될 수 있다(BVerwG, 2003년 11월 20일 4 CN 6.03).

내부 개발에 대한 지구상세계획이 연방건설법전 제13a조에 따라 수립되는 한, 토지이용계획은 조정되어야만 하므로 변경 절차는 필요하지 않다.

4.3.2.2 지구상세계획

지구상세계획Bebauungsplan을 통해 연방건설법전 제1조~제6조와 제8조~제10 조에서 말하는 건축권이 성립한다. 지구상세계획은 자치단체 의회에서 조례로 가결되고 기초자치단체와 연방부동산업무공사 간에 구속력을 가진 것으로서 적용된다. 지구상세계획을 수립하고 변경하거나 폐기하는 것은 기초자치단체 의 책임이다.

토지이용계획FNP과 마찬가지로 지구상세계획은 건설기본계획에 포함된다. 따라서 이 지구상세계획은 토지이용계획으로부터 개발되어야 한다(연방건설법전 제8조 제2항). 만약에 토지이용계획이 변경되어야 한다면, 예를 들어 지구상세계 획에도 군사적 이용이 표시되어 있으므로, 이는 병행 절차 속에서 수행될 수 있다(연방건설법전 제8조 제3항). 매우 큰 군사 부동산의 경우에는 여러 개의 지구상세 계획이 수립되어야 할 것이다(Jacoby, 2011: 91).

지구상세계획은 간이 계획과 적격(요건 충족) 계획으로 구분된다. 다음과 같은 네 가지의 확정이 이루어졌을 때, 적격 지구상세계획이라고 하며, 그렇지 않으 면 간이 지구상세계획이라고 한다.

- 건축적 이용의 종류(용도)
- 건축적 이용의 정도(밀도)
- 증축 가능한 대지 면적(부지 내 건축 허용 범위)
- 지구 내 교통 용지

4.3.2.2.1 지구상세계획의 확립

지구상세계획은 무엇보다도 제반 확정을 공간적으로 표시한 도면과 아울러 문 장으로 된 확정과 논거로 구성된다.[107]

지구상세계획은 주로 지구 내에서 어떤 용도를 어느 정도로 허용할 것인지를 규율한다(건축적 이용의 종류와 정도, 연방건설법전 제9조 제1항 제1호). 한 걸음 더 나아가 예를 들어 건물 방향, 지붕 기울기 그리고 개별 층의 이용과 같은 매우 상세한 확정이 가능하다. 확정에 대한 권한의 근거[108]는 연방건설법전 제9조이다. "기초자치단체가 실제로 허용되는 확정 가능성을 어느 정도로 사용하는지는 자치단체의 계획 형성 자유에 달려 있다"(Kuschnerus, 2010: 60, 92). 이용의 종류는 건축이용령BauNVO 제1조 제3항에 따라 건축이용령 제2조~제11조의 유형화된 용도[109]를 통해 확정된다. 건축이용령은 개별 지구 유형에 대한 용도 목록[110]을 포함하고 있으므로, 어떤 용도가 허용되고 예외적으로 허용되거나 금지되는지는 명확하다. 군사시설 반환부지는 (주거를 예외로 하면) 건축이용령의 용도 유형에 해당하지 않는다. 특별 용도는 일반적으로 특별 지구로 표시된다. 건축이용령에 따른 지구 유형의 확정 외에도 추가적인 확정을 행할 수 있다(연방건설법전 제9조 제1항 제1호~제26호). 이용은 또한 시간상으로 제한되거나 조건부로 이루어질 수 있다(연방건설법전 제9조 제2항).

건축을 관리하려면, 이용의 가능한 종류(용도) 외에도 건축적 이용의 정도(밀도)를 확정하는 것이 필요하다(건축이용령 제16조). 이용 정도는 강제적으로 설정하거나 최대 허용치로 설정할 수 있다.[111]

건축 경계와 건축선을 통해 건물의 위치를 지정할 수 있다(건축이용령 제23조).[112] 이러한 확정을 통해 예를 들어 1950년대의 군사 주거지역에 넓은 전면 정원이 보존될 수 있었다.

4.3.2.2.2 (계획 수립) 절차

자치단체의 업무 부담을 다소나마 줄이기 위해, 연방건설법전 제4조 제2항에 따라 절차 관리의 일부를 제3자에게 위임할 수 있다. 이때 고권적 업무, 특히 중요한 관심사의 형량Abwägung은 당연히 자치단체에 남아 있다. 일반적으로 민간 소유자가 주로 이용하는 사업 계획 관련 지구상세계획은 오늘날 민간 계획사무소에서 작성된다. 그럼에도 불구하고 지구상세계획 수립 절차는 오랜 시간이 걸리는 사안이다. "군사적 이용을 완전히 포기한 후 토지이용계획의 변경과 지구상세계획 절차를 통해 전체 지역에 대한 새로운 건축권을 생성하기까지는 사정에 따라 수년이 걸릴 수 있다"(Beuteler et al., 2011: 107).

지구상세계획 절차는 다음과 같은 9단계로 나누어진다.

1. 계획 수립 결정
2. 일반인과 행정 ㈜청의 조기 참여
3. 행정 ㈜청(공익 주체)의 공식적 참여
4. 일반인의 공식적 참여
5. 형량 과정
6. (자치단체) 의회의 결정
7. 지구상세계획의 인가
8. 발간
9. 공고

이러한 아홉 가지 항목은 아래에서 군사시설 반환부지의 전환과 관련하여 목표 지향적으로 고찰된다.

4.3.2.2.3 계획 수립 결정

연방건설법전 제1조 제3항에 따라 필요한 계획의 요구 사항은 대규모 군 부동산의 포기와 개발 의도에 의해 발생한다. 일반적으로 자치단체는 부동산의 해제 이전에 이미 내부적으로 지구상세계획을 수립해야 할 것인지를 심중히 검토해 왔는데, 왜냐하면 그 절차에는 자원이 소요되기 때문이다. 계획 수립 결정에서는 일반적으로 계획 지구의 지도와 계획 목표가 지정된다. 부동산이 해제되기 전에, 계획 수립 결정이 내려질 수도 있다. 연방부동산업무공사나 기타 민간인(예를 들어, 근린 주민)은 지구상세계획을 수립할 권리가 전혀 없다. 즉, 연방건설법전 제1조 제3항 제2호는 이들의 계획 수립 청구권을 배제하고 있다.

계획 수립 결정은 자치단체 의회의 결정과 공고를 통해 공식적으로 이루어진다. 계획 수립 결정의 효력과 함께 기초자치단체는 건축 신청을 보류하고 변경 금지를 시행할 수 있다(연방건설법전 제14조). 해당 토지에 대한 사업 계획은 지구 상세계획의 향후 확정을 준수하는 한, 인가를 받을 수 있다(연방건설법전 제33조). 기초자치단체는 또한 연방건설법전 제34조에서 말하는 지구에서 바람직하지 않은 이용의 입지를 방지하기 위해(예를 들어, 소매업이나 위락시설, 연방건설법전 제9조 제2a항 및 제2b항) 계획 수립 결정을 활용하기도 한다.

4.3.2.2.4 일반인과 행정 (관)청의 조기 참여

연방건설법전 제3조에 따르면, 일반인(시민)은 가능한 한 조기에 참여해야 한다 (예외: 내부 개발을 위한 지구상세계획). 이것은 계획 수립 결정 이전에도 가능하다(Battis et al., 2016, 제3조, 난외번호 8). "추후의 계획 수립 절차에서 계획자가 놀라지 않도록 하기 위해"(Kuschnerus, 2010: 486), 일반인의 조기 참여가 권장된다.

조기에 일반인이 참여하는 동안, 공익 주체Träger öffentlicher Belange: TöB가 계획으로 인해 영향을 받을 수 있는 한, 이러한 공익 주체들(인접 자치단체 등)의 의견도 청취한다(연방건설법전 제4조 제1항). 명백한 참여자(예를 들어, 관로를 가진 공급 회사) 외에도 국방, 교회, 민방위, 항공 안전, 원자재, 화물 교통, 인접 국가 또는 무선 통신 사업자와 같이 그렇지 않다면 오히려 예외가 되는 주제들이 대규모 토지에서는 영향을 미칠 수도 있다.

미래 개발이 도시개발계획 (김샘) 공모를 통해 구상되었다면, 계획은 조기 참여의 일환으로 공표되어야 한다. 주거지와 연담되어 있는 군 전환용지의 경우에는 참여와 관련하여 정보를 얻기 위해 계획 워크숍도 필요하다.

4.3.2.2.5 행정 관청의 공식적 참여

주민들의 사전 조기 참여 이후, 기초자치단체는 계획을 다시 한 번 조정해야 하는지를 검토한다. 이 단계에서는 중요한 관심사를 고려할 수 없는 경우, 이미 형량을 준비하게 된다. 계획 관계 서류는 전체적으로 수정되어 공식적으로 참여해야 할 행정 관청에 발송하게 된다. 관계 행정 관청은 1개월의 기간 내에 의견을 표명해야 하며, 자신들의 사무 범위로 제한해야 한다(연방건설법전 제4조 제2항). 또한 관계 행정 청은 계획지구나 계획의 본질에 영향을 미치는 경우, 자체 계획과 기타 정보를 공개해야 한다(상게서).

4.3.2.2.6 일반인의 공식적 참여

연방건설법전 제3조 제2항이 말하는 공식적 참여의 경우, 계획 (초)안은 사전 통고 후 1개월 동안 '열람'하게 된다.[113] 주민들은 확인하거나 신중히 검토해야 하는 의견을 (방해물 없이) 제출할 수 있다. 후속 과정에서 계획안을 변경해야 할 때, 참여는 새롭게 진행될 수 있다(연방건설법전 제4a조 제3항 제1호: 자세한 것은 Kuschnerus, 2010: 496 참조).

4.3.2.2.7 형량 과정

행정 관청, 기업 그리고 주민들이 제출한 서면[114] 의견은 정리되고 평가된다. 뒤늦게 표명된 의견은, 행정 관청이 그 주장을 알 필요가 없었거나 의견 표명으로 인해 규범 위반이 발생하는 한, 고려되지 않아도 된다(연방건설법전 제4조 제6항. 특례 규정). 그럼에도 불구하고 예를 들어 거주자가 잠재적 오염 물질 배출 가능성을 지적하였지만 이제까지 참조되지 않았다면, 해당 의견은 고려되어야만 한다.

　표명된 의견은 상호 간에 그리고 각자 간에 형량(비교하고 판단하여 결정)하게 된다. 행정 당국은 각각의 논점에 대한 입장을 작성하고, 자치단체 의회에 각각의 논점에 대해 어떻게 형량할 것인지를 제안한다. 형량은 사법적 검토 또는 준칙 관리 절차를 견뎌 낼 수 있어야 한다. 형량의 오류는 이의 제기자에 대해 계획안의 무효화 또는 최악의 경우 전체 지구상세계획의 무효화를 초래할 수 있다. 수고가 많이 드는 계획 수립 절차로 인해 연방건설법전은 제214조 이하에 전체 계획이 무효가 되는 경우를 명시적으로 규정하고 있다. 계획안 또는 문구가 변경되는 경우, 지구상세계획 초안은 다시 열람되어야 한다.

4.3.2.2.8 자치단체 의회의 결정, 승인, 발간 그리고 공고

기초자치단체 의회는 최종적으로 계획을 변경할 것인지 아니면 유지할 것인지를 결정한다. 일반적으로 변경 요청과 제안 사항을 수용하고, 지구상세계획을 자치단체의 조례로 결정한다. 기초자치단체는 모든 이의 제기자에게 개별 논점을 어떻게 처리하였는지와 경우에 따라 이를 어떤 이유로 고려하였는지(또는 고려하지 않았는지)를 알려준다. 지구상세계획은 발간, 재열람 그리고 공고와 함께 법적 효력이 발생하고, 따라서 발효된다.

4.3.2.2.9 환경보고서와 환경영향평가

지구상세계획 절차는 또한 논거의 일부인 환경 평가의 틀에서 자연 및 환경 보호의 전문적인 검사 절차와 연결된다(연방건설법전 제2a조와 함께 제9조 제8항). 또한 생물종 및 비오톱 보호 법적 검사, 동식물 서식지FFH 영향 평가 그리고 (자연) 침해 조정Eingriffsregelung[115]의 적용(연방건설법전 제1a조 제3항)이 실시된다(이와 관련하여 또한 4.6.2절 참조). 환경의 중요한 관심사는 지구상세계획의 논거에 포함된 환경보고서에서 설명된다. 그 논거는 이미 지구상세계획 초안에 포함되어 있으며, 따라서 이 논거에도 폭넓은 일반인과 행정 관청의 참여가 이루어진다. 환경보고서는 환경영향평가UVP에 기반을 두고 있다.[116]

환경에 미치는 영향을 검사하기 위해서는 환경영향조사UVU 또는 환경영향연구UVS가 필요하다.[117] 이것은 개발 계획 주체 또는 사업 계획 주체(자치단체) 내지 위임받은 전문 감정평가인에 의해 이루어진다.

4.3.2.3 사업 계획과 관련한 지구상세계획(연방건설법전 제12조)

사업 계획과 관련한 지구상세계획은 1990년 유휴 토지를 개발하기 위해 구동독의 지구에서 처음으로 도입되었다. 이를 통해 기초자치단체는 정규 계획 과정, 즉 연방건설법전 제9조 및 건축이용령BauNVO에 따른 확정에 구속되는 것에서 벗어날 수 있다(Rottke et al. 2016: 386에 인용된 Krüper). 명칭이 이미 말하고 있듯이, 이러한 수단은 민간 개발자가 기초자치단체와 협력하여 이용 아이디어를 실행하려는 구체적인 사업 계획에 적합하다. 이를 위해 기초자치단체와 연방 부동산업무공사 그리고 개발자 사이에 구체적인 협약이 체결된다. 따라서 관건은 제안 계획이 아니라 이용자 또는 개발자의 요구 사항에 맞게 조정된 계획이다.

연방건설법전 제12조에 따르면, 이 조치에는 사업 계획 및 기반시설 설치 계획, 사업 계획과 관련한 지구상세계획 그리고 이행 계약이 포함된다. 그 목표는 기초자치단체의 업무 부담을 덜어 주는 것이다(Battis et al., 2016, 제12조, 난외번호 3).

개발자는 공공녹지 및 인프라 기반시설 용지 공사를 기한 내에 이행해야 할 의무가 있다(사업 계획 주체로서의 비용 인수). 기반시설 설치는 한결같은 높은 사전 재정 조달 비용을 유발하기 때문에, 기초자치단체는 이 임무를 개발자에게 전가할 수 있다. 하지만 이 금액이 다름 아닌 대규모 사업 계획의 경우 일부 개발자의 재정 조달 능력을 넘어선다는 점에 유의해야 할 것이다(Beuteler et al., 2011: 93). 사업 계획 주체를 교체하려면, 기초자치단체의 동의가 필요하다(연방건설법전 제12조 제5항).

자치단체의 이익을 보호하기 위해, 개발자와 이행 계약이 체결된다. 거기에는 개발자에 의한 사업 지연을 피하기 위해 구체적 일정과 의무 사항이 합의되어 있다. 만약 후자가 자신의 의무 사항을 이행하지 못하였다고 한다면, 자치단체는 앞서 결정된 지구상세계획을 보상 없이 취소하고(연방건설법전 제12조 제6항), 다른 개발자와 이행 계약을 체결할 수 있다(연방건설법전 제12조 제3a항).

"이행 계약은 종종 아무리 늦어도 지구상세계획에 관한 조례가 결정될 때까지 부동산 매각과 관련하여 체결된다"(Beuteler et al., 2011: 94).

4.3.2.4 내부 개발을 위한 지구상세계획(연방건설법전 제13a조)
연방건설법전은 2007년부터 특정 사업 계획의 경우 계획 절차를 가속화할 가능성을 허용해 왔다. 이때 환경 평가가 생략되고, 참여 절차가 한층 단축된다. 목표는 유럽의회의 지침 2001/42/EC의 부록 II, 번호 1, 3번째 하이픈(붙임표)

이 말하는 지속 가능한 개발을 촉진하기 위한 기여에 부응하는 유휴지의 재사용과 지속 가능한 개발에 있다.

이러한 이른바 내부 개발의 지구상세계획(연방건설법전 제13a조)은 특정 전제 조건에서만 이행될 수 있다.

- 밀봉된[118] 건축부지(건축이용령 제19조 제2항)가 20,000제곱미터보다 작거나…
- 70,000제곱미터보다 작고, 환경에 현저한 영향을 미치지 않는다.
- 용지는 주거지역에 부속될 수 있으며, 따라서 연방건설법전 제34조에 따라 내부 구역으로 판정할 수도 있다. 내부 개발이라는 용어는 법률상으로 규정되는 것이 아니라 전문 용어이다(연방행정법원(BVerwG) 4 CN 9.14에 의거하여 Ernst, Zinkahn, Bielenberg & Krautzberger, BauGB, Losebl., 2015년 8월 기준, 제13a조, 난외번호 24에서 인용된 Krautzberger).

많은 군 부동산은 위에서 언급한 한도를 넘어서기 때문에, 내부 개발의 지구상세계획은 이와 관련하여 고려되지 않는다. 따라서 앞서 언급한 임계값을 회피하는 경우, 내부 개발의 더욱 많은 지구상세계획으로 분할하는 것은 불가능하다("누적 계산", 연방건설법전 제13a조 제1항).

연방건설법전 제13a조로부터 외부 구역은 주거지역에 속하지 않기 때문에 외부 구역에서의 내부개발을 위한 지구상세계획이 불가능하다는 사실을 알 수 있다. 연방행정법원(BVerwG)에 따르면, 외부 구역으로 넘어 들어간 개발도 불가능하다(BVerwG, 2015년 11월 4일 - 4 CN 9.14, 난외번호 23). 그러나 1헥타르 이하의 "연담건축지역(im Zusammenhang bebaute Ortsteile[119]에 연결되는" 주거용 건축 "토지"에 대해서는 2019년 말까지 유효한 연방건설법전 제13b조의 기회가 활용될 수 있다. 크뤼퍼(Krüper)는 내부 구역에 있는 외부 구역으로 간주되는 유휴지에 대한 내부 개발의 지구상세계획을 권고하고 있다(Rottke et al., 2016: 369에 인용).

4.3.2.5 건축 신청의 보류 및 변경 금지

기초자치단체는 연방건설법전 제15조에 따라 허가가 필요한 건축 신청을 12개월의 기간 내에 보류하거나 위임한 사업 계획을 잠정적으로 거부할 수 있다. 기초자치단체가 약 3개월[120] 내에 건축 사전 조회 또는 건축 제안에 답변하는 것이 중요하다. 아무리 늦어도 12개월 후에는 지구상세계획의 수립 결정을 내려야만 한다. 수립 결정이 내려지는 즉시 계획 지구에 대한 (형질) 변경 금지를 표명할 수 있다(연방건설법전 제14조). 이는 계획과 상충하는 사업 계획이 기존의 계획법을 기반으로 하여 허가받아야 하는 것을 방지할 수 있다. 존속 보호는 이에 영향을 받지 않지만, 기존 포트폴리오의 확장에 영향을 받는다. 변경 금지는 2년 후에 실효되고, 최대 4년까지 유효할 수 있다(연방건설법전 제17조). 대규모 군 전환용지의 경우, 이것은 비교적 짧은 시간이다. 변경 금지는 소유권을 침해하며, 보상 없이 허용된다(Krebs, 2013: 503. 난외번호 152). 이것은 최대 4년 동안 유효하며, 그렇지 않으면 토지 수용과 동등한 침해로 평가될 수 있다(상게서).

4.3.3 비공식 도구

비공식적 합의는 "건설법적 실제에서 과소평가할 수 없는 역할"(Rottke et al., 2016: 402에 인용된 Michael)을 하지만, 이러한 합의는 구속력이 있는 형태로 이루어져야 한다. 비공식적 수단은 군사시설 반환부지 전환의 틀에서 특별히 유지되어 왔으며, 연방건설법전 제1조 제6항 제11호에 따라 지구상세계획을 수립할 때 고려될 수 있다(BMVBS, 2013: 53). 기초자치단체는 지구상세계획 절차의 틀 안에 소유자와 경우에 따라 잠재적 매입자(다른 모든 사람과 마찬가지로)로 공식적으로 참여할 수 있을 것이다. 자치단체는 일반적으로 군사시설 반환부지의 소유자인 연방부동산업무공사BImA를 조기에 참여시키는데, 왜냐하면 연방부동산업무공사는 군사시설 반환부지를 매각하려고 하지만, 반드시 매각해야 하는 것은 아니기 때문이다. 또한 그 어떤 매입자도 지구상세계획의 활용 기회를 실현하도록 강요받지 않는다. 주민과 단체의 참여도 역시 순전히 공식적으로 이루어질 수 있다. 그럼에도 불구하고 소유자는 현실의 모든 전환 물건에 우선 참여하게 된다. "따라서 … 언젠가부터 연방건설법전이 당시에 예견한 것보다 다른 형태의, 따라서 더 많은 형태의 참여"가 존재한다(Ruckes, 2013: 21).

4.3.3.1 대강 계획

대강 계획Rahmenplan[121]과 개발 구상은 자치단체 의회에서 결정한 후 행정 내부의 자체 결속을 계발하고 정치적 의지를 형성하는 데 기여한다. 이 계획과 개념 구상은 지구상세계획의 형량 과정에서 고려된다. 대강 계획은 보다 비공식으로 변경될 수 있으며, 형량 과정에서 순수한 행정 내부의 결속으로 인해 토지이용계획FNP과 지구상세계획B-Plan 사이의 수준에서 하나의 유리한 수단이다. 필자의 생각으로는 대강 계획이 토지의 건축 기대를 평가하는 데 토지이용계획보다 한층 더 적합한데, 대강 계획이 더욱 최신의 계획이기 때문이다.

4.3.3.2 통합도시계획개발구상

통합도시계획개발구상Integriertes städtebauliches Entwicklungskonzept: ISEK[122]은 공간적, 시간적 그리고 실체적 측면에서 다양한 행동 영역을 연결하고 계획하기 때문에 이렇게 불리고 있다. 통합도시계획개발구상의 수립은 연방정부의 도시건설촉진Städtebauförderung 보조금을 지원받는 데 전제조건이다. 도시건설촉진에 관심이 있는 자치단체에 대한 연방정부의 기조가 통합도시계획개발구상의 성격을 설명한다(BMUB, 2015: 9).

• 목표는 도시 개발을 위한 동력을 설정하고, 지속 가능한 발전을 추진해 나갈 수 있는 행위자 네트워크를 구축하는 것
• 문제 해결 지향적인 조치의 개발을 통한 실현
• 사회적, 도시계획적, 문화적, 경제적 그리고 생태적인 행동 영역
• 시간과 내용 측면의 우선 순위가 있는 종합적이고 통합적인 계획 접근 방법
• 일반 대중의 참여와 함께 외부 및 내부 행정 행위자의 학제적 공동 작업
• 구체적인 지역과의 연계(예를 들어, 지구의 구역)

통합도시계획개발구상ISEK은 특정 영역을 목표 지향적으로 그리고 측정 가능한 방식으로 개선해야 한다. 개별 조치에는 우선 순위가 부여되어야 한다. "여기서 장기적인 핵심 프로젝트와 단기적으로 실행 가능한 추진력의 차별화가 성공적인 것으로 입증되었다"(BMUB, 2015: 27). 통합도시계획개발구상의 수립은 정확한 재정 조달 방안을 제시하는 것이 필요하다. 이때 자금을 합산하고 자금의 시간적 유입을 고려해야 한다. 조치를 이행하는 데 수년의 기간이 걸릴 수 있다. 이 기간에 새로운 행위자들을 참여시키고, 변화된 정치적 상황을 고려하고, 변화된 자금 지원 조건을 미리 숙고해야 한다. 따라서 행정과 외부 서비스 제공 업체로 구성되고 각종 결정 사항을 이행하는 운영 관리팀이 상수로서 권장된다. 지원금을 받는 민간 개발자와의 계약은 경우에 따라 연방건설법전의 제한적 법적 수단을 회피할 수 있다. 통합도시계획개발구상의 지속적 개선을 위해서는 성찰이 필요하다. "의미 있는 결론을 위해서는 다양한 평가 차원(프로젝트, 과정), 평가 대상(개별 프로젝트, 이벤트, 전체 과정) 그리고 평가 방법(자체 평가, 외부 평가)을 조합하는 것이 도움이 된다"(BMUB, 2015: 39). 이 문구는 분석 가능성의 깊이뿐만 아니라 통합도시계획개발구상의 깊이도 설명한다. 통합도시계획개발구상은 거의 모든 군 전환용지의 개발 사업 계획에서 도시건설촉진을 위한 전제 조건이다.

4.3.3.3 기본계획(마스터플랜)

비공식 수단은 자치단체가 개별 주제 영역 또는 공간에 대한 기본 조건(프레임워크)을 설정할 기회를 제공한다. 이에 대한 예로는 주제와 관련한 기본계획(예를 들어, 소매업 마스터플랜, 자전거 교통 마스터플랜) 또는 공간적 마스터플랜(예를 들어, 보쿰대학교 마스터플랜)이 있다. 기본계획Materplan은 법적으로 규정되어 있지 않으므로, 계획 수립의 자율이 성립한다. 그러므로 기본계획은 그 자체만으로 법적 효력을 발휘할 수 없으며, 오히려 이것을 위해 계획 수준에 따라 건설기본계획 또는 광역지역계획에 통합되어야 한다. 그렇지만 행정에서 기본계획은 형량의 맥락에서 구속력이 매우 높을 수 있다.

4.3.3.4 일반인의 참여 확대

전체적으로 참여는 이해관계에 대한 일회성 문의와 협력적 참여로 구분될 수 있다. 일반인의 참여 확대는 다음과 같은 다양한 이유에서 이루어진다.

• 투명성: 특정 이벤트 행사나 인터넷 포럼에서 (거의) 여과되지 않은 소통이나 질의를 통해 모든 사람은 자신의 의견이나 불명확성을 공개적으로 가늠해 볼 수 있다. 관련 행정 관청과 전문가들이 손에 잡히게 된다.
• 참여: 모든 사람은 (이론적으로) 자신의 아이디어와 제안을 제시할 수 있다. 이는 또한 예를 들어 각종 이니셔티브나 환경 지향 협회와 같은 비공식적인 지역 행위자를 참여할 수 있도록 한다.
• 결속 및 통합: 단어가 명확히 설명하는 것처럼, 참여는 프로젝트와의 결속을 형성한다. 형량이 체험될 수 있다.

다음과 같은 도구들이 가능하다(Beuteler et al., 2011: 34이하).

• 현지 행위자들과 함께하는 워크숍[123]: 특정 작업은 주어진 조건에서 공동으로 수행된다. 여기서 창의성, 갈등, 공동체 그리고 교류가 발생할 수 있다.
• 협력적 경쟁 절차: 학제적으로 구성된 팀과의 협력적 경쟁의 공모 입찰과 실행은 한편으로 계획에 활용할 수 있는 결과가 생성되고, 다른 한편으로 이러한 결과를 구체화할 수 있는 이점을 제공한다(예를 들어, 뮌스터의 요크(York) 병영).

4.3.3.5 토지 정보 시스템과 토지 풀

가용 토지를 그 데이터 자료와 제한 사항과 함께 파악하면 투명성이 보장되고, 자치단체는 단기적인 수요 기반 공급 계획을 수립할 수 있게 된다. 이러한 토지 풀Flächenpool, 즉 대체지 비축 제도[124]의 설치가 점점 더 많이 활용되고 있다(Prediger, 2014: 49).

루르대도시지역경제진흥기관Wirtschaftsförderung der Metropole Ruhr: wmr은

2013년부터 'ruhrAGIS' 시스템에서 루르 지역Ruhrgebiet의 모든 상업용 토지를 조사하여 기록해 왔다. 이를 통해 향후 사용되지 않을 토지도 자치단체 개발 계획에 포함될 수 있게 되었다. 이 시스템은 개별 토지의 모든 제약 사항을 파악하고 있으며, 지속해서 업데이트되고 있다. 루르대도시지역경제진흥기관wmr의 상업용 토지 관리 부서는 새로운 주거지역 개발에 관한 문의가 있을 경우, 시스템을 사용하여 개발 가능한 토지를 검색할 수 있다.

4.3.3.6 자치단체 건축부지 전략과 결정

자치단체는 생존 배려Daseinsvorsorge[125]에 근거하여 모든 인구 집단, 특히 저소득 및 중간소득 가구에 충분한 주거용 건설부지, 즉 택지를 공급할 의무가 있다(Dransfeld & Hemprich, 2017: 28). 인구는 유출 이민자 수보다 유입 이민자 수가 많아 다시 증가하고 있으나, 유입 이민자는 이질적으로 분포하고 있다(상게서: 26). 인구 증가는 경제 성장 지역과 중간적 규모의 대학 도시에 집중하고 있는 반면, 구조 취약 지역에서는 더 많은 공실이 발생하고 있다. "주거 부동산 가격이 2000년에서 2010년 사이에 지역적 차이와 함께 대체로 안정적이고 소폭 하락하였지만, 이 부동산 가격이 특별히 대도시에서 크게 상승하였다. … 다양한 발전 추세의 조합은 평균 이상의 가격 상승과 연결된 대도시권의 주거 공간 공급 부족뿐만 아니라 가격 하락과 연동된 일부 농촌지역의 과잉 공급을 초래하고 있다"(Städtetag, 2017: 5이하). 드란스펠트와 헴프리히는 2017년 노르트라인-베스트팔렌 건축부지 포럼Forum Baulandmanagement NRW을 위해 연방 전역의 99개 건축부지 결정 및 전략을 평가하였다(Dransfeld & Hemprich, 2017: 50이하). 이 연구에서 분석한 자치단체와 중복되는 평가 자치단체는 25개이다(Dransfeld & Hemprich, 2017: 53과 조정하여 자체 평가한 것이며, 뮌헨시를 추가함).

"주택 건설에서 병목 현상을 초래하는 것은 주거 건설용지의 부족과 공급된 건축부지의 (높은) 가격 수준이다"(Städtetag, 2017: 8). 자치단체의 적극적인 부동산 정책은 예산법적 장애물(자치단체의 복식 부기와 자치단체 행정 감독)에 방해받고 있다(difu, 2017: 11).

아래에서는 주거용 건축부지 전략과 건축부지 결정의 다양한 가능성을 제시하려고 한다.

건축부지 전략

건축부지 전략Baulandstrategie은 건축부지를 동원하는 것을 목표로 한다. 이때 건축부지 생산의 통제와 재융자 가능성이 결정적인 역할을 하며, 이것은 다시 자치단체의 경제력 및 성장에 달려 있다. 쾨터는 건축부지 동원의 세 가지 모델(공급 모델, 계약 모델 그리고 중간 취득 모델)을 각각의 세부 범주와 함께 분류하고 있다(Kötter, 2005: 35).

드란스펠트와 헴프리히는 건축부지 전략을 8가지 유형으로 분류하고, 이에 자치단체의 비용 분담을 별도로 명시하고 있다(Dransfeld & Hemprich, 2017).

1. 고전적 공급 계획: 자치단체는 선행 조치로서 소유자에 유리하게 그리고 소유자의 비용 분담 없이 건축권을 창출한다. 건축 조치의 실행과 관련한 통제의 가능성은 계획권에 제한된다.
2. 약정이 없고 가치 창출에 참여하지 않는 중간 취득: 자치단체는 농지를 취득하고 건축 준비가 완료된 이 토지를 매각하는데, 이때 예전 (토지) 소유자는 가격 상승에 관여하지 않는다. 이 모델은 이익 분배 없이 자발적 매각을 전제하기 때문에, 저렴한 농지가 있고 주거 입주의 압력[126]이 없는 지역에서만 작동한다.
3. 연방건설법전 제165조가 말하는 도시계획적 개발 조치: 도시계획적 개발 조치가 토지 수용과 매한가지로 작용하기 때문에, 이와 관련해서 법적 장애물이 높다.
4. 소유자가 가치 창출에 참여하는 중간 취득: 높은 가격으로 공공 매입을 통한 예전 소유자의 관여 또는 도시계획 계약에 의한 예전 소유자에게 건축 준비가 완료된 토지의 재이전
5. 가계 밖의 중간 취득: 특별 자산으로서 토지 기금 또는 자체 자산이 있는 공

사(공기업)를 통한 토지의 매입

6. 개발자에 의한 중간 취득: 자치단체는 연방건설법전 제11조에 따라 개발자와 도시계획 계약을 체결한다. 이것에 의해 자치단체는 마케팅, 즉 판촉을 통제할 수 없지만, 사회 인프라 구축을 위해 합의할 수 있다(예를 들어, 뮌헨).

7. 연방건설법전 제45조 이하에 따른 공식적 토지 구획 정리(환지): 이는 토지 교환 절차를 말하는 것으로, 모든 소유자가 자신의 토지를 양도하고 내부 기반시설 설치를 공제한 후 건축부지 또는 금전적 보상을 되돌려 받는다. 토지는 나중에 양도한 토지의 가격에 따라 분배된다. 따라서 소유자는 원 건축부지를 넘겨주고 조금 더 적은 건축부지를 받는다. 공식적 토지 구획 정리換地는 토지 취득세가 면제된다.

8. 자발적 토지 구획 정리(환지): 자발적 토지 구획 정리에서는 소유자와 후속 비용에 대해 합의하거나 개별 이익을 더 많이 고려할 수 있다. 자발적 토지 구획 정리가 공식적 토지 구획 정리로 전환함에 있어서는, 그렇지 않으면 이미 부과되었을 토지 취득세가 없다(BVerfG, 2015년 3월 24일, 1 BvR 2880/11).

건축부지 결정

건축부지 결정에서 자치단체 의회는 건축부지 공급의 목표와 방법을 의결한다. 건축부지 결정Baulandbeschlüß은 자치단체가 신규 건축부지를 지정할 준비가 된 조건에 대한 일련의 규칙이나 원칙을 설정하고 있다. 주거 입주의 압력 정도에 따라 후속 비용 분담, 자치단체로의 순 건축부지의 토지 양도, 지원금을 받는 주택 건축 또는 원주민原住民 모델[127]의 비율 등에 관한 규칙일 수 있다. 이러한 규칙은 모든 민간 개발자에게 적용되고, 도시계획 계약을 통해 보호된다. 모든 도시계획적, 사회적 또는 생태적 요구 사항을 생각할 수 있다. "건축부지 결정은 아래와 같은 본질적 절차 원칙을 충족해야 한다. 즉, 그것은 투명하고 일관성이 있어야 하며, 모든 관계자에게 구속력을 지니고 장기간에 걸쳐 적용되어야 한다"(Dransfeld & Hemprich, 2017: 47). 이에 따라 건축부지 결정은 시장의 모든 행위자에게 유효하므로, 가치평가와 관련된다.

표 3. 쾰른시의 협력적 건축부지 모델, 지침 그리고 실행 명령(2017년 5월 10일 공고문)

사례: 쾰른(Köln)시의 사회적으로 공정한 토지 이용에 관한 지침(SoBoN)	
조치	비용 계산법, 이자 포기에 관한 계산법
도시 개발 계획(경쟁 공모, 지구상세계획 작성 등) 및 감정평가서	HOAI(건축사 및 엔지니어 비용책정령)[128]에 따른 계산법
토지 관련 부담금의 처리 (토양 정화, 철거 등)	비용 추정
제4항에 따른 무상 토지 양도	토지의 초기 출발 가격에 따라
도시 토지에 대한 보상 조치	보상 토지의 지가
수로(운하) 연계 기반시설 도로	150€/㎡
공공녹지	40€/㎡
침해 조정 보상 조치	6€/㎡
보조금 지원을 받은 주택 건축	40€/㎡
사회 인프라(66% 비율, 유치원, 초등학교, 운동장)	주택 바닥 면적 49€/㎡ 또는 바닥 면적 400€/㎡와 최종 가격 사이의 차액

소결

경제적으로 성장하는 지역에서는 자치단체가 건축부지 제조의 후속 비용을 소유자나 개발자와 공유할 기회가 있다. 특히 지가가 높을 경우, 비용의 근본적인 변동은 충분히 예상할 수 있다. 즉, 내부 기반시설 설치에 대한 개발비와 기준지가 간의 차이가 규모 때문에, 후속 비용을 충당하기 위해 개발 이익의 일부를 회수할 수 있다. 여기서 유의해야 할 점은 순수하게 계획에 따른 가격상승은 회수할 수 없고, 실제로 발생하는 비용만을 부과할 수 있다는 점이다. "이러한 비용에는 예를 들어 토양 오염 구역의 제거, 기존 건물의 철거 등을 통해 군사시설 반환부지 전환의 맥락에서 발생하는 비용도 반드시 포함될 것이다. 경험에 따르면, 이러한 프로젝트는 빠르게 비경제적인 것이 될 것이다. 따라서 외부 구역에 있는 토지의 부족과 도시지역에 있는 대규모 군 전환용지 때문에 우선 군 전환용지에 택지를 조성하고자 하거나 조성해야만 하는 자치단체의 경우, 고전적 의미에서 건축부지 결정은 아마도 부적절하거나 기대한 성공을 가져올 수 없을 것이다"(Dransfeld & Hemprich, 2017: 75). 따라서 건축부지 결정은 주로 건물이 없는 미개발 토지에 건축부지를 신규로 지정하는 데 적합하며, 군 병영에는 별로 적합하지 않다. 투자자와의 도시계획 계약의 체결은 투자자가 아직 건축권을 가지고 있지 않다는 것을 전제로 한다(결합 금지, 연방건설법전 제11조 제2항 제2호). 후속 비용에 대한 합의의 경우, 이는 실제 성과 교환에 관한 것이기 때문에 다소 다르게 보일 수 있는데, 물론 이때 비용과 개발 프로젝트 간의 인과관계를 입증할 수 있어야 하며(연방건설법전 제11조 제1항 제2호 3문), 비용도 적절해야만 한다. 이에 대해 자세한 내용은 아래의 하위 절에서 설명한다.

4.3.3.7 후속 비용과 수익

새로운 일자리나 새로운 주민들을 유치하기 위해, 많은 개발이 추진되었다. 그러나 구체Gutsche에 따르면, 토지 소유자들은 기술적 인프라 비용(설치와 운영)의 약 70퍼센트만을 부담한다고 한다. 나머지는 이 네트워크의 고객들과 자치단체에 배분된다(Gutsche, 2009: 35). 이것은 무엇보다도 토지 소유자가 인프라 설치 비용의 100퍼센트를 기여할 수 없다는 사실에 근거한다.

내부 기반시설 설치 비용은 건축 개발의 밀도에 따라 떨어진다. 구체는 1헥타르당 약 10채의 주택인 경우 비용이 60,000유로인 반면, 헥타르당 40채인 경우에는 그 비용이 20,000유로로 떨어진다고 계산하였다(20년 이상을 고찰 기간으로 하여 설치 및 운영 비용)(Gutsche, 2009: 36). 여기에 외부 인프라와 사회 인프라의 비용도 추가된다.

2009년 이후, 공공 계산 프로그램을 통해 기반시설의 설치비와 유지비 모두를 비교적 용이하게 추정할 수 있게 되었다. 또한 이러한 프로그램들은 미래의 세수를 비용과 비교할 가능성을 제공한다. 이 프로그램들은 예를 들어 후속 비용 계산기, 후속 비용 산정기 또는 프로젝트 점검기 등으로 불린다. 연방건설국토계획청BBR의 다양한 연구는 엑셀 기반 프로그램을 토대로 하고 있다. 이 프로그램에 예를 들어 규모, 밀도, 주거 단위(주택), 녹지 비율, 주변 위치와 같은 신규 건축지구의 매개 변수를 입력할 수 있다. 프로젝트 점검기는 지리정보시스템GIS 기반이며, 가까운 장래의 신규 건축 프로젝트를 위한 도로, 하수, 식수 그리고 전력 공급 부문의 후속 비용을 추정한다. 여기서 개발 토지를 항공사진으로 입력할 수 있으므로, 저장된 데이터가 후속 비용 산정에 자동으로 활용될 수 있다(Coskun-Ozturk et al., 2018, 57이하).

4.4 도시계획 계약

1997년 8월 18일의 1998년 건설법Baugesetz 및 국토계획법Raumordnungsgesetz(연방법률공보(BGBl) I 2081)을 통해 이 도시계획 계약Städtebaulicher Vertrag 조항은 "사인(민간인)과의 협력"이라는 이름 아래 연방건설법전BauGB에 명문화되었다. "도시계획 계약의 명시적 규정으로 입법자는 민간 투자자와의 기초자치단체의 협력이 크게 중요해졌음을 인정하고 있다. 계획 고권적 접근과 더불어 문제 해결에 있어 협력적 접근이 점점 더 빈번하게 등장하고 있다"(Battis et al., 2016: 제11조, 난외번호 4). 기초자치단체는 연방건설법전 제11조에 따라 개발자와 공법적 계약으로서 도시계획 계약(행정절차법(VwVfG) 제54조~제62조)을 체결할 수 있다. 기초자치단체가 개발 회사에 참여하는 경우에도 이는 가능하다. 예를 들어 매각자, 매입자 그리고 기초자치단체 간의 다원적 계약도 역시 가능하다. "미리 상응하는 비용을 부담하도록 보장하고 후속 비용의 전부 또는 일부를 부담하도록 규율하는 계약을 그 수혜자와 체결할 경우에만 기초자치단체는 지구상세계획을 수립하거나 변경하는 경우가 많다"(Battis et al., 2016, 제11조, 난외번호 3).

"도시계획 계약은 종종 연방부동산업무공사가 투자자 또는 프로젝트 개발자에게 토지를 매매하는 것과 관련하여 체결되지만, 이 계약은 아무리 늦어도 건설기본계획에 의해 건축 청구권이 성립하기 전에 연방건설법전 제33조에 따른 지구상세계획의 계획 준비 완료 이전에 합의되어야 한다"(Builter et al., 2011: 95). 그렇지 않으면, 개발자가 지구상세계획B-Plan으로부터 어쨌든 간에 건축권을 가질 수도 있으므로 개발자의 참여에 관한 계약상의 비용 조항은 무효가 될 것이다. 군사 건물의 이용 전환에서는 때때로 민간인이 부족하기 때문에(Prediger, 2014: 48), 도시계획 계약은 이 경우에 적용되지 않으며, 오히려 기초자치단체가 건축 허가를 통해 그들의 요구 사항을 규율한다. "때때로 지구상세계획의 발효는 특정 투자자들에게 기초자치단체와 도시계획 계약을 ⋯ 체결하도록 압력을 넣기 위해 연기되기도 한다"(Kuschnerus, 2010: 516, 난외번호 1037).

도시계획 계약은 세 가지 범주로 분류할 수 있다.

- 준비 및 이행 계약: 투자자는 예를 들어 기반시설 설치, 토양 정화, 토지 구획 정리(환지), 계획 비용 또는 감정평가 등과 같은 조치에 대한 비용을 부담한다(연방건설법전 제11조 제1항 제1호). 기초자치단체에 도시계획적 개발과 관련한 행정 업무로 책임이 부여된 계획 업무만이 위임될 수 있다. 이에 계약 상대방은 비용을 부담해야 하며, 따라서 경제적 의미에서 기초자치단체의 수입자가 아니다. 이는 다름 아닌 공공부문의 토지 거래에 있어 (위탁) 발주법적 관점에서 중요하다.
- 촉진 및 보장 계약: 사회주택의 비율, 보상 조치 또는 에너지 효율(연방건설법전 제11조 제1항 제2호 2목)
- 후속 비용 계약: 연방건설법전 제11조 제1항 제2호 3목은 후속 비용 부담과 관련한 합의의 근거를 형성한다. 이처럼 계약 상대방이 조치로 유발된 사회 인프라(예를 들어, 탁아소, 양로원, 학교)의 후속 비용을 부담하는 것이 합의될 수 있다. 이는 일정한 계획권을 생성시켜 자치단체가 개발자에게 상당한 이익을 제공하는 개발에 적합하다(자체 개발이 가능한 유휴지 유형 A).

연방건설법전 제11조 제1항에서 비롯된 앞서 언급한 예는 명시적으로 최종적인 것이 아니며 혼용될 수도 있다. 이것들은 계획권 또는 건축권의 부여와 관련된 협약이 관건임을 명확히 한다. 고권적 건축권 또는 계획권은 도시계획 계약에서도 양도될 수 없다(예를 들어, 자치단체의 주택 공사로). 향후 계획권적 이용 가능성은 개발자와 기초자치단체 간에 합의하는 것이 일반적이다. 연방건설법전에 따르면, 지구상세계획의 수립 또는 변경에 관한 법률상의 청구권이 없으므로, 이 협약은 법적으로 무효가 된다(연방건설법전 제1조 제3항). 그럼에도 불구하고 이러한 협약은 자치단체의 측에서 구속력을 높이기 위해 체결되어야 한다. 개발은 수년이 걸릴 수 있으므로 이 기간에 자치단체 의회의 다수당 상황과 협상 당사자도 바뀔 수 있다. 계획권을 거부할 경우에는 계약상의 위약금에 대한 합의도 무효가 되는데, 왜냐하면 이에 의해 의회의 자유로운 의사결정이 더 이상 불가능할 수 있기 때문이다. 그러나 건축권을 거부할 경우, 기초자치단체가 계획 비용을 부담하도록 계약상 의무화할 가능성이 있는데, 왜냐하면 자치단체는 원래 이에 대한 책임을 져야 하고 이 비용을 민간에 전가해 왔기 때문이다 (Rottke et al., 2016: 405에 인용된 Michael 참조). 그러나 도시계획 계약에 대한 이의 제기는 개발자에게도 부정적 영향을 미칠 수 있다. "도시계획 계약의 무효는 그 규정이 (또한) 주로 계약에 기초하고 있을 때 지구상세계획의 무효로 이어질 수 있다"(Battis et al., 2016, 제11조, 89: 뤼네부르크 고등행정법원(OVG Lüneburg), 2015년 4월 22일 - 1 KN 126/13).

연방건설법전에는 또 다른 특별한 형태의 도시계획 계약이 있는데, 예를 들어 사업 계획 관련 지구상세계획을 위한 이행 계약(연방건설법전 제12조 제1항), 기반시설 설치 계약(연방건설법전 제124조)[129] 또는 도시 개조 계약(연방건설법전 제171c조)[130] 등이다.

도시계획 계약은 서면 양식으로 작성되어야 한다(연방건설법전 제125조와 함께 행정절차법 제59조 제1항). 만약 계약에 토지를 양도하거나 부담해야 하는 내용을 포함하게 된다면, 여기에 또한 모든 계약 내용의 공증인 인증 의무(민법전(Bürgerliches Gesetzbuch: BGB) 제311b조)가 적용된다. 공증 부분과 비공증 부분으로 분할하는 것은 불가능하다. 계약을 체결하기 전에 시의회가 계약을 인준해야 하는지를 검토해야 할 것이다.

연방부동산업무공사는 필자의 경험에 따르면 자치단체와의 계약에서 각 당사자가 각각의 인건비를 자체적으로 부담하는 것을 기대한다. 그러나 자유경제에서는 개발자가 민간 사무소를 통한 인건비를 부담함으로써 자치단체의 짐을 덜어 준다. 자치단체가 자체 인력으로 계획을 수행할 수 없다면, 연방부동산업무공사는 종종 이것이 경제적일 경우 민간 계획사무소를 통한 지원의 비용을 부담할 수 있다. 건설기본계획에 대한 감정평가인 비용은, 감정평가인 선정에 의견 일치를 보이는 한, 일반적으로 연방부동산업무공사와 자치단체 간에 균등하게 분담하게 된다. 하지만 경우에 따라 계획권이 발생하지 않을 때, 연방부동산업무공사는 상환 청구권을 보장받을 수 있다.

후속 비용 계약

후속 비용 계약은 특별히 주목할 만한 가치가 있는데, 이는 각종 조치로 인한 후속 비용이 가치 평가에서 비용으로 산정될 수 있기 때문이다. 이와 관련하여 군 전환용지의 경우 유념할 점은 거래 가격 감정평가인이 개발로 인한 초과 비용만을 산정할 수 있도록 주의를 주어야 한다는 사실이다(Dransfeld & Hemprich, 2017: 32). 이는 토지의 기존 용도를 기존의 이용으로 간주해야 하며 개발로 인한 추가 비용만을 산정할 수 있음을 의미한다. 그러므로 (특히 사회 인프라에 대한) 귀속 가능한 외부 후속 비용은 해당 부지의 (계속적인) 개발과 인과관계가 있어야 하고 그 금액도 적절해야 하며, 더군다나 결합 금지에 적용을 받는다(DIFU, 2012; 연방건설법전 제11조; Dransfield & Hemprich, 2017: 32).

드란스펠트는 다음의 예를 통해 이를 설명하고 있다. 즉, 개발 이전에 이미 유치원의 취원就園 자릿수가 너무 적다면, 이 부족을 개발자의 비용으로 해결해서는 안 된다는 것이다(Dransfeld & Hemprich, 2017: 34이하). 개발자는 조치로 인해 추가 수요에 대해서만 책임을 지면 된다. 병영의 개발과 관련하여 이 점은 외부 배수 또는 외부 교통시설의 사례를 통해 한층 더 손쉽게 설명할 수 있다. 즉, 여러 수로나 교통 교차로가 군사시설 반환부지의 전환 이전에 이미 과부하 상태에 놓여 있었다면, 이는 연방부동산업무공사의 희생으로 '치료' 받을 수 없는데, 왜냐하면 군인들이 이미 인프라를 이용하였으므로 인프라의 사전 부하를 산정할 수 있기 때문이다. 외국 주둔군은 자체 유치원과 학교를 운영하고 있으며, 따라서 이 경우 교육과 관련한 후속 비용을 계산하기는 한층 더 용이하다.

기초자치단체는 각종 조치에 의해 증가한 수요를 입증해야 한다. 현장에 유치원 취원 자릿수가 충분히 있다면, 비록 개발자의 조치로 취원 자릿수에 대한 추가 수요가 발생하더라도 이 수요에 대한 비용을 개발자에게 전가할 수 없다 (Dransfeld & Hemprich, 2017: 32이하).

계획에 따른 지가 상승에 대한 가격 공제도 연방건설법전에 규정되어 있지 않다. 따라서 그러한 조항은 무효일 수 있다(Dransfeld & Hemprich, 2017: 34에 인용된 VG Osnabrück, 2009년 2월 10일, A274/07).

4.5 특별도시계획법

모든 소유자는 자신의 토지를 명시적으로 사용하지 않을 권리도 있다. 건축물로 인한 위험이 없는 한, 기초자치단체는 공실에 대해 그 어떤 이의도 제기할 수 없다. "휴한의 권리는 유보 경제의 중요한 요소이다"(Davy, 2006: 62).

기초자치단체는 특별도시계획법(연방건설법전 제136조에서 제191조)을 통해 개별 소유주의 의지에 반하여 필요한 대규모 개발을 시행할 가능성을 가지고 있다. 이에 개발에 따른 지가 상승은 개발을 지급할 수 있도록 하기 위해 회수된다. 아래에서 기술한 조치는 특히 기초자치단체가 계획 주체와 매입자의 역할을 할 경우, 전환용지의 개발 계획에 따른 가격 상승을 회수하기 위해 부분적으로 자치단체에 의해 활용된다(Kleiber et al., 2017: 2445, 난외번호 599). 2018년부터 연방부동산업무공사는 연방건설법전 제136조에서 제171f조에 따라 조치를 이행할 때 매매 계약당 최대 350,000유로까지의 가격 할인을 자치단체에 보장하고 있다(할인 지침(VerbR), 2018 참조). 많은 전환 프로젝트의 경우 자치단체 측에서 재개발 절차를 추진해야 하기 때문에, 특별도시계획법Besonderes Städtebaurecht은 군사시설 반환부지의 전환과 특별히 관련이 있다.

4.5.1 재개발 절차

연방건설법전 제136조 이하에 따른 재개발 절차는 도시계획적 불량 상태를 해소하기 위한 것이다. 이는 기초자치단체에 강력한 수단을 제공하고, 추가적인 지원금을 받을 수 있도록 한다. 더군다나 자치단체는 연방 소유 부동산을 자체 매입할 경우, 할인 지침VerbR에 따라 가격 할인을 받을 수 있다.

일정한 전제 조건에서 자치단체는 조례에 따라 간이簡易 재개발 절차 또는 포괄包括 재개발 절차를 결정할 수 있다. 만약 기초자치단체가 포괄 재개발 절차를 선택하면, 자치단체는 재개발에 따른 토지 소유자의 지가 상승을 회수할 수 있다. 기초자치단체는 예를 들어 독일측량협회Deutscher Verein für Vermessungswesen: DVW의 도시계획 (비용) 산출 모델[131]에 의거하여 (재개발 사업에) 어떤 분담금이 필요한지를 계산할 수 있다(DVW, 2012: 6이하). 재개발지구(연방건설법전 제136조 이하)에서는 (사후) 개선Nachbesserung 조항이 허용되지 않는다. 그러나 향후 자치단체 소유의 경우 잉여금은 예전 소유자에게 분배되기 때문에, 이를 통해 (사후) 개선이 행해진다. 일부 자치단체는 기준일(기산 시점)에 지가를 동결하기 위해(예를 들어, 밤베르크(Bamberg)), 재개발 절차에 대한 준비 조사만을 실시한다.

연방건설법전 제142조 제1항 제1호에 따라 기초자치단체는 재개발 조례에 따라 어느 한 지역을 재개발지구로 공식적으로 지정할 수 있다. 재개발지구는 이때 또한 그 자체로 결함이 없는 예전의 군부지 밖의 토지를 포함하거나 제외할 수 있다. 이에 관한 결정의 배경은 기초자치단체가 재개발에 따른 지가 상승을 회수한다는 것일 수 있다. 재개발 조례의 공표는 형량 명령(연방건설법전 제136조 제4항 제3호 및 BVerwG, 1998년 11월 10일의 판결 - 4 BN 38.98)[132]의 적용을 받는다. 사전에 비교 형량해야 할 논점에 관해서는 다음에서 설명한다.

전제 조건

이 조치는 공개 토지 시장에 개입하기 때문에, 재개발지구의 지정은 특정 전제 조건과 연결되어 있다. 해당 지구 내에서 건축 소재素材상의 결함(연방건설법전 제136조 제2항 제1호) 또는 기능적 결함(연방건설법전 제136조 제3항 제2호)이 존재하거나 명백해야 한다. 이러한 결함은 기초자치단체에 의해 입증되어야 하며, 재개발의 목표는 사전에 정의되어야 한다.

어느 한 지역이 기존의 건축물이나 그 밖의 특성상 건전한 주거 및 노동 환경이나 그 지역 안에 거주하거나 일하는 사람들의 안전에 대한 일반적 요건을 충족하지 못하는 경우, 소재상의 결함이 존재한다(연방건설법전 제136조 제1항). 건전

사진 6. 데트몰트에 위치한 비어 있는 병영 건물

한 주거 및 노동 환경에 대한 일반적 요건은 법률에 자세히 규정되어 있지 않다. 예를 들어, 건축법Bauordnung의 의미에서 해당 지역이나 그 지역의 일부에서 위험이 있는 경우, 하한선은 확실하다. 부동산이 소재적으로 현행법적 요건[133]의 틀 안에 있는 한, 이는 소재상의 결함을 더 이상 말할 수 없는 상한선이어야 한다.

위치와 기능에 따라 지역에 부여된 임무를 충족시키는데 해당 지역이 상당한 손상을 입은 경우, 기능적 결함이 존재한다. 연방건설법전 제136조 제3항은 어느 한 지역에 도시계획적 불량 상태가 있는지를 평가하기 위한 모범적인 특징을 포함하고 있다. 열거된 목록은 최종적이거나 가치 판단적인 것이 아니다. 기능적 결함을 확인하기 위해 실제의 존재Ist 상태와 목표의 당위Soll 상태를 비교한다. 목표의 당위 상태는 해당 지역에 대한 기초자치단체의 계획과 발전 구상에서 도출된다.[134]

재개발 조치는 공공의 이익에 부합해야 하며, 통일된 준비와 신속한 실시가 필요하다(연방건설법전 제136조 제1항 참조). 이러한 명시적인 신속성 명령을 통해 입법기관은 조치가 너무 오래 걸리는 것을 방지하고, 그 조치가 예측 가능한 기간

내에 종결될 수 있도록 하기 위해 노력하고 있다(BVerwG, BRS 66 No. 22). 연방건설법전 제142조 제3항에 따르면, 최대 기간은 15년이다. 만약 조치가 신속하게 완료되지 않는다면, 그것은 위법이다. 그러므로 자치단체는 예상되는 기간을 (시의회의) 결정을 통해 규정해야 할 것이다(연방건설법전 제142조 제3항 제3호).

실시

절차의 실시는 다음과 같이 명확하게 구분되어 있다.

- 준비(연방건설법전 제140조): 기초자치단체의 임무
- 실시(연방건설법전 제146조)
- 완료를 위한 조치

재개발 조례에는 특히 포괄적인 절차를 선택할 것인지 아니면 간이 절차를 선택할 것인지를 규정할 수 있다(아래 참조). 간이 절차에서는 연방건설법전의 제2편(제1장 제3절)은 적용되지 않는데, 다시 말해 재개발에 따른 (가격) 상승은 회수되지 않는다.

기초자치단체는 우선 매입권Vorkaufsrecht을 통해 매입자로서 민간 매입자에게 소유권을 이전하기 이전에 공증된 매매 계약에 관여할 수 있다. 우선 선매권은 공공의 복리, 즉 재개발의 목적에 복무할 때 행사될 수 있다(연방건설법전 제24조 제1항). 기초자치단체가 공공의 복리를 위한 토지 정책적 또는 도시 개발적 목적을 추구하는 한, 우선 매입권의 행사는 이미 정당화된다(BVerwG, NJW 1990, 2703). 소유권의 포기[135]는 기초자치단체의 동의가 있어야만 가능하다(OLGR Jena, 2006: 93). 이렇게 하여 토지 소유자가 일정한 부담(예를 들어, 토양 오염 구역의 정화)을 회피하는 것을 방지할 수 있을 것이다. 토지 소유자는 또한 기증이나 양도를 통해 책임을 회피할 수 없다.

매각은 재개발의 영향을 받지 않는 거래 가격으로만 이루어질 수 있다. 여기에서 가격 조회가 행해지며(연방건설법전 제153조 제2항), 특정 매매 가격으로의 매각

은 그 매매 가격이 재개발의 영향을 받지 않은 거래 가격을 상당히 초과할 경우 금지될 수 있다. 기초자치단체는 여기서 매매 가격에서 지가, 즉 토지 가격이 차지하는 비율을 계산한다(Kleiber et al., 2017: 2663이하).

토지의 수용은 공공의 복리를 위해 필요한 경우에만 행사될 수 있다(연방건설법전 제87조 제1항). 반면에 우선 매입권은 공공의 복리에 복무할 때 이미 행사될 수 있다.

민간, 즉 사인의 사업 계획이 재개발을 불가능하게 하거나 훨씬 더 어렵게 만들거나 재개발의 목표와 목적에 반하는 경우에는 기초자치단체가 재개발지구에서 연방건설법전 제144조에 따라 허가 유보를 진행할 수 있다. 이 허가 유보는 일반 도시계획법에 있는 변경 금지와 유사하다(BVerwG, 1984년 7월 6일의 판결 - 4 C 14.8). 이와 관련해서 특별한 점은, 기초자치단체가 일반적인 건축기준법적 허가를 통보할 뿐만 아니라 합법화되기 전에 가격을 상승시키고 허가의 의무가 없는 모든 조치에도 승인해야 한다는 것이다. 이는 예를 들어 주거지역에서 허가를 받을 수 있는 단독주택을 철거하거나 재건축하는 것이다. 1년 이상의 유효 기간을 가진 대출, 임대 또는 리스Leasing 계약도 역시 승인을 받아야 한다. 토지 등기부 제2면(통행권, 관로권 등)의 변경은 건물주 부담 의무와 마찬가지로 승인이 필요하다(연방건설법전 제144조 제2항 제4호). 건축 신청 또는 장기 계약의 거부는 또한 소유자가 잘못된 결정을 내리는 것을 방지하기 위한 것이다. 기초자치단체는 결정(수락 또는 거절)을 위해 최대 3개월(1개월+민심)의 기간이 있다. 기한이 정해져 있는 임시 허가가 가능하다. 신청자는 위에서 언급한 목표와 충돌하지 않을 때 허가의 통고에 관한 청구권이 있다(BVerwG, 1978년 10월 20일 판결, 독일행정공보(Deutsche Verwaltungsblatt: DVBl) 1979: 153 st. 판례법). 민간 건축주가 절차를 어렵게 만들 것으로 예상되지 않는다면, 자치단체는 허가 유보를 배제할 수 있다(연방건설법전 제142조 제4항 제2호 집주).

재개발로 인한 지가 상승에 대한 회수는 공시로 이루어진다. 이와 관련하여 건물을 제외한 토지가격의 상승은 부동산가치평가령ImmoWertV[136]에 따라 산정된다(연방건설법전 제154조 제4항).

간이 재개발 절차

간이 재개발 절차(연방건설법전 제142조 제4항)에서는 지가 상승은 회수되지
않는다. 이것은 다음과 같은 경우에 선택될 수 있다.

- 실시가 어렵지 않고
- 토지 소유자가 재개발에 따른 지가 상승이 회수될 것으로 예상할 수 없으
  며(Ernst-Zinkahn-Bielenberg BauGB Kommentar, 제142조에 대한 난외번호 23에 인용된
  Bielenberg & Krautzberger)
- 교통 체증 해소, 부동산 물건의 개선, 녹지 조성 등과 관련된 조치일 경우이
  다(Bielenberg & Krautzberger a.A.O. 난외번호 142조 마지막의 24).

군 전환용지의 재개발 절차

자치단체가 지가 상승을 회수하기 위해 재개발 절차를 개시하는 한, 두 가지의
거래 가격을 결정해야 하는 문제가 발생한다. 그 하나는 기준일(기산 시점)의 초기
출발 가격Ausgangswert이고, 다른 하나는 재개발에 따라 상승한 지가이다. 병영
의 경우, 대체로 기준일에는 계획권이 없고 개략적인 개발 계획 구상만이 있
기 때문에, 이 초기 출발 가격은 추정하여 결정해야 한다. 클라이버는 재개발
의 영향을 받지 않는 기준일의 가격을 해당 부동산이 군사적 이용을 포기한 후
가지거나 가지게 될(기준일이 여전히 군사적 이용이 행해지고 있는 어느 일시인 경우) 가격으로 간
주한다(Kleiber et al., 2017: 2448, 난외번호 619). 이 초기 가치평가는 개발까지의 긴
대기 기간으로 인해 정확하지 않을 수 있다. 자치단체가 절차가 진행되는 동안
계획을 변경하는 경우에는, 그럼에도 불구하고 재개발 절차의 개시 전의 원래
계획은 개발에 영향을 받지 않는 가격으로 여전히 유지된다. 재개발 절차는 필
요한 경우 군 전환용지의 지가 상승을 회수할 기준일(기산 시점)을 설정하기 위해
자치단체에 의해 개시된다(Hessen Agentur, 2015: 11). 회수를 위해서는 절차를 종
결하는 것이 필요하다.
　재개발의 영향은 예비 조사의 공표(위 참조)로부터 계산된다. 그렇지만 재개

발로 인한 가격 상승은 재개발 시점부터 계산된다. 재개발의 준비 과정에서의 사전 가격 상승은 회수될 수 없다(Kleiber et al., 2017: 2669, 난외번호 320). 재개발의 준비에는 예를 들어 예비 조사와 같이 연방건설법전 제140조 이하에 따른 모든 조치가 포함된다. 과거의 도시계획도 역시 이에 포함되었기 때문에, 재개발지구는 해당 지역이 연방건설법전 제34조에 따라 분류되는 한, 적어도 건축이 기대되는 토지, 심지어 건축 준비를 완료한 토지의 상태에 놓여 있다.

4.5.2 도시계획적 개발 조치

이하에서 'SEM'으로 일컫는 도시계획적(도시계획상의) 개발 조치Städtebauliche Entwicklungsmaßnahme(연방건설법전 제165조 이하)는 추진 절차상 대부분 재개발 절차와 일치하지만, (토지의) 수용 가능성은 한층 더 폭넓다. "그것은 도시계획의 '최후의 수단 또는 타개책ultima rate'으로 간주된다"(Schulte, 2012: 112). 기초자치단체는 이때 해당 지역의 모든 토지를 취득하고, 이를 개발하고(경우에 따라 신탁 개발 기관과 더불어), 그러고 나서 다시 매각한다. 이는 일반도시계획법(BVerwG, 1998년 7월 3일 판결 - 4 CN 5.97)을 통해 목표를 달성할 수 없는 경우에만 적용할 수 있다. 이 조치는 특별한 도시계획적 문제를 해결하는 데 도움을 주기 위한 것이며, 종합 조치의 성격을 지니고 있다. 재개발 절차에서와 마찬가지로, 이는 정확히 구획된 지구에 대한 시간상으로 제한된 조치의 집합을 의미한다. 도시계획적 개발 조치SEM는 "지구 또는 기초자치단체 영역의 특별히 중요한 부분에 대한 개발"에만 허용된다(연방건설법전 제165조 제2항). 이것은 해당 구역이 특별한 기능을 가져야 한다는 것을 의미하며, 따라서 양적 규모뿐만 아니라 질적 측면도 지니고 있어야 한다는 것을 의미한다(BVerwG, 1998년 7월 3일 판결 - 4 CN 2.97 참조).

이 도시계획적 개발 조치의 또 다른 전제 조건은 토지를 새롭게 정비하려는 기초자치단체의 목표와 해당 조치가 공공의 복리를 위해 필요하다는 것이다. 군 전환용지의 경우에는 "유휴 토지의 재이용에 관한" 연방건설법전 제165조 제3항 제2호가 특별히 중요하다(Koch, 2012: 221). 무엇보다도 토지 수용이 허용되는 배경에서 공공의 복리(기본법 제14조 제3항[137])을 고려해야만 한다(BVerwG, B. v. 2002년 8월 5일 - 4 BN 32.02 참조). 여기서는 사적 이해와 공적 이해의 비교 형량이 필요하다. 공공의 복지가 수용을 요구하는지의 여부와 같은 전제 조건에 대한 검토는 조례 결정을 우선한다. 각 토지에 대한 개별적인 확증은 수용 절차에서 이루어진다. 기존의 법률적 견해에 따르면, 연방정부 또는 연방부동산업무공사는 민간 소유자와 마찬가지로 토지를 수용할 수 있는데, 이는 군의 해제가 이루어지고 해당 부동산에 대한 연방의 필요가 더 이상 없는 경우이다(이와 관련한 자세한 것은 Koch, 2012: 228). 군 반환 부동산이 연방부동산업무공사의 유동자산 UV으로 이전됨으로써 이 부동산은 공공 목적에 더 이상 복무하지 않으며, 따라서 다른 모든 민간 금융 자산처럼 취급될 수 있다고 뤼어스Lüers는 지역 잡지에 쓰고 있다(Koch, 2012: 226에 인용된 Städte und Gemeinderat 1993, 14 (17)).

도시계획적 개발 조치SEM는 일반도시계획법Allgemeines Städtebaurecht의 순수한 공급 계획과 달리 토지 소유자들이 개발 계획을 신속하게 실행하지 않거나 매각할 준비가 되지 않은 것으로 판명될 때 타당하다. 수용은 "도시계획적 개발 조치로 추구하는 목표와 목적이 도시계획 계약을 통해 달성될 수 없거나 조치에 의해 영향을 받는 토지 소유자가 연방건설법전 제166조 제3항에 부합하는 고려 하에 자신의 토지를 기초자치단체나 기초자치단체가 위임한 개발 기관에 연방건설법전 제169조 제1항 제6호의 적용으로 인해 발생하는 가격으로 매각할 준비가 되어 있지 않은 경우에만 가능하다"(연방건설법전 제165조 제3항 제1호).

기초자치단체는 개발 조치로 이익을 얻지 못할 수 있지만, 도시계획적 개발 조치의 자금을 조달하기 위해 회수한 지가 상승분을 활용해야 할 것이다(연방건설법전 제171조; Schulte, 2012: 113). 자치단체는 이 회계에서 한편으로 수입(예를 들어, 토지 매각 또는 도시건설촉진지원금의 수익)을 다른 한편으로 비용(예를 들어, 계획 및 기반시설 설치 비용)으로 상쇄해야 한다. 기초자치단체는 잉여금을 분배해야 한다(상게서). 만약 기대 수익이 비용을 충당하지 못한다면, 기초자치단체는 그 차액을 부담해야만 한다.

그러므로 이것은 개발이 민간 개발자에게도 이익이 있거나 기초자치단체가 대차대조표 상의 결손으로 시작할 준비가 된 경우에만 해당 조치가 적합하다는 것을 의미한다. 이러한 이유로 도시계획적 개발 조치는 아직 계획권이 없으므로 개발에 영향을 받지 않는 가격이 낮은 경우에만 유용하다(Koch, 2012: 30). 연방건설법전 제34조에 따른 계획권이 있는 토지의 경우, 초기 출발 가격이 이미 너무 높아 도시계획적 개발 조치가 경제적으로 이익이 없을 수도 있다. 이와 동일한 것이 공식적으로 알려진 비공식 계획이 있는 토지에도 유효한데, 왜냐하면 그 토지는 건축이 기대되는 토지Bauerwartungsland 또는 완공이 덜된 토지Rohbauland가 되기 때문이다. 도시계획적 개발 조치는 더 이상 협력적인 전환 절차에 해당하지 않는다.

4.5.3 도시 개조

이 부분에서 관련 논의를 모두 다 살펴보기 위해, 도시 개조Stadtumbau에 대해 언급해야 한다(연방건설법전 제171a~e조). "도시 개조 조치는 상당한 도시계획적 기능 손상에 직면한 지역에서 지속 가능한 도시계획적 구조를 창출하기 위한 조정을 시행하는 조치이다. 특별히 특정 용도, 말하자면 주거 목적의 건축적 시설물의 지속적인 과잉 공급이 있거나 예상되는 경우 또는 기후 보호와 기후 적응에 대한 일반적 요구 사항이 충족되지 않는 경우, 상당한 도시계획적 기능 손상이 발생하고 있다." 도시 개조의 맥락에서 이용의 유지 또는 계속적인 이용이 병영에 대해서는 배제되는데, 왜냐하면 병영은 포기되었고 더 이상 동일한 종류와 방식으로 계속하여 이용될 수 없기 때문이다. 물론 공급 과잉으로 인해 이용 전환 또는 질서 있는 해체가 가능하다(연방건설법전 제171조 제3항 제4호에서 제6호까지). 소유자는 해체 시 보상을 받을 수 있다(연방건설법전 제179조 제3항).

4.6 부문 계획적 측면

군 전환 부동산의 신속한 재건축은 종종 두 가지 주제 영역에 의해 방해받고 있다. 이것은 기념물 보호와 자연 보호의 측면이다. 부문 계획Fachplanung은 자치단체 수준에서 고려되어야 하며 더군다나 자치단체의 계획 목표를 시시한 수 있기 때문에, 기념물 보호와 자연 보호를 특별히 강조하여 다루고자 한다.

4.6.1 기념물 보호

이미 군사시설 반환부지의 첫 번째 전환 물결 이후, 기념물 보호 행정관청은 독일의 군 건축 유산을 보존하기 위해 노력해 왔다. 이는 개별 건축물을 보호하는 것 외에도 도시 건축적 앙상블Ensemble, 즉 건물군도 포함한다.

노르트라인-베스트팔렌주 기념물보호법Denkmalschutzgesetz NRW: DenkSchG NRW에 따르면, 행정관구Regierungsbezirk의 관구장이 연방과 주 정부 소유 기념물의 보호에 대해 책임지고 있으며 그리고 통상의 경우처럼 자치단체 소속의 하급 기념물 보호 행정 관청이 책임을 지고 있는 것은 아니다.[138] 노르트라인-베스트팔렌주에서는 기념물 보호가 경관협회Landschaftsverbände에 위임되어 있다. 기념물 보호 문제는 이따금 군 전환용지에서도 등장한다(Musial과의 인터뷰. 2018). 부동산이 기념물 보호의 대상인지 그렇지 않은지의 문제는 하급 기념물 보호 행정 관청을 통해 명확히 해야 한다.

기념물들은 기념물 목록에 등재되고, 기념물 카드가 생성된다. 일부 연방 주에서는 기념물을 검색하기 위한 데이터베이스 또는 지리정보시스템GIS을 제공하고 있다(예를 들어, 바이에른주 또는 브란덴부르크주). 특히 외부 구역의 위치에서는 기념물 보호가 건물의 단순한 재사용과 연결될 수 있는데, 이것은 비록 연방건설법전 제35조 제4항 제1호의 예외가 이러한 건물에 대한 사업 계획에 적용되기 때문에 연방건설법전 제35조에 따른 특혜가 없어지므로 그러하다.

세금 혜택(아래 참조) 외에도 기념물 보호에는 경제적 단점도 있다. "기념물로 보호받는 물건의 경우, 에너지 절감 조치 비용은 일반적으로 기념물 보호를 받지 않는 물건에 비해 높다. 이것은 한편으로 원래의 외관을 모방하여 새로 설치된 비싼 창호와 관련이 있다. 다른 한편으로 건물 내부의 외관 단열은 수익 손실로 이어지는 주거 면적의 감소를 초래하고 있다"(BBSR, 2015a: 44). 모든 건축적 조치는 기념물 보호 행정 관청과 협의해야 한다. 보호받는 건물은 보존되어야 하므로, 그 부지가 새로 건축될 수 없다. 클라이버는 기념물 보호의 경우

사진 7. 다름슈타트(Darmstadt)의 기념물 보호를 받고 있는 캉브레(Cambrai) 병영

토지 가격에 5~10퍼센트의 할인을 적용하고 있다(Kleiber, 2017: 2383, 난외번호 2131이하). 이 할인은 확실히 가능한 토지의 활용에 달려 있다. 소유자가 기념물을 경제적으로 보존할 수 없다면, 소유주는 주州에 인수를 요청할 수 있다(노르트라인-베스트팔렌 주 기념물보호법 제31조).

기념물 보호가 개발비 또는 매매 가격에 미치는 금전적 영향과 관련하여, 이에 해당하는 매각 사례에 대한 분석은 나중에 이루어진다.

세금 측면

기념물 보호는 기념물의 소모에 대한 공제에서 감가상각률을 높임으로써, 소득세 혜택을 제공할 수 있다. 이와 관련하여 자본 투자자는 12년 동안 수리 비용을 완전히 공제 받을 수 있다(소득세법(Einkommensteuergesetz: EStG) 제7i조 제1항). 자가 사용자는 10년 동안 기념물 보호 비용의 9퍼센트를 공제 받을 수 있다(소득세법, 제10f조 이하). 기념물 또는 특정 보호 건물의 일부를 보존하는 데 필요한 비용만을 청구할 수 있다. 기념물 보호 행정 관청은 재무 관청에 대해 확인서(증명서)를 작성하므로, 건축 조치는 시작 전에 기념물 보호 행정 관청과 합의되어야 한다. 재매각을 위한 프로젝트 개발의 경우에는 개발자가 이러한 세금 혜택을 활용할 수 없으며, 매입자만이 활용할 수 있다. 개개의 경우에는 세무사와 상담하는 것이 바람직하다.

기념물에는 다음과 같은 종류가 있다. 이것은 그 어떤 조합으로도 가능하다.

매장 기념물

만약 보호할 만한 문화재나 건축물들이 땅속에 있을 것으로 예상된다면, 지면의 일부는 등록된 매장 기념물Bodendenkmal이 된다. 역사적 장소에서의 토목 공사에 대한 제한 가능성과 관련하여, 기념물 보호의 검사는 명백하다(예를 들어, 쾰른의 로마 정착지). 그러나 현대적 건물 아래에 오래된 요새의 폐허나 중세의 중요한 궁궐이 남아 있을 수도 있다. 이러한 경우에는 기념물 보호 행정 관청은 토목 공사를 금지하고 제한하거나 특별히 훈련된 굴삭기 운전사에 의해서만 허용된다. 땅속에서 유물을 발견할 가능성이 있는 경우에 어떻게 처리해야 하는지는 행정 관청과 조기에 협의하는 것이 바람직하다. 많은 경우 땅속에서 발견되는 유물은 고고학자들이 완전히 지도화한 후 제거할 수 있다. 그 어떤 경우에도 추가되는 비용 때문에 해당 건축물의 설치 비용은 증가한다.[139]

건축물 군집Ensemble[140] 보호

만약 공간 속의 건물의 배치나 건물의 조합에 따른 경관이 보호를 받고 있다면, 인근의 신축은 기념물 보호 행정 관청과 협의하여야 한다. 예를 들어 건물의 조합이 도시 건축적 특질을 나타내는 경우, 건축물 군집의 외부 공간, 조명, 조망축 그리고 외관 색상 등을 보호할 수 있다. 그런 다음 기념물 보호 행정 관청은 다양한 건축 조치에 조건을 부여할 수 있다.[141] 건물의 용도, 연령 등급 또는 소유자가 어떻게 다른지는 중요하지 않다. 이러한 조건들은 경제성이 위험에 처할 때 실무적으로 협상될 수 있다(예를 들어, 데트몰트의 호바트 병영, 죄스트의 벰-아담 및 반-베셈 병영 그리고 뮌스터의 요크 병영).

4.6.2 자연 보호 및 산림법

1987년 브룬틀란Brundtland 보고서와 1992년 리우Rio 선언 이후 지속 가능성은 환경 정책의 표준이 되었다. 연방토양보호법BBodSchG 제2조에 따르면, 토양은 동물, 식물 그리고 인간 삶의 기반이 된다. 연방건설법전에는 제1a조에서 환경 보호에 관한 규정을 찾아볼 수 있다. 종 보호는 제44조 제1항에서 발견된다.

침해와 보상

토지 측면에서 군 전환 지역의 큰 부분은 외부 구역 또는 주거지역 밖에 놓여 있다(Beuteler et al., 2011: 36, 99, 104). 주거 영역의 넓은 면적은 또한 귀중한 비오톱Biotop 구조나 보호종[142]을 보여주고 있다. 이는 오랜 공지 상태 후에 생물학적 천이[143]를 거쳐 성립할 수 있다. 따라서 개발 과정에서 자연보호법적 주요 사항을 고려하고, 간섭을 중단하고 완화하거나 보상해야 한다(침해 조정, 연방자연보호법(BNatSchG) 제15조). "이 법의 의미에서 자연과 경관에 대한 침해는 녹지의 형태나 이용의 변화 또는 자연 수지의 용량과 기능성 혹은 경관 형상에 상당히 손상할 살아있는 토양층과 연결된 지하 수위의 변화를 말한다"(연방자연보호법 제14조 제1항). 이로부터의 예외는 농업적, 임업적 그리고 어업적 토지 이용 또는 그 재개이다(연방자연보호법 제14조 제2항).

그러므로 군 부동산의 과도한 개발 계획의 경우, 침해를 보상하기 위한 방법(아래 참조)을 마련해 두어야 한다. 보호종에 대한 구체적인 지적 사항을 참조할 수 있다(노르트라인-베스트팔렌 고등행정법원(OVG NRW), 2009년 4월 17일, 7D 11 / 08.NE). 이것에는 비오톱의 현황 지도화와 종 보호 검사가 도움이 된다. 현재의 존재Ist 상태를 원하는 목표의 당위Soll 상태와 비교함으로써, 개발자에게 어떤 보상 의무가 발생할 수 있는지를 미리 규정할 수 있다. 연방자연보호법 제18조는 이에 대한 다음과 같은 기준들을 제시하고 있다.

• 연방건설법전 제34조가 말하는 토지에서는 하급 자연 보호 행정 관청이 1개월 이내에 달리 명시하지 않은 한, 기준은 침해로써 평가하지 않는다(연방자연보

호법 제18조 제2항 이하).

- 지구상세계획
  ◦ 개발 계획 결정 이전에 침해가 발생하였거나 허용되었고 기존 지구상세계획에 수용되어야 하는 한, 보상 의무의 기준은 면제된다(연방건설법전 제1a조 제3항). 따라서 기존 건축 상황은 토양 밀봉Versiegelung과 관련하여 원천적인 부담으로 간주될 수 있다(Beuteler et al., 2011: 100).
  ◦ 내부 개발의 지구상세계획에서는 20,000제곱미터를 초과하지 않는 한, 역시 면제를 받는다.
- 개발 계획상의 외부 구역(연방건설법전 제35조)의 사업 계획인 경우에는 침해 조정(연방자연보호법 제18조 제2항)이 적용된다. 따라서 침해를 회피하거나 완화하고 또는 보상해야 한다. 하급 자연 보호 행정 관청은 사업 계획을 허가해야 한다.

따라서 자연 보전 및 경관 관리의 주요 관심 사항을 고려해야 한다(연방건설법전 제1a조). 기초자치단체는 침해를 검사하고, 이를 최소화하려고 노력한다. 토지를 자연보호구역, 경관보호구역 등으로 지정하는 것은 원칙적으로 건축 기대와 대립하며, 손해 보상 청구로 이어질 수 있다(Kleiber et al., 2017: 688, 난외번호 268).

보상 및 대체 조치

보상 조치의 기본 논지는, 다른 곳에서 토지를 밀봉하기 위해, 따라서 건축을 하기 위해, 특정 토지를 생태적으로 가치를 높이는 것, 즉 평가 절상하는데 있다. 보상 조치의 한 예로는 옥수수밭을 유실수가 드문드문 있는 초지나 숲으로 바꾸는 것이다. 평가 절상의 기록을 위해, 군사시설 반환부지는 자연 보호 측면에서 평가되어야 한다. 해당 용지가 예를 들어 선구수목Pioniergehölze[144]을 통해 저절로 평가 절상되지 않도록, 소유자는 이른바 녹색 관리 조치를 시행하는 데 관심이 있다. 이 과정에서 발생하는 초목은 제거되어, 특정 종에 대한 서식지가 형성되지 않는다.

"자연보호법에 따른 보상 조치의 비용은 예상되는 토지 밀봉 정도와 총 주거 밀도를 기준으로 추정한다. 도시 건축 밀도는 기반시설 설치 면적과 건축 가능 면적GRZ(건폐율)의 비율에 영향을 미친다"(DVW, 2012: 9). 개발 건축비는 해당 지역의 일반적인 특성값에 기초한 비오톱 가치 대차 대조표를 사용하여 추정할 수 있다(상게서).

자치단체와 연방부동산업무공사는 향후 사업 계획을 위해 사전 조치로서 개봉Entsiegelung 조치를 미리 절약할 수 있도록 생태 계좌Ökokonto[145]를 개설할 수 있다. 이를 통해 보상할 조치의 구체적인 계획을 기다릴 필요가 없이, 단기간에 보상 조치를 이행할 수 있다. 이 경우 토지의 평가절상을 고려하므로, 평가절상 금액을 계산해야 한다. 일반적으로 보상 및 대체 조치를 위한 토지는 상응하는 관리를 보장하기 위해 연방 소유로 남게 된다. 연방정부는 부분적으로 또한 고속도로 건설 프로젝트와 관련하여 향후 보상할 수 있는 토지를 보유하고 있다.

생물종의 보호

일부 군 전환용지는 지난 수년 동안 휴한 상태로 있었기 때문에, 선구수목(예를 들어, 사시나무)과 특정 동물 종이 정착해 왔다. 군 훈련장은 특수한 용도로 인해 멸종 위기에 처한 생물종들의 서식지를 제공한다. 훈련과 사격 연습에도 불구하고 몇몇 종들이 이곳에 정착할 수 있었다. 황무지와 유사한 특정 지역은 초목이 없고 농업에 이용되지 않았기 때문에, 생물종과 같은 희귀한 서식 구역, 즉 비오톱이 형성되어 있다. 시비施肥도 없었으며 살생물제Biozide도 사용되지 않았다. 훈련장에서는 경지 정리가 행해지지 않았으므로, 울타리나 들판 경계가 여전히 존재한다. 다음과 같은 희귀한 비오톱은 군 훈련장에서만 볼 수 있는데, 내륙 사구에 월귤나무와 금잔화가 있는 모래 황무지, 내륙 사구에 은초와 거이삭[146]이 있는 탁 트인 풀밭 그리고 또한 메마른 들판 등이다(BfN, 2010: 22 참조). 연방부동산업무공사의 연방 산림부처는 다양한 서식지와 그곳에서 마주치는 멸종 위기종들을 디지털 방식으로 지도화하였다(GIS). 토지를 개발할 경우, 위에서 언급한 자연 침해 조정을 보완하여 연방자연보호법 제44조에 따른 종

보호를 준수해야 한다. 연방자연보호법 제44조의 금지는 지구상세계획을 실행할 수 없도록 할 수 있다(Battis et al., 2016, 제1a조, 난외번호 35).

나투라 2000 네트워크

만약 "나투라 2000Natura 2000" 구역[147]이 영향을 받는다면, 사업 계획의 적합성에 대한 검사가 필요하다. "나투라 2000"에서 중요한 것은 유럽연합 내의 동식물 서식지 지침(92/43/EEC)과 조류 지침(79/409/EEC)이 적용되는 구역의 네트워크이다. 독일 전 국토의 15.3퍼센트가 "나투라 2000" 지역에 해당한다. 자연보호법에 따른 적합성 검사의 결과는 연방자연보호법 제1조 제7항에 따른 비교 형량을 통해서도 극복될 수 없다(Battis et al., 2016, 제1a조, 29).

산림법

과거 일부 군사시설 반환부지에는 위장으로 나무를 심었고, 다른 군사시설 반환부지에는 천이에 따라 숲이 형성되었다(Beuteler et al., 2011: 104). 많은 군 부동산은 1930년대로부터 유래하기 때문에, 이 군사시설 반환부지 위에는 종종 매우 오래된 수목이 자리 잡고 있다. 산림은 "임목으로 성립된 모든 토지를 말한다. 산림은 또한 개벌지皆伐地 또는 소개임지疏開林地, 임도, 산림 구획지대와 안전지대, 임내 나지와 공지, 임내 초지草地,[148] 야생동물 인공 먹이처, 임목 집하장 그리고 산림과 관련되고 이에 활용되는 기타 토지를 말한다"(연방산림법 (BWaldG)[149] 제2조). (연방) 주에서는 더 많은 식물 종을 추가할 수 있다(예를 들어, 노르트라인-베스트팔렌주 산림법(Landesforstgesetz NRW: LFoG) 제1조 제1항의 울타리). 토지를 개발하기 위해서는 법률이 말하는 숲이 있는지를 명확히 하는 것이 중요하다. 따라서 산림 행정 관청은 중간에 목초지가 있는 두 그룹의 나무를 숲으로 간주할 수 있으며, 이를 통해 다음과 같은 제한이 발생한다. 즉, 벌목과 개간, 즉 산림의 전환은 산림 행정 관청의 허가가 필요하다(연방산림법 제9조). 공공 사업계획의 주체는 산림의 기능을 적절히 고려해야 한다(연방산림법 제8조). 연방부동산업무공사는 개인 소유자와 마찬가지로 취급된다. 산림 전환의 허가가 통보되면, 소유자는 어떻게 해서든지 할 수 있는 한 "동일한 공간 단위로" 초기 조림을 실시해야 한다(Beuteler et al., 2011: 105 참조). 초기 조림은 1:1과 1:3의 비율로 이루어져야 한다(상게서). 따라서 오래된 수목의 경우에는 대체 면적이 3배까지 커질 수 있다. 초기 조림비는 1헥타르당 15,000유로에서 20,000유로 사이이다.

기존 산림에서 비롯되는 또 다른 제한은 이른바 산림과의 이격 거리離隔 距離이다. 이에 따르면, 화재 방지를 위해 가열 방식 건축 사업 계획을 산림 경계선으로부터 30미터에서 35미터 이내에 배치하는 것은 금지되어 있다. 건축기준 법적 존속 보호가 있는 기존 건물도 산림과의 이격 거리와 관련하여 이의 혜택을 받고 있다(Beuteler et al., 2011: 105). 산림과의 이격 거리는 주마다 달리 규율되고 있다. 슐레비스히-홀슈타인(주산림법(LWaldG S-H) 제24조) 또는 메클렌부르크-포어포메른(주산림법(WaldG M-V) 제20조 제1항)의 주법이 이를 명시적으로 언급하고 있는 반면, 노르트라인-베스트팔렌주의 자치단체는 주州 내무부장관(V C 2/V A 1-901.11/3-100/83)과 주州 식품농업산림부장관(IV A 5 25-05-00.00)의 1975년 7월 18일자 공동 회보와 산림 경계로부터 100미터 이내에 있는 화염소에서의 화재 방지 조치(노르트라인-베스트팔렌주 건축법 제43조)를 참조하고 있다.

그러나 지구상세계획에서 산림의 전환이 예상되거나 산림이 연방건설법전 제34조가 말하는 지역에 있다면, 산림 행정 관청의 허가가 필요하지 않다. 그럼에도 불구하고 산림 전환에 대한 보상 조치는 발생한다.

국가자연유산

"국가자연유산Nationales Naturerbe: NNE" 포상褒賞은 독일 연방정부의 발의(이니셔티브)이며, 해당 지역의 자연 보호 상태를 나타내는 것은 아니다. 2005년부터 연방부동산업무공사에 의해 국가자연유산 전체 면적의 80퍼센트에 달하는 156,00헥타르의 토지가 국가자연유산의 상태로 이전되었다(BMF.de, 2017). 이들 토지는 주로 예전의 군사용지이며, 이에 따라 이 주제는 (용도) 전환과 관련이 있다. 자연보호법에 따른 이러한 토지의 지정은 위에서 언급한 법률에 따라 계획 당국이 수행한다. 연방정부는 더 이상 필요하지 않은 토지를 민영화해야 하므로, 자연보호단체는 1990년대에 예전의 군 훈련장의 민영화에 항의하였다. 그 결과 연방정부는 자연 보호의 가치가 큰 토지를 독일 연방환경재단Deutsche Bundesstiftung Umwelt: DBU과 연방 주 또는 자연보호단체의 소유로 무상으로 이전하기로 결정하였다. 일부 국가자연유산 토지는 영구적으로 연방정부의 소유로 남아 있다. 국가자연유산NNE 토지는 "미래 세대를 위해 생물 다양성의 장소로 보존되어야 한다"(BMU.de, 2018). 무상 양도는 비오톱의 관리 및 보존과 관련된 요건과 연결되어 있다. 건축은 영구적으로 배제되지만, 부분적으로 등산로가 설치되었다. 대부분 유료로 운영되고 있는 국가자연유산의 토지 관리는 종종 연방 산림 부처에서 수행한다(상게서). 기존의 개방 지역을 보존하기 위해서는 계속해서 초목을 다듬을 필요가 있다. 일부 비오톱은 군사적 이용을 통해 만들어졌기 때문에, 그 관리에는 부분적으로 군사적 이용 시뮬레이션도 포함된다. 예를 들어, 장갑차를 정기적으로 운행하면, 보호종들이 서식하는 작은 웅덩이가 생겨난다. 이러한 웅덩이는 체인을 장착한 차량(또는 유사한 차량)이 계속해서 통과할 때에만 보존될 수 있다. 국가자연유산은 동식물서식지FFH나 자연보호구역과 달리 법적 지위를 가지고 있는 것은 아니다.

4.7 지원 프로그램

1970년대부터 연방정부는 기본법GG 제104b조에 따라 도시에 주州 정부의 자금을 보충한 재정 지원을 해 오고 있다. 도시건설촉진Städtebauförderung의 기반은 연방건설법전 제136조~제191조와 매년 새로 체결하는 행정협정Verwaltungsvereinbarung: VV의 도시건설촉진이다. 일부 조치들은 도시건설촉진 자금을 통해서만 비로소 실행될 수 있다(difu, 2018: 48). 지원 자금의 신청은 지원 자금 제공 기관의 위계가 높아짐에 따라 더 많은 노력이 필요하며, 따라서 작은 자치단체들은 주로 주의 자금을 신청한다(Baumgart et al., 2011: 13이하).

지원 자금을 신청할 때, 연방부동산업무공사가 자금 지원을 받은 감정서 또는 조치에 재정적으로 참여하기를 원하지 않는다는 점에 유의해야 하는데, 왜냐하면, 연방공사의 금전적 참여도 지원금으로 간주될 수 있기 때문이다. 따라서 자치단체가 연방정부의 자기자본 (소유) 지분을 가진 연방 지원 자금을 조달하게 되면, 이중 지원이 발생할 수 있다.

지원 프로그램은 다음과 같이 분류된다(BMUB, 2015: 8 참조).

- 동서독 지역의 인구 통계적 그리고 구조적 변동에 적응하기 위한 "도시 개조 Stadtumbau"
- 중심지의 기능성을 강화하기 위한 "활력 있는 도시 중심지 및 구역 중심지 Aktive Stadtund Ortsteilszentren"
- 불리한 시구 및 지구의 안정화 및 가치 제고를 위한 "사회적 도시Soziale Stadt"
- 역사적 도심Stadtkerne과 도시 지구Stadtquartiere를 보존하기 위한 "도시계획적 기념물 보호Städtebaulicher Denkmalschutz"
- 농촌지역 또는 인구 밀도가 낮은 지역의 생존 배려를 공고화하기 위한 "소규모 도시 및 기초자치단체Kleinere Städte und Gemeinden"
- 도시의 녹색 인프라를 개선하기 위한 "미래 도시 녹지Zukunft Stadtgrün"
- "도시계획적 재개발 및 개발 조치Städtebauliche Sanierungs-und Entwicklungs-maßnahmen"(2012년에 종료됨)

헤센Hessen주의 EFRE[150] 프로그램

"유럽개발기금Europäischer Fonds für Regionale Entwicklung" 프로그램의 13가지 목표 중 하나는 "유휴지 및 군 전환용지의 개발 및 재활용"이다. 이 프로그램의 지원금은 2014년부터 2020년까지의 기간에 약 24억 유로에 달한다. 중소기업, 혁신, 기후 보호 그리고 지속 가능한 도시 및 도시지구Quartier 개발 등을 촉진하려는 조치에 자금을 지원할 수 있다. 자치단체 및 자치단체연합은 프로젝트 공모에 참여할 수 있으며, 그런 다음 다단계 평가를 진행하게 된다. 프로그램 지침은 5.2.1항에서 군사시설 반환부지의 전환을 직접적으로 언급하고 있다. "유휴 상태에 있는 군사시설 반환부지의 정리(원위 2세)는 군사시설의 해체 또는 축소로 인해 경제 구조와 관련하여 특히 부정적인 영향을 받는 주둔지역에서 촉진될 수 있다."

LEADER(ELER 프로그램)[151]

농촌지역 개발을 위한 유럽 농업기금에서 유래하는 이 프로그램은 2014년부터 2020년까지의 지원 기간 동안 독일 연방주의 하나인 노르트라인-베스트팔렌주에 7,500만 유로를 제공하고 있다. 이 경우 지역 개발 개념 구상이 있는 지역도 지원할 수 있다. 이러한 개념 구상에는 예를 들어 생존 배려의 공고화, 문화 유산의 보존 그리고 농촌 관광의 강화 등을 통한 지속 가능한 지역 개발을 촉진하는 조치들이 포함되어야 한다. 이 지원 프로그램은 특히 외부 구역에 위치한 군 훈련장과 기타 부지에 유용하다.

도시 개조

"도시개조Stadtumbau" 지원 프로그램은 구 연방주(서독 지역)의 자치단체가 구조적인 변화를 극복하도록 돕기 위한 것이다. 2004년과 2016년 사이에 9억 7,700만 유로가 연방정부의 재정 보조로 제공되었다.[152] 6개의 연방 주에서는 (군사) 유휴지의 변환이 중심 주제에 속한다. 자금 지원 지역은 자치단체에서 공간적으로 구분되어야 한다(예를 들어, 연방건설법전 제171b조에 따른 도시 개조 지구). 문서를 검토한 결과, (미래의) 외부 구역에 있는 토지의 개발은 이 지원 프로그램에 적합하지 않은 것으로 보인다.

지역 경제 진흥 프로그램RWP

노르트라인-베스트팔렌주의 지역 경제 진흥 프로그램Regionales Wirtschaftsförderungsprogramm은 상업 경제 및 경제 인프라에 대한 자치단체의 조치를 지원한다.[153] 초점은 연방정부와 주정부의 공동 과제인 "지역 경제 구조 개선Verbesserung der regionalen Wirtschaftsstruktur: GRW"의 지원 지역에 속하는 농촌지역에 맞추고 있다.

토양 보호 및 토양 오염 구역 진흥 지원 프로그램

노르트라인-베스트팔렌주와 유럽연합의 프로그램은 토양 보호를 위한 자치단체의 조사 및 정화 조치에 보조금을 제공한다. 프로그램 등록은 행정 관청을 통해 이루어지며, 이때 지원 자금의 배분은 긴급성에 달려 있다.

국가 도시 건설 프로젝트 지원 프로그램

연방정부 지원 프로그램인 국가 도시 건설 프로젝트Nationale Projekte des Städtebaus의 초점은 군사시설 반환부지의 전환을 위한 조치에 맞추어져 있다. 프로그램의 목표는 특별한 품질 요구를 특징으로 하는 대규모 도시 건설 프로젝트를 촉진하는 것이었다. 2013년부터 2017년까지 약 3억 200만 유로에 달하는 연방정부 기금으로 108개의 프로젝트를 지원하였다. 2017년의 지원금은 6,500만 유로에 달하였다. 헤르포트Herford의 웬트워스Wentworth 병영은 이와 관련한 사례 프로젝트로 언급될 수 있다. 이곳의 지원액은 340만 유로였다.

지원금으로 예를 들어 인프라 비용의 60퍼센트까지를 조달할 수 있다. 헤센주에는 군사시설 반환부지의 전환에 대처하기 위한 특별 지원 프로그램이 있다. 따라서 지원금은 적자가 예상되는 투자에 대한 자금 조달에 상당히 기여한다. 할인 지침VerbR 2018에 따른 연방정부의 할인도 역시 연방정부의 지원금으로 평가할 수 있다.

4.8 결론 및 권고 사항

우선, 권고 사항이 누구를 대상으로 하는지의 문제가 제기된다. 도시계획적 수단은, 특히 예를 들어 역할이 혼재되는 경우, 군사시설 반환부지 전환의 세 주요 행위자(자치단체 - 연방부동산업무공사 - 개발자)에 의해 확실히 다르게 인식된다. 학술적 관점에서 도시계획적 수단을 모든 입장에서 고려하는 것이 바람직하다. 우선, 개별 수단들은 각각의 이상적인 역할, 즉 전적으로 계획을 수립하는 자치단체, 매매 가격 지향의 연방부동산업무공사 그리고 계획의 안정성을 고려하는 개발자의 역할에서 고려된다. 그리고 모든 것은 매매 계약 전후의 시점으로 나누어질 수 있다. 다음으로 개별 수단들은 다시 한 번 전환의 배경에 근거하여 평가되고, 실행을 위한 지침이 주어진다. 개발 계획은 가치와 관련되어 있으므로, 계획은 다음 장의 중요한 기초가 된다.

이상적으로는 자치단체가 개발자의 수익과 무관하게 도시 개발의 정책적 목표에 부합하는 계획을 실행해야 한다. 군사시설 반환부지의 전환에서는 대개넓은 토지가 문제가 되기 때문에, 이와 관련하여 광역적 차원이 특히 참작되어야 한다. 자치단체 간의 협력은 토지의 전환이 주변 기초자치단체에 상당한 영향을 미치는 것으로 예상될 때 유용하다. 다양한 수단은 인근 기초자치단체들을 하나로 묶어내기 때문에, 지역 계획을 변경할 때 예상되는 "역풍"의 우려를 줄일 수 있다. 이후의 긴장을 피하기 위해, 발언권과 회사 지분 외에도 각 지급금에 대해 논의해야 할 것이다. 전체적으로 자치단체의 경계에 걸쳐 있는 군전환용지의 경우, 각각의 토지 비율에 따라 지급금을 나눌 가능성은 다소 낮다. 이것은 (연립정부 협상과 마찬가지로) 작은 파트너가 없다면 작동하지 않기 때문에이들에게 더 많은 무게가 실린다는 점으로 이해할 수 있다.

도시계획의 공식적 수단은 군사시설 반환부지의 전환에 완전히 적용할 수있다. 대체로 이용 포기 발표로부터 매각까지는 몇 년의 시간이 소요된다. 후속 이용의 첫 개발 계획은 계획 대안을 허용하는 하나의 대강, 즉 프레임워크를 제시해야 한다. 자치단체는 우선 계획 수립을 결정하기 전에 비공식적 수단을 활용해야 한다. 일반적으로 군이 없는kreisfrei 시市 또는 군郡 차원에서 소매업과 이동성 등과 같은 다양한 주제에 관한 기본계획(마스터플랜)이 있기 때문에, 이러한 자치단체의 차원에서 군사시설 반환부지의 전환을 위한 기본계획을 개발하는 것이 타당한지 또는 군사시설 반환부지의 전환이라는 주제와 관련하여기본계획을 검토하는 것이 보다 타당한지를 숙고해야 할 것이다. 대개 기본계획이 통과되었을 때에도 군 전환용지 문제는 여전히 알려지지 않았다. 군 전환용지는 일반적으로 보다 큰 면적의 부지이기 때문에, 이제까지의 (자치단체가 안고있는) 문제를 해결할 많은 기회가 발생한다. 그렇지만, 예전에 결정된 확정에 대해 형량하는 것도 필요하다(예를 들어, 소매업).

조기에 일반인을 참여시키는 것은 대개 일반인의 관심이 높다는 사실만으로도 바람직하다. 물론 참여는 일반인의 기대감을 불러일으킬 수도 있으나, 나중에 거래 가격이 알려질 때 이들은 실망할 수 있다. 왜냐하면 필자의 평가로는 대부분의 자치단체에서는 경험의 부족으로 매매 가격과 개발비를 미리 추정하는 것이 불가능하기 때문이다. (이용의) 제한이 없이 빈 토지에 대한 계획을 통해 도시계획적 기조를 찾아낼 수 있어, 경제적으로 실현 불가능한 아이디어가 무엇인지를 신속하게 도출할 수 있다. 특히 연방정부의 참여와 부분적으로 또한 정책에 의해, 주민들 사이에 연방부동산업무공사의 현행 지침을 따르면 충족될 수 없는 낮은 매매 가격에 대한 희망이 제기된다. 이미 처음부터 자치단체의 수장(시장)은 자치단체 의회의 다수 정파 의원과 협의하여 예를 들어 군 전환용지가 도시의 다른 곳에서 이미 실패한 모든 프로젝트(예를 들어, 취미를 가진 사람들의 모임 장소 및 예술인 하우스)를 실현할 수 있는 토지가 아니라는 것을 선언해야 한다. 이는 군 전환용지가 (희망이) 투사된 용지가 되는 것을 방지한다.

　　일반적으로 군사용지의 이용을 포기한 후에 잠재적인 매입자나 임차인으로부터 문의가 있다. 군 전환용지의 중간 이용은 실제로 모든 당사자에게 관심이 있지만, 연방부동산업무공사와 자치단체 양자는 대개 여러 생각이 있다. 즉, 자치단체는 중간 이용을 감수하거나 허가해야 한다. 하지만 이것은 일종의 계획법적 용인이며, 따라서 특정한 (중간) 이용이 계획법적으로 고착화될 우려가 있다. 한시적 인내는 건축기준법적 해결책이 될 수 있다. 연방부동산업무공사는 중간 이용을 통해 적어도 관리 비용을 절감할 수 있으며, 더군다나 기물 파손 행위 등이 어려워진다. 그렇기는 하지만, 인력 및 기술적 비용은 잠재적 중간 이용자가 일정 규모, 즉 크기에 도달한 후에만 비로소 도움이 된다. 따라서 중간 이용은 소유자와 자치단체 간에 조정되어야 한다. 임차인은 건물을 철거하려는 개발자의 목표를 방해할 수 있으므로, 임차인은 대체로 잠재적인 개발자에게 하나의 위험이다. 부분적으로 군 해제 직후 변경 금지 조치를 취하는 것이 고려되고 있다. 그러나 자치단체는 2012년부터 독일 연방하원의 선취Erstgriff 선택권을 행사할 수 있으므로, 연방부동산업무공사는 군 전환 부동산을 자치단체가 원하지 않는 민간 이용자에게 단순히 매각할 수 없다. 따라서 변경 금지의 수단은 연방부동산업무공사에 대응한 것이다.

군사적 이용, 즉 용도는 토지이용계획FNP에 종종 특별용도지역(연방정부)으로 표시된다. 군사 부지의 이용 전환은 개발 계획의 본질에 한결같은 영향을 미치기 때문에, 토지이용계획은 이따금 지구상세계획과 병행하여 변경되어야 한다. 보다 큰 부지의 경우, 기본계획(마스터플랜)을 활용하여 군 전환 부동산과 그 주변을 계획하는 것이 바람직하다. 토지이용계획과 지구상세계획 중간의 수단으로서 기본계획은 자세한 세부 사항 없이 개별 토지를 계획할 기회를 제공한다. 또한, 개별 토지의 규모를 추정할 수 있으므로, 기본계획은 가치평가의 기초로 필수적이다.

군 부동산에 대한 기존 계획권에 대한 불확실성은 자치단체 측에서 내부적으로 해결해야 한다. 예를 들어 일부 자치단체에서는 예전의 군인 주거용 건물을 조건 없이 계속하여 이용할 수 있는 반면, 다른 자치단체(예를 들어, 데트몰트)에서는 건물의 합법성에 대한 근본적인 의구심이 있었다. 이러한 불확실성은 군사시설 반환부지의 전환을 상당히 지연시킨다. 예를 들어 지구상세계획과 같은 고전적인 공식적 수단은 모든 대규모 전환에 적용되는데, 왜냐하면 연방건설법전 제34조에 따라 계획된 이용과 용적이 주변 건축물에 적합하지 않은 한, 군 부동산의 해제는 계획의 요구 사항이기 때문이다.

과거에는 자치단체도 병영의 경우 서로 다른 길을 택하였다. 데트몰트 Detmold 시는 예를 들어 기념물로 보호받는 기존 건물이 있는 병영을 연방건설법전 제34조가 말하는 지역으로 간주하고, 필요한 경우에만 사업 계획과 관련된 지구상세계획을 수립하였다(호바트 병영). 연방부동산업무공사는 또한 이 지역에서 지구상세계획에 의한 제한에 별다른 관심이 없었지만, 하지만 모든 다른 소유자와 마찬가지로 지구상세계획의 수립에 대한 그 어떤 청구권도 갖지 못하였을 것이다(연방건설법전 제1조 제3항에 따라). 일부 자치단체(예를 들어, 헤르포트 및 뮌스터)에서는 매각 전에 지구상세계획을 통해 군용 주거지를 다시 계획하였다. 지구

민간 개발자에 의한 개발의 경우 계획권에 관한 권고 사항			
부동산의 종류	계획 용도	경제 성장 지역	축소(쇠퇴) 지역
10ha 미만의 소규모 병영	상업용	도시계획 계약과 함께 사업 계획과 연관된 지구상세계획	이용자 요구 사항에 상응하는 여러 가지의 지구상세계획
	주거용	도시계획 계약과 함께 구체적인 조건을 가진 자치단체에 의한 지구상세계획	개별 주택을 실현하기 위한 것으로, 우선 연방건설법전 제34조
10ha 이상의 대규모 병영	상업용	대규모 기반시설 설치가 있는 큰 지구상세계획	이용자의 요구 사항에 상응하는 여러 가지의 지구상세계획
	주거용	도시계획적 개발 구상에 부합하는 지구상세계획	우선 연방건설법전 제34조, 그리고 나서 작은 개별 지구상세계획
	혼합용	도시계획적 개발 구상에 부합하는 계획, 그리고 (이에 따른) 지구상세계획	작은 개별 지구상세계획
비행장	상업용	도시계획 계약, 큰 지구상세계획	독자 개발, 큰 지구상세계획
창고	상업용	도시계획 계약, 큰 지구상세계획	우선 감수, 그리고 나서 지구상세계획 상업지구(GE)
주거단지	주거용	구조의 유지를 위해 필요한 경우에만 지구상세계획	연방건설법전 제34조

그림 15. 특정 군 전환용지에 대한 도시계획적 수단

상세계획은 그곳의 넓은 정원과 전원(田園)을 보존하고, 그래서 연방건설법전 제 34조에 따라 고밀도화를 배제하고자 하였다.

부동산과 부동산 시장에 따라 계획권을 창출하는 다양한 방법이 있다. 다음의 권고 사항은 자치단체가 직접 매입하여 개발하는 것이 아니라, 개발자에게 이를 위임하는 경우에 적용된다(이에 대해 그림 15 참조).

지구상세계획 절차에서 연방부동산업무공사는 일반적으로 소유자로서 그리고 공익 주체(TÖB)로서 참여한다. 지구상세계획 절차는 참여와 작성되어야 한 감정평가서로 인해 비교적 많은 시간이 소요된다. 일반적으로 적어도 1년, 더 많이 소요될 경우에는 2년이 걸릴 수도 있다.[154] 감정평가서의 작성, 확정의 논거에 대한 문서 작업 그리고 자치단체 의회의 회의 등은 비록 모든 관계자가 의지를 갖고 있고 행동을 일치시키더라도 지연을 초래한다. 지구상세계획 B-Plan은 자치단체가 자체적으로 절차를 통제하고 있기 때문에 자치단체에 매각하기 위한 전제 조건은 아니다. 그러나 민간 개발자는 일반적으로 토지를 매입하기 전에 공시까지 기다린다. 이것은 또한 자금 조달과 관련이 있는데, 왜냐하면 재정 지원을 하는 금융 기관은 필자의 경험에 따르면 충분한 담보가(대출의 근거로)를 얻기 위해 일정한 보증이 필요하기 때문이다. 연방부동산업무공사는 공증 후 더 높은 가치의 계획권이 창출될 경우, 이른바 개선Besserung 조항에 합의한다.

사업 계획과 연관된 지구상세계획은 기존의 지구상세계획보다 계획적 확정과 관련하여 더 큰 자유를 가지고 있지만, 그 확정이 한 사람의 이용자에게 맞추어져 있으므로, 미래의 소유자를 위한 제3자에의 적용 가능성은 훨씬 떨어진다. 기반시설 설치를 위한 조성 공사와 자금 조달은 이행 계약을 통해 개발자에게 이전된다. 몇몇 사례에서 연방부동산업무공사는 개발 자체를 떠맡아 왔지만(예를 들어, 함(Hamm)의 크롬웰(Cromwell) 병영), 그것은 오히려 민간 제3자의 매입 제안이 너무 낮았던 예외에 가까운 것이다.

건축부지 전략과 결정은 성장하는 기초자치단체에서 건축부지 개발을 위한 중요한 수단으로 부각되어 왔다. 군 전환용지는 토지 절감과 택지 지정이라는 두 가지 목표를 달성할 기회를 제공한다. 이와 동시에 자치단체는 연방이 보유한 토지를 매입하는 것을 통해 민간 제안에 비해 가격 인하를 기대하고 있다. 적극적인 택지 정책은 개발의 초점을 "교외의 공지"에서 군 전환용지로 옮겨 놓을 수 있다. 드란스펠트는 내부 개발의 목표가 있는 자치단체가 전통적인 건축부지 결정을 하지 않도록 조언하고 있는데, 이 결정은 개발자에게 군 전환용지를 더 비싸게 만들기 때문이다(Dransfeld & Hemprich, 2017: 75). 개발자는 도시계획계약을 통해 후속 비용을 분담하지만, 경제성과 주거 입주의 압력은 모든 계약에 한계를 부여한다. 특히 개발에 사용할 수 있는 대안적 토지가 없다면, 연방부동산업무공사 또는 다른 소유주에 대한 협상 위치는 상당히 불리하다. 더군다나 유휴지에 결국 무슨 일이 일어나야 한다는 시민들의 정치적 압력이 있다(뮌스터의 사례).

자치단체에는 지구상세계획이 제정되기 전에 개발자와 도시계획계약을 체결하는 것이 바람직하다. 연방부동산업무공사는 민간인에게 입찰 절차에서만 매각하기 때문에, 입찰 전에 계약의 기본적 요구 사항을 알아야 한다. 예를 들어, 후속 인프라 비용을 개발자가 부담해야 하는 경우, 도시계획계약의 초안을 받은 시점에 이를 비로소 알아야만 하는 것은 아니다. 몇몇 경우에 자치단체는 개발의 개념 구상에 따라 다양한 비용 규정을 계약상으로 유지하기로 계획하였다. 이러한 경우 입찰가가 제출된 후에 비로소 최고 입찰자와 구체적인 비용 부담을 협상해야 할 것이다. 이러한 접근 방식은 자치단체의 관점에서 이해할 수 있는데, 왜냐하면 이로써 낮은 비용 부담을 통한 고품질의 도시 개발을 인식할 수 있다는 것을 의미하기 때문이다. 사실, 알 수 없는 자치단체의 요구 사항이 있는 입찰 절차는 대개 의심스러운 입찰로 이어지므로, 아무 결과가 없다. 따라서 자치단체는 해당 부지에 어느 정도의 활용이 허용되는지, 내부 기반시설 설치가 어떤 품질을 가져야 하는지 그리고 개발자에게 조치에 따라 유발된 어떤 후속 비용이 부과될 것인지를 연방부동산업무공사와 미리 협의해야 한다. 연방부동산업무공사는 예상 수익, 즉 최소 매입 가격을 결정하기 위해 이러한 정보가 필요하다. 경우에 따라 연방부동산업무공사는 매입 후 이러한 비용이 발생하지 않으면, 매매 계약에서 매입자와 개선 조항에 합의할 것이다. 따라서 양측이 매매 계약 후에 비로소 구체적인 계획을 협상하는 것은 의미가 없다. 이것은 심지어 경험이 많은 개발자들이 입찰 절차에 참여하지 못하게 할 수도 있다. 개발자는 이제 "projekt-check.de"와 같은 지리정보시스템(GIS)에 기반을 둔 수단을 활용하여 계획의 후속 인프라 비용을 간단하고 무료로 결정할 수 있다.

많은 병영은 해제 후 재개발 과정(연방건설법전 제136조 이하)이 필요한 지역에 위치해 있다. 이를 통해 개발 지원금을 요청할 수 있으며, 계획에 따른 지가 상승을 회수할 가능성이 성립한다. 도시계획적 불량 상태는 대부분 공실空室과 관련한 지역의 크기(규모)에서 발생한다(기능적 결함). 재개발에 따른 지가 상승의 결정은, 첫째, 개발에 영향을 받지 않는 초기 출발 가격을 결정하기 어렵고, 둘째, 군사 시설 반환부지의 경우 소유자인 연방부동산업무공사만이 영향을 받으며, 따라서 지가를 상승시키는 주변 지역의 영향을 주장할 수 없다는 어려움을 내포하고 있다. 세 번째 논점은, 가격을 상승시키는 개발 계획이 대개 재개발 결정 이전에 이미 시작되지만, 재개발에 따른 가격 상승은 재개발이 시작된 시점부터 회수될 수 있다는 것이다(Kleiber et al., 2017: 2669, 난외번호 320). 이와 관련한 예를 살펴보면 다음과 같다. 자치단체의 외곽에 있는 병영은 상업용 또는 주거용 건축부지로 개발할 수 있다. 자치단체는 예비 조사를 시작한다(연방건설법전 제136조). 진행되는 동안 주택 건설을 위한 대강 계획Rahmenplan이 수립되지만, 선취는 포기하게 된다. 그 후 재개발의 결정과 지구상세계획 수립 결정(주거)이 이루어진다. 연방부동산업무공사는 시장에 물건을 제공한다. 그러나 개발자는 입찰가를 제시하기 전에 7년 후 재개발이 완료될 때 자치단체가 얼마나 금액을 청구할 것인지를 자문한다. 따라서 금액은 사전에 알려져 있어야만 한다.

도시계획적 개발조치(연방건설법전 제136조 이하)는 군 전환용지에 있어 소유주와의 계약에 실패할 경우 부지를 개발하기 위한 기초자치단체의 마지막 수단이 될 것이다. 그렇기는 하지만 기초자치단체는 군 전환 부동산에 대해 연방정부를 상대로 수용 절차를 추진한다. 연방정부는 군사적 이용의 포기로 자신의 토지 소유에 더 이상 공익을 갖지 않지만, 정당한 비축을 비매각에 관한 주장의 근거로 사용할 수 있다. 도시계획적 개발조치SEM의 일환으로 수용의 위협이 발생할 경우, 이는 연방부동산업무공사의 매각 의지가 부족하기 때문이 아니라 필요한 거래 가격이나 매각 조건 때문이다. 기초자치단체는 소유자가 "적절한 기간 내에 해당 토지를 사용할 수 있고, 이에 대한 의무를 이행할 수 있는 경우"에는 수용을 자제해야 한다(연방건설법전 제166조 제3항 제2호). 결국 연방부동산업무공사가 부동산을 자체적으로 개발하도록 계약상으로 의무를 부여하고, 이를 위해 다시 민간 개발자에게 매각하는 것이 가장 타당한 것 같다. 연역적 가치 평가는 여기서 초기 출발 가격을 결정하기 위해 제공된다(이와 관련한 어려움은 위 참조).

도시계획적 개발조치SEM는 군사시설 반환부지의 전환의 맥락에서 연방부동 산업무공사 소유 토지에 인접한 토지를 공동 개발하는 데 활용될 수 있다. 예를 들어, 연방부동산업무공사와 도시가 협력하지만, 인근 토지를 매각하지 않으려고 할 때, 이것이 필요할 수 있다. "하지만 연방건설법전 제165조 제2항에 따른 예비 조사의 결정은 경우에 따라 협력 및 계약 약정에 대한 의지를 높이는 데 도움을 줄 수 있다"(Beuteler et al., 2011: 97).

필자의 경험에 따르면, 비공식적 수단은 거의 모든 군 전환 물건에서 일정한 역할을 한다. 과거에 이것은 또한 연방주의 지원금이 특정 계획의 수립과 연계되어 있다는 사실 때문이었다. 예를 들어, 노르트라인-베스트팔렌주의 도시건설촉진 지원금은 군 전환용지(주변 지역을 포함하여)에 대해 통합도시개발구상ISEK을 수립하는 경우에만 확보할 수 있었다. 이와는 상관없이, 통합도시개발구상은 모든 수준에서 군사시설 반환부지의 전환을 계획하고 구체적인 조치를 도출하기 위한 유용한 수단이다. 이것이 양호하게 작동하면 할수록, 계획된 개발의 실현 가능성은 그만큼 더 커진다.

계획권은 가치를 결정한다. 하지만 다음 장에서 살펴보듯이 건축 기대가 결정적이다. 예를 들어, 군 전환용지가 내부 구역에 있는 외부 구역으로 표시되는 경우, 이는 건축에 대한 기대가 한층 더 높으므로 외부구역에 대한 가격이 이것에 적용된다는 것을 의미하지 않는다. 그러나 외부 구역에 있는 군 전환용지의 경우에도 그 가격은 상징적인 유로Euro에 결코 도달하지 못한다. 그 이유는 위에서 살펴본 바와 같이 연방정부가 고속도로의 건설이나 기타 조치를 위해 "생태 포인트Ökopunkte"를 필요로 하기 때문이다. 기초자치단체의 계획이 비경제적이어서 부동산의 가치가 부(-)의 값일 경우, 연방부동산업무공사가 부동산을 유지하고, 따라서 해체와 보상 토지를 통해 "생태 포인트"를 관리하는 것이 더 합리적이다.

결국 도시계획의 수단은 군 전환용지에 성공적으로 적용될 수 있음이 밝혀지고 있다. 그렇지만 그 어떤 소유자도 계획의 실행을 위해 강요받지 않는다. 따라서 자치단체가 스스로 소유자가 되려는 욕구는 작지 않다. 즉, 그것은 종종 매매 가격이 방해하는 소망이다.

---

93. (옮긴이) 독일 건설 및 건축 관계법의 영역으로 공공건설법(건설공법)이 있으며, 이는 일종의 행정법으로서 건설 가능한 대지 경계의 구분과 토지의 이용, 특히 허용 가능한 시설과 용도, 기존 시설의 변경과 철거에 관한 사항을 규정한 일체의 법률을 말한다. 이 공공건설법에 상응하는 개념으로서 사적건설법(Privates Baurecht)으로는 토지 거래, 계약 등을 다루는 법 등이 있다. 공공건설법은 크게 공간 이용을 확정하는 기능을 하며 토지와 관련되는 건설계획법(Bauplanungsrecht)과 구체적인 건축물에 대한 경찰법적 요구를 규율하며 대상과 관련되는 건축기준법으로 나누어지며, 건설계획법은 연방에서 그리고 건축기준법은 개별 주에서 관할한다.

94. 이 견해가 법적으로 확인된 것은 아니다.

95. (옮긴이) 다시 말해, 공공물 지정 해제를 지칭한다.

96. 여기서 유의해야 할 것은 '최종적 포기'가 예를 들어 다른 용도를 신청하는 것으로 확정적으로 증명된다는 점이다(BVerwG, 2000년 11월 21일 - 4B 36/00).

97. 필자의 판결 요약: 민간 무선 전신탑 또는 방송탑은 외부 구역에 있는 특혜적 또는 기타 가능한 사업 계획에 포함되지 않는다. 따라서 무선 전신탑의 존속 보호는 군사적 이용의 포기와 함께 상실된다.

98. (옮긴이) 독일의 법령 체계는 연방에서 제정한 연방법과 주법으로 나뉘며, 연방에서 제정한 연방법 (Bundesrecht)에는 연방헌법인 기본법(Grundgesetzt), 연방법률(Bundesgesetz) 및 연방법규명령 (Bundesrechtsverordnung) 등이 포함된다. 이에 대비되는 것이 주법(Landesrecht)인데, 이는 지방의 주에서 제정한 법으로 주헌법(Landesverfassungsgesetz), 주법률(Landesgesetz) 및 주법규명령(Landesrechts-verordnung) 등이 있다. 독일은 연방국가의 구조적 특성상 연방법이 지방법에 우선한다. 독일에서는 특정 제도에 관한 단행 법률과 이를 구체화한 법규명령과 지침, 각 주의 법률과 법규명령 및 행정규칙 그리고 마지막으로 자치단체의 조례가 존재한다. 건설 및 건축 계획법과 관련하여 연방의 '연방건설법전(BauGB)'(기존의 관련 법들을 통합하여 '법전'이라는 표현을 씀)과 이에 근거하여 제정된 하위 법령들인 '건축이용령(BauNVO)', '가치평가령(ImmowertV)', '계획표시령(PlanZV)' 등이 있으며, 각 주에서는 주(州)건축법(BauO)과 이의 하위규범으로서 건축자재령, 난방령, 차고령, 사업시설령, 심사령, 감독령 등 다양한 법규명령과 집회장규칙, 고층건물규칙, 의료건물규칙 등 행정규칙(Verwaltungsvorschriften)이 존재한다. 또한 자치단체는 연방건설법전 제10조에 따라 조례(Satzung)로 건축 계획을 수립하고 있다.

99. 이 계약에서 건축부지 및 인프라의 제공은 기초자치단체 측에서 규율한다. 하지만 독일에서 기초자치단체가 군부대 입지에 명시적으로 반대한 사례도 있다.

100. (옮긴이) 'Gesetz zum Schutz und zur Pflege der Denkmäler im Lande Nordrhein-Westfalen: DSchG NRW'을 말한다.

101. 이 유휴지에는 군 전환용지도 명시적으로 포함된다(LEP NRW, 6.1.1.).

102. 규모(10헥타르)는 2015년부터 처음으로 규정되었다. 2015년 이후 해제된 노르트라인-베스트팔렌주의 대다수 병영은 이 규모의 영향을 받고 있다.

103. (옮긴이) 목적 연합이란 특정의 공공적 과제, 예를 들면 지역 교통이나 극장의 운영과 같은 과제의 공동적 극복을 위해 법률 또는 공법상의 협정에 근거하여 다수의 자치단체의 지역단체가 연합(조합)을 형성한 것이다. 목적 연합의 법적 성격은 공법상의 단체이다.

104. (옮긴이) 건설기본계획은 도시계획 또는 건설지침계획, 건설기준계획, 건설관리계획 등으로 다양하게 불리기도 한다.

105. 공공건설법(Öffentliches Baurecht)은 행정 관청과 민간 건축주 간의 모든 조항에 영향을 미친다. 사적건설법(Privates Baurecht)은 근린(Nachbarn)이나 건축 시공 회사와 건축주 간의 계약 관계를 규율한다.

106. 토지이용계획에 있는 풍력 에너지 입지에 대한 소송 가능한 표시는 예외이다.

107. 논거(이유 제시)는 연방건설법전 제9조 제8항에 따라 첨부되어야 하며, 이는 건설기본계획의 목표, 목적, 본질적 효력 그리고 연방건설법전 제2조 제4항에 따른 환경평가에 의거하여 조사하고 평가한 환경 보호에 관한 주요 사항이 담긴 특별한 환경보고서를 포함한다. 환경보고서와 환경평가는 별도로 다룬다.

108. 따라서 기존의 지구상세계획에서는 확정의 시점에 이와 관련한 권한이 연방건설법전 제9조에 있었는지를 검토할 필요가 있다. 1970년 이전에는 예를 들어 형성적 확정에 관한 권한은 없었다.

109. 예를 들어, 순수 주거지구(도면 표시)(WR), 상업지구(GE), 혼합지구(MI), 대형 소매점을 위한 특별지구(SO) 등이다.

110. 이러한 가능한 용도의 목록은 건축이용령 제1조(제1호~제4호)에 따라 지구상세계획에 맞게 조정될 수 있다. 하지만, 건축이용령의 허용 범위는 기초자치단체에 의해 강제적으로 엄수될 수 있다(연방건설법전 제9a조).

111. 건축 가능한 토지는 '용적률(Grundflächenzahl: GRZ)'을 통해 백분율로 확정될 수 있다. 이와 관련하여 또한 최대로 허용되는 전체 층수(예를 들어, 4층) 또는 '건폐율(Geschossflächenzahl: GFZ)'(건축이용령 제20조)로 건물의 높이를 확정하는 것이 바람직하다. 공업 및 상업 지구에서는 '체적률(Baumassenzahl: BMZ)'은 제곱미터로 지정할 수 있으며, 확정된 건축 방식은 주택이 (인접 주택과의 거리의 유무에 의해 – 옮긴이) 서로 열려 있는지(비접속 – 옮긴이) 아니면 닫혀 있는지(접속 – 옮긴이)를 명시한다(건축이용령 제22조).

112. 이것은 매우 제한적일 수 있거나(건물에 엄격하게) '건축지정위치(Baufenster)'를 통해 건축주에게 더 많은 여지를 줄 수 있다. 건축(제한)선은 일정한 건물 정렬을 달성하거나 유지할 수 있도록 하는 건축을 강제한다.

113. 오늘날 이것은 일반 대중이 관공서에서뿐만 아니라 인터넷에서도 PDF로 계획(초)안과 본문을 열람(공람)할 수 있다는 것을 의미한다(연방건설법전 제4a조 제4항).

114. 또는 문건으로 제출된다는 것이다.

115. (옮긴이) '연방자연보호법(Bundesnaturschutzgesetz)'에 의거하여 개발 사업에 따른 자연 생태계와 경관 침해를 사전에 예방하고, 필요한 사업에 대해서는 개발을 허용하는 대신 개발 이전의 생태적 가치만큼 복원 및 복구 조치를 강구하도록 한 것이다.

116. '환경영향평가(Umweltverträglichkeitsprüfung: UVP)'는 사업 계획과 개발 계획이 환경에 미치는 영향을 파악하고 평가하기 위한 환경 정책적 수단이다. 이 절차는 1990년 '환경영향평가법(Gesetz über die Umweltverträglichkeitsprüfung: UVPG)'에서 표준화되었으며, 1985년의 유럽연합의 지침에 기반하고 있다. 환경영향평가를 의무화한 사업 계획과 개발 계획은 환경영향평가법의 부록에 수록되어 있다. 계획, 즉 지구상세계획에도 2004년부터 '환경평가(Umweltprüfung: UP)' 또는 '전략적 환경평가(Strategische Umweltprüfung: SUP)'가 포함되어 있다.

117. '환경영향조사(Umweltverträglichkeitsuntersuchung: UVU)'는 사람, 동물, 식물, 토양, 물, 공기, 기후 및 경관, 문화 및 물적 자산 및 각각의 상호 작용과 같은 다양한 보호 자산의 초기 상황을 설명한다. '환경영향평가법(UVPG)' 제6조 제4항에 따르면, 환경영향조사는 "예상되는 오염 물질 배출, 폐기물, 하수 유출, 물과 토양, 자연 그리고 경관의 이용과 형성의 종류와 범위에 대한 서술과 상당한 환경적 악영향을 미칠 수 있는 사업 계획의 기타 효과에 대한 설명"을 포함한다. 이것은 조사의 폭을 명확히 한다. 조사 규모는 이른바 관찰 검사에서 결정되고 규정된다(환경영향평가법 제14조 이하).

118. (옮긴이) 토지 또는 토양 밀봉(Versiegelung)이란 자연 상태의 토지를 건축물이나 기타 시설물의 설치, 도로 포장 등으로 인하여 불투수(不透水)의 상태로 만드는 경우를 말하며, 이러한 토지 밀봉을 해제하는 개봉(Entsiegelung)은 토지를 덮은 건물이나 도로 포장을 뜯어내어 자연 상태의 토지로 회복시키는 것을 말한다. 여기서 말하는 토양 밀봉을 '토양 봉쇄' 또는 '토지 피복'이라고 번역하기도 한다.

119. (옮긴이) 연담건축지역(連擔建築地域)은 이미 상당한 개발이 이루어져 있어 전체로서 완성된 도시적 골격을 갖추고 있는 지역을 의미하며, 이 지역의 공간적 경계는 대체로 마지막 건물이 있는 대지까지로 한정되는데, 이 지역에서는 각종 개발 및 건축 행위가 원칙적으로 허용된다. '기존시가지역', '기존시가지구역', '기성시가지' 또는 '연담시가지'라고도 한다.

120. 이와 관련한 지침은 없다. 기간은 순 처리 시간에 달려 있다.

121. (옮긴이) 대강 계획(大綱 計畫)은 '도시 골격 계획'을 말하는 것으로, 도시 종합 기본계획으로 볼 수 있다. 도시 발전 계획을 위해 작성하는 비 법정 계획이다. 대강 계획의 목적은 도시 지역의 발전 가능성을 알아보고, 또한 도시의 광역적 지역적인 특성을 분석하여, 미래적인 용도에 대한 투시도를 작성해 보는 것이다. 대강 계획은 일반적으로 자치단체에서 토지이용계획과 지구상세계획의 중간으로 수립하고 있는 경우가 많은데, 복수의 가구(街區. Quartier)로 이루어진 지역마다 토지 이용의 골격이나 방침을 정하는 지구개발계획으로 나타나고 있다. 하지만 대강 계획은 법적 구속력은 없으며, 정해져 있는 틀 속에 계획을 수립하는 것은 아니다. 수립 절차를 거쳐 법정화된 계획으로 전환될 수 있다.

122. 이와 동의어는 다음과 같다. '통합 행동 구상(Integriertes Handlungskonzept: IHK)' 또는 '통합 개발 구상(Integriertes Entwicklungskonzept: IEK)', 도시 전체 수준에서 또한 '도시 개발 구상(Stadtentwicklungskonzept: STEK)' 또는 '통합 도시계획 개발 구상(Integriertes städtebauliches Entwicklungskonzept)'

123. 자세한 설명은 Tessenow, 2006: 25를 참조할 것.

124. (옮긴이) 대체지 비축 제도는 자연 침해가 발생할 때 이에 따른 보상 조치를 실행할 수 있는 적절한 토지 혹은 공간을 사전에 비축하거나 확보해 두는 것을 말하며, 복원 및 대체 조치를 실행할 수 있는 토지를 사전에 확보하는 수단으로서 대상지는 도시 전체의 토지이용계획에 의해 공원 녹지 조성 예정지, 생태 네트워크 조성이 필요한 지역 또는 생태 복원이 긴급한 지역 등에 지정된다.

125. (옮긴이) 독일 특유의 조어로, 국가나 자치단체가 국민이나 주민의 인간다운 생활을 영위할 수 있도록 최소한의 각종 공공 서비스를 제공하는 것이다. 이 '생존 배려'의 공공 서비스에는 가스 및 전기와 같은 에너지 공급, 대중교통 및 도로 등의 사회 인프라 정비, 병원과 상하수도, 쓰레기 처리장, 축육 처리 현장 등 보건·공중 위생시설의 건설, 주택 정책, 토지 정책, 도시계획, 그리고 문화·교육 등을 포함한 넓은 의미에서의 사회 정책의 시행을 과제로 한다.

126. (옮긴이) 주거 입주의 압력(Ansiedlungsdruck)은 특정 지역으로의 인구 유입 등으로 인해 주택 수요가 높아지는 것을 말한다.

127. (옮긴이) 연방건설법전 제11조 제1항 제2호에 의하여 자치단체는 건축시행계획을 수립하기 이전에 관내에 주거에 적합한 토지를 소유한 토지 소유자와 이를 거대 자본을 보유한 외지인에게 매각하지 않고 적절한 가격으로 자치단체에 매각할 것을 합의하는 근거 규정을 두고 있다. 이에 관한 보다 자세한 것은 위의 주 40을 참조하라.

128. (옮긴이) 'Verordnung über die Honorare für Architekten – und Ingenieurleistungen (Honorarordnung für Architekten und Ingenieure: HOAI)'을 말한다.

129. "기초자치단체가 연방건설법전 제30조 제1항에 따른 지구상세계획을 공표하였고 기반시설 설치에 관한 도시계획 계약을 체결하기 위한 부당한 제안을 거부하면, 자치단체는 기반시설 설치를 자체적으로 이행할 의무가 있다"(연방건설법전 제124조).

130. "기초자치단체는 개발 개념 구상을 실행하는데 필요한 경우, 제11조가 말하는 도시계획 계약에 따라 개조 조치를 수행하는 대신 특히 관계 소유자와 함께 수행할 기회를 활용해야 할 것이다."

131. "도시계획 계산은 경영학의 동적 투자 계정을 적용한 것이다. 이때 개발비 및 제조비와 후속 비용은 각각의 만기일(실행 기간과 사용 기간)에 따라 시간 차별적으로 파악된다. 제조비와 수익을 시간적으로 파악하기 위해서는 연도별로 차별화된 시간과 조치 계획만으로도 충분하다. 따라서 비교를 위해 각 현금 가치는 실행 기간이 다른 프로젝트를 비교하고 시간적 측면의 영향을 파악할 수 있도록 비용과 수익을 할인하여 산출해야 한다"(DVW, 2012: 6).

132. (옮긴이) 각종 개발 계획 등을 수립할 때, 법령을 준수하고 이와 관련된 모든 이익을 정당하게 고려해야 한다는 원리를 이르는 것이다.

133. 계획법(예를 들어, 연방건설법전 제1조 제5항 또는 건축이용령), '건축기준법(Bauordnungsrecht)', '작업장법(Arbeitsstättenrecht)', '공해(대기오염)방지법(Immissionsschutzrecht)'(예를 들어, '소음기술지침(Technische Anleitung Lärm)'과 함께) 및 기타 공공 법적 규칙

134. 이는 예를 들어 광역 중심지구, 도시계획적 개발 계획, 도시계획적 대강 계획 또는 토지이용계획, 기본계획(마스터플랜)과 부문 계획(예를 들어, 소매업, 소음, 환경에 관한 부문 계획), 연방건설법전 제33조 제1항이 말하는 지구상세계획 또는 계획 수립 완료 단계에 있는 지구상세계획 초안, 지역 조형(디자인) 규정 등이다.

135. 이것은 매각이 아니라 소유자가 자신의 재산을 포기하여 토지가 임자 없게 되었다는 토지 등기소에 대한 선언을 의미한다.

136. (옮긴이) 'Verordnung über die Grundsätze für die Ermittlung der Verkehrswerte von Grundstücken'을 말한다.

137. "수용은 공공의 복리를 위해서만 허용된다. 그것은 법에 따라 또는 보상의 유형과 범위를 규율하는 법률에 의해서만 이루어질 수 있다. 보상은 공공의 복리와 관계자들의 이익을 공정하게 형량하여 결정되어야 한다. 보상 금액 때문에 분쟁이 발생할 경우에는 일반 법원의 법률적 구제를 받을 수 있다"(기본법 제14조 제3항).

138. (옮긴이) 여기서 기념물(Denkmal)은 문화재(Kulturgut)로, 문화재를 보호하기 법률은 주 법률로서 대부분 기념물보호법(Denkmalschutzgesetz)으로 입법되어 있다. 이에 반해 기념물에 대한 연방 법률로서 문화재법은 독일 문화재가 외국으로 반출되는 것을 방지하기 위한 법률인 문화재보호법(Gesetz zum Schutz deutschen Kulturgutes gegen Abwanderung)과 1970년에 체결된 유네스코의 문화재 불법 반출입 및 소유권 양도 금지와 예방 수단에 관한 협약을 이행하기 위한 법률인 문화재환수법(Kulturguter Rückgabegesetz)으로 입법되어 있다. 주 법률에서 말하는 기념물에 대한 정의에는 차이가 있는데, 바덴-뷔르템베르크주의 기념

물보호법 제2조에서는 "문화기념물(Kulturdenkmale)은 학문적, 예술적, 향토사적 이유에서 기념물의 유지에 공익이 존재하는 사물, 사물 전체, 사물 부분"이라고 규정되어 있으며, 작센-안할트주의 기념물보호법의 제2조에는 "문화기념물은 그 유지에 공익이 존재하는 과거의 인간 생활의 물적 생산물이다. 특히, 역사적, 문화 예술적, 학문적, 예배적, 기술 경제적, 도시 건축적 의미가 있다면 공익이 존재한다"라고 규정되어 있다.

139. 공사 중단 비용, 특수 훈련을 받은 굴착기 운전자의 추가 비용, 발굴팀 비용

140. (옮긴이) 건축물 등 부동산을 하나의 군집으로 취급한다.

141. 창문, 문, 지붕, 굴뚝 그리고 건물 외관의 교체; 발코니, 지붕, 창문, 태양광 시설 그리고 수직 창의 설치; 울타리의 변경 및 허가가 필요하지 않은 부속 건물의 설치

142. 모든 박쥐종, 도롱뇽, 작은 물개구리, 청개구리, 두꺼비, 도마뱀

143. 즉, 식물, 동물 그리고 버섯 군집을 변화시키거나 발전시켜 나아가는 것이다.

144. (옮긴이) 선구수목(先驅樹木)이란 천이의 초기에 빈 땅(裸地)에 처음으로 들어와 토착하여 자라는 나무를 말한다. 이 선구수목에 해당하는 나무들은 처음 숲이 만들어질 때, 큰 활약을 하는 주인공들이다.

145. (옮긴이) 생태 계좌 또는 생태 은행 제도는 자연 침해 발생에 따른 보상 조치에 대비하기 위해 생태 공간을 매입, 임대 또는 수용 등 대체지를 비축하는 사전 대비책이다. 사업자는 침해 사업을 시작할 때 생태 계좌의 조치 중 적절한 조치를 대출받고 지역 사회에서 정한 대가를 지불해야 한다. 이는 개발 이전에 미리 보상 조치를 실행해 사전에 보상 조치에 필요한 토지를 확보할 수 있으며, 사업 인허가 기간과 전체 공사 기간을 단축시킬 수 있다는 장점이 있다.

146. (옮긴이) 볏과의 두해살이풀로, 높이는 40cm 정도이며, 5~6월에 엷은 자줏빛 또는 푸른빛의 잔꽃이 원기둥 모양으로 피는데 겨를 뿌린 것처럼 보인다.

147. (옮긴이) 유럽연합의 생태보호구역을 말한다.

148. (옮긴이) 여기서 개별지는 수목을 모두 베어낸 벌채지, 소개임지는 솎아베기의 간벌 등을 통한 수목이 분산해 있는 산림지 그리고 임내 초지는 산림지 속에 있는 초지를 일컫는다.

149. (옮긴이) 'Gesetz zur Erhaltung des Waldes und zur Förderung der Forstwirtschaft: Bundeswaldgesetz'(산림의 보존 및 임업 육성에 관한 법률)을 말한다.

150. (옮긴이) 'Europäischer Fonds für regionale Entwicklung: EFRE'로 영어의 'European Regional Development Fund: ERDF'를 말한다.

151. (옮긴이) 유럽연합(EU)이 추진하고 있는 유럽농촌개발농업기금(Europäischer Landwirtschaftsfonds für die Entwicklung des ländlichen Raums: ELER) 프로그램 가운데 하나로 LEADER(Liasons Entre Actions de Development de l'Economie Rurale) 프로그램은 그 의미를 직역하면 '농촌 경제 발전을 위한 행동 연대'의 프랑스어 표현이다. 지역적, 다부문적, 참여적 접근 방법을 강조하는 농촌개발 프로그램이라고 할 수 있다.

152. http://www.staedtebaufoerderung.info/StBauF/DE/Programm/StadtumbauWest/ff

153. http://www.nrwbank.de/foerderprodukte/을 참조할 것

154. 몬타바우르(Montabaur)에 있는 과거 베스트발트(Westerwald) 병영(41헥타르)에 대한 지구상세계획(B-Plan) 절차는 예를 들어 1년이 걸렸는데, 이는 빠른 것으로 간주할 수 있다.

제5장 가치평가

기존 토지 물건의 재고Bestand와 계획의 결과인 군 전환용지의 가격은 모든 전환에서 논의의 대상이다. 이것은 무엇보다도 관계자들(자치단체와 연방부동산업무공사)이 개발과 정이 끝나갈 무렵에 비로소 그들의 협상 결과를 거래 가격으로 공시하는 것과 관련이 있다. 이 가격이 관계자들의 협상 범위를 훨씬 벗어난다면, 전환 과정이 우선 일정 기간 중지된다. 특히 선취 절차에서는 자치단체가 거래 가격으로 매입할 수 있는 선택권만을 가지고 있다. 그러나 매입에는 관심이 없고 순수하게 고권적 계획을 행사하는 자치단체도 계획권에 의해 연방부동산업무공사가 수용하지 않는 가격을 만들어 낼 수 있으며, 이에 의해 전환도 역시 실행될 수 없다. 따라서 이 연구의 목적 중 하나는 이미 전환 과정이 시작할 때 지시적 가치평가를 가능하게 하는 것이다. 이 지시적 가치평가와 거래 가격에 이르는 경로에 대한 이해는 전환 과정을 투명하게 그리고 이와 함께 아마도 한층 더 신속하게 만들 것이다.

제3장과 제4장에서 재고 및 계획이라는 주제를 설명한 후, 이 장에서는 가격에 미치는 그 영향을 서술하고자 한다. 기존 재고와 존속 보호 둘 다는 몇 가지 걸림돌을 지니고 있음은 이미 확인하였다. 그러나 이 둘 다는 계획에서 추가적인 고려의 출발점이기도 하다. 만약 재고 또는 이로부터 결과하는 나중의 가격이 계획에서 함께 고려되지 않는다면, 계획의 실행은 실패로 끝날 것이다. 자치단체는 이론적으로 기존 재고의 이용이 최종적으로 취소되었기 때문에 후속 이용의 전망과 관련하여 상업용지에 비해 계획상으로 한층 더 자유롭다. 그렇기는 하지만 연방부동산업무공사는 소유자로서 오래 버틸 수 있는 힘을 지니고 있으며, 이는 결국 협력을 강제한다. 하지만 연방부동산업무공사도 자치단체의 협력에 의존하는데, 그렇지 않으면 군사시설 반환부지가 유휴 상태로 남아 있을 것이기 때문이다.

이 장은 건축권이 없는 토지의 가격에 대한 원칙적 고려 및 불확실한 미래와 함께 시작한다(5.1장). 이와 관련하여 군사시설 반환부지의 전환에 있어 가치 평가의 다양한 접근 방법과 기초를 제시한다. 그런 다음 생성 중인 건축부지에 대한 일괄적인 가격 계산법에 관한 문헌에서 논의하는 접근 방법을 설명한다 (5.2장). 그다음에는 개발자 계산 및 현금 흐름 할인 평가 방식Discounted-Cash-flow-Verfahren: DCF-Verfahren에 대한 설명이 이어진다. 가치평가에 대한 설명에서는 재고와 계획의 영역에서 비롯된 개별 주제들이 계속해서 나타난다. 연역적 가치평가를 이해하는 것은 제6장의 분석을 위해 대단히 중요하다. 이 장의 마지막에서는 중간 결론을 도출하는데, 왜냐하면 이것은 이 연구의 두 번째 부분의 끝이기도 하고, 따라서 이론 부분의 끝을 형성하기 때문이다.

5.1 건축권이 없는 경우의 가치평가

토지의 가격은 자본으로 환원된 수익률 이상이다. 따라서 토지와 서 있는 건물은 자가 이용자, 권리 소유자, 환경 또는 문화에 대해 쉽게 확인할 수 없는 특별한 가치를 지닐 수 있다. 이 연구에서 "가치Wert"는 우선 부동산 경제의 이해에 따른 가치를 의미한다. 부동산 가치에서 연성적 요인의 우위는 매매가 명백히 비경제적인 경우에만 입증될 수 있다.

거래 가격은 계산할 수 있지만, 가격에 대한 경험적 분석에서는 공증된 매매 가격이 중요하다. 이에 관한 문헌은 매매 가격과 거래 가격 간의 차이를 다음과 같이 기술하고 있다. "가치와 가격은 동일시될 수 없지만, 토지의 가치는 가격을 확정할 때 방향 설정에 도움을 주는 역할을 한다"(Dransfeld et al., 2007: 30).[155] 다비Davy도 연방건설법전 제194조에 따른 거래 가격의 이러한 모의 실험적 접근 방법을 주장한다. "거래 가격은 토지 시장 시뮬레이션의 결과이다(가격은 … 통상적인 사업 거래에서 목표로 하여 얻을 수 있는 것이다)"(Davy, 2006: 34). "사실 그것은 토지에 대한 소유권을 보유하고 행사할 수 있는 화폐로 표현된 가치이다"(Davy, 2006: 57). 그러나 연방부동산업무공사의 매각에서 거래 가격은 일반적으로 그렇듯이 협상의 기초가 아니라, 오히려 연방예산법BHO 제63조에 따른 완전한 voll 가격, 즉 매매 가격이다.

부동산 가치평가와 관련된 규정은 2010년 5월부터 토지가치평가령 Wertermittlungsverordnung: WertV을 계승한 부동산가치평가령 Immobilienwertermittlungsverordnung: ImmoWertV이다. 부동산가치평가령은 제4조 제3항[156]에 가능한 미래 개발을 가격에 반영하도록 규정하고 있다. 부동산가치평가령 제4조 제3항 제2호는 "예를 들어 경우에 따라 군 전환용지 또는 특정 상업 유휴지와 같은 토양 오염 구역과 결부된 토지를 파악한다"(Bundesdrucksache 171/10: 38).

이미 1990년대에 첫 번째 전환 물결이 시작되면서 매매 가격을 산정하는 것은 전환의 본질적 문제였는데(Koch, 2012: 128에 인용된 Kleiber ZfBR, 1993: 269이하: Dransfeld, 2012: 5), 물론 자치단체의 매입자와 매각자 모두 공공부문에 속하였다. 그 이유는 명백한데, 즉 경제성의 원칙이 부동산을 거래 가격으로 인증하도록 양측을 강제한다는 것이다.[157] 논리적으로 기초자치단체는 최저 매매 가격을 지급하려고 한다(Koch, 2012: 128에 인용된 Kleiber ZfBR, 1993: 269이하). 그러나 연방정부는 연방예산법BHO 제63조 제3항에 따라 부동산을 실제로 가능한 완전한 가격으로 매각해야 한다. 연방부동산업무공사법BImAG 제10조 제1항에 따라 연방부동산업무공사는 연방예산법의 규정에 구속되어 있다. 완전한 가격은 거래 가격에 상응한다. "완전한 가격은 시장에서 목표로 하여 얻을 수 있는 최대 가격으로 보아야 한다"(특히, OLG München 21 U 5013/98: LWL, 2018: 10 참조). 주州의 모든 기초자치단체법Gemeindeordnung은 부동산을 완전한 가격으로만 매각해야 한다는 명령을 포함하고 있으며, 행정 규정에 완전한 가격을 역시 거래 가격으로 규정하고 있다. 영리 기업에 대한 할인 판매는 유럽연합의 법률에 따라 금지되어 있다(아래 참조). 자치단체도 이익을 창출할 목적으로 사업을 할 때는 영리 기업으로 간주될 수 있다(예를 들어, 토지 개발 또는 민간에 임대).

군의 주거용 물건이나 계속 사용할 수 있는 집회장의 가치평가는 계획권이 원칙적으로 분쟁의 여지가 없는 한 부동산가치평가령ImmoWertV의 표준 방식(비교 시가, 원가, 수익 시가)을 따른다. 존속 보호가 적용된 연방 소유의 주거용 물건은 자치단체의 과도한 계획에도 불구하고 그 자체로 평가되어야 한다(Städtetag et al., 2019: 6). 그러므로 아래에서 이에 관해서는 더 이상 논의하지 않는다.

대규모 군 전환용지의 거래 가격은 대부분 기초자치단체 측이 의도하는 개발 계획에 기반을 두고 있다. 그러나 건축부지가 비정상적으로 작게 지정되었다고 하더라도, 나머지 토지의 일부에 대해서는 건축 기대가 성립할 수 있다. 이와 관련하여[158] 인터뷰에서 드란스펠트는 다음과 같이 언급하고 있는데(Dansfeld, 2018), "건축이 기대되는 부동산의 특질 수준(기대의 정도)은 이것, 즉 기초자치단체의 개발 계획으로부터 영향을 받지 않는다." 이러한 계획은 드물게만 유효한 지구상세계획으로 존재하기 때문에, 결정적인 가격 요인이 확보되지 않는다. 더욱이 개발을 실행할 때까지의 시간도 불확실하다. 기초자치단체뿐만 아니라 소유자도 계획에 따른 가치(가격) 상승 그 자체를 요구하였다(특히, Koch, 2012: 128).

계획권이 불확실한 경우에 어떻게 가치평가가 이루어질 수 있는가?

가격의 전개는 농경지에서 시작하여 건설 준비가 완료된 토지에서 끝난다. 각 단계의 지가는 최종 상태에서 가능한 건축적 활용과의 시간 거리에 따라 상승한다. 초기 출발 가격과 종점 가격을 비교하는 것은 가격 상승을 경험하기 위해 시간뿐만 아니라 자금(계획과 인프라에 대해)을 투자해야만 한다는 오해를 불러일으킬 수 있다. 이론적으로 계획에 따른 가격 상승이 비례 배분 상 가장 크며, 당연히 계획을 하는 자치단체도 이점을 알고 있다. 군 전환용지는 일반적으로 건축이 되어 있으므로(건물이 있으므로), 계획권에 의한 이론적 가격 상승에서 해체는 제외되어야 한다. "군 전환용지는 종종 가치 있는 건물이 없는 부지로, 이 경우에는 비교 가격 평가 방식Vergleichswertverfahren[159]와 잔여 가격 평가 방식Residualwertverfahren[160]이 주로 적용된다"(Dransfeld, 2004: 583이하). "더욱이 이러한 토지에 대해서는 이용 전환 청구권은 없지만 이용 전환 계승권이 있으며, 곧 이용 전환이 발생할 가능성이 높다. 이러한 경우에 가치평가는 특히 '이른바 물건의 본질상' 예를 들어 기존 계획에서 이에 상응하는 계획권적 표현이 있는지와 상관없이 예컨대 건축에 대한 기대를 도출할 수 있는지를 판단해야 한다"(Dransfeld, 2012: 5; BGH, 14.6. 1984, III ZR 41/83; Kleiber et al., 2017: 2442).

그러므로 군 전환용지는 전망이 없는 순수한 외부 구역(연방건설법전 제34조)에 놓여 있지 않는 한(Kleiber et al. 2017: 2448, 난외번호 615이하), 건축이 기대되는 토지 Bauerwartungsland로 분류될 수 있다(Dransfeld, 2012: 5). 포기한 군사용지는 기반시설 설치 상태와 위치에 따라 건축 준비가 완료된 토지가 있는 진정한 내부 구역(연방건설법전 제34조) 또는 순수한 외부 구역의 토지로 평가될 수 있다(Kleiber et al., 2017: 2449, 난외번호 620). 후자의 경우에는 건축 기대가 매우 낮을 것으로 예상된다.

5.2 포괄 계산법에 따른 가치평가

일부 감정평가위원회는 건축이 기대되는 토지와 관련하여 비교 지가(건축 준비가 완료된)에 대해 포괄 가격 삭감, 즉 할인 범위를 발표하였다(Kleiber et al., 2017: 1557이하, 난외번호 43). 따라서 (7개의 감정평가위원회의 경우) 초기 출발 가격에 있어 건축이 기대되는 토지인 경우, 비교 지가에 대한 할인은 50퍼센트 이상이었다(상세시). 포괄 요율은 과세 평가에서도 언급되고 있다. 이는 주州의 최상급 재무 행정 관청의 규정에 기반을 두고 있다(Kleiber et al., 2017: 1559에 인용된 토지 시장 및 토지 가치, 2009년 5월 5일: 225). 여기서 건축이 기대되는 토지에 25퍼센트, 완공이 될된 총 건축부지에 50퍼센트 그리고 완공이 될된 순 건축부지에 75퍼센트가 설정되어 있다.

또한 다음 그림은 제라디Gerardy와 뫼켈Möckel의 대규모 조사 분석을 기반으로 한 개발 단계별 가격 삭감, 즉 할인과 함께 활용될 수 있다.

유럽연합 회계 감사원은 산업 및 군사 유휴지의 매매 가격이 총 비용의 최대 10퍼센트를 초과하지 않아야 한다고 권고하고 있다. 그렇지 않을 경우, 유럽연합 공동 자금 조달, 즉 지원금은 불가능하다(EU-Rechnungshof, 2012: 30, 각주 Fußnote).

앞서 언급한 포괄 계산법은 일반적인 가격 계산법을 찾으려는 시도가 있음을 보여준다. 따라서 그 필요성은 존재하는 것으로 여겨진다.

생성 중인 건축부지에 대한 포괄 계산법은 미래 이용을 위한 기준지가의

단계	주요 지표(Merkmal)	건축 준비가 완료된 토지 가격에서 차지하는 비율 (%)
건축이 기대되는 토지(Bauerwartungsland)		
1.	여론상 가까운 장래에 건축이 기대됨	15~40
2.	토지이용계획에 건축용도지역(Baufläche)으로 표시	25~50
3.	지구상세계획의 수립이 결정됨	35~60
4.	지구상세계획이 수립되었으며, 법률적 효력 발휘까지 추정되는 기간 및 기반시설 설치 확실성의 정도에 따라	50~70
완공이 덜된 토지(Rohbauland)		
5.	연담건축지역(기존 시가지 구역) 내에 놓여 있으며, 기반시설 설치가 요구됨	50~70
6.	지구상세계획은 법률상 효력이 있으며, 토지 정리가 요구됨	60~80
7.	지구상세계획은 법률상 효력이 있으며, 토지 정리가 요구되지 않음	70~85
8.	지구상세계획은 법률상 효력이 있으며, 기반시설 설치가 확실함	85~95
건축 준비가 완료된 토지(Bauriefes Land)		
9.	지구상세계획은 법률상 효력이 있거나 연담건축지역 (기존 시가지 구역) 내에 놓여 있음; 기반시설 설치가 이루어지고 있거나 이미 이루어짐; 기반시설 설치 부담금 및 보상 부담금의 의무가 있음	100

그림 16. 건축부지 개발의 품질 단계별 가격 차이(출처: Kleiber et .al.(2017: 1557)에 인용된 Gerardy & Möckel, 2010, Praxis der Grundstücksbewertung)

25퍼센트에서 75퍼센트 사이를 오르내린다. 클라이버는 포괄 할인을 반대하고, 할인이 비교 가격의 35퍼센트를 초과할 수 없다고 하는 베를린대법원 Kammergericht의 판결을 참조하도록 하고 있다(Kleiber et al., 2017: 1557, 난외번호 430). 이를 통해 다음과 같은 결론을 내릴 수 있다. 다시 말해, 연방부동산업무공사의 데이터를 기반으로 결정된 할인(매매 가격과 최종 가격 간의 가격 차이)이 35퍼센트를 초과한다면, 철거나 기반시설 설치와 같은 특정한 추가로 발생하는 비용 요인을 고려하였거나 대기 기간이 통상의 경우를 명백히 초과하고 있다는 것이다. 위에서 언급한 포괄 할인에 더해, 이 연구 역시 비용이 많이 소요되는 거래 가격 감정평가서 없이 초기의 지시적indikativ 가치평가를 가능하게 하기 위해 포괄 요율Pauschale을 제시할 것이다

5.3 개발자 계산 및 현금 흐름 할인 평가 방식

이 하위 장에서 언급하는 두 가지 가치평가 방식은 투자자의 관점에서 계산하고 투자 가치에 초점을 맞춘다는 공통점이 있다. 이 두 가지 가치평가 방식은 개별 비용(예를 들어, 토지 거래 비용과 자금 조달 비용)을 포함한다는 점에서 일반적인 가치평가 방식과는 구별된다(Kleiber et al., 2017: 946, 난외번호 16). 또한 수익은 예를 들어 개발 과정에서 지가가 계속 상승한다는 것과 같이 예측에서 도출된다.

5.3.1 개발자 계산

개발자 계산은 단순한 개략적인 가치평가이다. 이때 비용은 수입과 비교된다. 이 방법은 그 단순성 때문에 많은 소규모 프로젝트 개발자에게서 적용되고 있다. 부동산 이자와 원가(물건 가치) 지침(아래 참조)을 갖고서 거래 가격을 평가하는 것과 달리, 이 방법은 구체적인 비용 요인을 활용한다. 즉, 대기 기간 대신 중간 자금 조달비가 비용에 포함된다. 이 연구는 나중에 부동산 이자와 시장의 통상 이자율 간의 차이에 대해 다시 한 번 설명할 것이다(5.4.3.7절). 개발자 계산에서 산출된 매각 가격(매출고)은 비용과 마찬가지로 할인되지 않는다.

개별 비용 항목은 철거비, 기반시설 설치 및 공공녹지의 건축비, 개발자 이윤 그리고 (토지) 매입을 위한 거래비 등이다. 이러한 개별 항목은 연역적 가치평가에 관한 절에서 자세히 설명될 것이다. 여기서는 개발자 계산의 계산 사례를 제시하려고 한다.

개발자 계산	제곱미터당 유로(€/m²)	1ha 토지 크기의 경우(€/ha)
지가(토지 가격)	200€	–
수익(토지 양도 후 25%)	150€	1,500,000€
공제된 개발자 이윤	약 23€	225,000€
공제된 거래 비용, 매입 가격의 6.5%	약 3€	27,950€
공제된 자금 조달, 4년간 비용의 2%	12€	120,000€
공제된 철거와 기반시설 설치 및 공공녹지 건축비	65€	650,000€
비용 총계	약 102€	1,022,950€
(수익에서 비용을 뺀) 가격	약 48€	477,050€

그림 17. 개발자 계산에 관한 사례

위의 계산에서는 기준지가에서 토지 양도(부담금)(25퍼센트)가 공제되고, 이를 통해 제곱미터당 150유로의 수익이 발생한다. 개발자 이윤은 수익과 연관되며, 거래비는 매입 시의 토지 가격과 연관되며, 자금 조달은 토지 매입 가격을 합한 비용과 연관이 된다. 개발자 이윤과 자금 조달 이자는 개별 가격이며, 실질 이자율에 따라 달라진다.

　나중의 이 연구에서 위에서 제시된 계산에서 할인이 없다면, 수익과 비용의 할인이 이루어지는 경우보다 매매 가격이 더 낮아진다는 사실을 알 수 있을 것이다. 이러한 이유에서 개발자 계산의 경우 매각 가격보다 높은 지가가 가정된다. 만약 위의 계산에서 매각 수익으로 200유로 대신 230유로를 가정한다면, 최종 가격은 제곱미터당 59유로가 된다. 따라서 개발자 계산은 지가 상승과 관련한 예측(진단)을 행한 경우에만 기능한다.

5.3.2 현금 흐름 할인 평가 방식

현금 흐름 할인 평가 방식Discounted-Cash-Flow-Verfahren: DCF은 전문적인 개발자 계산이다. 이것은 원래 프로젝트에 대한 투자 결정을 준비하는 데 사용되었고, 따라서 "예측에 기반을 둔 수익 가격 평가 방식"으로 번역된다(Kleiber et al.,

2017: 1721, 난외번호 21). 부동산가치평가령ImmowertV에 따른 수익 가격 평가 방식Ertragswertverfahren은 추상화된 부동산 이자와 함께 작동한다.[161]반면, 현금 흐름 할인 평가 방식DCF은 투입된 자본의 명목 수익률과 선형적 가격 상승 그리고 지수화된 투자 비용으로 작동한다.

이렇듯 기존 부동산의 가치를 평가할 때 수익 가격 평가 방식과 달리 영구적으로 일정한 순수익이 수입으로 파악되는 것이 아니라, 오히려 통상적인 임대료 상승과 공실이 있는 순 임대료가 수입으로 파악된다. 연간 수입과 연말의 할인된 매각 가격이 투자 기간의 연간 할인 지출과 비교된다.

$$DCF = \sum_{i=1}^{n} \frac{RE_i}{q^i} - IK + \frac{VP_n}{q^n}$$

REi=i년의 예상 순수익 / q=1+ṕ, ṕ=내부 이율
n=예측 기간(년) / IK=투자비(매매 가격 포함)
VPn=n년 후 예측 기간 말의 예상 매각 가격(출처: Dransfeld, 2007: 127)

현금 흐름 할인 평가 방식이 비교에서 정(+)의 값이면, 투자는 가치가 있다. 적용된 이자율을 변경함으로써 수익이 정확히 0이 되는 시점을 결정할 수 있다. 이렇게 구한 이자율은 내부 이율[162]이라고 한다(Dransfeld, 2007: 77 참조). 현금 흐름 할인 평가 방식은 정의된 시점(예를 들어, 오늘)에서 모든 미래, 과거 그리고 현재 금액의 현행 가격Barwert을 찾는 데 사용된다. 현금 흐름 할인 평가 방식은 국제적으로 인정을 받고 있지만, 부동산가치평가령ImmowertV이 말하는 방식은 아니다(Kleiber et al., 2017: 1721, 난외번호 21).

결과적으로 현금 흐름 할인 평가 방식은 오히려 수익 가치를 계산하기 위해 설계되었기 때문에, 연방부동산업무공사의 데이터베이스를 분석하는 데 도움이 되지 않는 것으로 보인다. 반면에 개발자 계산은 단순한 구조 때문에, 두 번째 평가 방식을 도입하는 데 사용할 수 있다. 연방부동산업무공사의 감정평가인은 부동산가치평가령에 따라 작업을 진행하기 때문에, 이 연구의 분석도 역시 그에 따라 진행해야 할 것이다.

5.4 잔여 가격 또는 연역 가격

계속해서 이용할 전망이 없어 포기한 군 부동산에 대해서는 재고 가격 Bestandswert을 계산할 수 없기 때문에, 그 가격은 이용 구상을 기반으로 하여 계산하여야 한다. 후속 이용 전망은 가격과 관련이 있다(Dransfeld, 2012: 3). 연방부동산업무공사는 이러한 방법을 통해 정기적으로 가격을 계산한다(FaKo StB, 2014: 28). 클라이버는 군 전환용지에 대한 감정평가서가 작성된 시점에 후속 이용도 그리고 오염도 알려지지 않았다고 가정한다(Kleiber et al., 2017: 189, 난외번호 366). 이러한 추정은, 매매 계약이 체결되었고 이에 따라 매입자에게 실행 가능한 이용 개념이 존재하기 때문에, 이 연구의 사례들에 대해서는 배제될 수 있다. 더군다나 연방부동산업무공사의 할인 지침VerbR에 따라 거래 가격에 대한 감정평가서가 전적으로 완료될 수 있도록 하기 위해, 후속 이용 아이디어 (목적 선언)를 제출해야 한다. 필자의 경험에 따르면, 이러한 접근 방법은 역사적 토양 오염 구역 조사(Ⅰa단계)의 병행적인 생성과 마찬가지로 규칙이기도 하다. 그러나 클라이버는 2012년 할인 지침VerbR이 통과되기 이전의 접근 방법에 대해 보고할지도 모른다.

군 전환용지의 가치를 평가하려고 할 때, 건축 가능성에 따른 토지의 평가가 가장 큰 도전 과제이다. 토지의 가격은 위치라는 주요 지표 외에 무엇보다도 건축 가능성과 계획법상의 가능한 용도(Aring, 2005: 28이하) 그리고 또한 군 전환용지의 경우 미래 전망 등에 의해 산정된다(Dransfeld, 2012: 5). 이것들은 부동산 가치평가령 제4조 제2항에 따른 토지의 지표Merkmal이다. 따라서 매각자로서 연방부동산업무공사의 경우, 그들의 토지에 어떤 계획권이 성립할 것인지는 가격과 관련이 있다. 일부 건물의 유형은 민간 연계 이용(예를 들어, 군 주택 또는 창고)에 직접적으로 적합하므로, 계획권이 조정되는 한 건축기준법적 용도 전환(종종 건축기준법적 조건에 따라)이 가능할 것이다. 이에 따라 부동산의 가격은 유지되고, 전환이 단기간에 이루어질 수 있을 것이다. "토지의 군사적 건축이 미래 지향적인 거래 가치에 중요하면 할수록, 예견된 후속 이용으로 그만큼 더 손쉽게 전환될 수 있다"(Kleiber et al., 2017: 2443, 난외번호 590). 군사적 이용 동안에는 연방건설법전 제37조 제2항[163]에 따라 연방정부의 부문계획법률Fachplanungsrecht 이 적용된다. 많은 군 부동산은 연방건설법전 제37조 또는 예전 규정VOöB[164] 에 따라 허가되었다. 이에 따라 군사시설 반환부지는 자치단체의 계획권에서 벗어나 있으며, 연방정부의 군사적 해제가 필요하다.

잔여 가격의 산정은 임대로부터 얻는 미래의 수익을 계산 방법으로 선택하고, 이는 다시 매매 가격으로 이어지고, 따라서 잔여 가격 평가 방식의 수익 측면을 형성한다. 그런 다음 토지 개발 및 건물 제조 비용은 수익 가격에서 공제된다. 임대료 접근법과 건물 제조는 대기 기간을 연장하기 때문에, 이는 가치평가 방식에 불확실성을 더 높인다. 따라서 로이터는 "전통적인 잔여 (가격) 평가 방식은 거래 가격(시가)을 평가하는 데 적합하지 않다"라는 결론에 도달하였다(Reuter, 2002: 10). 따라서 이 연구에서는 지가를 기반으로 한 연역적 가치평가만이 남게 된다.

5.4.1 연역적 가치평가

건축이 기대되는 군사용 토지의 가격은 어떻게 결정되는가? 클라이버는 여러 곳에서(예를 들어, Kleiber et al., 2017: 1608) 잔여 및 연역적 가치평가는 최후의 선택 수단이어야 하며, 원가와 수익 가격 그리고 비교 가격 가치평가 방식이 우선되어야 한다고 기술하고 있다. 일반적으로 동일한 부동산 시장에서 동일한 개발 전망을 가진 동일한 유형의 군 전환용지에 대한 충분한 비교 가격이 존재하지 않기 때문에, 향후 계획의 지가(매가 시가)는 순 건축부지Nettobauland의 가장 가까운[165] 비교 지가이다(Kleiber et al., 2017: 1555, 난외번호 418 및 1567, 난외번호 468: Dransfeld, 2012: 6). 거래 가격을 얻기 위해서는 개발의 비용을 이로부터 공제해야 한다. 이것은 연역적deduktiv 가치평가의 방식이다. 부동산가치평가령 제10조 제1항에는 비교 가격 없는 경우 기준지가를 산정하기 위한 참조 사항이 있다. "비교 가격이 충분하지 않은 경우, 기준지가는 또한 연역적 가치평가 방식의 도움으로 또는 다른 적절하고 납득할 수 있는 방법으로 산정될 수 있다."

연역적 가치평가의 기초는 디데리히Diederich와 코흐Koch 또는 클라이버

Kleiber[166]의 "산출지가"로 소급된다. 이때 기대되는 지가는 개발 비용으로 인해 감소한다. 연역적 가격의 정의는 발터 젤레Walter Seele에 기인한다(Seele, 1998: 393이하).

연역적 가치평가에는 여러 단계가 존재한다(Dransfeld, 2007: 46이하에 의거).

1. 가장 간단한 변형: 신규 계획도 신규 기반시설 설치도 없다. 이 시나리오에서 (도시계획적으로 구조화되는) 기반시설 설치와 그에 따른 토지 구획은 유지된다. 기존 토지에서 다만 철거와 신축이 이루어진다. 계획권도 마찬가지로 변경되지 않는다. 결과적으로 해체비와 할인 비용만이 발생하며, 이는 거래 가격을 얻기 위해 건설 준비가 완료된 토지의 가격에서 차감되어야 한다. 이 가격은 토지가치평가령WertV[167]에서 청산 가격으로 불렸다.

2. 구조 조정: 만약 예를 들어 병영 부지를 택지로 전환하면, 대체로 대부분의 개발비와 공공 수요 용지의 면적 손실이 발생한다. 후자에는 무엇보다도 기반시설 설치 면적과 경우에 따라 사업 계획에 의해 유도되는 한 공공 시설물을 위한 면적이 포함된다. 생태적 보상(조성) 토지 역시 이 범주에 속한다.

연역적 지가w는 다음과 같이 계산된다(Reuter, 2011: 53 및 Kleiber et al., 2017: 1567 이하 참조).

$$W=(B-E)\times(1-f/100)\times 1/q^n$$

- 비교 지가 B: 기반시설 설치 부담금이 없는ebf 건축부지로 개발 후 제곱미터당 기대되는 지가
- 개발 비용 E 공제, 특히,
- 건축비(기반시설 설치를 위한 제조 비용, 해체 및 토공사 비용)
- 신규 정비비, 즉 신규 측량비
- 건축 준비가 완료된 시점 또는 매각까지의 개발 및 대기 기간 'n'(년) 동안의

이자 비용을 공제; 이 이자 비용은 적정한 부동산 이자율 p%와 이자 요소 q=1+p%로 계산됨

- 공공 교통 및 녹지 면적, 즉 무상으로 기초자치단체로 양도되는 면적에 대한 비율로 기반시설 설치 면적 비율f을 공제함. 이 공제는 제곱미터당 유로 또는 총 건축부지를 기반으로 하여 계산할 경우에만 표시할 수 있음

비교 기준지가	
순 건축부지 개발비	해체 및 토공사 공제
	기반시설 설치 시설 및 공공녹지 의 조성 공제
	대기 기간의 이자 비용 및 이윤 공제
	개발자 이윤 및 위험
	자치단체로의 토지 양도 공제
결과: 거래 가격	

그림 18. 연역적 가치평가 체계

사례를 설명하기 위해, 다음과 같은 도식 체계에 따라 계산을 수행해야 한다.

사례: 총 건축부지 100,000m², 미래의 순 건축부지 75,000m², 기준지가 200€/m², 토지 개발을 위한 건축비 65€/m²			
	제곱미터당 유로 (€/m²)	순 건축부지(m²)	총 건축부지(m²)
1) 기준지가 및 수익	순 건축부지 200€	200€×75,000 =15,000,000€	200€×100,000 =20,000,000€
기반시설 설치 및 공공녹지 조성 공사비 및 해체 공제	순 건축부지 65€	65€×75,000 =4,875,000€	65€×100,000 =65,000,000€
2) 개발 후 건축부지의 가격(5년)	순 건축부지 200€ -65€ =135€	15,000,000€ -4,875,000€ =10,125,000€	20,000,000€ -6,500,000€ =13,500,000€
대기 기간 공제, 5년 기간의 5% (할인)=0.7835	순 건축부지 135€×0.7835 =105.77€	10,125,000€ ×0.7835 =7,933,140€	13,500,000€ ×0.7835 =10,577,520€

개발자 이윤 15% 공제	순 건축부지 105.77€ ×0.85 =89.91€	7,933,140€ ×15% =1,189,971€	10,577,520€ ×15% =1,586,628€
3) 건축부지 지가	순 건축부지 89.91€	7,933,140€ -1,189,971€ =6,743,169€	10,577,520€ -1,586,628€ =8,990,892€
토지 양도 25%(f) 공제	89.91€ ×0.25 =(f) 22.25€ 총 건축부지 89.91€ -22.25€ =67.42€	25,000m² 토지의 무상 양도	8,990,892€ ×25% =2,247,723€
4) 100,000m²에 대한 거래 가격	총 건축부지 67.42€	6,743,169€	8,990,892€ -2,247,723€ =6,743,169€
개발비			
총 건축부지에 대한 개발비 (토지 양도 없음)	150€ -67.42€ =82.58€	순 건축부지 수익 -총 건축부지 매매 가격 15,000,000€ -6,743,169€ =8,256,831€	
순 건축부지에 대한 개발비 (토지 양도 포함)	200€ -67.42€ =132.58€		20,000,000€ -6,743,169€ =13,256,831€
순 건축부지와 총 건축부지 간의 차이	132.58€ -82.58€ =50€ =기준지가의 25%	13,256,831€ -8,256,831€ =5,000,000€ =20,000,000€ 의 25%	

그림 19. 연역적 가치평가의 사례(반올림 차이가 있음)
(출처: Kleiber et al.(2017: 1569이하)에 의거하여 필자 작성)

위의 예에서 비교 기준지가(200유로)에서 개별 비용 항목을 공제하고, 따라서 미래 건축부지의 현재 가격이 남게 된다. 이 사례를 통해, 자치단체로의 토지의 무상 이전은 전체 금액을 계산할 경우에는 눈에 띄지 않지만, 제곱미터당 가격을 계산할 경우에는 두드러진다는 점을 알 수 있다. 순 건축부지의 개발비(즉, 건축 준비가 완료된 그리고 기반시설 설치 부담금이 없는 순 건축부지로의 변화)는 위의 예에서 토지 양도를 포함하여 제곱미터당 132.58유로(200유로-67.42유로)이다. 개발비의 개별 항목은 이 연구에서 나중에 설명할 것이다.

연역적 계산은 경제계와 학계에 받아들여지고 세분되었는데, "모든 투자자는 군 전환용지에 대한 투자를 준비하기 위해 이 원리에 따라 행동한다"(Dransfeld, 2012: 6). 하지만 결과는 다양한 불확실성으로 인해 잘못될 수 있다(Kleber et al., 2017: 1555, 난외번호 423; Dransfield, 2012: 6). 거래 가격 감정평가인은 지역적 상황 조건에 따라 지가에 미치는 영향을 평가해야만 하므로(Reuter, 2011: 53), 평가 가격의 개별 범위 내에서 부정확성이 발생할 수 있다. 이에 따라 잘못된 평가값은 지가W로 이전된다. 잘못된 지가는 특히 잘못된 평가값의 불리한 추가와 함께 강화된다. 가장 불확실한 요인은 자치단체의 구체적인 계획안이 가결되지 않은 한, 건축이 기대되는 토지가 건축부지로 될 때까지의 대기 기간이다(Reuter, 2011: 53). 만약 자치단체가 스스로 매입한다면, 불확실성은 자연스럽게 줄어든다.

출발 비교 지가

비교 지가는 말하자면 개발의 최종 생산물, 즉 개발자가 건축 준비가 완료된 토지에 대해 수익으로 설정하는 가격이다. 이 건축 준비가 완료된 토지는 예를 들어 시장에서 일반적으로 사용되는 규모로 완전히 기반시설 설치가 이루어진 그리고 즉각 건축할 수 있는 단독주택 토지이다. 단순한 사례의 주거용 건축부지의 경우에는 인근에 있는 비교 가능한 토지의 기준지가를 활용할 수 있다. 이 기준지가는 경우에 따라 상이한 지표에 따라 조정되어야만 한다(부동산가치평가령 제13조). 여기에는 예를 들어 다음을 바탕으로 한 조정이 포함된다.

• 토지 이용률: 용적률GRZ 및 건폐율GFZ이 다를 경우, 다시 계산해야 한다.
• 미시 지역적 위치(예, 길 주변 대예석면 도 지역 법칙)
• 토지 구획 형태 및 토지의 규모(규정)

이를 위해 일부 감정평가위원회는 매매 가격 수집에서 산출하는 환산 계수를 제공하고 있다. 연방교통건설도시개발부Bundesministerium für Verkehr, Bau und Stadtentwicklung: BMVBS는 2012년부터 원가지침Sachwertrichtlinie: SW-RL[168]과 비교가격지침Vergleichswertrichtlinie: VW-RL[169]에서 환산 및 조정의 정확한 접근 방법을 설명하고 있다(자세한 것은 Kleiber et al., 2017: 1181이하). 그러나 이 연구의 거의 모든 매각 사례에 대해 개발자도 역시 설정하였을 수 있는 지역적 비교 기준지가를 찾아볼 수 있었다(6.2.1.7절 참조).

5.4.2 군 전환용지의 가치평가

연방부동산업무공사는 부동산을 완전한 가격으로 매각해야 할 의무가 있다(연방예산법BHO 제63조 제1항). 이 완전한 가격은 연방건설법전 제194조에서 말하는 "거래 및 시장 가격"이다(특히 Dransfield, 2012: 4). 따라서 감정평가인이 산정한 거래 가격이 있어야만 한다(연방예산법 제64조 제3항). 연방부동산업무공사는 자체의 감정평가인을 고용하고 있다(상게서).

공공부문이 부동산을 민간인에게 매각할 경우, 유럽연합 집행위원회EU-Kommission는 시장에 시장성 있는 부동산을 공급할 것, 즉 입찰 절차를 통해 매각할 것을 권고하고 있다.[170] 최고 입찰가는 연방예산법 제7조에 따라 가장 경제적인 입찰가이기도 하다(Hauschild, 2017: 718). 이 규정은 연방부동산업무공사가 입찰 절차를 수행하는 이유이며, 따라서 연방부동산업무공사가 가격을 올리고 있다는 비난에 대한 근거이기도 하다.

군사시설 반환부지의 경우, 계획법적 그리고 건설법적 상태가 가격에 결정적이기 때문에 논란이 될 수 있다(존속 보호에 관한 장 참조). 클라이버Kleiber는 군사시설 반환부지의 경우 평가자에게 건축 준비 완료, 즉 건축 준비 완료까지의 대기 기간에 대한 법률적 평가를 가치평가에서 제시할 것을 권고하고 있다(Kleiber et al., 2017: 2446. 난외번호 605). "일반적으로 민간 후속 이용을 위해 공급될 군사시설 반환부지의 거래 가격을 평가하는 데에는 현재의 법적 개발 상태에 그다지 의존하지 않고, 오히려 미래의 건축 준비 완료까지의 대기 기간에 결정적으로 의존한다고 말할 수도 있다"(Kleber et al., 2017: 2446. 난외번호 605).

　미국에서는 이용 전환이 가능한 부동산의 시장 가격을 결정하기 위해 이른바 최고가best-value의 가격이 산정된다. 이러한 가격은 계획권과 재고 상황에 관계없이 적용된다. "토지는 최고의 주인에게 간다Der Boden geht zum besten Wirt"라는 말이 독일의 등가물일 것이다(시장 가격). 또한 적절한 가치평가의 맥락에서 다른 이용이 (건축 기대가 또한 여전히 먼 경우) 이론적으로 더 높은 거래 가격을 가능하게 할 수 있는지를 검토해야 한다. 군사시설 반환부지의 경우, 거래 가격은 우선 기초자치단체의 이용 구상을 기반으로 계산되어야 하지만, 이 가격은 다른 가격과 비교될 수 있다. 대안적 비교 가격의 예를 살펴보면, 다음과 같다.

- 지가가 자연적으로 상승하는 유휴지의 가격
- '생태 포인트Ökopunkte'를 얻기 위해 해당 토지의 후속 용도 전환과 함께 보상 및 대체 조치의 가격
- 더 많은 순 건축부지가 지정될 때, 보다 긴 대기 기간 후에 발생하는 가격
- 철거 및 폐기 처리 비용이 더 낮으므로, 주거용 대신 상업용 후속 이용의 가격

5.4.3 연역적 가격의 비용 요인

3.5장에서 재고조사의 다양한 주제들을 설명하였다. 이 장에서는 위에서 언급한 기존 재고와 기타 요인들이 가격에 미치는 영향을 화폐화하려고 한다. 군 전환 물건의 매매 가격(연역적 가치)과 개발 후 가격(기준지가) 간의 차이를 세분하여 살펴보는 것이 목적이다.

　만약 초기 출발 가격 및 비교 가격이 건축이 기대되는 토지의 기준지가이라면, 다음과 같은 비용 항목 중 일부는 적용될 수 없을 수 있다. 건설이 기대되는 토지의 가격에는 개발자 이윤, 세획비, 기반시설 실치 그리고 자금 조달과 같은 이미 공제된 항목이 포함된다(Kleiber et al., 2017: 1611). 따라서 "건설이 기

대되는 토지"의 비교 가격에서 할인된 철거 비용만이 공제될 것이다. 모두에서 언급한 것처럼, 건축이 기대되는 토지에 대한 가격은 감정평가위원회에 의해 드물게만 제공된다. 이 연구의 체계에서 벗어나지 않기 위해, 비록 부분적으로 표시된 경우에도 모든 사례에서 건축이 기대되는 토지에 대한 비교 가격이 아니라 건축 준비가 완료된 토지의 기준지가ebf[171]를 이용하였다.

5.4.3.1 준비 및 이행 비용

준비 비용에는 도시 건축적 계획, 감정평가서 그리고 프로젝트 관리 등이 포함된다. 이를 위해 개발비의 3퍼센트가 책정된다(DVW, 2012: 7 참조). 매각 가격과 현재 기준지가 간에 제곱미터당 50유로의 차이가 나는 경우에는 이 준비 비용은 제곱미터당 1.50유로가 될 것이다. 연방부동산업무공사는 이러한 비용을 가격을 낮추기 위해 책정하지 않지만, 경우에 따라 도시계획 경쟁 공모에 드는 비용에는 관여한다. 부동산경제연구협회gif e.V.의 가치평가 체계에는 제곱미터당 3유로가 추진 절차 비용으로 들어 있다(gif, 2008: 2). 이러한 비용은 매각 데이터에 관한 후속 분석(제6장)에서 고려되지 않는다.

5.4.3.2 토지 취득 및 거래 비용

연방부동산업무공사가 매각할 때, 토지의 매매 가격이 연역적으로 산정되어야 하므로, 가치평가에서 "토지 취득" 항목은 제외된다. 비용 항목으로서 추가적으로는 약정 매입 또는 예를 들어 제3자 토지의 통행권에 대한 보상 등이 발생할 수 있다. 개발자 측에서는 토지를 개발 전에 연방부동산업무공사로부터 매입하고 개발 후에 분양해야 하기 때문에, 비용 요인으로서 토지 거래 비용(토지 취득세, 공증서, 토지 등기소, 측량 등)을 비용 항목으로 고려해야 한다(Kleiber et al. 2017: 1587, 난외번호 538). 제3자로의 최종적 매각에 대한 비용에는 거래 비용이 포함되지 않는데, 왜냐하면 이 거래 비용을 매입자가 부담하고 이 거래 비용이 기준지가[172]에 포함되기 때문이다(상게서). 부동산경제연구협회gif e. V.는 "거래 비용이 물건 그 자체의 가격에 영향을 미치지 않기 때문에" 거래 비용을 책정하지 않는다(gif, 2008: 8). 따라서 필자는 이 비용을 마찬가지로 분석(제6장)에서 역시 설정하지 않는다.

5.4.3.3 토공사 비용, 철거 그리고 정비 조치

토공사(지반 형성 작업) 비용에는 3.5.3.2절에서 설명한 조치뿐만 아니라 신규 구역 획정에 대한 비용도 포함된다. 철거비에서는 경우에 따라 건물 유해 물질의 제거를 포함해 산출해야 한다(3.5.3.2.3절). 철거 조치로 인한 건축 폐기물 외에도 법적으로는 토양 오염 구역에 포함되지 않지만 그럼에도 불구하고 다시 설치할 수 없을 경우 폐기해야 하는 물질이 기존 지하층에 있을 수 있다(3.5.3.2.1절). 이것들은 예를 들어 건축 폐기물과 잔해물을 매립한 것일 수 있다. 철거에 따른 부산물은 종종 도로 노반으로 재설치할 수 있으며, 파낸 흙은 부분적으로 다른 곳에서 지면을 평탄화하는 데 투입된다. 그러나 이러한 폐기물을 대량으로 처리해야 하는 경우, 이러한 처리비도 토양 오염 구역과 마찬가지로 비용 측면에서 고려될 수 있다(Kleiber et al., 2017: 864이하). 군사 무기의 제거는 특히 건설 중단으로 이어지는 경우 또한 비용 요인일 수 있다(3.5.3.2.6절). 가치평가에서 토양 오염 구역을 평가 기법 상으로 다루는 방법은 5.5장에서 별도로 설명한다. 이 연구의 한 가지 목표는 철거와 인프라에 대한 평균적 비용 계산법을 찾는 것이다.

5.4.3.4 인프라 및 기반시설 설치

비용 항목 "인프라 및 기반시설 설치"에는 연방건설법전 제27조 이하에 따른 내부 기반시설 설치를 위한 인프라와 주(州)의 자치단체공과금법 Kommunalabgabengesetz: KAG[173]에 따라 처리되는 시설이 포함된다. 따라서 이는 개발 후 도시로 이전될 시설물과 토지이다. 각종 옥내 배선시설은 포함되지 않는다(gif, 2008: 5 외 6). 인프라는 기술적 인프라와 사회적 인프라로 구분된다. 기술적 인프라에는 도로, 각종 공급 및 폐기 처리 관로 그리고 기반시설 녹지(Erschließungsgrün) 등이 포함된다. 기반시설 녹지와 달리 대규모 녹지 및 공원은 사회적 인프라로 분류된다(Schulte, 2012: 104에 인용된 Wentz & Pelzeter). 그런데, 사회적 인프라에는 무엇보다도 교육, 문화, 보건 의료 그리고 체육 등의 시설물이 포함된다. 사회적 인프라는 건축 준비를 완료하는 것에 직접적으로 기여하지 않고, 오히려 후속 비용으로서 간주되기 때문에, 다음 장에서 다루고자 한다.

"주거지역에서는 예를 들어 순수 택지 1헥타르당 약 200미터 길이의 도로와 네트워크가 필요하다. 이러한 도로, 관로 그리고 선로의 폭과 직경은 주거 밀도(예를 들어, 순수 택지 헥타르당 주거 단위)와 전체 지역의 크기(규모)에 따라 어느 정도 달라진다. 그러나 사용 단위당 비용(주거지역의 경우에는 주거 단위당)을 고려하면, 도로 폭과 선로 직경의 비용 효과는 네트워크 길이의 '면적 효과'보다 훨씬 적다. 전반적으로 이것은 주거 밀도가 감소하면서 주거 단위당 비용을 많이 증가시키는 결과를 가져온다"(Gutsche, 2009: 35).

쾨터Kötter는 52건의 개발 프로젝트를 분석하였다. 그의 설명에서는 기반시설 설치 비용이 약 60퍼센트(계획 없이)를 차지한다(DVW, 2012: 12).

녹지를 포함하여 내부 기반시설 설치의 면적 비율은 경제적인 이유에서 30퍼센트를 초과하지 않아야 하지만, 그 비율이 상당히 높은 몇몇 개발이 알려져 있다. 인프라 면적은 개발자에 의해 생성되고 무상으로 자치단체에 양도되기 때문에, 그 규모와 토지에서 차지하는 비율은 한결같이 개발자와 자치단체 간의 쟁점이 되고 있다. 전체 면적의 약 25퍼센트가 도로 건설과 녹지에 필요하므로, 제곱미터당 산출이 가능하다(DVW, 2012: 4). 부동산산업연구협회는 2008년에 15퍼센트를 설정하였다(gif. 2008: 4). "주거지역에서의 비율이 토지의 규모가 작기 때문에 경험상 상업지역에서의 비율보다 더 높다"(Dransfeld, 2007: 48). 배수로의 정확한 비용은 토지 조건과 주거 밀도에 따라 크게 달라진다(DVW, 2012: 4). 가치평가에서 전문가들은 비용을 산정하기 위해 기반시설 설치 부담권(연방건설법전 제123조 이하)에 따른 통상적인 기반시설 설치 부담금에 의거하고 있다. 클라이버는 이와 관련하여 순 건축부지의 경우 제곱미터당 15유로에서 50유로의 경험 가격을 언급하고 있다(Kleiber et al., 2017: 1573, 난외번호 479). 이러한 경험 가격은 토지 취득을 포함하고 있으며, 따라서 연역적 가치평가에서는 기반시설 설치 면적 비율(총 건축부지의 약 25퍼센트)과 완전히 지역 일반의 기반시설 설치 면적 부담금(비용 측면에서)을 동시에 공제할 수 없다(상게서). 자치단체는 기반시설 설치비의 90퍼센트만을 부담할 수 있으므로, 연역적 가치평가에서도 비용의 90퍼센트만을 책정한다(gif. 2008: 3). 외부 기반시설 설치에는 사업 계획에 따른(즉, 조치로 인한) 인프라의 제조 및 후속 비용이 포함된다.

제6장의 분석에서 무상 토지 양도의 영향과 이러한 시설의 건축비를 고려하여 산정하고자 한다.

5.4.3.5 후속 비용

이 후속 비용에는 사업 계획, 즉 프로젝트에 따른 사회적 인프라, 곧 공공 및 민간 기관이 필요로 하는 공공 수요 시설물(예를 들어, 유치원과 학교와 같은)의 제조, 기존 외부 교통로의 확장 그리고 자치단체가 일반적으로 도시계획 계약(연방건설법전 제11조)을 통해 투자자에게 부과하고 자치단체공과금법KAG에 따라 분담할 수 없는 기타 조치들이 포함된다. 여기서 중요한 것은 자치단체가 생존 배려 Daseinsvorsorge의 맥락에서 제공해야 하는 시설물이다(기본법 제28조 제2항). 토지를 개발할 경우, 사회적 인프라에 대한 추가 수요가 발생할 수 있다. 수요는 해당 지역의 기존 시설물에도 불구하고 발생하는 추가 수요로 계산된다. 사회적 시설물의 건설 후 비용은 아마도 "몇 년 후에 이미" 그 건축비를 초과한다(Schulte, 2012: 109에 인용된 Wentz & Poilter). 건물의 유지 관리에만 매년 신축 건물 가격의 1퍼센트가 설정된다(상게서). 후속 비용은 해당 지역의 토지 거래에서 일반적으로 가격이 형성되는 경우, 가치평가에서 고려되어야 한다(Kleiber et al., 7: 1566, 나외변호 466). 그러나 가치평가에서는 운영 및 유지 관리 비용이 아닌 최초 제조 비용만이 책정된다.

인기 있는 뮌헨의 주택 시장에서는 모든 건축부지 개발자가 위에서 언급한 공공 인프라 및 녹지를 무상으로 제공하는 것 외에도 신규 층 바닥 면적 Geschossflächen의 제곱미터당 65유로의 부담금을 지급해야 한다(Kleiber et al.,

2017: 1578, 난외번호 504). 이에 관한 근거는 1997년 뮌헨 시의회에서 가결된 사회적 토지 이용에 관한 지침Richtlinie zur Sozialen Bodennutzung: SoBoN이다.

연방건설법전 제11조에 언급된 도시계획 계약에 대한 참조 지시는 양측의 계약상의 자유를 가정하고 있다는 점에 유의해야 한다. 따라서 자치단체의 과도한 후속 비용 부과는 매입자 또는 매각자가 이를 수용하지 않고 개발을 단념할 경우 프로젝트를 비경제적인 것으로 만들 수 있다(Kleiber et al., 2017: 1569, 난외번호 472). 건축부지 생산비가 개발에 따른 가격 상승을 초과하는 지역에서는 자치단체가 원하던 개발(예를 들어, 상업용 건축부지)의 후속 비용을 투자자에게 이전시키기란 쉽지 않다(상게서). 이는 특히 내부 구역에 있는 군 전환용지에 적용된다(Dransfeld & Hemprich, 2017: 1이하). 따라서 가치평가에서는 시장에서 통용되는, 다시 말해 각 자치단체의 모든 개발에서 책정되고 받아들여지는 후속 비용만을 책정해야 한다. 필자의 견해로는 매입자가 시장 투명성이 없기 때문에, 특정 후속 비용의 시장 관행을 입증하는 것은 자치단체에 있다. 웹사이트 projektchek.de는 인프라 후속 비용에 대한 무료 초기 평가를 제공한다.

5.4.3.6 보상 조치

자연과 경관의 침해에 대한 보상은 금전적으로 파악된다. 그 원리는 4.6.2절에 설명되어 있다. 군 전환 물건은 과거에 건축되었기 때문에, 보상 면적은 더 작거나 전혀 늘어나지 않는다. 보상 조치의 비용은 전환 전후의 밀봉된 면적의 규모에 따라 달라진다. 이로부터 보상 비용이 발생한다. 따라서 (군사시설 반환부지의 전환으로 인한) 미래의 밀봉 정도의 변화가 계획의 부재로 아직 알려지지 않았기 때문에, 전환 초기에 비용을 산정하기는 어렵다. 이 연구의 분석에서는 이 비용이 인프라 건축비에 포함된다.

5.4.3.7 개발자 이윤

프로젝트 개발은 (이상적으로) 민간 개발자에게 경제적이어야 한다. 따라서 민간 개발자는 이윤을 기대하고 있다. 이 이윤은 경험상 매출의 10퍼센트에서 30

퍼센트 사이이며, 종종 위험 할인(위험부담/이윤)도 포함한다. 이 높은 이윤의 기대
는 이윤을 토지의 취득과 완전 매각 사이의 기간으로 나눌 때 이해할 수 있다.
20퍼센트의 기대 이윤으로 5년 동안 개발할 경우, 연간 수익률은 4퍼센트(세전)
이다. 또한 몇 년간에 걸쳐 이윤을 분할하는 것은 개발자가 마지막 단위를 매
각해야만 비로소 실제 이윤을 얻는다는 것을 보여주는데, 왜냐하면 이전의 수
입은 이자 부담을 줄이기 위해 우선 미지급 부채를 상환하는 데 사용되기 때
문이다. 수익 기대는 당연히 현재의 기준 금리에 따라 달라진다. 즉, 기준 금리
가 높으면 높을수록 수익 기대는 그만큼 더 높아지는데, 왜냐하면 개발자가 금
융 시장의 (정기 예금과 같은) 고정 금리 투자에 비해 더 높은 위험을 감수하기 때문
이다. 이와는 정반대로 저금리 시대에는 수익 기대가 하락한다. 이러한 입장은
자금 조달 비용과 함께 작용한다. 저금리 시대에는 낮은 이윤이 기대되지만,
자금 조달 비용 역시 낮다(Just, 2017: 910이하).

클라이버는 실제 이윤 기대를 10~20퍼센트로 설명하고 있다(Kleiber et al.,
2017: 1588이하). 2012년 이후 낮은 금리 수준을 감안할 때, 매출액 대비 연간
2.5퍼센트의 수익률이 적절해 보인다. 이로 인해 6년 기간의 조치에서는 15퍼
센트의 이윤 기대가 발생한다. 연방부동산업무공사는 자치단체에 매각할 때,
경우에 따라 이윤 기대에 대한 할인을 받아들이지 않을 수 있다. 개발자 이윤
은 제6장의 분석에서 15퍼센트로 고려한다.

5.4.3.8 대기 기간 및 자금 조달 비용

개발 후 매각될 때까지 토지를 유지하는 데에는 어느 정도 시간이 걸린다. 토
지 매입 비용은 개발 초기에 발생한다. 더군다나 건축 조치 기간에 건축비
가 추가된다. 개발이 끝난 후에야 비로소 토지 매각에서 수입이 발생한다. 이
와 동시에 개발이 더 오래 걸릴 위험이 있다. 연역적 (기하평가) 방식에서는 모
든 비용과 수익이 개발의 시작으로, 곧 현재의 현행 가격Barwert으로 할인된다
(Kleiber et al. 2017: 1580이하). 드란스펠트는 건축권이 없고 대기 기간이 긴 군 전
환 부동산에 대해서는 할인이 필요하다고 지적한다(Dransfeld, 2012: 6이하). 부동

산산업연구협회는, 만약 "예를 들어 병영 부지를 주거지로 전환할 경우"와 같이 매우 큰 패키지가 초과 공급을 보장한다면, 추가적인 가격 할인을 권고한다 (gif, 2008: 6). 이 패키지 할인은 보다 긴 대기 기간에 표현하거나 별도로 명시된다. 그러나 그것은 수요와 설정된 지가에 달려 있다. 수요가 높고 가치평가에서 적용된 지가가 평균이면, 패키지 할인은 필요로 하지 않는다.

대기 기간에 대해 공제할 수 있는 비용은 부동산 이자와 잠정적 매입 가격(수익에서 비용을 뺀 값)이 알려져 있을 때, 계산할 수 있다. 대기 기간의 이자율은 지역 부동산 이자율(즉, 지역 부동산 시장의 매력)을 함께 고려하기 위해 현재 이자율과 부동산 이자율 사이에 있어야 한다(Dransfeld, 2007: 49 참조). 이를 위해, 대개 감정평가위원회를 통해 (비용을) 지급해야만 구할 수 있는 지역 부동산 이자를 각각 확인해야 한다. 개략적인 계산에서는 특정 용도에 대한 평균값을 대안으로 사용할 수 있다. 상업용 부동산의 경우에 한층 더 높은 위험을 고려할 수 있으므로, 상업용 개발에 대한 부동산 이자율은 자가 주택보다 두 배나 높다.

건축부지는 그 건축 준비가 미진하면 할수록, 개발 기간이 얼마나 걸릴지를 예측하기는 그만큼 더 어렵다. 군 전환용지의 경우, 이 개발 기간은 다음과 같은 요인들에 따라 달라진다.

• 정치적 의지 형성 및 대강 계획
• 계획 수립 절차 기간

계획권을 확립하기 위한 절차 기간은 (적어도 가장 유리한 경우) 자치단체가 개발자에게 지정할 수 있지만, 정치적 의지의 형성은 계산하기 어렵다. "오늘 개발 가능성 측면에서 아직 먼 것으로 보이는 것이 내일 이미 구체화될 수도 있다. 이와 정반대로, 이미 세세한 것까지 구체화된 개발 가능성이 드물지 않게 하룻밤 사이에 사라졌다"(Kleiber et al., 2017: 1558, 난외번호 437). 클라이버에 따르면, 대기 중인 건축부지의 개발에 영향을 받지 않는, 인플레이션이 조정된 가격 상승은 경험상 미미하다(Kleiber et al. 2017: 1582, 난외번호 517). 따라서 할인율(대기 기간에 대한 할인)이 장기간에 걸친 개발은 높고, 짧은 대기 기간은 낮다.

만약 비교 가격에 따라 대기 중인 건축부지의 현재 가격을 계산하려고 한다면, 비교 토지는 알려져 있어야 한다. 이 토지에 대한 시작 및 종료 가격과 대기 기간도 알려져 있어야 한다. 실제로는 비교 토지가 없는 경우가 종종 존재하기 때문에, 부동산 이자가 대체물로 사용된다(Kleiber et al., 2017: 1583, 난외번호 521). 특히 군 전환용지의 경우, 일반적으로 비교 토지가 거의 존재하지 않는다(Dransfeld, 2012: 5). 클라이버는 주택 담보 대출(모기지) 이자는 토지의 가격 상승을 계산하는 데 적합하지 않으며(Kleiber et al., 2017: 1583이하), 오히려 부동산 이자를 선택해야 한다고 지적하고 있다. 이를 설명하기 위해, 그는 가격 상승이 낮은 주택 담보 대출 이자에서 인플레이션율을 차감한 예를 선택하고 있다. 그는 가격 상승과 가치 상승이 현재 날짜(품질 기준일)로 할인하여 대기 기간 동안 회복되고 있음을 보여주고, 그 계산에서 간단히 수익과 비용을 뺀 다음, 결과에서 대기 기간을 할인할 것을 권장한다(Kleiber et. al., 2017: 1582이하).

이 연구에서는 다음과 같이 진행된다. 즉, 비용과 수익은 우선 할인 없이 서로 차감한다. 이는 대기 기간 없는 건축부지의 가격을 산출하는 것이다. 이어서 대기 기간이 이 가격에서 공제된다. 다음으로 개발자 이윤과 토지 양도에 대한 공제가 뒤따른다. 대기 기간에 대한 할인은 부동산가치평가령(ImmowertV)의 부록 2에 있는 할인표와 관련하여 부동산 이자율과 건축 완료까지의 기간으로부터 산출된다.

예를 들어 보면, 부동산 이자율이 3.5퍼센트(시가 주택)이고 개발 기간이 7년인 경우, 부동산가치평가령 부록 2의 표에 따라 0.7860의 할인 계수가 산출된다. 따라서 건축부지의 가격에서 약 22퍼센트가 공제되어야 한다.

- 수익: 제곱미터당 200유로
- 비용: 제곱미터당 65유로
- 건축부지의 가격: 제곱미터당 135유로
- 대기 기간의 할인 계수: 0.7860

- 건축부지의 현재 가격: 제곱미터당 106.11유로

이 연구에서는 역사적(과거 일정 시점의) 기준지가를 역사적 매매 가격과 비교한다. 진행에 관한 보다 자세한 사항은 제6장에서 찾아볼 수 있다.

5.4.3.9 부(-)의 거래 가격

"사실 독일의 대부분 지역(예를 들어, 루르, 자를란트(Saarland) 그리고 구 동독지역)에서 유휴지의 개발비는 나중에 토공사가 이루어진 건축부지의 획득 가능한 시장 가격을 초과한다"(Aring, 2005: 32). 따라서 토지의 가격은 가치가 없는 것이 될 수 있는데, 다시 말해 가치평가에서는 높은 토공사 비용 때문에 이론적으로 부(-)의 가격이 발생한다. 드란스펠트에 따르면, 잔여 가격 평가 방식은 여기서 종료되고, 거래 가격은 0유로가 된다(Dransfeld, 2004: 591). 그러므로 토지의 거래 가격은 거래 가치 평가에서 0 아래로 떨어질 수 없다. 또 다른 개발 계획 구상을 통해 0보다 큰 거래 가격을 획득할 수 있다면, 이것이 거래 가격이 된다.

연방부동산업무공사는 (문헌에 따르면) 매각 계약에서 토양 오염 구역 또는 군사 무기로 인한 상황을 매매 가격의 최대 90퍼센트로 제한하고 있다(FaKo StB, 2014: 29). 실제로 제6장에서 분석한 모든 사례에서 부(-)의 매매 가격은 포함되지 않았다.

5.5 토양 오염 구역의 평가

토양 오염 구역에 대한 매매 가격 관련 평가는 특별히 중요하다. 이는 한편으로 토지의 상당 부분이 적어도 토양 오염 구역으로 의심받고 있으며, 다른 한편으로 금전적으로 평가할 수 있는 (토양 오염) 정화 구상에도 불구하고 잔류 위험이 남아 있기 때문이다. "더군다나 전문적인 정화 후에도 시장 관계자들 사이에 가치 감소에 영향을 미치는 의구심과 우려가 남아 있을 수 있다. 실제 또는 잠재적으로 존재하는 토양 오염 구역에 대한 높은 가격 할인은 유휴지의 활성화에 중요한 장애물이다"(Bartke & Schwarze, 2009: 98). 3.5.3.2절에서 토지의 토양 오염 구역 상황이 어떻게 확인되고 정화 비용이 어떻게 산정되는지를 설명하였다. 또한, 연방정부는 토양 오염 구역이 위험을 초래할 경우에만 우선 자체적으로 정화한다는 것을 분명히 하였다.

과거에 오염된 토지의 가치를 평가할 때, 토양 오염 구역에 따른 감소된 가격을 제외하거나 비교 기준지가를 통해 포괄적(일괄적)으로 공제하였다(Bartke & Schwarze 2009: 99에 인용된 Großmann et al., 1996; Freistaat Sachsen, 2001, 2001: 12이하). 이는 1980년대까지 부분적으로 공공부문이 거래 가격보다 상당히 높은 가격을 지급하였기 때문에 발생하였다(Kleiber et al., 2017: 860, 난외번호 299에 인용된 Dieterich & Schlag in AVN, 1985: 402). 연방정부에 의해 과거 군 부동산의 토양 오염 구역과 결부된 토지의 일반적인 오염 제거는 기본법 120조로 인해 고려되지 않는다(Kleiber, 2017: 878, 난외번호 357). 군 전환 토지의 경우, 연방부동산업무공사가 전체 추가 비용을 부담하는 한, 가치평가는 토양 오염 구역을 고려하지 않고 수행할 수 있다. 실제로 연방부동산업무공사는 개발자의 자체 참여를 통해 정화의 경제성을 보장하기 위해 비용의 많은 부분(90퍼센트)만을 부담한다(FaKo, 2014: 29; Kleiber et al., 2017: 789, 난외번호 362).

오염된 지역을 건드리지 않도록 용도와 건축물을 계획해야 하므로, 유휴지에 대해 산정된 정화 비용은 완전한 계획의 자유를 보장하기 위해 필요할 수 있는 비용과 일치하지 않는다. 그러나 건설법적 제한과 상관없이 토지와 관련된 계획의 자유는 가치평가에서 기준지가의 비교에 대한 기초이다.

거래 가격 감정평가인에게는 예상되는 토양 오염 구역이 투기적 규모인지하는 문제가 계속 제기된다. 2000년대를 넘어서까지 클라이버와 지몬은 공식적인 정화 명령이 내려진 경우에만 비로소 오염에 따른 할인을 할 것을 권고하였다(Kleiber & Simon, 2007: 942 참조). 구 토지가치평가령WertV은 투기를 배제하였기 때문에, 이 가르침이 법적으로 옳지만, 시장과는 거리가 멀다. 부분적으로 자유롭게 선택한 제곱미터당 유로 토지의 백분율 할인이 이루어졌으며, 이때 가격 할인의 총액은 대략 예상한 정화 비용과 일치하였다. 유휴지에서 발생하는 시가 구역별 기준지가가 있는 상업지역에서는 기준지가에 이미 토양 오염 구역의 위험에 대한 할인이 포함되어 있는지 하는 문제가 제기될 수 있다. 감정평가위원회는 토양 오염 구역과 무관하게 기반시설 설치 부담금이 없는 기준지가를 산정하고, 이를 공시하고 있다. 이를 위해서는 정화 비용이 매매 계약서에 언급되어야 한다.

바트케 외(Bartke et al.)에 따르면, 문제는 토양 오염 구역에 대한 서로 다른 개념 정의에 있다. 비용 평가를 위임받은 환경 감정평가인은 토양 오염 구역이라는 개념을 인간, 동물 그리고 식물에 대한 위험의 제거와 연결시키고 있다(이와 관련하여 또한 3.5.3.2.1절 참조). 그러나 거래 가격은 비교 토지에 근거한다(위 참조). 시장 관계자들에게는 토양을 교체하지 않는 한, 정화된 토지에도 잔류 위험이 존재한다. "더군다나 미래 정화 및 토공사 비용의 실제 금액, 알 수 없는 이용 제한 및 확정되지 않은 추가 투자 비용 그리고 기존 용도의 부담이 있는 토지의 시장 가격을 주관적으로 평가하기 위한 미래 마케팅 비용 등에 대한 불확실성은 상당하다"(Bartke & Schwarze, 2009: 99). 토지의 이러한 오염에 따른 가격 하락은 사고 차량의 가격 하락과 유사하며, 클라이버는 이를 상업적 감가상각으로 설명하고, 독일 연방대법원Bundesgerichtshof: BGH도 인정하고 있다(Kleiber, 2017: 343이하; BGH 2004년 11월 4일, III ZR 372/03). 경찰적 위험 임계값 미만의 오염은 또한 건설기본계획Bauleitplanung의 비교 형량(연방건설법전 제1조 제6항)에서 고려되어야 하므로, 이것은 경우에 따라 새로운 지구상세계획의 확정에 포함되어야 한다.[174] 이러한 확정은 또다시 가격과 관련이 있으며, 따라서 여기서 감정평가인의 관점에서 토양 오염 구역의 가격과의 관련성이 인상적으로 표시될 수 있다(Kleiber et al., 2017: 862, 난외번호 303).

상업적 감가상각을 제한하기 위해서는 위에서 언급한 잔류 위험과 그에 대한 금전적 평가를 살펴볼 필요가 있다(아래에서는 Bartke & Schwarze, 2009: 100이하 참조). 즉, 다음과 같다.

• 소유자와 또한 연방정부는 토지로부터 위험이 초래되는 한, 권리 청구 위험이 있다. 따라서 금전적 위험은 아무것도 그리고 아무도 피해를 당하지 않는

한 정화 비용에 상당한다. 이 위험은 시행된 정화가 인정받은 후 최소한으로 감소한다. 토지에 유해 물질이 전혀 없지 않다면, 물질의 유해성에 관한 새로운 과학적 지식에 따라 미래의 환경법적 요구 사항이 발생해야 하는 경우에는 잔류 위험이 남아 있다.

- 오염 제거를 위해 통상적인 건축 조치에 추가적으로 소요되는 자금과 관련하여 투자 위험이 존재한다. 이러한 비용은 추가로 발생하기 때문에, 오염되지 않은 토지의 통상적 시장 가격에서 공제된다. "순수한 위험 방어의 관점에서 볼 때, 제거할 의무가 없는 부담은 이용 제한을 피하기 위해 불확실한 투자 비용의 증가로 이어질 수 있으며, 따라서 시장 가격에 영향을 미친다"(Bartke & Schwarze, 2009: 100에 인용된 Wortmann & Steffens, 2001: 316 참조).

- 토지가 그 어떤 용도를 위해서도 광범위하게 정화되지 않았다면(예를 들어, 굴착), 이용 가능성의 위험은 남아 있다. 토공사는 일반적으로 행정 관청의 규정에 따라 수행되며, 계획된 이용에 대한 허가를 받으려는 목적을 가지고 있다. 유해 물질의 허용 기준치와 밀봉 요건은 이용자에 따라 다르므로, 이용 변경 시 행정 관청의 새로운 요건이 발생할 수 있다. 예를 들어, 토양 → 인간의 영향 경로는 어린이 놀이터와 물류 구역에서 서로 다르게 평가될 수 있다. (건물의) 기초나 토양 오염 구역이 토지에 남아 있다면, 이것이 현재 계획된 이용에는 영향을 미치지 않을지라도 나중의 지하 공사를 어렵게 할 수 있다.

- 토지의 낙인화 문제는 새로운 개발과 관련한 기존 용도와 이로부터 연유하는 잠재적 위험 물질에 대한 우려로 인해 발생한다(Bartke & Schwarze, 2009: 101; Estermann, 1997: 8). 이 심리적 (사실상 법적 근거가 없는) 이미지 손상은 일부 매입자 그룹을 위협한다(주제어: 사고 차량, 위 참조). 필자의 경험에 따르면, 일반적으로 알려진 위험 물질을 취급한 토지가 특히 영향을 받는다(예를 들어, 세탁소가 아닌 자동차 공장).

바트케와 슈바르체에 따르면, 앞서 언급한 위험에 대한 가격 할인은 "독립적이므로, 합산되어 헤아릴 수 없을 정도로 쉽게 증가할 수 있다"(Bartke & Schwarze, 2009: 101)라고 한다. 필자의 견해로는 최대 가격 할인은 토양을 완전히 교체하는 비용(기존 토양을 매립지로 폐기하는 것을 포함하여)에서 발생한다.

바트케 외(Bartke et al.)는 앞서 언급한 위험으로 인해 정화되지 않은 토지의 시장 가격을 순수 연역적 가격(= 정화된 토지 가격에서 토공사 비용을 차감한 것)보다 낮게 설정하고, 따라서 시장 지향적 위험 할인Marktorientierter Risikoabschlag: MRA을 개발하였다. "따라서 상업적 감가상각Merkantile Minderwert: MM과 달리 시장 지향적 위험 할인은 또한 초기 계획 및 개발 단계(정화가 완료되기 전)에서의 경제적 위험을 포괄한다"(Bartke et al., 2009: 101). 그 목표는 또한 위에서 언급한 개별적인 비용 항목에 대한 평균값(연관성이 있는 경우)을 찾는 것이다.

5.6 소결: 매매 가격이 군사시설 반환부지의 전환에 미치는 영향

군사시설 반환부지의 전환 과정에서 연방부동산업무공사와 자치단체는 계획이나 가격을 놓고 논쟁을 벌인다. 이 연구는 군 전환용지의 개발에 대한 사전 참조 정보 외에도 가격에 대한 참조 정보를 제공하기 위한 것이다. 제6장에서 매매 가격에 대한 분석을 진행하기 전에 재고(제3장), 개발 계획(제4장) 그리고 가격(제5장) 간의 관련성을 먼저 설명하고자 하였다.

2015년 이후 외국 주둔군의 철수로 인해 독일 연방 전역에서 또 다른 전환 물결이 일어나고 있다. 따라서 추가적인 군 전환 부동산이 연방 전역에 걸쳐 해제되고, 연방부동산업무공사에 의해 매각될 것이다. 군 전환용지는 유형과 위치에 따라 군집화될 수 있다. 즉, 이 연구를 위해 선택된 유형은 병영, 비행장, 행정 관리 건물 그리고 특수 건물 등이다(3.1.2절). 이 연구의 제3장과 제4장에 있는 참조 정보는 부분적으로 군 훈련장, 창고 그리고 주거용 부동산에도 적용될 수 있지만, 이 세 가지 유형은 새로 개발되는 경우가 거의 없으며, 따라서 이 연구에서 더 이상 고찰되지 않는다. 군 전환용지의 재고조사와 관련하여 건축 기술 부문(3.5.3장)에서 유휴지와 많은 유사성이 나타나고 있으나, 프로젝트 개발에서의 과정적 차이도 나타나고 있다(표 2). 이러한 차이 때문에 개발에서 몇 가지 특별한 측면을 고려하는 것이 의미가 있다. 연방정부가 선취로 인해 민간 소유자처럼 행동할 수 없으나, 경제적 목표를 추구한다는 사실은 그러한 특별한 측면의 하나이다(3.2.1절). 또 다른 특수성은 존속 보호 없이 대규모 토지의 해제로 인한 개발 계획적 요구사항이다(아래 참조).

군사용지의 해제를 통해, 토지는 자치단체의 계획권에 귀속되고, 이 시점으로부터 자치단체는 토지에 대한 도시계획적 목표를 실현할 수 있다. 이처럼 해제 이전에 미래 이용의 윤곽을 그리는 지구상세계획에 대한 수립 결정을 내릴 수 있다(4.3.2절). 계획은 확장된 일반인의 참여를 수반해야 하지만, 이 참여는 가능성의 경제적 한계를 보여준다. 도시계획의 한계가 기준지가와 위치에 의해 어느 정도 규정되는지는 제6장에서 다루어진다. 이 연구는 적어도 이용 경향(주거용 또는 상업용)이 자치단체에 제시되어 있을 때, 매매 가격에 대한 초기 단계에서 예상되는 질문에 답변을 제공할 수 있다. 이것은 비공식적 수단을 통해 행할 수도 있다(4.3.3절).

군사시설 반환부지의 전환에서의 또 다른 특별한 측면은, 계획과 관련하여 가격과 연관성이 있는 존속 보호가 대부분 결여하고 있다는 것이다. 즉, 민간인은 자신이 합법적으로 건립한 부동산을 자치단체의 계획 구상에 부합하는 가격으로 매각하도록 강요받을 수 없는데, 왜냐하면 민간인은 존속 보호를 받고 선취의 대상이 아니므로 매입자를 자유롭게 선택할 수 있다. 군 전환용지의 존속 보호는 부분적으로 논란의 여지가 있으며, 특히 외부 구역의 개발에서는 사실상 존재하지 않기 때문에(4.1절), 군 전환용지의 가격은 자치단체의 계획에 따라 달라진다. 따라서 2012년부터 존재하며 그동안 연방 전역에 걸쳐 행사되고 있는 선취(3.3.1절)는 자치단체를 계획권을 가진 매입자의 역할(3.2.3.3절)로 자리매김하고 있다. 계획은 가격에 영향을 미치기 때문에, 여기서 이해 상충(저렴하게 매입한 뒤 건축부지를 지정하는 것에 관하여)이 발생할 수 있다. 도시계획적으로 합리적인 녹지와 매매 가격을 대가로 하는 초대형 녹지 사이의 경계는 모호해지고, 선취 절차에서 연방부동산업무공사와 자치단체 간에 논란이 발생한다. 이것은 도시계획적 가능성에 대한 경제적 제약의 또 다른 예이다. "가끔 건폐율 및 용적률이 가능한 것보다 훨씬 낮게 지정되는 경우가 있다. 그러나 이것은 품질상의 이유에서 발생할 수도 있다. 물론 개선 조항은 계획권의 남용을 방지한다"

(Musial과의 Interview, 2018). 이 연구의 이후 진행 과정에서 계획의 실행을 위해 매매 가격과 기준지가가 어떤 제한을 가질 수 있는지를 분석해야 한다.

그러나 연방부동산업무공사는 부동산의 완전한 가격(연방예산법 제63조)과 지속 가능한 개발이라는 연방 전역에 걸친 정책적 목표를 명확히 구분한다. 후자는 보조금(4.7장)이나 가격 할인(3.3.2절)을 통해 전국적으로 실행되어야 하는 반면, 거래 가격은 정치적으로 중립적이다. 특히 기초자치단체가 건축부지 결정(4.3.3.6절)을 통해 특정 인구 집단을 지원하려는 경우, 연방정부는 사회적 기준 없이 입찰 절차에서 매각해야 하므로, 매각자로서 기초자치단체만이 마케팅, 즉 판촉에 개입할 수 있다. 하지만 기초자치단체는 토지를 자체적으로 반드시 매입하지 않아도 다른 조정 가능성을 가지고 있다. 이것은 특히 민간 개발자 또는 경우에 따라 연방부동산업무공사(4.4장)와 맺는 도시계획 계약이다. 군사 시설 반환부지의 전환에서 정화 절차(연방건설법전 제136조 이하)는 종종 조정 수단으로써 활용되지만, 대개 간이 절차(4.5절)로 활용된다.

위에서 기술한 기존 재고의 조건과 자치단체의 계획은 연역적으로 계산된 거래 가격과 연결되어야 한다. 거래 가격을 산정하기 위해서는 연방부동산업무공사를 알고 있는 외부 감정평가인을 선정하는 것이 바람직하다. 그렇지 않으면 연역적 가치평가는 복잡하고 오류가 발생하기 쉬운 가치평가의 변형 중 하나이기 때문에, 연방부동산업무공사는 경우에 따라 감정평가서를 기술적 오류에 의거하여 인정하지 않을 수도 있다(5.4.1절). 일반적으로 그렇듯이, 매매 가격 협상은 감정평가서가 작성된 이후가 아니라 작성 도중에 이루어진다는 점을 감정평가인에게 분명히 해야 한다. 자치단체가 연방부동산업무공사와 함께 도시계획을 조정하는 것은 바람직한데, 그렇지 않을 경우 연방부동산업무공사가 자체 감정평가인과 함께 경우에 따라 다른 계획에 대한 최상Best-value의 가격을 산정할 수 있다. 가치평가에 관한 문헌은 개발 잠재력이 있는 부동산에 대한 이 최상의 단계를 정당화한다. 즉, "일반적으로 최고 가격(최고 그리고 최상의 가치)으로 연결되는 결과는 거래 가격으로 그리고 개별 사례에서 적절한 가치평가 방식으로 간주될 수 있다"(Kleiber et al., 2017: 945, 난외번호 15). 특히 계획을 수행하는 기초자치단체가 도시계획의 고권적 임무와 선취에서의 자체 매입의 경제적 이해관계를 혼용한다면, 거기에 최상의 가격에 대한 이해는 거의 없다. 예를 들어, 공공 수요 용지의 매각은 예를 들어 군사시설 반환부지의 전환에서 특히 논란이 되는 부분인데, 왜냐하면 공공 수요 용지는 시장 가격을 갖고 있지 않으며 기존 재고 또한 그 어떤 가격도 갖고 있지 않기 때문이다. 2018년 말 연방부동산업무공사는 주택 건설을 단기간에 실현해야 할 경우에 자치단체에 양보할 것이며, 더 이상 최상의 가격을 달성할 때까지 수년을 기다리지 않을 것이라고 발표하였다.

무지알은 기초자치단체가 (군사시설 반환부지를) 선취하기 전에 "큰 (일련의) 위험을 막을 수 있는지"(Musial Interview, 2018)를 검토할 것을 조언하고 있다. 기초자치단체가 군사시설 반환부지의 전환 초기에 전체적으로 개발에 지출해야 하는 금액(매매 가격을 포함하여)을 산정하려고 할 때, 필자는 이것을 비교적 용이하게 계산할 수 있을 것으로 생각한다. 즉, 순 건축부지에 기준지가를 곱하는 것이다. 이 합계로부터 기초자치단체가 개발자 이윤(예를 들어, 자기 자본의 10퍼센트)을 빼고, 해당 토지를 개발하기 위해 투자해야 하는 합계는 이미 나와 있다. 그리고 매매 가격은 이미 이 합계에 포함되어 있다. 그렇지만 위에서 설명한 거래 가격 평가의 최상의 원칙으로 인해 매매 가격에 대한 문제는 그럼에도 불구하고 여전히 제기되는데, 왜냐하면 매매 가격은 기초자치단체가 투자를 위해 사용할 수 없으며 오히려 연방 예산으로 유입되기 때문이다.

연방예산법BHO에 따르면, 연방부동산업무공사는 거래 가격(연방건설법전 제194조)으로 매각할 의무가 있다. 이 연구에서 이것은 연방부동산업무공사의 매매 가격이 다음과 같은 것일 수 있음을 의미한다.

- 거래 가격 평가의 규칙을 준수한다.
- 개인적 동기 없이 성립한다.
- 결합 금지로 인해 언급하지 않은 외부 요인에 의한 그 어떤 할인 또는 할증도 포함하지 않는다.

- 이상적으로 공증된 시장 가치에 부합한다.

따라서, 연방부동산업무공사의 매매 가격은 다음 장에서 거래 가격 평가를 통해 분석하고, 이어서 공개 시장에 대한 결론을 도출하는 데 활용할 수 있다.

---

155. 이와 관련하여 중고차 시장의 간단한 사례를 들 수 있다. 중고차의 가격은 예를 들어 (독일 자동차 전문지 – 옮긴이) 슈바케(Schwacke) 리스트를 이용하거나 비교 가격을 통해 파악할 수 있지만, 실제로 지급한 구매 가격은 구매자나 판매자의 개인적 사정을 바탕으로 하여 리스트나 비교 가격과는 상당히 차이가 난다. 곤란스럽게도 모든 부동산의 유일성이 이에 덧붙여진다.

156. 제4조 제3항 제2호 "토지는 기존 이용으로 인해 보통 이상의 상당한 비용을 통해서만 건축적 또는 기타 용도로 사용할 수 있다", 제3호 "토지는 도시계획적 불량 상태 또는 상당한 도시계획적 기능 손상의 영향을 받는다."

157. 연방건설법전 제194조에 따른 거래 가격의 정의: "거래 가격(시장 가격)은 평가와 관련되는 시점에 통상적인 사업 거래에서 토지 또는 기타 가격 평가 대상의 법적 상태와 사실상의 특성, 그 밖의 성질과 상황에 의하여, 일상적이지 않은 관계나 개인적 관계를 고려함이 없이 목표로 하여 얻어지는 가격에 의해 결정된다."

158. 내부 구역에 있는 병영에서는 60퍼센트만이 순 건축부지로 지정된다고 가정한다. 일반적으로는 75퍼센트가 지정될 수 있다. 15퍼센트 차이의 건축 기대(Bauerwartung)가 거래 가격에 어떻게 반영되는가?

159. (옮긴이) 비교 가치 절차 또는 평가 방식은 수집된 가격 정보를 바탕으로 특정 시점을 기준으로 이와 유사한 형태의 부동산과 가치 비교를 통해 지가를 평가하는 방식이다.

160. (옮김이) "주위에 유사한 계획이 없는 프로젝트의 토지에 대해서는 비교 가격이 존재하지 않기 때문에, 부동산가치평가령(ImmoWertV)에 규정된 비교 가격 평가 방식이나 다른 평가 방식도 적용될 수 없다. 이 경우 가공의 신축 건물을 고려한 수익 가치 계산에 의해 적정한 토지 가격, 즉 지가를 산출한다. 이 경우 가상의 수익 가치가 그 출발점인데, 이는 프로젝트가 건설되었다면 가격 평가자나 투자자가 계산하였을 가상의 수익 가치이다. 여기서 건물에 대해 임대료 내지 기대되는 관리 비용이 신뢰할 수준에서 평가되어야 한다. 이 가치에서 건축비와 계획 개발비 등이 공제되고 철거 비용도 공제된다. 순수한 건축비에는 재원(즉, 금융 자금) 조달 비용(이율 및 건축 기간을 포함한)이 포함되고, 직접 이용하기 위한 계획이 아니라면 임대 비용도 포함된다. 토지를 스스로 가지고 있지 않은 프로젝트 개발자는 자신의 이윤도 계산한다. 위험에 대한 할증도 포함된다. 계산된 수익 가치에서 이 모든 것을 공제하면 남는 것이 '잔여로서 토지 가치'이다. 따라서 잔여 방식이라고 한다"(문병효, 2010, 독일의 감정평가제도연구, 토지법학 제16-1호, pp.325-6).

161. (옮긴이) "해당 부동산이 가져올 지속적인 미래의 현금 흐름에 대한 가치 평가를 의미하며, 본질적으로는 수익 가치(가격)의 감소 요인을 제거한 순수익가치(Reinertrag)에 대한 평가이다. 이 경우 수익 가치에서는 해당 부동산이 유동화될 경우 이자에 대한 고려 역시 포함된다. 아울러 부동산의 용익으로 인한 수익이 지급되지 않은, 즉 현실화되지 않은 수익일 경우에는 일반 대출 상품에서의 위험 산정의 원칙과 같이 회수 불가능성을 고려하여 기대 수익의 일정 비율에 대해서 감소 평가를 하게 된다"(최승필, 2010, 독일의 기준지가제도에 관한 고찰, 토지공법연구 제51집, p.15).

162. (옮긴이) '내부 이율 또는 내부 수익률(interner Zinsfuß: IZF; internal rate of return: IRR)'이란 어떤 사업에 대해 사업 기간 동안의 현금 수익 흐름을 현재 가치로 환산하여 합한 값이 투자 지출과 같아지도록 할인하는 이자율을 말한다. 내부 이율과 자본 비용을 비교하여 이율이 높으면 투자로부터 수익을 얻을 수 있다. 여러 개의 투자안이 있을 경우에는 이율이 높은 쪽에 투자하는 것이 유리하다.

163. "국방, 연방경찰의 서비스 목적 또는 국민 보호에 기여하는 사업 계획과 관련된 경우에는 상급 행정 관청의 승인만 필요하다. 승인을 받기 전에 이들 행정 관청은 기초자치단체를 청문해야 한다. 상급 행정 관청이 동의하지 않거나 기초자치단체가 의도한 건설 사업 계획에 반대하는 경우, 관할 연방부처는 관련 연방부처와 합의하고, 관할 최상급 주 행정 관청과 협의하여 결정한다."(연방건설법전 제37조 제2항)

164. 'Verordnung über die baupolizeiliche Behandlung von öffentlichen Bauten: VOöB'(공공 건축물에 대한 건축 경찰 업무 처리에 관한 명령"은 1938년 11월 20일부터 1960년 6월 23일까지 유효하였다.

165. 비교 가격은 기준지가에 우선해야 한다(Reuter, 2011: 57 참조).

166. 자세한 것은 Kleiber, 2017: 1554이하를 참조할 것.

167. (옮긴이) 연방건설법전 제199조에 근거하여 1988년에 제정된 토지가치평가령, 즉 '토지거래가격조사원칙에 관한 명령(Wertermittlungsverordnung: WertV)'을 말하며, 이 법령을 대체하여 법령이 '부동산가치평가령(Verordnung über die Grundsätze für die Ermittlung der Verkehrswerte von Grundstücken: ImmowertV)'(부동산의 거래 가격 공시의 기본 원칙을 위한 명령)으로, 2010년 5월 10일에 공표된 바 있다.

168. (옮긴이) 'Richtlinie zur Ermittlung des Sachwerts(원가 평가를 위한 지침)'를 말한다.

169. (옮긴이) 'Richtlinie zur Ermittlung des Vergleichswerts und des Bodenwerts(비교 가격 및 지가 평가를 위한 지침)'를 말한다.

170. "충분히 공표되고 일반적이며 무조건적인 입찰 절차(경매와 유사)에 따른 건물 또는 토지의 매각과 이에 뒤이은 최고 입찰자 또는 유일한 입찰자에게의 후속 매각은 기본적으로 시장 가격으로 매각을 나타내며, 따라서 그 어떤 국가 보조금을 포함하지 않는다." II (1), 공공부문에 의한 건물 또는 토지 매각에 관한 국가적 보조금 요소에 대한 위원회 공고(97/C 209/03).

171. 기반시설 설치 부담금이 없는(ebf.)

172. 명확히 하기 위해: 이론적으로 노르트라인-베스트팔렌주에서는 기준지가가 토지 취득세가 갑자기 폐지될 경우, 예를 들어 6.5퍼센트 상승해야 한다. 따라서 거래 비용은 전체 (지역) 시장에 적용되기 때문에, 가격을 결정하는 비용이 된다.

173. (옮긴이) 주 법률 가운데 기초자치단체의 지방세 입법권에 관해 규정하고 있는 법률로, 주법(Landesgesetz)인 '자치단체공과금법(Kommunalabgabengesetz)'에서는 다양한 형태로 자치단체가 독자적인 '세원발굴권(Steuereerfindungsrecht)'을 행사할 수 있도록 권한을 부여하고 있다. 이처럼 주가 자치단체공과금법에 의하여 자치단체에 세원발굴권을 인정하는 분야는 연방헌법 제105조 제2a항에 의거하여 주에게 입법 권한이 부여된 '지역적 소비세 지출세'이다. 독일법상 '공과금(Abgabe)'이라는 용어는 세금보다는 더 상위의 개념이다. 수수료, 분담금 등도 모두 공과금에 해당한다.

174. 토양이 환경 유해 물질로 심하게 오염된 토지는 건설기본계획의 도면에 표시되어야 한다(연방건설법전 제5조 제3항 제3호 및 제9조 제5항 제3호). 이것은 미조사 의심 도지에는 적용되지 않으며, 1987년 이후 건설기본계획을 변경하거나 새로 수립하는 경우에만 유의해야 한다(Kleiber, 2017: 862, 난외번호 305).

제3부
군사시설 반환부지의 전환 사례 분석

제6장 매각 사례의 분석

군사시설 반환부지의 가격은 재고와 계획에 따라 달라진다. 여기서 재고는 예외적이며, 계획은 민간 부문에서 추진하고 가격과 밀접하게 연관되어 있다. 과거에는 군사적 용도 외에는 기타 계획에 없었기 때문에 군사시설 반환토지의 거래 가격은 연역적 가치평가를 통해 계산되었다. 군사시설 반환부지의 반환 초기에 적어도 대략적인 매매 가격이 알려져 있다면, 자치단체는 숙고하여 이를 고려할 수 있다. 그러나 초기에는 비용이 누락되어 있으므로 거래 가격은 여전히 알 수 없다. 반면 (할인되지 않은) 수익은 계획된 후속 이용이 알려진 경우, 기준지가와 순 건축부지로부터 계산할 수 있다.

따라서 이 연구의 목적은 미래 군사시설 반환 부동산의 평균 매매 가격과 개발비를 파악하는 것이다. 이를 위해, 이미 매각된 부동산의 매매 가격은 기준지가와 연계하여 설정한다. 따라서 아래의 분석에서는 부동산의 매매 가격이 이미 알려져 있으며, 기준지가와 매매 가격 간의 차액이 개발비이다. 개발비는 나중에 개별 비용으로 나누어져야 할 것이다. 부동산의 매매 가격이나 기준지가에 좌우되는 몇몇 비용이 있다. 이러한 것으로는 예를 들어 "개발자 이윤"과 "기초자치단체로의 토지 양도"(이와 관련해서 25퍼센트의 고정 비율이 선택)와 같은 항목이다. 이러한 비용은 아래에서 "고정 비용"으로 지칭된다(자세한 것은 6.4.4절 참조). 다른 비용 항목은 기존 재고(제3장)로부터 비롯되는데, 예를 들어 철거비와 같이 개별적인 것이다. 이것들은 지가나 토지의 규모(크기)가 아니라, 기존의 건축물에 따라 달라진다. 내부 기반시설 설치를 위한 건축비는 계획된 밀도와 토지 양도의 규모에 따라 달라진다. 각종 조치에 따른 후속 비용(4.3.3.7절)도 매각물건의 정보를 통해 파악하기란 쉽지 않다. 이러한 것들은 한편으로 계획에 달려 있으며, 또 한편으로 기초자치단체가 건축부지 활용 계획을 공표하고 높은 수요를 바탕으로 하여 그 계획을 실행하는지 여부에 달려 있다(4.3.3.6절). "토양 오염 구역의 정화 처리 및 토지 굴착" 비용은 이론적으로 대단히 높을 수 있기 때문에, 이 비용 항목은 이 연구의 계획을 좌절시킬 수도 있다. 그러나 병영의 오염은 점鞋적일 뿐이며 산업용지의 오염만큼 높지 않다. 또한 연방부동산업무공사는 적어도 2015년까지 일반적으로 폐기 처리 비용의 90퍼센트를 부담해 왔기 때문에, 이는 매매 가격에서 고려되지 않았다(5.5장).

　이 장에서는 앞선 장의 연구 내용을 1헥타르 이상인 대규모 군사시설 반환부지 포트폴리오에 원용하고자 한다. 처음에는 관련 사례들을 선별하고 데이터로 보완하는 방법을 설명한다. 그런 다음에는 다양한 부동산 유형, 후속 이용 그리고 위치에 따른 기준지가에 대한 할인을 분석 평가하려고 한다(예를 들어, 세곱미터당 매매 가격은 기준지가의 20퍼센트). 이를 통해 향후 대규모 군 전환 사례에서의 대략적인 매매 가격을 추정하는 것이 가능할 것이다. 그러나 이 연구의 기준치는 높은 표준편차를 보여주고 있기 때문에, 향후 사례에 대한 참고 사항으로만 활용할 수 있다는 점을 분명히 지적해 두고자 한다.

　연방부동산업무공사는 필자에게 2010년부터 2016년까지의 매각 데이터를 제공해 주었다. 따라서 전국적으로 수많은 실제 매각 사례를 분석 평가할 유일한 기회가 있었다. 결국, 이 연구는 개발비의 측면에서 군사시설 반환부지의 전환에 한정된다. 그러므로 이 목표에 부합하지 않는 다양한 사례들을 선별해야만 하였다.

　연방부동산업무공사의 데이터베이스는 다른 통합 데이터베이스(예를 들어, 감정평가위원회의 데이터베이스)에 비해 몇 가지 장점이 있다.

• 데이터베이스의 개별 지표가 서비스 지침에 따라 규정되어 있으며, 따라서 이 지표가 모든 데이터에 대해 일관성이 있다고 가정할 수 있다. 2010년부터 2016년까지의 (기간) 제한으로 인해, 데이터 대부분이 동일한 서비스 지침의 적용을 받고 있다고 가정할 수 있다.
• 부동산은 비슷한 관리를 거쳤으며, 비슷한 절차와 동일한 원칙에 따라 매각된다.
• 병영과 비행장의 유형이 동일하므로 상호 비교할 수 있다. 1945년 이전에 설

치된 건물조차도 (건물의) 유형과 상관없이 대부분 표준화되었다.

- 개별 지역적 행위자(예를 들어, 대기업 또는 주개발공사)의 데이터와 달리, 중요한 것은 독일 연방 전역의 데이터라는 것이다.

6.1 연방부동산업무공사 매각 데이터베이스의 입력 데이터

연방부동산업무공사는 2017년 4월 19일에서 2017년 5월 11일 사이에 엑셀 표 형식으로 된 SAP-System에서 추출한 매각 데이터를 여러 차례에 걸쳐 필자에게 전달해 주었다. 엑셀 시트의 각 행에는 매각 사례, 즉 매각 계약 체결이 기재되어 있었다. 총 2,035건의 표면상 관련된 사례가 있었다. 이에 관한 세부 정보(예를 들어, 크기와 가격 등)는 각 열에서 찾아볼 수 있었다. 사례들은 예외 없이 "전환"이라는 SAP-지표가 붙어 있었으며, 따라서 2010년부터 2016년까지의 기간에 연방부동산업무공사의 모든 매각을 포함하는 것이 아니었다.

표의 열에는 이해를 돕기 위해 간략한 설명의 다음과 같은 제목들이 있었다.

- 명칭 및 사업 단위 명칭: 부동산 및 사업 단위Wirtschaftseinheit: WE의 이름(예를 들어, 구 리퍼란트(Lipperland) 병영) 및 경우에 따라 매각된 일부에 관한 추가 정보(예를 들어, "훈련장" 또는 "건물 26")
- 토양 오염 구역 위험 설명, 무기 위험 설명: 토양 오염 구역 및 무기에 관한 초기 탐사 상황: 이와 관련하여 SAP-System에서는 세 가지 가능한 기재, 즉 '위험이 확인됨', '위험이 확인되지 않음' 그리고 '위험이 검사되지 않음'만이 있음
- 매입자 그룹 설명: 매입자가 자치단체인지를 기재해 놓음
- 군 반환 부동산의 유형: 부동산의 유형
- 군 반환 부동산의 이용자: 최종 이용자에 관한 정보
- 경제적 양도, 회계연도: 경제적 양도는 일반적으로 매매 가격 지급일에 이루어지는 소유권 양도일임
- 조건 금액: 여기서 약정하고 지급한 매매 가격을 확인할 수 있음

열의 제목은 아래에서 '지표Merkmal'로 지칭하고, 이탤릭체로 작성된다. 행은 '매각 사례' 또는 '사례'로 불리게 된다.

6.2 데이터의 가공 및 선택

다음에서는 필자가 원시 데이터를 어떻게 선별하고 편집하였는지를 단계별로 설명한다. 데이터 처리의 목적은 정확하고 비교 가능한 데이터로 가능한 한 많은 사례를 생성하는 것이다. 개별 사례는 가능한 한 유사한 토지의 군집을 형성하는 것을 통해 구조화된다(Kleiber et al., 2017: 983이하의 "대량 평가" 참조). 또한 각 사례 별로 후속 이용이나 기준지가와 같은 추가적인 데이터 자료를 조사하였다.

필자는 연방부동산업무공사 매각 데이터를 보완하기 위해 공개적으로 접근할 수 있는 정보만을 사용할 수 있었다.[175] 따라서 오류가 있는 보완이 완전히 배제될 수는 없다.

6.2.1 지표의 가공 및 분류

데이터 분석을 위해 연방부동산업무공사의 데이터는 완전하고 의미 있는 정보를 포함하는 것이 중요하였다. 수년 동안 많은 양의 데이터가 수집되었기 때문에, 몇몇 데이터 필드가 완전하게 유지되지 않았거나 수집 시점에 모든 정보가 존재하지 않았을 수도 있다. 예를 들어 부동산 유형이 올바르지 않다면, 이는 이 연구가 말하는 결과를 왜곡한다. 그러므로 필자는 몇 가지 지표를 수정하거나 보완하였다(아래 참조).

데이터 표의 후속 이용, 즉 용도를 보완하는 것은 기준지가를 선택하는데 결정적이었다. 이것과 기타 보완 사항은 아래에 제시되어 있다.

6.2.1.1 부분 매각

부분적으로 부동산의 부분 매각이 이루어졌다. 예를 들어 메밍거베르크 Memmingerberg 비행장은 수년에 걸쳐 여러 부분으로 나누어져 매각되었다. 따라서 아래에서 모든 사례가 개별 부동산(예를 들어, 메밍거베르크 비행장)을 나타내는 것은 아니다. 이와 달리 필자는 한 부동산의 여러 매각 사례를 통합하지 않기로 결정하였다. 이렇게 한 것은 다음과 같은 이유 때문이다.

- 작은 부동산은 경우에 따라 큰 부동산보다 제곱미터당 높은 매매 가격을 얻을 수 있다.
- 기준지가는 (동일한 부동산에서) 용도가 다르기 때문에 구분해야만 한다.
- 건축으로 인해 다른 매매 가격($€/m^2$)은 더 이상 평가할 수 없을 것이다.

6.2.1.2 데이터의 변경 및 수정

필자는 연방부동산업무공사의 데이터가 연구의 의미에서 정확하지 않은 경우, 이를 변경하기로 결정하였다. 예를 들어 "부동산 유형"이라는 지표(군 반환 부동산의 유형이라는 열)는 부분적으로 명칭을 갖고 있지 않거나 잘못된 명칭을 갖고 있다. 그러므로 (이 연구의 의미에서) 잘못된 명칭은, 비행장(예를 들어, 인접 산림)의 부분 매각의 경우 이 매각 사례에 대한 부동산의 범주가 SAP-System에서 변경되지 않고, 오히려 기본 데이터(비행장)가 유지되는 결과를 초래하고 있다. 이는 후속 이용 또는 기준지가를 조사할 때 발견되었다. 최종 선택(분석의 기초로서)에서는 78개의 변경된 유형을 포함하고 있다. 필자가 변경한 내용은 설명한 바와 같이 문서화되었다. 1헥타르 이상의 모든 사례를 고찰하였다. 변경 또는 보완은 다음과 같은 규칙을 따랐다.

- 만약 도로나 산림 또는 농경지의 명칭, 규모(크기), 부동산 유형 그리고 평균 매매 가격이 일치한다면, 이 자체가 추가 조사 없이 후속 이용의 지표(S 또는 L)에 표시되었다. 만약 부동산 유형이 존재하지 않거나 그 명칭이 명백히 다르다면, 구글 지도를 통해 주소를 검색하고 부동산 유형을 조정하였다. 이러한 변경 사항은 일반적으로 데이터 표에 표시하고 주소에 의거하여 다시 추적할 수 있었다.
- 만약 병영, 비행장, 보급시설, 군 훈련장, 행정 관리 건물 그리고 기타 등의

부동산 유형이 후속 이용에 관한 조사에서 오류로 밝혀지거나 기재되어 있지 않다면, 유형을 조정하거나 수정하였다(그리고 변경 사항을 표에 표시하였다).

6.2.1.3 위치 지표

기준지가는 전국적으로 '교외의 공지auf der grünen Wiese', 이른바 공지Freiraum 혹은 외부구역(연방건설법전 제35조에 따른)보다 주거연담지역Siedlungszusammenhang[176]에서 더 높다. 따라서 위치의 조사와 보완은 데이터 분석을 위한 하나의 중요한 지표이다. 군사시설 반환부지(그 규모 또는 정치적 이유 때문에)는 때때로 자치단체에 의해 이른바 내부 구역에 있는 외부 구역(연방건설법전 제35조)으로 간주되기 때문에, 데이터 분석을 위해 '외부 구역'이 아닌 다른 단어를 선택해야 하였다. 다음과 같은 위치 분류는 3.1.2.2절의 유형 분류를 기반으로 한다. 결과는 데이터 표의 '위치'라는 지표에 입력하였다.

- 내부 위치의 범주: 여기에는 적어도 주거연담지역과 두 면이나 한 면을 접하고, 유일하게 도시 확장이 가능한 모든 토지가 포함된다. 이때 도로는 단절의 역할을 하지 않는다. 인접한 건물은 적어도 지역적 특성을 지녀야 하며, 주거단지는 군 전환용지의 총 건축부지보다 커야 한다. 비록 자치단체는 매각 시점에 이미 해당 토지를 더 이상 건축적으로 이용해서는 안 된다고 선언하였더라도, 이 토지가 본 연구에서는 내부 위치로 간주된다. 자치단체가 통합된 토지를 개발 계획을 수립하는 외부 구역(연방건설법전 제35조)에 부속시켜도, 이는 위치 지표에 영향을 미치지 않는다. 이러한 접근 방법은 기준지가평가지침 Bodenrichtwertrichtlinie: BRL 번호 5.5[177]에 기반을 두고 있다.
- 외부 위치의 범주: 대규모 건축연담지역 외부에 있는 모든 토지는 이 범주로 분류되었다. 이는 항공사진으로 명확히 파악할 수 있다. 부수적인 인접 건물이 이 범주를 무효화시킬 수 없다. 이 범주의 전형적인 대표자는 비행장이다.

6.2.1.4 후속 이용 지표

후속 이용은 군 전환용지의 중요한 가격 요인이다(예를 들어, Dransfeld, 2012: 3). 올바른 비교 기준지가(상업용, 주거용 등)를 결정하기 위해서는 개별 부동산의 계획된 후속 이용, 즉 후속 용도를 파악하는 것이 중요하다(2.2장 참조). 군 전환 부동산의 향후 계획은 대부분 기존 이용 현황(연방정부 또는 군의 특별용도지역)에 맞추어졌다. 따라서 기준지가 내용에 매각 연도의 기준지가가 표시되어 있지 않는 경우가 많다(예를 들어, 레터하우스스트라세(Letterhausstrasse)의 뒬멘(Dülmen)에 있는 장크트 바바라(St. Barbara) 병영). 후속 이용에 대한 조사는 인터넷을 통해 이루어졌다. 이 경우 필자는 매입 시점,[178] 즉 예전에 계획된 후속 이용을 조사하였다. 여기서 중요한 것은 투자자의 계획이었다. 이 계획을 찾을 수 없는 경우에는 자치단체의 개발 계획을 근거로 삼았다. 일반적으로 신문 기사나 관련 문건은 시청의 웹사이트에서 찾을 수 있었다. 이러한 자료 출처는 스크린샷Screenshot을 통해 문서에 수록하였다(부록 3). 데이터 표에 후속 이용이라는 지표를 추가하였다. 후속 이용의 기재는 다음과 같은 규칙을 따랐다.

- 범주 '고가용höherwertig': 주택이나 사무실. 이 범주에는 단독주택, 2세대 주택, 연립주택 또는 다세대 주택 등이 포함되며, 주로 사무실과 유사한 사무지구, 대학 및 기타 용도 등이 포함된다. 인프라에 대한 요구 사항이 주거지역과 유사하므로, 사무실도 이 범주로 분류하였다. 그뿐만 아니라 사용 면적 제곱미터당 사무실의 임대료는 상업용 집회장보다 주거용 건물의 임대료와 유사하다. 또한 사무실 건물은 다층이기 때문에, 이론적으로 건물 바닥 면적 제곱미터당 임대료는 집회장보다 더 많이 얻을 수 있으며, 이는 높은 기준지가를 유발한다. 소매업도 이 범주로 분류할 수 있는데, 왜냐하면 소매 업체가 모여 있는 곳에서는 지가가 상업용 지가보다 훨씬 높기 때문이다. 혼합지구(건축이용령이 말하는 MI)도 이 범주로 분류하였다.
- 범주 'G': 상업용. 여기에는 이른바 경공업, 제조업 그리고 공업(건축이용령이 말하는 상업지구(GE)[사무실 제외] 또는 공업지구(GI))을 위한 지구가 포함된다. 이와 관련한

특징은 주로 집회장 건물이나 고정된 공한지이다.

- 범주 'L': 농업과 임업. 이 범주의 기본적인 이용 종류(농업과 임업) 외에도 태양광 발전 토지도 이 범주로 분류된다. 태양광 발전을 행할 수 있는 토지의 매매 가격은 독일 연방 전역에 걸쳐 제곱미터당 평균 약 6유로이며, 따라서 농경지 수준이다. 더군다나 이 범주에는 호수와 (환경 침해) 보상 및 대체 조치를 위한 토지도 포함된다. 부분적으로 대규모 부동산의 부분 매각을 농업으로 표시할 필요가 있었는데, 이는 부동산의 일부가 농업적 이용으로 매각되었기 때문이다.[179] 이 토지 범주는 나중에 분리하였다.

- 범주 'S': 이 범주는 일반적으로 무상으로 또는 매우 낮은 가격으로 매각된 인프라 토지를 나타낸다. 이 범주는 매각 사례의 명칭에 도로용지, 도로, 하수처리장, 자전거도로, 계획도로, 공급망 등이 명시되어 있으며, 매매 가격도 명백히 낮을 때 선택되었다.

- 혼합 이용: 복합 이용이 이루어져야 할 토지가 전체로 매각되었다면, 위에서 언급한 범주 가운데 하나가 선택되었을 것이다. 기준지가는 비율(주거용(W)과 상업용(G))에 따라 조정되었다[180](이와 관련하여 사례를 포함하고 있음: 6.2.1.절 참조). 농업과 주거용W 또는 상업용G 범주가 혼합된 경우에는 총 건축부지의 토지 규모가 이에 따라 축소되고, 주거용 또는 상업용의 기준지가가 선택되었다(6.2.1.8절 참조).

분석에서는 농업L과 인프라S 범주의 부동산을 고려하지 않는다. 그럼에도 불구하고 수요를 파악하고 다른 연구의 향후 평가에 사용할 수 있도록 하기 위해 범주화를 시행하였다.

6.2.1.5 기념물 보호 지표

클라이버Kleiber에 따르면, 기념물 보호는 기준지가에서 약 5~10퍼센트의 할인을 허용하고 있다(6.4.5절 참조). 드란스펠트Dransfeld에 따르면, 이 기념물 보호는 지가를 하락시킬 수 있다고 한다(2012: 8). 따라서 이 요인을 조사하였는데, 우선 기념물 보호 비율의 지표에 기념물 보호가 있는지, 기념물 보호가 어떤 비율을 가지고 있는지를 기재하였다. 이에 따라 다음과 같은 결과가 나왔다.

- 완전한 기념물 보호 또는 상당히 강력한 기념물 보호: 필자는 매각 토지가 기념물로 보호받는 부동산도 포함하고 있는지 아니면 기념물로 보호받는 부동산 군집Ensemble 내 (건축 가능한) 유휴부지에 부동산이 있는지를 조사하였다. 후자의 경우 이 상태가 비용 측면에서 개발에 크게 영향을 미치지 않기 때문에, 매각 사례는 '기념물 보호 없음'으로 표시하였다.
- 부분적 기념물 보호: 기념물로 보호받는 건물의 상당한 부분이 이 범주에 속하지만, 그럼에도 불구하고 여전히 일부 부동산은 개발을 위한 여지를 남겨두었다. 대표적 사례로는 헤센주의 에어렌제Erlensee 항공기지를 들 수 있다.
- 1채 또는 2채의 건물이 보호를 받는 경우: 해당 부동산의 주소가 기념물 목록에 표시되어 있을 때, 이 범주에 속하게 된다. 하지만 장교 숙소나 사병 건물들만 보호받고, 기타 건물들은 예외가 될 수 있다.
- 기념물 보호 없음: 여기에는 다음과 같은 사례가 포함된다. 즉, 시설이 이미 완전히 해체되었고, 기념물에 대한 보호 가치가 없다고 판단되었거나 기념물 보호에 관한 그 어떤 증거도 발견되지 않은 경우이다. 또한 이 범주에는 담장, 출입문, 조각상 등의 일부 또는 경비소가 기념물로 보호받고 있는 경우도 해당한다. 그리고 역사적인 매장 기념물이 있는 경우도 포함된다.
- 후속 이용 또는 지속 이용(재사용): 이 지표는 기념물로 보호받고 있지 않지만, 부분적으로 역사적 건물을 현대화하고 지속해 이용하고 있으므로 추가로 기재하였다. 매각 시점에 건물을 주로 후속 사용할 계획을 한 15건의 사례가 있었다.

이러한 자세한 고찰은 경우에 따라 개별 수치가 더 이상 대표적으로 보이지 않게 하는 세부 수준에서의 후속 평가를 진행하기 때문에, 조사 결과는 다시 한 번 기념물 보호 여부로 나누어졌다. 건물 대부분이 기념물로 보호받고 있을 때, 기념물 보호가 적용되었다(위의 목록에 따라 완전한 또는 부분적인 기념물 보호).

6.2.1.6 자치단체의 성장 및 규모 지표

연방건축도시공간계획연구원BBSR은 2015년에 독일의 모든 기초자치단체와 도시를 경제적 성장에 따라 분류한 표를 발표하였다(BBSR, 2015b). 또한 연방건축도시공간계획연구원은 단위 기초자치단체와 기초자치단체연합을 대도시, 중도시, 소도시 그리고 농촌 기초자치단체Gemeinde 등으로 분류하였다. 이는 인구와 중심지 기능을 기반으로 분류하였다. 분석에서 이러한 지표들을 고려하기 위해 본 연구의 대상지를 보유하고 있는 자치단체에 연방건축도시공간계획연구원의 표에 따른 각각의 경제 성장 경향과 기초자치단체 유형을 추가하였다.

6.2.1.7 비교 기준지가의 선택

조사의 목적은 지급한 매매 가격과 이론적인 개발자 이윤 간의 차액을 밝혀내는 것이다(아래 참조). 매매 가격과 토지 규모의 지표는 제곱미터당 유로의 매매 가격 지표로 정리되었는데, 이 매매 가격은 제곱미터당 유로로 각각의 역사적 기준지가에 따라 설정된다. 따라서 모든 부동산에 대해 (매가 시점의) 역사적 비교 기준지가를 찾는 것이 필요하였는데, 왜냐하면 이 비교 기준지가는 잠재적 구매자가 설정한 것이기 때문이다. 다음 연도의 사후에 알려진 지가를 사용하는 것은 시스템으로 인해 배제된다. 비교 기준지가의 조사는 다음과 같은 규칙에 따라 수행되었다(아래 사례 1 참조).

• 일반적으로 매각 시점에는 해당 토지의 기준지가는 존재하지 않았다. 부분적으로 기준지가가 있었지만, 이 기준지가는 동일한 범주(예를 들어, 상업용)의 인접한 기준지가 구역과 크게 차이가 나거나 다른 범주의 지가로 분류되었다(아래 사례 2 참조). 이 편차는 다음과 같은 이유에 따른 것일 수 있다.
  ◦ 기준지가는 기반시설 설치 부담금의 의무가 있는 것(ebp)이거나 건축이 가능한 토지와 관련이 있다.
  ◦ 기준지가는 "정치적으로 영향을 받고 있다." 이 진술은 소수의 경우에 감정평가위원회가 행한 것이며, 이 연구에 대한 기밀 문서에서 확인할 수 있다.

∘ 기준지가는 (자치단체의 매입과 연관한 선취에서) 공공 수요 용지와 관련이 있다.
- 필자는 후속 이용을 기반으로 가장 가까운 비교 기준지가 구역을 선택하였고, 활용 가능한 여러 기준지가를 하나로 정리하였다.
- 유사한 건축물로 구성된 구역을 선택하였다. 이를 위해 여러 활용 가능한 기준지가(예를 들어, 단독주택, 다층 건물, 혼합 이용 등)를 적정하게 변형하여 적용하였다.
- 개발 후 매각 가격이 현재 공개되어 있지만, 이 평가에서는 그럼에도 불구하고 체계를 유지하기 위해 비교 토지의 기준지가를 계속하여 적용하였다.
- 몇몇 지역에서는 부동산 시장이 너무 취약하여, 전체 군(郡)에 대해 상업용 토지에 관한 기준지가만이 존재하기 때문에 기타 선택이 없었다.

독일 연방 전역의 매각 사례는 수년에 걸쳐 도출되는 것이기 때문에, 이 연구에서는 한 지점에서 다양한 연도의 매매 가격을 비교해야 한다(6.3.4절). 즉, 각 지역 토지 가격의 추이를 규명하기 위해, 매각 시점의 역사적 기준 가격 외에 2016년의 비교 토지의 기준지가를 추가로 조사해야 하였다.

사례 1: 비교 기준지가

토지 A에 대해 2011년에 사용할 수 있는 기준지가는 없었다(그림 20 참조). 이 토지는 2011년에 택지(단독주택(EFH))를 개발할 목적으로 매입되었다. 따라서 비교 가격 B(75유로)가 선택되었다. 지역의 지가 추이를 계산하고 따라서 수년에 걸친 비교 가능한 가격을 얻기 위해, 2016년에 지가의 산정에 D(125유로, 2016년 신규)가 아니라 C(95유로)가 필요하다. 이 접근 방법이 처음에는 불합리한 것으로 보이지만, 건축부지 A의 기준지가는 그동안 알려지게 되었다D. 그렇지만, 실제로 2011년의 기존 사용되고 있는 건물의 기준지가A와 2016년의 건축 준비가 완료된 인근 토지의 기준지가D를 비교하는 것은 비논리적일 것이다. 또한 비교 토지A의 가격 인상을 통해 2016년의 현재 기준지가 D를 환산[181]하면, 이 연구의 설명도 바뀔 것이다.

그림 20. 비교 기준지가
(출처: 2018년 노르트라인-베스트팔렌주 지가감정평가위원회의 데이터dl-de/by-2-0(www.govdata.de/dl-de/by-2-0); https://www.boris.nrw.de에 의거하여 필자 작성)

사례 2: 기존의 기준지가

토지 A에 대해 2015년 기준지가(상업용)를 사용할 수 있었다(그림 21 참조). 그러나 이 건물은 2015년 말에 병영 블록을 주택으로 전환(다세대 주택)할 목적으로 매입되었다. 따라서 A가 아니라 비교 가격 B(주거용, 다층)가 선택되었다. 지역의 지가 추이는 가격 B에서 가격 C로의 발전을 통해 산정된다.

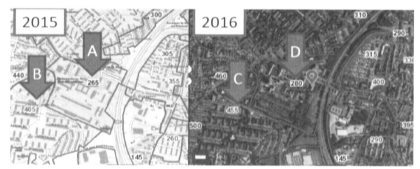

그림 21. 기존 기준지가
(출처: 2018년 노르트라인-베스트팔렌주 지가감정평가위원회의 데이터dl-de/by-2-0(www.govdata.de/dl-de/by-2-0); https://www.boris.nrw.de에 의거하여 필자 작성)

사례 3: 혼합 이용

토지 A에 대해 2013년과 2016년에 사용할 수 있는 기준지가가 없었다(그림 22 참조). 이 건물은 상업용과 택지(단독주택)를 개발할 목적으로 2013년에 매입되었다. 용도 분할은 50퍼센트이었다. 따라서 비교 가격 B(20유로)와 C(75유로)의 혼합 가격이 선택되었다. 지역의 지가 추이를 계산하고, 따라서 수년에 걸친 비교 가능한 가격을 얻기 위해서는 2016년의 기준지가 D(20유로)와 E(95유로)가 추가적으로 필요하다.

역사적 기준지가를 인터넷을 통해 조사할 수 없다면, 감정평가위원회에 이를 요청해야만 하였다. 이에 위에서 설명한 비교 가격 검색과 관련한 접근 방법을 감정평가위원회나 그 사무소에 설명하였는데, 이는 이들 사무소가 이에 따라 비교 가격을 균일하게 제공할 수 있도록 하기 위한 것이었다.

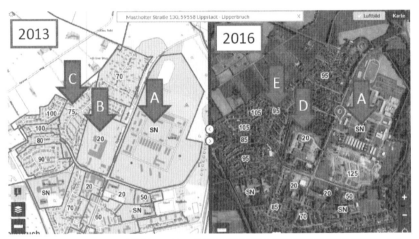

그림 22. 혼합 이용의 비교 기준지가(출처: 2018년 노르트라인-베스트팔렌주 지가감정평가위원회의 데이터dl-de/by-2-0(www.govdata.de/dl-de/by-2-0); https://www.boris.nrw.de에 의거하여 필자 작성)

일부 토지의 규모로 인해 기준지가는 변환 계수를 통해 부분적으로 조정해야 한다. 이는 예를 들어 지가가 5,000제곱미터의 상업용 토지와 관련되지만, 실제로는 1.5헥타르의 개발 토지로, 즉 구획되지 않은 상업용으로 재사용되는 경우에 특히 그러하다.

6.2.1.8 매각 사례의 총 건축부지

일부 매각 사업 계획의 경우, 전체 매각 토지가 건축부지로 전환되지 않았다. 이에 관한 훌륭한 예가 녹지 비율이 높은 비행장이다. 따라서 제곱미터당 매매 가격(지표 KP €/㎡)이 이 연구의 내용과 상충한다. 연방부동산업무공사는 매각 토지의 총 건축부지에 대한 정보를 제공하지 않았다. 모든 매입자와 연락할 수 없으므로, 총 건축부지에 대한 그들의 기대값을 알 수 없다. 이에 따라 필자는 인터넷을 통해 개별 매각 사례의 총 건축부지를 조사하였다. 언론과 부동산 광고 그리고 지구상세계획 등에 이와 관련한 출처가 있었다. 매각 시점의 비교 가능한 토지 이용은 특히 다음의 분석 결과와 관련이 있다. 이러한 출처를 찾을 수 없다면, 보다 최근의 출처를 이용해야만 하였다. 부분적으로 일부 토지에 대해 토지 이용과 관련한 정보가 전혀 없었다. 외부 구역에 있는 부동산의 경우에는 부분적으로 토지 구획의 문제점이 추가로 제기되었으며, 따라서 여기에는 건축 가능한 토지의 규모에 어느 정도의 불확실성이 존재한다.

아래 분석에서 제곱미터당 매매 가격은 항상 제곱미터당 총 건축부지의 매매 가격을 의미한다. 이는 매매 가격과 관련된 모든 계산에도 적용된다.

의심스러운 경우에 필자는 기존 건조물을 총 건축부지로 설정하였다. 이를 위해 주변 토지와 건물이 있는 토지를 사용하여 디지털 지도에서 총 건축부지를 추출하였다. 이것은 큰 부동산(예를 들어, 비행장)의 총 건축부지를 파악하는데 비교적 안전한 방법이었는데, 왜냐하면 녹지의 추가 이용을 위해서는 건설 기본계획을 도입해야 하며, 이는 계획 수립 결정이나 공개 토론이 필요하기 때문이다. 두 가지 모두 일반적으로 보도자료를 제공하거나 시 행정의 인터넷사이트에 게시된다. 따라서 토지 가격은 위에서 언급한 출처에 가까워지게 된다. 매각 토지의 기존 건조물이 해체되어야 하는 경우(예를 들어, 외부 구역에서), 이에 관한 정보도 언론에서 찾을 수 있었다. 더군다나 낮은 매각 가격은 이러한 후속 이용을 암시하였다. 이 점과 관련해 트란스펠트는 다음과 같이 언급하고 있다. "병사의 숙소와 기술 구역이 있는 통상적인 병영의 경우, 나는 전체 토지를 총 건축부지로 설정하였을 것이다. 그런 다음 운동장은 아마도 운동장으로 남을 수 있지만, 일반적으로 전체 토지는 총 건축부지로 설정된다. 당연히 이것은 건축 계획이 불확실한 고립된 위치에 있는 병영에는 적용되지 않는다. 비행장의 경우에는 이미 한층 더 어렵지만, 여기서 개발이 필요한 경우 이미 건축적으로 이용 중인 토지를 총 건축부지로 지정할 수 있을 것이다"(드란스펠트 인터뷰, 2018).

전체적으로 부동산의 절반 정도에 대해서는 총 건축부지를 인터넷에서 조사할 수 있었다. 나머지의 경우, 주변을 포함한 밀봉된 토지는 총 건축부지로 설정되었다. 비행장을 제외한 나머지 토지는 모두 이렇게 설정되었다. 따라서 285건의 모든 부동산에 대한 총 건축부지가 나중에 분석된다.

6.2.2 관련 사례의 선정

연방부동산업무공사는 "전환" 지표를 가진 2,035건의 매각 사례를 제공해 주었다. 개별 사례는 매각 계약을 의미한다. 하지만 모든 매각 사례가 이 연구와 관련이 있는 것은 아니다. 이에 따라 필자는 다양한 매각 사례를 선별하였다. 그 선별 절차는 다음과 같다.

우선, 15건의 중복 사례가 제거되었다. 그런 다음 경제적 양도가 분석 기간 외, 즉 2010년 이전 또는 2016년 이후에 이루어진 11건의 사례는 삭제되었다(아래 참조). 다음 단계에서 주거용 부동산(874채),182) 산림 및 농업 용지, 군 훈련장(176개 시설)이 선별되었다. 이는 전환 부동산 유형 지표를 사용하여 수행되었다. 더욱 자세한 검사를 위해 사례의 명칭이 사용되었으며, 불명확한 사례의 경우에는 구글을 통해 검색이 이루어졌다. 이질성으로 인해 "공급 및 폐기 처리" 유형의 43건의 사례가 선별되었다. 이 유형의 다른 물건들은 다른 범주로 분류되었다(예를 들어. 병영). "기타"183 유형의 8건의 사례에도 동일하게 적용되었다. "공급 및 폐기 처리" 유형의 나머지 43건의 물건은 탄약고, 저유시설貯油施設 또는 철도 수송 건물 등이다. 또한 기존에 존재하거나 그 자체로 계속 이용되고 있는 53건의 인프라 용지는 결과적으로 이 연구와 연관성이 없다. 여기에는 예를 들어 도로, 상수도, 각종 관로(파이프라인) 토지 그리고 방송탑 등이 포함된다. 일반적으로 이런 시설들은 적은 금액으로 양도되었다. 부동산의 후속 이용을 조사하는 동안(6.2.1.4절 참조), 일부 병영 토지가 농경지로 계속 이용되거나 인프라 용지로 무상으로 양도되었거나 양도되어야 한다는 사실이 밝혀졌다. 또한 이러한 토지는 후속 이용이라는 새로운 지표에 문자 L 또는 S로 표시되었으며, 평가에서 더 이상 고려하지 않았다.[184] 18건의 토지의 경우, 유감스럽게도 후속 이용이나 위치는 조사할 수 없었다.

기준지가는 상업용 토지에 관한 것이다. 큰 규모의 부동산(예를 들어, 1헥타르)의 경우에는 내부 기반시설 설치가 이루어져야 하므로, 비용이 발생하고 면적의 약 25퍼센트가 손실된다. 작은 부동산의 경우에는 기반시설 설치가 부분적으로 기존 도로를 통해 충족된다. 이로써 기반시설 설치 비용과 무상의 토지 양도도 발생하지 않는다. 그러나 이러한 요인들은 대규모 군 전환용지의 개발비에 속하기 때문에, 평가는 1헥타르 이상의 규모에서 비로소 시작해야 하였다. 각각 10,000제곱미터(1헥타르) 이하의 규모를 보여주는 총 587건의 사례가 선별되었는데, 위에서 언급한 선별과 중복되는 사례가 있었다. 1헥타르 이하의 부분 매각[185]도 삭제해야만 하였는데, 왜냐하면 토지는 기반시설 설치가 된 채로 매각되고, 따라서 중요한 비용 항목이 생략된다는 것을 가정할 수 있기 때문이다.

표 4. 선별된 사례의 수

선별된 사례	선별	나머지
전체 사례	0	2,035
중복 및 2009년 이전의 매각	26	2,009
주거용 부동산	847	1,162
농림업(L) + 군 훈련장	176	986
공급 및 폐기 처리	43	943
인프라(S)	53	890
이용 불명, 찾을 수 없음	18	872
1ha 규모 이하	587	285

6.2.3 매각 시점

추가 계산과 관련하여 등기 날짜 또는 경제적 양도의 날짜를 선택해야 하는지 하는 문제가 제기되었다. 이는 해당 연도의 유효한 비교 기준지가가 조사되었기 때문에, 특히 관련이 있다. 이것은 매입 결정의 날짜이며, 따라서 매입자가 이론적으로 현재 연도의 유효한 비교 기준지가를 자신의 계산을 위해 선택하였다는 사실은 등기 날짜의 선택에 유리하다(예를 들어, 2013년의 매매 가격 수집에서 유래한 2014년의 기준지가를 기반으로 하여 2014년 12월에 매입). 그러나 부동산 업계에서는 경제적 양도, 즉 소유권 이전 날짜를 매각 시점으로 선택하는 것이 일반적이다. 소유권 이전일에 모든 권리와 책임은 매입자에게 이전된다. (기존 사례의 경우) 등기와 소유권 이전 사이에 평균 42일, 다시 말해 약 1.5개월이 있다. 그중에서도 상위 15건(5퍼센트)을 다른 것과 현저한 차이를 보이는 측정값, 즉 이상값으로 제외하면, 평균 25일(약 1개월)로 줄어든다. 모든 사례의 중앙값은 15일이다. 자유경제에서 등기와 소유권 이전 사이의 기간은 약 4주에서 6주이다.[186] 기존 사례에서 등기와 소유권 이전이 보통 서로 엇갈리기 때문에, 이 연구에서는 비교 가능성을 위해 소유권 이전 날짜를 해당 매각 날짜로 선택한다.

유감스럽게도 연방부동산업무공사의 데이터베이스는 부동산의 해제 또는 매각 시작에 대한 정보를 포함하고 있지 않다. 공개 자료에서 이에 대한 조사는 대부분의 경우 성공하지 못하였다. 따라서 매각 기간은 안타깝게도 평가할 수 없다.

6.2.4 매매 가격의 조정

이 연구에서는 역사적 매매 가격을 매각 시점의 역사적 기준지가와 비교한다. 그러나 분석을 시작할 때, 특정 부동산 유형의 평균 매매 가격에 대한 문제가 제기된다. 6.3.4절의 보충 설명을 위해 매매 가격의 조정이 필요한데, 왜냐하면 일부 지역에서 기준지가가 급격히 상승하고 있기 때문이다. 아래에서 한편으로 접근 방법을 설명하면서, 매매 가격 환산의 한계도 제시한다.

부동산 매매 가격은 이자율 추이와 관련이 있다(예를 들어, Aring, 2005: 34; Just,

2017: 910: Rottke & Voigtländer, 2017: 171이하에 인용된 Nastansky). 2010년 이후 금리가 하락함에 따라, 일부 매매 가격은 비교를 위해 상당히 크게 조정되어야만 하였다. 예를 들어, 2010년과 2016년 사이에 이자율이 2퍼센트 포인트 하락하였다면, 이는 자가 주택 매입자의 부채 상환을 낮추고, 따라서 자가 주택 매매 가격을 높일 수도 있으며(Just, 2017: 915이하), 결과적으로 개발자의 비용 충당을 개선할 수 있다(동일한 수익에서)(Aring, 2005: 34). 매매 가격 비교의 또 다른 문제점은 지역적 격차로 인한 것이다. 2012년 뮌헨의 매각 가격은 2016년의 다른 도시의 매각 가격과 제한적으로만 비교될 수 있다. 감정평가위원회 측에서 제공한 자료에 따르면, 2012년에서 2016년까지의 뮌헨의 기준지가 구역의 비교 기준지가는 100퍼센트 상승한 반면, 독일의 다른 지역과 비교할 경우에는 이 지가가 동일하거나 심지어 하락하였기 때문이다. 그럼에도 불구하고 6.3.4절에서 연방 전역의 제곱미터당 매매 가격을 비교하기 위해서는 이 값을 조정해야 한다. 다행스럽게도 매각 연도와 2016년 사이의 기준지가의 변동을 바탕으로 하여 지역 토지 시장의 발전 추이를 추적할 수 있었다.

예를 들어, 칼스루에Karlsruhe의 마켄젠Mackensen 병영 인근의 다층 건물에 대한 기준지가는 2011년 제곱미터당 260유로였다. 그런데 2016년에 이 구역의 가격은 제곱미터당 300유로로 15퍼센트 상승하였다. 따라서 2016년 이론적인 매매 가격은 1,250만 유로(2011)[187]가 아니라, 1,437.5만 유로였을 것이다.

이와 관련하여[188] 드란스펠트는 인터뷰에서 다음과 같이 언급하였다. "이러한 접근 방법은 예를 들어 가치평가에서 출발 (수익) 가격에 대한 비교 사례의 수를 (언어적 가치평가의 맥락에서) 증가시키기 위해 생각할 수 있다. 그런 다음 예를 들어 오래된 비교 사례를 가치평가 시행일의 현재 날짜로 환산할 수 있다. 하지만 지역 기준지가의 변경에 의해서만 예를 들어 다른 모든 가격 요인(예를 들어, 기반시설 정비비, 세제비 등)을 재검사하지 않은 채 5년 전에 산정된 잔여 거래 가격을 집계하는 것은 문제가 될 수 있다"(Dransfeld Interview, 2018). 위의 예에서 환산의 첫 번째 한계가 나타난다. 즉, 매매 가격은 수익과 비용의 결과이기 때문에, 기준지가뿐만 아니라 건설비도 시간이 지남에 따라 변화해 왔다. 예를 들어 (2011년부터 2016년까지의) 6년 동안 기준지가가 상승하지 않았고 동일하게 유지되었지만, 독일건축가회의소 건축비정보센터BKI[189]에 따라 건설비가 10퍼센트 포인트 상승하였다면, 환산 시 기준지가에서 이를 반영해야 한다. 따라서 기준지가의 변경을 통해 2012년부터 2016년까지의 매매 가격을 환산하는 것은 부동산가치평가령ImmoWertV의 측면에서 의미가 있다. 이러한 이유로 매매 가격은 우선 기준지가의 상승에 따라 2016년으로 조정된다. 두 번째 단계에서는 개발비는 건축비 상승을 고려하여 조정되어야 한다. 2011년부터 2016년까지의 건축비 상승이 약 10퍼센트에 달하고 이 연구의 결과에서는 건축비가 (연역적 방식에서 비용으로서 공제된) 비용[190]의 70퍼센트까지 차지하기 때문에, 조정된 기준지가는 최대 10퍼센트의 불확실성을 나타내며, 오히려 5퍼센트(10퍼센트의 50퍼센트)를 보여준다. 이러한 낮은 비율을 감안하여 필자는 상승한 건축비를 고려하지 않고 개별 부동산 유형에 대한 평균 매매 가격을 분석하기로 하였다. 이에 따라, 제곱미터당 매매 가격과 건축부지 제곱미터당 매매 가격의 지표 외에 추가로 제곱미터당 조정 매매 가격과 건축부지 제곱미터당 조정 매매 가격의 지표도 표에 기재하였다. 이렇게 하면 총 건축부지와 토지 가격의 변동과 관련한 불확실성 없이 분석을 시작할 때, 각 지역의 특정 부동산 유형에 대한 대략적인 매매 가격 범위를 제시할 수 있다. 아래 분석의 나머지 계산(예를 들어, 개발비 등)은 과거의 (역사적) 매매 가격과 매입 연도의 해당 기준지가를 통해 다시 수행한다.

연방부동산업무공사는 선취 절차에서 특정 매각에 대해 (가격) 할인을 부여한다(3.3.2절 참조). 그것은 거래 가격에서 할인하는 것이기 때문에, 할인은 부동산의 실질 가격을 왜곡할 수 있다. 할인 규정은 제시되어 있다(Deutsche Bundestag, 2017: 128이하, 부록 5 참조). 필자는 이 연구와 관련된 부동산에 열거된 가격 인하, 즉 할인을 추가하였다.

6.2.5 개발비의 조정

순 건축부지의 개발비는 매매 가격과 기준지가 간의 차액으로 구성된다(자세한 것은 아래 6.4장에서 설명할 것임). 앞서 언급하였듯이, 2016년 매입 연도에 대해 매매 가격을 환산할 때, 건축비의 변화로 인한 개발비의 변경도 고려되어야 한다. 또한 개발자 이윤, 즉 투자 자본에 대한 최고 25퍼센트의 수익 기대도 개발비의 상당한 부분을 차지할 수 있다(5.4.3.7절 참조). 2010년과 2016년의 개발비를 비교할 때, 기준지가와 이자율, 개발자 이윤, 건축비 그리고 거래 비용 등과 같은 요인들이 변화하였을 수 있다. 그러나 모든 요인은 서로 (국민 경제적으로) 연계되어 있다. 금리가 높은 시기에는 개발자의 이윤도 상승하고, 토지 가격은 수요로 인해 금리가 낮은 시기보다 완만하다. 따라서 모든 지역 및 국가 시장의 움직임이 매매 가격에 포함되어 있기 때문에, 이 매매 가격은 2016년의 매매 가격으로 환산될 수 있지만 개발비는 그렇지 않다. 후속의 평가에서는 순 건축부지의 개발비에 대한 매입 연도의 영향이 분명히 나타날 것이지만, 이는 토지 양도와 관련이 있다. 그러므로 필자는 아래 분석에서 가능한 한 개발비의 조정을 무시하고, 따라서 클라이버의 주장을 따른다. 즉, 클라비어는 토지 가격의 인상과 건축비의 상승이 서로 상쇄되기 때문에 처음에는 수입과 비용을 고려하지 않은 채로 설정할 것을 권장하고 있다(Kleiber et al., 2017: 1582이하). 할인은 이 둘에 관한 문헌에 따라 공동으로 이루어진다(예를 들어, gif, 2008).

6.3 재고 데이터의 분석

아래에서는 6.2.2절에서 선택된 2010년에서 2016년 사이의 285건의 매각 사례를 분석한다. 이에 우선 용적, 유형 그리고 분포에 대한 구조적 분석을 수행한다. 그런 다음 부동산별 매매 가격에 대한 실제 분석을 진행한다. 매매 가격은 연역적 가치평가 방식을 바탕으로 하여 비교 기준지가에 따라 달라지기 때문에, 제곱미터당 유로 단위로 유형별 구조적 분석을 수행한다. 이를 위해 비교 기준지가에 대한 할인을 결정한다(예를 들어, 실업된 후속 이용이 가능한 매입 필지의 빌딩에 대해). 기준지가의 할인은 개발비를 나타낸다. 개발비는 분석의 마지막에서 순 건축부지NBL에 대해, 다시 말해 완전하게(6.4.1) 그리고 토지 양도와 개발자 이윤과 같은 고정 비용 없이(상향식) 순수 건축비로 한 번 나타낸다(6.4.4).

참고로, 아래에서 언급한 제곱미터당 유로 단위의 모든 매매 가격, 매매 가격 할인 또는 개발비에서는 이것이 그 어떤 거래 가격 평가도 대체하지 않는다는 점에 유의해야 한다. 또한, 필자가 총 건축부지의 토지 규모와 기준지가의 초기 출발 가격을 산정하였기 때문에, 이 결과를 연방부동산업무공사 측이 설정한 지가와 100퍼센트 비교할 수 없는데, 왜냐하면 공사의 지가는 알려지지 않았기 때문이다. 이 수치는 적어도 특정 기준지가 구역의 병영을 대략적으로 가치평가하는 것에 적합하다.

조사의 조건을 설명한 후, 이제 분석을 진행하고자 한다.

6.3.1 포트폴리오 개요
현재의 포트폴리오를 작성하기 위해, 먼저 구조화된 방식으로 분석을 진행하고자 한다. 우선 어떤 군 전환 부동산이 매각되었는지를 설명한다.

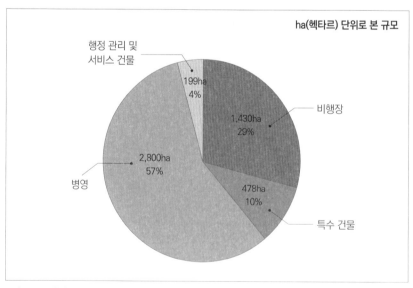

그림 23. 군 전환용지 유형의 비율 다이어그램(n=285)

6.3.1.1 규모와 유형

다양한 종류의 부동산이 아래에서 제시되어야 한다. 이때 매각 토지의 규모와 조사된 총 건축부지BBL의 규모를 구별한다.

유형별 부동산의 토지 규모를 합산하면, 병영의 규모가 드러난다. 이는 순수한 총 건축부지(오른쪽 열)를 고려할 때, 훨씬 더 두드러지는데, 왜냐하면 예를 들어 비행장은 다른 부동산 유형보다 매각 토지에 대한 총 건축부지가 상대적으로 적기 때문이다.

표 5. 규모와 유형(n=285)

유형	규모(ha)	총 건축부지의 규모(ha)
비행장	1,430	784
특수 건물	478	163
병영	2,800	2,193
행정 관리 및 서비스 건물	199	151
전체 결과	4,907	3,291

6.3.1.2 각 기초자치단체의 경제적 성장

연방건축도시공간계획연구원BBSR은 평가에 포함된 모든 독일 기초자치단체Gemeinde의 경제적 성장에 관한 표를 발표하였다(BBSR, 2015b). 이 연구에서 다룬 부동산은 대부분 성장하는 기초자치단체에서 발견된다(표 6 참조). 285건의 사례 중 159개의 기초자치단체가 포함되어 있으며, 따라서 일부 기초자치단체에서 여러 건의 매각 사례가 발생하였다는 점을 유의해야 한다.

결과는 독일 도시협의회Deutsches Städtetag의 분석과 거의 유사한 결과를 보여주고 있다. "모든 신규 주택의 3분의 2가 2016년 성장 지역에 들어섰다. 정체하고 축소되고 있는 지역에서는 신규 건설 주택의 약 17퍼센트를 차지하였다" (Städtetag, 2017: 6).

흥미롭게도 군 전환 부동산의 약 72퍼센트가 성장 또는 평균 이상으로 성장하고 있는 지역에 있는데, 물론 1960년 이후 주거 정책은 위에서 서술한 것처럼 무엇보다도 구조적으로 취약한 기초자치단체에서 먼저 신규 병영의 입지를

표 6. 기초자치단체의 성장 동향(n=285)

기초자치단체 경제 성장	사례의 수	기초자치단체의 수
평균 이상으로 축소	21	15
축소	38	28
명확한 발전 방향이 없음	22	11
성장	92	53
평균 이상으로 성장	112	52
전체 결과	285	159

개발하도록 하였다. 또한 대부분의 매각 사례가 중도시 또는 대도시에 있다는 점도 주목할 만하다(표 7). 새로운 병영은 당시 중소 도시에 입지하였다(Müller, 2014).

표 7. 기초자치단체의 성장 동향 및 종류에 따른 매각 사례의 수(n=285)

(경제) 성장	농촌 기초 자치단체	작은 소도시	큰 소도시	중도시	대도시	합계
평균 이상으로 축소	12	–	1	8	–	21
축소	3	8	11	16	–	38
명확한 발전 방향이 없음	5	11	2	2	2	22
성장	12	8	6	46	20	92
평균 이상으로 성장	9	11	13	43	36	112
전체 결과	41	38	33	115	58	285

대부분의 군사시설 반환부지 매각은 중도시와 대도시에서 거래되었지만, 1960년대 이후에는 특히 중소도시에서 집중적으로 이루어졌다. 이는 1945년 이전에 건설된 보다 오래된 병영들이 경제적 이유로 우선 매각되고 있다는 가설로 이어질 수 있다. 왜냐하면, 오래된 병영의 경우 도시가 병영을 둘러싸고 발전하였을 가능성이 높으며, 농촌지역에 입지한 용지보다 높은 가격에 거래될 수 있기 때문이다. 다만, 군 주둔지의 공간적 분포로 볼 때, 구조적으로 취약한 지역에서 연방군을 철수시키는 것은 지양되어야 할 것이다.

6.3.1.3 미시적 위치

앞의 장에서 매각 사례의 거시적 공간 분포를 분석한 후, 이제 기초자치단체 내부의 위치를 설명하려고 한다. 부동산은 기존 주거지 맥락의 위치에 따라 다음과 같이 분포하고 있다.

표 8. 기초자치단체에서의 매각 사례의 위치(n=285)

부동산 유형	매각 사례		
	외부 위치	내부 위치	전체 결과
비행장	36	6	42
병영	58	135	193
행정 관리 및 서비스 건물	12	15	27
특수 건물	4	19	23
전체 결과	110	175	285

대부분의 병영은 내부 구역에 위치하고 있는 데 반해, 거의 모든 예전 비행장은 오늘날 여전히 주거연담지역 밖에 위치하고 있다. 그 이유는 아마도 다음과 같을 것이다. 즉, 많은 병영이 1930년대 또는 제1차 세계대전 이전부터 그 당시 도시 외곽에 건설되었으나 도시의 발전으로 인해 현재는 주거연담지역에 입지하게 되었다. 그 후 수십 년 동안 도시는 병영을 둘러싸고 발전해 왔다.[191] 반면에 비행장은 설립 당시 많은 공간을 점유하였으며, 따라서 비행장은 당시의 주거지 외곽과 거리를 두고서 건설되었다. 폐쇄될 때까지 공항으로 이용되었다면, 주거 수요 등 특별한 경우에만 도시는 비행장 부지 쪽으로 개발되었다.

2008년 야코비는 120개의 기초자치단체가 직면한 연방군의 전환 물결에서 주로 중심지에 가까운 위치에 있는 부동산이 영향을 받고 있다고 분석하였다 (Jacoby, 2008: 24).

6.3.1.4 토지 면적: 후속 이용과 위치

아래에서는 공증 시점에 어떤 후속 이용이 계획되었는지를 설명하고자 한다.
고가용高價用(역주: 고부가가치 또는 높은 가격으로 활용될 수 있는 전환 토지, 자세한 의미는 6.2.1.4절 참조) 후속 이용은 다층 건물과 단독주택에 대한 기준지가에 의거한 주택이나 사무실을 의미한다(이에 관해서는 6.2.1.7절에서 설명함). 기존의 데이터는 고가용으로 인한 매매 가격 추가 지급을 고려하지 않고 있다.

표 9. 위치, 후속 이용, 규모(n=285)

위치	상업용지		고가용지		전체	
	건수	규모 합	건수	규모 합	건수	규모 합
외부 위치	85	2,319ha	25	669ha	110	2,988ha
내부 위치	75	939ha	100	980ha	175	1,919ha
전체 결과	160	3,257ha	125	1,649ha	285	4,907ha

노르트라인-베스트팔렌주와 니더작센주에서는 상업적 후속 이용이 아니라, 고가의 후속 이용이 대부분이었다. 도시 개발의 목표에 따라 주거용 또는 고가용 후속 이용이 대부분(약 80퍼센트) 주거연담지역에서 발생하였다. 이러한 결과는 실제 총 건축부지를 포함시킬 경우에도 나타난다(표 10 참조). 또한 내부 구역의 건축부지 비율이 훨씬 더 높은 것을 알 수 있다(총 건축부지에 대한 토지 규모의 비율). 도시 외부 구역에서는 매각 토지의 약 50퍼센트만이 총 건축부지였지만, 내부 구역에서는 약 85퍼센트이었다. 외부 구역에서는 매각 토지의 평균 규모가 27

표 10. 위치, 후속 이용, 헥타르 합계(n=285)

위치	상업용지			고가용지		
	사례 건수	규모	총 건축부지	사례 건수	규모	총 건축부지
외부 위치	85	2,319ha	1,343ha	25	669ha	333ha
내부 위치	75	939ha	739ha	100	980ha	876ha
전체 결과	160	3,257ha	2,082ha	125	1,649ha	1,209ha

헥타르였고, 내부 구역에서는 17헥타르에 지나지 않았다.

내부 구역에 있는 토지의 절반 이상이 고가용으로 개발되었다(175건의 토지 중 100건의 토지). 드란스펠트에 따르면(Dransfeld, 2012: 53), 이는 부분적으로 주거연담지역의 기준지가(매각 시점에)가 외부 구역에서보다 높았으며, 이에 따라 고가용 개발이 가능하였다는 것을 의미한다.

무엇보다도 내부 위치에 있는 고가용 후속 이용 부동산의 매매 가격 총액은 상업적 후속 이용 부동산의 매매 가격 총액을 상회하고 있다(표 11 참조).

표 11. 매매 가격 합계 및 후속 이용(n=285)

위치와 후속 이용에 따른 2010~2016년 매매 가격 액수			
위치	외부 위치	내부 위치	전체 결과
상업용지	109백만 €	126백만 €	235백만 €
고가용지	46백만 €	317백만 €	363백만 €
전체 결과	155백만 €	443백만 €	598백만 €

6.3.2 유형, 규모, 위치 그리고 후속 이용에 따른 매매 가격의 평가

부동산을 전체적으로 위치와 후속 이용에 따라 분석한 후, 아래에서는 개별 부동산 유형을 자세히 고찰하고자 한다.

6.3.2.1 규모 군집에 따른 평가

토지 규모의 범위는 1~342헥타르에 이른다. 이러한 토지의 총 건축부지의 범위는 0.55~95헥타르이다. 여기서 매각 토지의 대부분이 10헥타르 이하의 규모였다는 점에 유의해야 할 것이다(그림 24 참조).

아래의 그림에서 x축의 각 숫자는 285건의 부동산 중 하나를 나타낸다. 등급이 매겨져 있는 y축은 각각의 규모가 헥타르 단위로 표현되어 있으며, 따라서 간략하게 표현되어 있다. 위에 표시된 토지 규모의 분포 때문에 등급으로 나타낸 부동산의 군집화는 적절한 것으로 보이는데, 왜냐하면 대부분의 토지가 10헥타르 미만의 규모(ha)를 갖고 있기 때문이다. 이에 따라 다음과 같은 규모의

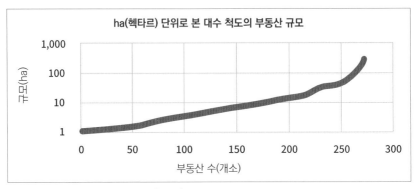

그림 24. 대수 척도로 표현된 부동산의 규모(n=285)

군집이 선택되었다. 즉, 0~1헥타르, 1~2헥타르, 2~4헥타르, 4~6헥타르, 6~8헥타르, 8~10헥타르, 10~15헥타르, 15~25헥타르, 25~35헥타르, 35~50헥타르 그리고 50헥타르 이상 등이다. 이 분류를 통해 군집 당 평가의 사례가 충분하므로, 데이터를 군집 별로 각각 집계할 수 있다.

내부 구역과 외부 구역으로 구분된 부동산의 유형은 다음과 같은 군집으로 분포하고 있다.

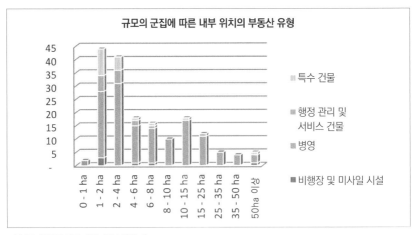

그림 25. 규모의 군집, 유형, 내부 위치, 수

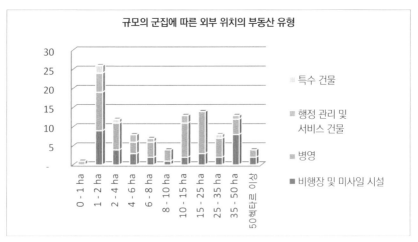

그림 26. 규모의 군집, 유형, 외부 위치, 수

표 12. 유형, 수, 총 건축부지(BBL)의 규모

총 건축부지의 구획과 규모	상업용지		고가용지		총계	
부동산 유형	건수	규모	건수	규모	건수	규모
비행장	36	677ha	6	107ha	42	784ha
병영	103	1,187ha	90	1,006ha	193	2,193ha
행정 관리 및 서비스 건물	12	85ha	15	66ha	27	151ha
특수 건물	9	133ha	14	30ha	23	163ha
전체 결과	160	2,082ha	125	1,209ha	285	3,291ha

"병영"의 규모가 가장 큰 데 비해, 특수 건물은 오히려 8헥타르 이하의 토지 규모를 가지고 있는 것으로 보인다. 또한 도시 외부 위치에서 두 번째로 많은 유형인 비행장은 분할(10헥타르 미만)하거나 전체로 매각된 것으로 보이며, 이는 규모가 증가함에 따라 그 수가 감소한 다음 일정 수치에 도달하면 다시 증가하고 있다는 사실로 분명히 보여준다(그림 26 참조).

주목되는 점은 과거 비행장 용지의 상당 부분이 상업적 용도로 변경되었다는 것이다(677헥타르). 전반적으로 토지의 대부분이 상업적으로 개발되었다.

포트폴리오 작성을 마무리하면서 연도별 매매 가격의 총액이 얼마인지를 고찰해야 할 것이다. 추가로 총 건축부지 규모와 매각 사례의 건수를 제시한다. 아래 표 13에서 2010년과 2011년 사이의 차이와 2014년의 최저값이 특별히 두드러진다. 이 연구의 연간 매매 가격 총액과 연방부동산업무공사의 공식 매각 수익을 비교한 결과, 이 연구에서는 연방부동산업무공사의 전체 매각액의 일부만을 평가한 것으로 생각되는데, 이는 2015년의 연방부동산업무공사의 매각 수익이 4억 3,360만 유로이고 2016년의 매각 수익이 4억 3,680만 유로(2016년 연말결산보고서에 따르면)이기 때문이다.

표 13. 연도, 용적, 규모, 수(n=285)

연도	매매 가격 합계	총 건축부지 규모	사례 건수
2010	46.4백만 €	606ha	56
2011	122.4백만 €	774ha	52
2012	115.8백만 €	384ha	33
2013	83.2백만 €	621ha	52
2014	57.8백만 €	376ha	29
2015	68.2백만 €	339ha	40
2016	105.2백만 €	191ha	23
전체 결과	599.0백만 €	3,291ha	285

이에 따라 연방부동산업무공사의 전체 매각 중 매년 대규모 군 전환용지가 차지하는 비율이 크게 다르다는 것을 알 수 있다. 보완적으로 필자는 연구 질문에 대한 답변과 관련이 없었기 때문에, 전달받은 연방부동산업무공사의 매각 사례의 상당 부분을 선별하였다는 점을 지적해 두고자 한다(6.2.2절 참조).

6.3.3 통계 분석

포트폴리오를 완성한 후, 순 건축부지Nettobauland의 개발비에 영향을 미치는 요인들이 무엇인지에 대한 문제가 제기된다. 순 건축부지의 개발비($€/m^2$)는 기준지가(순 건축부지 €/m²)에서 매매 가격(총 건축부지 €/m²)을 차감할 때 발생한다. 순 건축부지의 개발비는 연역적 (가치평가) 방식에서 매매 가격으로 연결되는 기준지가에 대한 할인이다(그림 27 참조). 이미 5.4.1절에서 설명한 것처럼, 자치단체로의 (무상의) 토지 양도 비용은 연역적 방식이 제곱미터당 유로로 수행될 경우에만 표시되며, 수익 또는 비용 합계를 통해 수행될 경우에는 표시되지 않는다. 이에 관해서는 나중에 좀 더 자세히 논의하게 될 것이다(6.4.1절).

그림 27. 기준지가에 대한 매매가격

위의 그림에서 비교 기준지가에 대한 매매 가격의 비율은 25퍼센트 또는 0.25이다. 따라서 비교 기준지가에 대한 할인은 75퍼센트이다. 아래에서는 이 비율이 통계적으로 평가된다.

minitab© 프로그램을 통해 기준지가에 대한 매매 가격의 지표에 대한 주요 효과를 평가하였다(아래 그래픽 참조). y축에는 개별 범주별로 기준지가에 대한 매매 가격의 지표가 표시된다(0.40=40퍼센트). 낮은 값은 높은 순 건축부지 개발비, 즉 기준지가에 대한 높은 할인을 의미한다. 평균값을 선으로 연결하면, 각 요인(예를 들어, 위치)이 할인에 얼마나 큰 영향을 미치는지를 그래픽으로 설명할 수 있다.

예를 들어, 다음 그래픽은 상업용 후속 이용이 고가용 후속 이용보다 개발비가 훨씬 낮다는 것을 분명히 보여주고 있다. 반면에 주거인담지역의 위치는 선의 기울기로 알 수 있듯이, 개발비에 거의 영향을 미치지 않는 것으로 보인다.

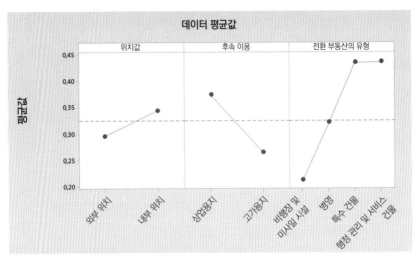

그림 28. 주요 효과 도식 1(n=285)(출처: minitab©을 사용하여 필자 작성)

그래픽은 부동산의 유형과도 관련이 있음을 보여준다. 행정 관리 건물과 특수 건물의 경우, 개발비는 병영, 특히 비행장보다 훨씬 낮다.

기준지가에 대한 개발비의 할인은 여러 가지 원인이 있을 수 있으므로, minitab© 프로그램을 사용하여 세 가지 요인(위치, 후속 이용, 유형) 간의 상호 작용을 분석하였다. 다음 그래픽은 이러한 상호 작용을 보여준다.

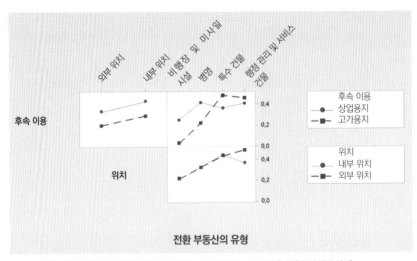

그림 29. 위치, 유형 그리고 후속 이용 간의 상호 작용(n=285)(출처: minitab©을 사용하여 필자 작성)

그 결과, 위치와 관련하여 모든 지역에서 상업용 후속 이용의 개발비가 그리고 부동산 유형에서는 "병영" 및 "비행장"의 상업용 후속 이용의 개발비가 고가용 후속 이용보다 낮았다.

위의 통계적 분석에서 위치(외부 위치 또는 내부 위치)는 가정한 것만큼 매매 가격에 큰 영향을 미치지 않는 요인으로 나타났기 때문에, 이제 또 다른 요인을 분석해야 할 것이다. 이들 요인은 다음과 같다.

- 연방건축도시공간계획연구원BBSR의 연구(2015b)에 따른 각 기초자치단체의 경제 성장
- 연방부동산업무공사의 기재 항목에 따른 토양 오염 구역의 위험 정도
- 필자가 조사한 후속 이용 또는 조사된 기념물 보호

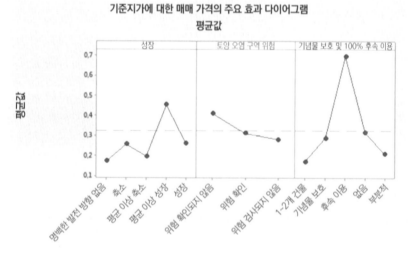

그림 30. 기준지가에 대한 매매 가격의 주요 효과 도식 2(n=285)(출처: minitab©을 사용하여 필자 작성)

순 건축부지의 개발비는 다음과 같다.

- 급속도로 성장하고 있는 자치단체에서 가장 낮다.
- 오염되지 않은 토지에서 (페어디페어 수에 따라) 순 건축부지 개발비는 토양 오염 구

역으로 제시되었거나 조사되지 않은 토지보다 낮다.

• (기념물로 보호받지 않고 있는) 건물의 후속 이용에서 순 건축부지 개발비는 기념물로
보호받는 건물이나 철거 건물보다 낮다.

더군다나 (토지의) 규모와 매각 연도(2012년과 2016년)는 개발비에 영향을 미치고
있다.

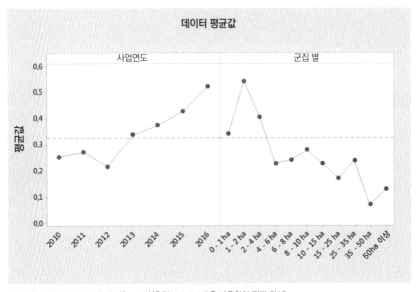

그림 31. 연도와 규모의 주요 효과(n=285)(출처: minitab©을 사용하여 필자 작성)

기준지가에 대한 할인은 2010년부터 2016년 사이에 계속하여 (75퍼센트에서 50퍼
센트로) 하락하고 있다. 2012년의 편차는 경우에 따라 이 연도부터 적용된 선취
선택권으로 설명될 수 있다. 2010년부터 2016년까지 개발비는 매각 토지의
규모(크기)가 증가함에 따라 감소하는 것으로 보인다(그림 31 참조). 이 예상치 못한
결과는 나중에 좀 더 자세히 분석하게 될 것이다. 연방 주별로 구분하여 수행
한 아래의 분석은 이들 주간의 뚜렷한 차이를 보여준다.

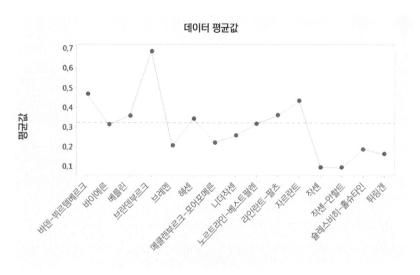

그림 32. 연방주의 주요 효과(n=285)(출처: minitab©을 사용하여 필자 작성)

각 주에서 개발비의 차이는 각각 그곳에서 매각된 부동산과 후속 이용과 관련이 있는 것으로 보인다. 이렇듯 구동독의 신연방주에서는 1995년부터 이미 군사시설 반환부지의 전환이 진행되고 있으며, 이에 따라 (브란덴부르크주를 제외한) 이곳은 소극적인 개발만이 가능하므로 구연방주(구서독)와의 개발 비용의 차이가 발생하게 된다. 따라서 개별 지표와 이들의 상호 작용에 대한 세분된 분석이 필요하다. 나중의 연구에서 비교 기준지가를 다시 한 번 분석하는데, 이 분석에는 연방주도 고찰에 포함시킬 것이다.

결정계수 R-Qd

통계값 R-Qd 또는 R²(결정 계수, 결정 척도)은 경험적 데이터에서 "회귀 모델"의 예측에 대한 편차를 나타내는 척도이다. 그것은 개발비의 변동이 다른 지표들의 집합으로 얼마나 많은 경우에서 설명할 수 있는지를 나타낸다. 후속 이용, 위치, 부동산 유형, 사업연도, 군집의 규모, 연방주 그리고 성장 등의 지표로 순건축부지 개발비 변동의 38.97퍼센트가 통계적으로 설명될 수 있다(n=285). 후속 이용, 위치 그리고 부동산 유형 등의 지표로 변동의 20.80퍼센트만이 설명된다. 이는 부동산 경제의 잘 알려진 요인(위치, 용도, 유형) 외에도 개발비를 분석하는 데 다른 요인들도 중요함을 시사한다.

피어슨 상관관계

일반적으로 매매 가격은 부동산의 규모에 따라 상승하며, 이에 따라 높은 상관관계를 보여준다. 매매 가격(유로로 나타낸 절대값)과 총 건축부지(제곱미터) 간의 피어슨Pearson 상관관계는 0.296에 불과하다. 조사한 총 건축부지의 매매 가격(제곱미터당 원의 매매 가격)과 총 건축부지(제곱미터) 간의 상관관계는 0.190에 지나지 않는다. 이는 부동산의 규모가 매매 가격을 결정하는 데 작은 역할을 한다는 것을 의미한다. 이와 대조적으로 기준지가는 결정적인 역할을 한다. 총 건축토지의 제곱미터당 매매 가격과 제곱미터당 기준지가 사이의 상관관계는 0.687이다. 그러므로 매매 가격은 상당 부분 기준지가에 따라 달라지지만, 주요 원인은 아니다. 낮은 상관관계의 한 가지 이유는, 특히 큰 규모의 부동산이 기준지가가 낮은 지역에 위치하고 있기 때문일 수 있다.

6.3.4 매매 가격: 병영의 비용은 얼마인가?

매매 가격과 관련하여, 가격은 다음과 같이 부동산 유형별로 나뉜다.

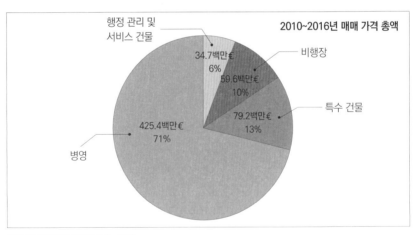

그림 33. 매매가격 금액 도식 (n=285)

평균 매매 가격은 총 매매 가격을 통해 산정할 수 있다.

표 14. 유형별 평균 매매 가격(n=285)

부동산 유형	매매 가격 금액	사례 건수	평균 매매 가격
비행장	59.6백만 €	42	1.4백만 €
특수 건물	79.2백만 €	23	3.4백만 €
병영	425.4백만 €	193	2.2백만 €
행정 관리 및 서비스 건물	34.7백만 €	27	1.3백만 €
전체 결과	598.9백만 €	285	2.1백만 €

이 연구의 첫 번째 결과는 개별 부동산 유형에 대한 평균 매매 가격일 것이다. 절사한 평균 가격, 즉 각각 최고 및 최저 10퍼센트에 해당하는 매매 가격을 제외한 평균 가격이 병영에 대해서는 220만 유로가 아니라 141만 유로에 달한다. 비행장의 경우에는 절사한 평균 가격이 49만 유로에 불과하며, 산술 평균보다 거의 100만 유로가 적다.

필자는 추가로 언론 보도로부터 다음과 같은 사례의 매매 가격을 조사하였다.

표 15. 2010년과 2016년 사이의 여러 군 전환 부동산의 공개된 매매 가격

명칭	규모 (ha)	매매 가격 (€)	매입자	출처
바트 보덴타이히 (Bad Bodenteich), 베게에스 병영 (BGS[192]-Kaserne), 슈타덴저슈트라세 (Stadenser Straße)	24.0	830,000		https://www.az-online.de[193]
하나우(Hanau), 파이오니어 병영 (Pioneer Kaserne)	47.5	3,900,000		http://m.immobilien-zeitung.de[194]
호르프(Horb), 구(舊) 호헨베르크 병영 (ehem. Hohenberg-Kaserne)	미상	1,950,000	지자체	https://www.schwarzwaelder-bote.de[195]

이다르-오버슈타인 (Idar-Oberstein), 홀 병영(Hohlkaserne), 홀슈트라세 43 (Hohlstraße 43)	1.0	경매를 통한 155,000	민간	Allgemeine Zeitung (Mainz), "Hohl-Kaserne hat neuen Besitzer", 08.01.2014
칼스루에(Karlsruhe), 마켄젠 병영 (Mackensen-Kaserne)	8.4	12,500,000	바덴-뷔르템베르크주	Landtag BW 2015, S. 5
라르(Lahr), 나토 비행장 (NATO-Flugplatz)	200.0	3,400,000	지자체	Badische Zeitung (Freiburg), 11.12.2012, "Lahr kauft Flugplatz für 3,4 Millionen Euro", Manfred Dürbeck[196]
리스트(List), 구 해군 군수학교 (ehem. Marineversorgungsschule)	17.0	2,200,000	엔체에스 회사 (NCS), 민간	https://www.shz.de[197]
마르크트 빌트플레켄 (Markt Wildflecken)	14.0	73,000	지자체	infranken.de, 28.10.2013, Oberwild-flecken: "Gemeinde kauft Geisterstadt", Ulrike Müller[198]
노이뮌스터 (Neumünster), 주둔지 행정관리 (Standortverwaltung)	23.0	230,000	지자체	Holsteinischer Courier, "30 Hektar für das Messe-Areal", Christian Lipovsek[199]
오스나브뤼크 (Osnabrück), 림베르크 병영 (Kaserne am Limberg)	55.4	1	지자체	https://www.hasepost.de[200]
슈바인푸르트 (Schweinfurt) 레드워드 병영 (Ledward Barracks)	26.2	9,100,000	지자체	https://de.wikipedia.org/wiki/I-Campus_Schweinfurt

건물의 수가 적고 이질적이기 때문에, 위의 표에 공개된 매매 가격에서 결론을 도출할 수 없다. 따라서 이를 기반으로 한 분석 연구는 그다지 큰 의미가 없다.

6.3.4.1 유형별 매매 가격

연방부동산업무공사 매각 데이터베이스에서 제곱미터당 매매 가격을 평가한 결과, 비행장은 제곱미터당 최저 가격으로 매각된 반면, 특수 건물(학교 등)은 제곱미터당 최고 가격으로 매각된 것으로 나타나고 있다(아래 표).

표 16. 유형별 평균 매매 가격(n=285, X=특정하기 어려움)

m²당 평균 매매 가격	상업용지		고가용지		합계
유형	외부 위치	내부 위치	외부 위치	내부 위치	평균
비행장	9€	12€	3€	X€	9€
병영	9€	28€	17€	53€	33€
행정 관리 및 서비스 건물	7€	32€	48€	80€	46€
특수 건물	X€	38€	X€	89€	78€
전체 결과	9€	28€	38€	59€	34€

여기서 내부 위치의 매매 가격이 외부 위치보다 높다는 점에 유의해야 한다. 또한 고가용 후속 이용의 경우 토지의 평균 매매 가격이 상업용 매매 가격보다 2배나 높다. 이는 매매 가격이 통상적인 기준지가의 비율(상업용/고가용)과 상관관계가 있음을 보여준다. 결과적으로 이 연구에 원용된 285건의 매매 가격은 이례적인 것이 아니라 유효한 표본으로 간주할 수 있다.

다음 결과를 보면, 일부 항목은 충분한 사례가 없어 표본으로서 유효하지 않다(아래 표에 회색으로 표시된 것). 다른 10건 이하의 사례들도 의구심이 든다. 아래의 표는 내부 위치의 특수 건물, 행정 관리 건물 그리고 비행장에 관한 이 연구의 내용이 상업용 후속 이용을 가진 외부 구역에 있는 병영 또는 비행장에 관한 내용보다 그 근거가 한층 빈약하다는 것을 분명히 보여준다. 한두 건의 사례는 특정할 수 없었다.

또한 6년 동안의 평균 매매 가격이 병영의 향후 매매 가격을 파악하는 데 도움이 될 수 있는지 여전히 문제가 제기된다. 이에 대한 고찰은 다음 절에서 행하고자 한다.

표 17. 유형별 총 건축부지 ㎡당 매매 가격(회색=유효하지 않은 사례 건수)(n=285, X=특정하기 어려움)

m²당 매매 가격	상업용지				고가용지			
	외부 위치		내부 위치		외부 위치		내부 위치	
유형	건축부지 m²당 매매 가격	건수	건축부지 m²당 매매 가격	건수	건축부지 m²당 매매 가격	건수	건축부지 m²당 매매 가격	건수
비행장	9€	32	12€	4	3€	4	X€	2
병영	9€	44	28€	59	17€	14	53€	76
행정 관리 및 서비스 건물	7€	7	32€	5	48€	5	80€	10
특수 건물	X€	2	38€	7	X€	2	89€	12
전체 결과	9€	85	28€	75	38€	25	59€	100

6.3.4.2 보론: 조정된 매매 가격

1제곱미터의 병영이 얼마인지 하는 간단한 질문에 답변하기 위해, 매매 가격을 평가할 수 있다. 6.3.4절(매매지 가격의 조정)에 설명한 것처럼, 지역적으로 서로 다른 기준지가의 추이는, 순수 매매 가격(2010년에서 2016년까지)에 대한 평가가 제한적이라는 것을 의미한다. 7년 동안의 평균 매매 가격을 약간 조정하기 위해 평균 매매 가격을 조사하는 것은 도움이 되지 않는데, 왜냐하면 대부분의 경우 기준지가가 지속적으로 상승하고 있기 때문이다. 그러므로 과거의 (역사적) 매매 가격을 업데이트하는 것이 타당하다. 이에 따라 다음과 같은 계산을 위해 (위에서 설명한 바와 같이) 과거의 매매 가격이 2016년의 지역 토지 시장에 맞게 조정되었다. 조정된 매매 가격은 이 보론에서 평균 매매 가격을 평가하기 위해 적용된다.

아래의 표는 2016년 제곱미터당 병영 또는 비행장이 얼마인지 하는 질문에 답변을 주고 있다. 이 수치는 기준지가의 인상에 따라 2016년으로 조정된 평균 매매 가격을 나타내고 있다. 따라서 2016년에 내부 위치에 있는 10헥타르 규모의 주택용 부지의 병영은 2016년 680만 유로, 외부 위치에 있는 10헥타

표 18. 2016년 기준으로 조정된 매매 가격(n=285)

유형	상업용지		고가용지		평균
	외부 위치	내부 위치	외부 위치	내부 위치	
비행장	6€	12€	1€	X€	6€
병영	9€	30€	17€	68€	39€
행정 관리 및 서비스 건물	7€	34€	43€	89€	49€
특수 건물	X€	42€	X€	94€	77€
전체 결과	**7€**	**31€**	**31€**	**72€**	**38€**

르 규모의 상업용 개발을 위한 비행장은 60만 유로가 될 것이다. 그런데, 이러한 결과는 분석의 시작일 뿐이다.

기준지가는 지역적으로 매우 다르고 시간이 지남에 따라 추가로 상승한다고 가정할 수 있다. 이제 향후 매매 가격을 계산할 수 있는 공식에 있어 흥미로운 것은 제곱미터당 지급한 매매 가격보다 오히려 개발비를 반영한 기준지가에 대한 할인의 영향력이 더 크다는 것이다.

다음의 모든 평가는 과거의 기준지가와 관련된 과거의 매매 가격을 다시 사용한다.

6.3.5 기준지가에 대한 매매 가격의 비율

앞 절에서 예를 들어 내부 위치에 있는 병영의 평균 매매 가격보다 기준지가에 대한 할인을 조사하는 것이 한층 합리적이라는 사실이 분명해졌다. 기준지가에 대한 할인은 지역의 현지 시장을 반영한다.

다음에서 총 건축부지의 (과시가) 매매 가격은 (과시가) 기준지가와 관련이 있다. 매각 사례 당 각 기준지가는 부록에 출처와 함께 수록되어 있다.

표 19. 위치, 후속 이용, 기준지가(n=285)

위치	상업용지	고가용지	평균
외부 위치	33%	19%	30%
내부 위치	43%	28%	34%
전체 결과	37%	26%	32%

상업용 후속 이용이 있는 부동산은 (상업용) 기준지가의 30~40퍼센트에 이르는 매매 가격을 달성하였다. 이는 고가용 후속 이용보다 약 15퍼센트 포인트가 더 높은 것으로, 이것은 곧 상업용 후속 이용을 위한 개발비가 고가용 후속 이용보다 낮아야 한다는 것을 의미한다. 이 사실은 상업용 기준지가가 일반적으로 고가용 기준지가보다 훨씬 낮다는 사실을 통해 증명된다.

표 20. 기준기자의 할인과 구매 가격(n=285)

위치	상업용지		고가용지		평균	
	기준지가에 대한 구매 가격	총 건축부지 제곱미터 당 매매 가격 (€/㎡)	기준지가에 대한 구매 가격	총 건축부지 제곱미터 당 매매 가격 (€/㎡)	기준지가에 대한 구매 가격	총 건축부지 제곱미터 당 매매 가격 (€/㎡)
외부 위치	33%	9€	19%	38€	30%	16€
내부 위치	43%	28€	28%	59€	34%	46€
전체 결과	37%	18€	26%	55€	32%	34€

기준지가를 비교할 때, 여기서 상업용 평균 매매 가격(18유로)이 고가 용도의 평균 매매 가격(55유로)의 약 25퍼센트 정도임을 알 수 있다(표 20). 내부 구역에서는 고가 용도의 총 건축부지 제곱미터당 매매 가격(59유로)이 상업용 건축부지(28유로)보다 두 배나 높았다.

결론: 상업용 및 고가용 부동산에 대한 매매 가격의 할인 비율이 상업용 및 고가용에 대한 기준지가의 비율과 관련이 있다면, 연방부동산업무공사 보유 부동산의 매각 가격은 일반적으로 후속 이용의 비교 기준지가에 맞추어져 왔

다고 할 수 있다.

이에 따라 이제 기준지가에 대한 평가가 이어진다.

6.3.5.1 기준지가

비교 기준지가는 매매 가격에 결정적인 요인이기 때문에(피어슨 상관관계. 위 참조),
이를 좀 더 자세히 살펴보아야 한다. 우선, 매각 연도 부동산의 평균 기준지가
가 어떠하였는지 그리고 그 부동산의 후속 이용과 위치를 분석해야 한다.

표 21. 기준지가, 매입 연도와 2016년 사이의 상승(n=285)

기준지가	상업용지		고가용지		평균	
위치	역사적 기준지가 (€/㎡)	2016년 기준지가	역사적 기준지가 (€/㎡)	2016년 기준지가	전체 역사적 기준지가	전체 2016년 기준지가
외부 위치	33.81€	36.71€	181.20€	214.96€	67.31€	77.22€
내부 위치	71.76€	77.31€	200.63€	264.35€	145.40€	184.19€
전체 결과	51.60€	55.74€	196.74€	254.47€	115.26€	142.90€

2016년 평균 기준지가는 매각 시점의 평균 기준지가에 비해 제곱미터당 28유
로, 즉 약 24퍼센트 상승하였다. 최고 가격과 최저 가격을 삭제하면, 제곱미터
당 108유로에서 제곱미터당 125유로로 16퍼센트의 상승은 보통 정도로 평가
할 수 있다. 평균 가중 구매 연도는 2013년이다. 고가 용도에 대한 기준지가는
상업 용도의 기준지가에 비해 약 3배가 높다. 이 비율은 이 연구 과정에서 비
용이 퍼센트의 백분율 대신 제곱미터당 유로로 표시될 때 언제라도 고려되어
야 한다.

6.3.5.2 연방 주별 기준지가

앞에서 언급하였듯이, 기준지가는 지역적으로 다르므로 개별 부동산 유형의
평균 매매 가격은 더 이상 도움이 되지 않는다(6.3.4절). 기준지가의 차이가 아래
에서 분석된다.

방향 설정을 위한 하나의 지침으로서 이 연구의 부동산에 대한 2016년 평균 기준지가[201]를 조사하고 연방 주별로 평가하였다(부록의 표 55 참조). 이 평가에서 연방 주별로 사용된 각각의 비교 기준지가는 고가용 후속 이용에 상응하는 높은 기준지가를 함께 포함하고 있다는 점을 고려해야 한다. 비교를 위해 다음 표 22에서는 연방통계청statista.de[202]이 산출한 건축 준비가 완료된 토지에 대한 제곱미터당 유로 단위의 평균 매매 가격을 연방 주별로 삽입하고(두 번째의 열), 내부 위치에 있는 대상지인 부동산의 2016년 평균 기준지가와 비교하였다(첫 번째의 열). 세 번째 열은 상업용을 제외한 고가용으로 개발된 부동산의 비교 기준지가를 포함하고 있다.

표 22. 주 평균과 비교한 기준지가(n=285)

연방 주(州)	건축부지 내부 위치 2016년 기준지가	2016년 연방통계청이 산출한 건축부지 가격 (€/㎡)	건축부지 내부 위치 고가용지 2016년 기준지가
바덴-뷔르템베르크	307€	182€	367€
바이에른	328€ (180€)	261€	780€ (420€)
베를린	400€	456€	400€
브란덴부르크	52€	72€	130€
브레멘	55€	미상	미상
헤센	180€	225€	211€
메클렌부르크-포어포메른	157€	53€	200€
니더작센	112€	80€	130€
노르트라인-베스트팔렌	205€	145€	255€
라인란트-팔츠	69€	132€	104€
작센	152€	65€	152€
작센-안할트	54€	43€	63€
슐레스비히-홀슈타인	236€ (89€)	119€	333€ (124€)
튀링겐	29€	44€	36€
전체 결과	184€	157€	264€

비교를 통해, 여기에 적용된 사례가 주_州 평균에 더 가깝거나 그렇지 않은 연방주를 명확히 파악할 수 있다. 예를 들어, 바덴-뷔르템베르크주, 작센주, 메클렌부르크-포어포메른주 그리고 노르트라인-베스트팔렌주 등의 대상지 비교 기준지가는 주의 평균보다 훨씬 높았으며, 이는 고가용 위치 또는 자치단체에서의 매각을 나타낼 수 있다.[203] 이 연구의 후반부에서 자치단체별 비교 기준지가의 분포 특성을 분석할 것이다(자치단체의 규모와 성장에 따라 구분함). 그러나 우선 매각이 특정 가격대에서 어떻게 분포하는지를 평가하고자 한다. 따라서 필자는 이 연구의 비교 기준지가를 군집화하였다.

표 23. 군집으로 표현한 이 연구의 비교 기준지가의 수(n=285)

기준지가 군집(€/㎡)	사례의 수	토지 면적 합계(ha)	군집의 평균 가격(€)
25€ 미만	78	969	16
25~50€	55	763	37
50~100€	38	455	72
100~150€	47	476	125
150~250€	33	296	203
250~350€	20	139	283
350~600€	6	110	414
600€ 이상	8	83	767
전체 결과	285	3,291	115

개발의 대부분(총 신축부지의 건수와 면적)은 제곱미터당 100유로 이하의 비교 기준지가를 가진 토지에서 이루어졌다. 따라서 토지 양도가 없는 개발비(그 실 비용 합목인 경우)는 백분율의 할인 에서 그에 상응하여 낮아야 하거나 낮은 기준지가의 경우 높은 할인으로 이어져야 한다. 이 가설은 나중에 살펴볼 것이다.

6.4 개발비의 평가

부동산을 구조에 따라 구분한 후, 앞의 장에 설명한 바에 따라 개발비를 산정한다. 통계적 요인에 관한 6.3.3절에서 이미 총 신축부지의 개발비를 기준지가에 대한 매매 가격의 비율에 근거하여 간략히 설명하였다.

6.4.1 순 건축부지의 개발비(하향식)

기준지가는 건축 준비가 완료된 토지와 관련이 있다. 이는 프로젝트 개발에서 순 건축부지NBL로 일컬어진다. 순 건축부지는 총 건축부지에서 도로와 녹지를 무상으로 자치단체로 양도한 후 남아 있는 건축부지를 말한다. 자치단체로의 무상 양도에도 불구하고 이들 토지는 매입되고 정리되고 기반시설 설치와 함께 건축되어야 한다. 이에 따라 그 비용은 개발비에도 포함된다. 순 건축부지의 개발비(하향식)는 기준지가에 총 건축부지를 곱한 값으로 계산되며, 비용 항목으로서 무상의 토지 양도를 포함한다. 기준지가가 비교 가격으로 사용되기 때문에, 순 건축부지 대신에 총 건축부지를 사용해야 한다. 따라서 토지 양도가 비용 요인으로도 고려되어야 하므로, 이것은 순 건축부지의 개발비이다. 이에 관해서는 나중에 더욱 자세하게 설명한다.

> 기준지가에서 매매 가격을 뺀 값 = 순 건축부지NBL 개발비
>
> $200€/㎡ - 35€/㎡ = 165€/㎡$

순 건축부지의 개발비는 다음과 같은 물음에 대한 답변이다. 즉, 매입 토지 1 제곱미터의 총 건축부지를 순 건축부지로 전환하기 위해, 무엇을 투자해야 하는가? 아래의 비교 기준지가의 계산에서는 순 건축부지의 가격이 사용된다.

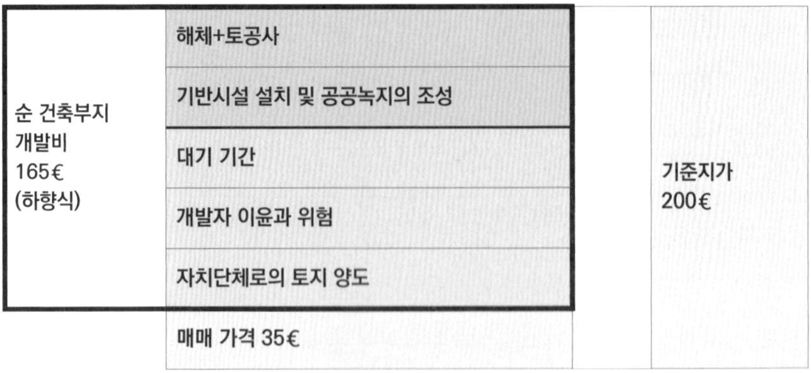

순 건축부지 개발비 165€ (하향식)	해체+토공사	기준지가 200€
	기반시설 설치 및 공공녹지의 조성	
	대기 기간	
	개발자 이윤과 위험	
	자치단체로의 토지 양도	
	매매 가격 35€	

그림 34. 순 건축부지 개발비(하향식)

기준지가에서 매매 가격을 차감하기 때문에 '하향식'이라는 표현을 선택하였다. 이 연구의 후속 부분에서 순 건축부지의 개발비는 한층 더 세분된다. 즉, 개발비는 한편으로 기초자치단체로의 토지 양도, 거래 및 계획 비용, 개발자 이윤 그리고 대기 기간에 대한 할인 등으로 나누어진다. 앞서 언급한 비용[204]은 기준지가, 매매 가격, 규모(크기) 그리고 총 건축부지 등의 지표에 근거하여 통계적으로 계산 또는 추정할 수 있으며, 따라서 여기서는 "고정 비용"으로 일컬어진다. 다른 한편으로 순 건축부지의 개발비에서 이러한 고정 비용을 차감하면, 철거 및 기반시설 설치를 위한 나머지 건축비가 얼마나 높은지를 계산할 수 있다. 이 계산에서는 비용이 매매 가격에 덧붙여지기 때문에, 아래의 진행에서 '상향식'으로 일컬어진다.

이제 위치와 후속 이용에 따라 분류된 포트폴리오의 모든 부동산에 대한 분석이 이어진다. 다음 표에서 기준지가(1.)에서 총 건축부지의 매매 가격(2.)이 공제되어 순 건축부지의 개발비(3.)가 남게 된다.

표 24. 순 건축부지 개발비(n=285)

위치	1. 기준지가	2. 총 건축부지 매매 가격(€/m²) 공제	3. 순 건축부지 개발비 산출
상업용지			
외부 위치	34€	9€	25€
내부 위치	72€	28€	43€
고가용지			
외부 위치	181€	38€	143€
내부 위치	201€	59€	141€
전체 결과	115€	34€	81€

표를 살펴보면, 상업용 순 건축부지 개발비가 고가 용도의 개발비(내부용도 143유로)보다 훨씬 낮다는 것을 분명히 파악할 수 있다. 이와 비례하여 순 건축부지의 모든 개발비는 기준지가의 약 60~80퍼센트에 달한다. 이로부터 개발

자 투자금의 상당 부분이 매매 가격이 아니라 건축부지 생산에 들어간다는 결론을 도출할 수 있다. 이 표는 상업용 부동산의 경우 순 건축부지 제곱미터당 약 34유로 그리고 고가 용도의 경우 순 건축부지 제곱미터당 약 142유로를 개발비의 근사치로 사용할 수 있음을 설명해 준다. 이와 관련하여 유의할 점은 기준지가가 모든 규모의 다양한 부동산 유형에 따라 서로 다르다는 것이다. 그러나 구체적인 개별 사례에서는 이러한 비용 계산법의 타당성을 확인해야 하는데, 이 비용 계산법이 명확한 표준편차를 보여주고 있기 때문이다.

표 25. 순 건축부지 개발비, 표준편차(n=285)

구분	상업용지		고가용지		평균	
	순 건축부지 개발비	표준편차	순 건축부지 개발비	표준편차	순 건축부지 개발비	표준편차
외부 위치	25€	38€	143€	105€	52€	78€
내부 위치	43€	47€	141€	153€	99€	129€
전체 결과	34€	44€	142€	145€	81€	115€

표준편차는 순 건축부지에 대한 개발비 계산법과 거의 동일하며, 이는 약 100퍼센트의 변동 폭을 의미할 수 있다. 따라서 개발비 계산법은 나중에 한층 더 세분되어야 한다. 더군다나 위에서 언급한 145유로의 개발비는 기준지가가 145유로 미만인 지역에서 경제적 손실을 초래할 수 있다는 점을 분명히 한다.

순 건축부지 개발비의 계산은 또한 다음과 같은 결과로 이어진다(여기서 그림을 표시하지 않음). 즉, 16건의 부동산은 순 건축부지의 기준지가보다 많은 (즉, 이론적 수익보다 많은) 금액을 지급하였기 때문에 부(-)의 개발비를 나타내고 있다(이에 관한 자세한 것은 아래 참조).

6.4.1.1 이상값의 처리 방법

부동산별로 제곱미터당 유로 단위의 개발비를 계산하면, 이 개발비가 현실적인지 그렇지 않은지는 확실해진다. 12건의 부동산에서 순 건축부지의 개발비가 제곱미터당 300유로 이상이며, 13건의 부동산에서는 순 건축부지 제곱미터당 200유로 이상이다. 이는 비교적 많은 것으로 보인다. 드란스펠트Dransfeld 는 전문가 인터뷰(제7장)에서 최대값으로 제곱미터 200유로를 제시하였는데(토지 양도, 해체 및 토양 오염 구역 그리고 경우에 따라 인프라 후속 비용 등은 제외), 이때 거래 가격을 조정하기 위해 이 가격을 다시 낮추는 대기 기간을 제외하고 있는 것으로 보인 다. 위에서 언급한 13건의 부동산 중 7건은 기준지가가 제곱미터당 570유로 이상인 지역에 있다. 높은 기준지가로 인해 토지 양도는 순 건축부지 개발비에 서 상당 부분을 차지하지만, 후속 이용에 대한 면밀한 조사에서도 높은 개발비 는 설명할 수 없다. 추측컨대 필자는 이러한 부동산의 경우 비교 기준지가를 잘못 선택하였거나 알려지지 않은 매매 계약 합의가 다른 비용 계산법을 정당 화하여 토지의 가격을 감소시켰을 것으로 생각한다.

사례: 신문 보도[205]에 따르면, 질트Sylt의 리스트List 중심부에 있는 구 해군군 수학교가 2010년 220만 유로에 매각되었는데, 약 17헥타르에 대한 토지 매 매 가격은 제곱미터당 약 13유로이다. 다음으로 산출 가능한 주택의 기준지가 (2012년부터)는 제곱미터당 700유로이다(검비대). 추정컨대 당시 매매 계약으로 합 의된 용도는 "기숙 학교"이었다. 필자의 입장에서는 이것을 고가용 민간 이용 (기준지가 제곱미터당 700유로)으로 설정하였으며, 따라서 이 점에서 오류가 있을 수 있다. 그러나 또한 가장 가까운 상업용 기준지가(베스터란트(Westerland) 지역에서)는 여하간 제곱미터당 400유로(기차역) 내지 제곱미터당 150유로(공항 바로 옆에 있는 집 회실)이다. 기념물 보호라는 특수성이 없으며, 다만 수영장과 체육관은 기념물 보호 대상이다. 따라서 개발비는 687유로(700유로인 경우) 또는 387유로(400유로인 경우) 또는 137유로(150유로인 경우)로 추산되고 있다. 해결책은 다음과 같다. 즉, 최 근의 신문 기사에 따르면, 매입자는 용도 변경으로 인해 수천만 유로에 달하는 추가 금액을 지급해야 한다고 한다. 따라서 연방부동산업무공사는 기숙 학교 이용에 따라 출발 기준지가 또는 부동산 이자율을 매우 낮게 선택한 것으로 보 인다.

극단적인 개발비의 편차가 있는 사례들을 차후의 고찰에서 고려하지 않는 것이 적절하다고 생각되는데, 왜냐하면 이 편차는 결과를 왜곡하기 때문이다.

비교가격지침Vergleichswertrichtlinie은 절차, 즉 평가 방식에 대한 근거를 제공한다. "통계적 방법을 사용하여 조정된 매매 가격이 이상값(다른 것과 현저한 차이를 보이는 측정값)으로 인식되면, 일반적으로 비정상적이거나 개인적 상황에 의한 영향을 가정할 수 있다"(비교가격지침206 – VW-RL 제5항).

16건의 부동산에는 부(-)의 개발비가 발생하고 있는데, 다시 말해 매매 가격(총 건축부지의 제곱미터당 가격)이 기준지가를 상회하였다. 기초자치단체로의 무상 토지 양도에 따른 가격 손실(총 건축부지 × 기준지가의 25퍼센트)을 추가로 고려하면, 32건의 부동산의 경우에도 (총 건축부지의) 개발비는 부(-)의 영역으로 떨어질 것이다(제곱미터당 평균 -18유로).

따라서 매입자가 왜 개발 토지에 기준지가보다 더 많은 가격을 지급하였는지 하는 문제가 제기된다. 이에 대해서는 다음과 같은 네 가지의 이유를 들 수 있다.

1. 개발자는 손실을 예상한다(예를 들어, 자치단체).207 데이터베이스에 따르면, 분석 시점에 이미 개발 손실(또는 이윤 없음)을 보이는 32건의 부동산 중 3건만이 자치단체에 매각되었다. 민간 개발자가 개발에서 손실을 의도하였다고는 가정할 수 없다. 따라서 위에서 언급한 이 이유는 배제된다.

2. 잔여 토지가 중요한 가치를 지니고 있다. 필자는 매매 가격을 총 건축부지로 환산하였기 때문에, 건축할 수 없는 잔여 토지의 수익이 경우에 따라 개발비를 정(+)의 영역으로 되돌릴 수 있을 것이다. 이를 위해 조사된 총 건축부지와 잔여 토지 및 녹지 등 매각 토지의 규모 간의 차이가 수익에 영향을 미치는 금액을 제곱미터당 3유로로 설정하였다. 이에 따라 총 건축부지의 제곱미터당 매매 가격이 잔여 토지에서 비롯되는 추가 수익만큼 상승한다. 결과적으로 이것은 32건의 사례 중 2건의 부동산에만 해당한다.

3. 개발자는 더 높은 매각 가격을 예상한다. 이 가정은 개발 과정에서 건축비도 증가할 수 있으므로, 드문 일은 아니다. 개발자들이 2010년 부동산 수요가 미약한 상황에서 더욱 높은 매각 가격을 예측하였는지 하는 문제가 제기

된다. 따라서 이 시점에서 부(-)의 개발비가 높은 매매 가격(=기준지가)에 의해 발생하는지를 파악해야 한다. 즉, 과거의 (역사적) 기준지가가 20퍼센트 상승하면, 기준지가 이상으로 매각된 32건의 부동산의 수가 21건으로 감소하였다. 따라서 21건의 부동산에 대해 개발자 측의 더 높은 수익 기대(20퍼센트)의 변동도 배제된다. 이 시뮬레이션은 현재 7건의 부동산에 비해 14건의 부동산이 너무 높은 개발비를 보여주고 있으며, 따라서 이 또한 제외된다. 궁극적으로 위에서 언급한 32건의 부동산에 대해서는 건물이 계속해서 이용되었다는 결론만이 남는다.

4. 건립된 건물은 감정평가액으로 매매 가격에 포함되어 있다. 건물의 재사용 208은 개발비에 긍정적 또는 부정적 영향을 미칠 수 있다. 직접적으로 재사용할 수 있는 건물은 토지 가격에 긍정적인 영향을 미칠 수 있는 반면, 재사용하기 어렵거나 나중에 재사용할 수 있는 건물은 부정적인 영향을 미칠 수 있다(예를 들어, 기념물 보호의 경우 강제적 보존이나 철거비로 인해). 앞서 설명한 개발 토지에 있는 건물의 재사용과 관련한 문제로 인해, 더욱 정확하게 분석하기 위해 이러한 요인을 고려하는 것이 바람직하다. 기념물 보호 및 재사용에 관한 절은 이 논점을 다룬다(6.4.5절).

사진 8. 죄스트(Soest)의 예전 병영에 있는 쥐트베스트팔렌전문대학(FH Sudwestfalen)

마지막으로 이 연구 결과의 보다 효율적인 설명을 위해 남아 있는 일은 분산 분석ANOVA을 사용하여 이상값을 판별하고 제외하는 것뿐이다.[209] 다음의 분산 분석은 부동산 유형별로 이상값을 계산하는데, 이는 여기서 가장 큰 차이가 나타나기 때문이다.

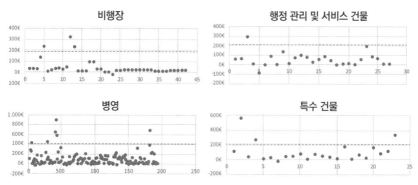

그림 35. 분산 분석의 이상값(n=285)(출처: minitab©을 사용하여 필자 작성)

위에서 설명한 분산 분석ANOVA에서 일부 개발비가 두드러지게 나타났는데, 이에 따라 13건의 부동산은 제외되었다.

  위에서 언급한 사례에서 출발 기준지가를 잘못 선택하였거나 계약상의 합의가 개선 조항을 통해 확보된 상당한 할인을 정당화하여 매매 가격이 기준지가에 비해 특별히 낮다고 가정할 수 있다.

6.4.1.2 부동산 유형별 순 건축부지 개발비

분석의 결과를 구체화하기 위해, 아래에서는 개별 부동산 유형을 분석하고자 한다. 위에서 언급한 13건의 사례는 제외되었다(n=285건 중 272건). 다음 표에서 회색 배경의 칸은 유효하다고 간주하기에는 사례의 수가 너무 적다(10건 미만). 7건의 사례에서 결과를 도출할 수 있지만, 개별 물건의 특수성이 평균값을 왜곡할 위험이 매우 크다.

표 26. 순 건축부지 개발비, 부동산 유형
(회색=유효하지 않은 사례 건수)(n=272)(X=특정하기 어려움. 사례 3건 미만의 경우)

	비행장		병영		특수 건물		행정 관리 및 서비스 건물	
	사례 건수	순 건축부지 개발비	사례 건수	순 건축부지 개발비	사례 건수	순 건축부지 개발비	사례 건수	순 건축부지 개발비
외부위치	32	33€	57	49€	4	102€	12	46€
상업용지	28	19€	44	18€	2	X€	7	23€
고가용지	4		13	152€	2	X€	5	78€
내부위치	6	30€	130	89€	18	73€	13	55€
상업용지	4	30€	58	47€	7	35€	5	35€
고가용지	2	X€	72	123€	11	97€	8	68€
전체 결과	38	32€	187	77€	22	78€	25	51€

이 표에서 유형별 건수를 살펴보면, 외부 구역에 있는 상업용 개발을 위한 비행장과 병영은 충분한 사례 수로 인해 유효하다는 것을 알 수 있다. 병영의 고가용 개발은 상업용 건축부지의 개발보다 훨씬 높은 개발비가 필요하다. 상업적 후속 이용의 비용은 다른 부동산 유형에 비해 외부 구역에서 현저하게 낮고 내부 구역에서 높다. 이 경우에는 상업용 건축부지에 대한 한층 낮은 기준지가가 이미 설정되어 있다. 외부 구역에서의 고가용 용도의 경우, 병영과 특수 건물의 개발비가 가장 높다. 이와 관련하여 유의할 점은 외부 위치의 경우 고가용 용도에 대한 기준지가가 높은 불확실성을 보여주고 있다는 것이다. 비교를 위해 선택한 기준지가는 통합 위치에 있는데, 왜냐하면 소수의 감정평가위원회만이 외부 구역에 있는 주거용 토지(매 4)에 대한 독자의 기준지가를 제공하고 있기 때문이다(외땅건설법진 제35 ?). 따라서 외부 위치에 있는 고가용 용도에 관한 여기에 설명한 높은 개발비는 초기 출발 가격을 (메5 허시없메) 잘못 선택한 개별 사례에서 정당화될 수 있다. 16건의 사례는 데이터 세트의 6퍼센트에 불과하

다. "행정 관리 건물" 범주의 토지는 상대적으로 개발비가 낮으므로 건물을 계속해서 이용하는 비율이 높다. 그러나 사례 수는 25건으로 비교적 적다(데이터 집합의 10퍼센트). 특수 건물이 있는 토지의 가격은 병영이 있는 토지의 가격과 비교할 수 있다. 여기에는 사례 수가 적고 건물 유형에 큰 이질성이 있다. 그러므로 이 유형에 대해 제시한 가격은 오히려 대표성이 떨어진다. 표준편차가 크고, 내부 위치에 있는 병영의 고가용 개발의 경우에는 가격이 91유로로(순 건축부지 개발비의 70퍼센트)이고 상업적 후속 이용의 외부 위치에 있는 비행장의 경우에는 가격이 8유로로(순 건축부지 개발비의 50퍼센트)이다.

6.4.1.3 병영의 순 건축부지 개발비

사례의 수가 많으므로, 병영을 자세히 살펴볼 필요가 있다. 병영은 두 가지 유형의 후속 이용과 함께 외부 구역과 내부 구역 모두에서 대표적 사례 수로 존재한다. 내부 구역에 있는 병영을 토지 규모의 군집으로 나누어 살펴볼 때, 특히 다음 표가 나타난다. 군집은 매각 토지를 대수 척도의 군집으로 분류한 것에 기초하고 있다(6.3절의 시작 부분과 그림 24 참조).

표 27. 병영의 개발비, 내부 위치의 규모 군집(회색=평균값)(n=272)
(X=특정하기 어려움. 사례 3건 미만의 경우)

병영 내부 위치	순 건축부지 개발비 상업용지		순 건축부지 개발비 고가용지		합계	
X€ = 사례 3건 미만	건수	평균 가격	건수	평균 가격	건수	평균 가격
0~1ha	–	–	2	X€	2	X€
1~2ha	11	28€	14	122€	25	81€
2~4ha	18	55€	12	122€	30	82€
4~6ha	5	49€	9	128€	14	100€
6~8ha	6	52€	6	79€	12	65€
8~10ha	3	24€	7	122€	10	92€
10~15ha	6	78€	10	147€	16	121€
15~25ha	3	42€	7	123€	10	99€

25~35ha	3	24€	1	X€	4	43€
35~50ha	2	X€	2	X€	4	77€
50ha 이상	1	X€	2	X€	3	158€
합계 내부 위치	58	47€	72	123€	130	89€
전체 결과	102	35€	85	128€	187	77€

병영(부동산 유형으로서 상당한 차이를 두고 가장 많은 수의 사례를 보여주는)을 자세히 고찰할 경우, 평균 가격이 얼마나 부정확할 수 있는지가 드러난다. 내부 구역에 있는 고가용 개발을 위해 앞서 평가된 평균 가격(순 건축부지 제곱미터당 123유로, 위의 표)은 대략 72건 중 49건(회색으로 표시)에 해당한다. 또한 제곱미터당 123유로의 개발비 계산법을 가진 개발자(주거 개발로 변화할 복적을 가진 내부 위치의 병영에 대해)는 72건 중 12건(17퍼센트)에서만 너무 낮다는 점을 긍정적으로 확인할 수 있다. 따라서 제곱미터당 123유로의 개발비를 선택할 때, 너무 낮은 가격의 위험은 낮다. 상업용 개발의 경우, 평균 가격은 위치에 따라 제곱미터당 7유로에서 78유로 사이에서 오르내리고 있다.

병영의 순 건축부지 평균 개발비는 고가용 후속 이용의 경우 위치와 관계없이 거의 동일하지만, 내부 위치의 상업용 개발에 대한 평균 가격(제곱미터당 47유로)은 외부 위치의 그것(제곱미터당 18유로)보다 두 배 이상 높다. 그 이유 중 하나는 직접적인 주거연담지역(내부 위치)에서의 높은 지가이다. 토지 양도(순 건축부지 개발비의 비용 요인으로서)로 인해 기준지가는 개발비에 상당한 영향을 미치고 있다(표 28).

표 28. 후속 이용 및 위치에 따른 기준지가(n=272)

지가	후속 이용		
위치	상업용지	고가용지	평균
외부 위치	34€	181€	67€
내부 위치	72€	201€	145€
전체 결과	52€	197€	115€

토지 양도가 개발비에 정확히 어떤 영향을 미치는지는 다음 절에서 설명하려고 한다. 그러나 이미 총 건축부지의 25퍼센트에 해당하는 토지를 양도하는 경우 값비싼 건축부지를 잃게 되고, 이는 특히 높은 기준지가에서 절대적 개발비(제곱미터당 유로의 단위로)의 상당한 상승으로 이어진다는 점을 추정할 수 있다.

6.4.2 토지 양도가 없는 개발비

개발자는 매입 토지에 내부 기반시설과 공공녹지를 조성한 다음, 이 토지를 무상으로 자치단체에 양도한다. 이 연구에서 인프라의 조성은 건축비로, 건축부지 손실은 토지 양도 비용f으로 분류된다.

아래에 토지 양도가 없는oF 개발비가 제시되어 있다. 즉, 자치단체로의 토지 양도를 공제한 개발비이다. 이를 통해 건축부지 생산에 어느 정도의 비용이 실제로 발생하고 조달되어야 하는지를 알 수 있는데, 왜냐하면 무상의 토지 양도는 순 건축부지를 통해 계산할 때 이윤을 감소시키는 가상의 지출 비용이기 때문이다. 이것은 토지 양도를 통해 매각할 수 있는 순 건설부지가 적다는 사실에서 알 수 있다(예를 들어, 100퍼센트 대신 75퍼센트). 사실, 건축부지는 나중의 무상의 토지 양도를 위해 우선 총 건축부지로 취득되어야만 한다.

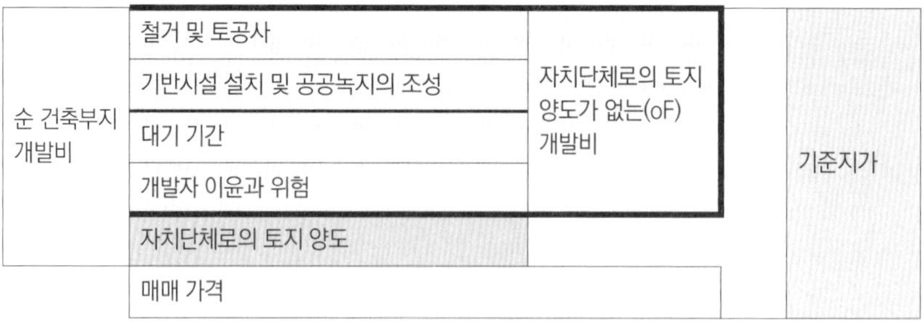

순 건축부지 개발비	철거 및 토공사	자치단체로의 토지 양도가 없는(oF) 개발비	기준지가
	기반시설 설치 및 공공녹지의 조성		
	대기 기간		
	개발자 이윤과 위험		
	자치단체로의 토지 양도		
	매매 가격		

그림 36. 토지 양도가 없는(oF) 개발비 도식

이 장의 실제 적용은 다음과 같다. 즉, 기준지가의 할인을 통해 평가할 수 있는 매매 가격과 결합하여(아래 참조) 개발자 이윤을 갖고서 매각하기 위해 어떤 금액(매매 가격+비용)을 지출해야 하는지를 계산할 수 있다. 또한 토지 양도가 순 건축부지의 개발비에서 어떤 비율(제곱미터당 유로의 단위로)을 차지하는지가 명확해진다.

순 건축부지 개발비에서 토지 양도의 비용을 공제하면, "토지 양도가 없는 개발비"(간략히 oF)가 도출된다. 이것이 실제로 총 건축부지의 개발비이다. 이 연구에서 총 건축부지가 일부 토지에서 매매 토지보다 작으므로, 총 건축부지의 개발비라는 명칭은 정확하지만, "토지 양도가 없는 개발비"라는 표현만큼 명확하지 않다.

또한 모든 사례에 대해 미래 공공용지(토지 공여)의 25퍼센트라는 계산법이 선택된다. 클라이버Kleiber는 20~30퍼센트의 범위를 언급하고 있다(2017: 1573. 난외번호 478). 토지 양도의 비용은 제곱미터당 유로의 가격 또는 순 건축부지 대신 총 건축부지를 갖고서 계산하는 경우에만 드러난다. 이를 설명하기 위해 5.4.1절의 예를 다시 한 번 참조하고자 한다. 계산은 제곱미터당 유로와 순 건축부지 그리고 총 건축부지의 세 종류의 변수를 바탕으로 하여 행해진다.

표 29. 연역적 가격의 계산 예

사례: 총 건축부지 100,000m², 미래의 순 건축부지 75,000m², 기준지가 200€/m², 토지 개발을 위한 건축비 65€/m²			
	순 건축부지 제곱미터당 유로	순 건축부지 기준 규모	총 건축부지 기준 규모
1) 기준지가 및 수익	순 건축부지 200€	200€×75,000 =15,000,000€	200€×100,000 =20,000,000€
기반시설 설치 및 공공녹지 조성 공사비 및 해체 공제	순 건축부지 65€	65€ ×75,000 =4,875,000€	65€ ×100,000 =65,000,000€
2) 개발 후 총 건축부지의 가격(5년)	순 건축부지 200€ -65€ =135€	15,000,000€ -4,875,000€ =10,125,000€	20,000,000€ -6,500,000€ =13,500,000€
대기 기간 공제 5년 기간 동안의 5%(할인)=0.7835	순 건축부지 135€×0.7835 =105.77€	10,125,000€ ×0.7835 =7,933,140€	13,500,000€ ×0.7835 =10,577,628€
개발자 이윤 15% 공제	순 건축부지 105.77€ ×0.85 =89.90€	7,933,140€ ×15% =1,189,971€	10,577,520€ ×15% =1,586,628€

3) 총 건축부지 지가	89.90€	7,933,140€ −1,189,971€ =6,743,169€	10,577,520€ −1,586,628€ =8,990,892€
토지 양도 25%(f) 공제	89.90€ ×0.25 =22.48€ 89.90€ −22.48€ =67.42€	25,000m² 토지의 무상 양도	8,990,890€ ×25% =2,247,723€
4) 100,000m²에 대한 거래가격	총 건축부지 67.42€	6,743,169€	8,990,892€ −2,247,723€ =6,743,169€

개발비			
	순 건축부지 제곱미터당 유로 (€/m²)	순 건축부지 제곱미터 (m²)	총 건축부지 제곱미터 (m²)
개발비(oF) (토지 양도 없음)	150€ −67.42€ =82.58€	순 건축부지 수익 −총 건축부지 매매 가격 15,000,000€ −6,743,169€ =8,256,831€	
순건축부지에 대한 개발비 (토지양도 포함)	200 € −67.42€ =132.58€		20,000,000€ −6,743,169€ =13,256,831€
순건축부지와 총건축부지 간의 차	132.58€ −82.58€ =50€ =기준지가의 25%		13,256,831€ −8,256,831€ =5,000,000€ =20,000,000€의 25%

위의 표에서 모든 경로가 거래 가격으로 연결되는 것을 알 수 있지만, 이 연구는 비교 기준지가를 사용하여 계산하기 때문에, 개별 제곱미터로의 변경을 통한 경로만이 명확하다.

개발비가 표의 끝에 요약되어 있다. 모든 기존 물건의 토지 양도가 없는oF 개발비를 계산하기 위해, 먼저 토지 양도(예를 들어, 22.48유로)를 우선 계산한 다음,

이를 순 건축부지의 개발비(예를 들어, 132.58유로)에서 공제해야 한다. 하지만 매매 가격만이 알려져 있을 때 토지 양도의 비용은 어떻게 계산할 수 있는가? 가정한 25퍼센트의 토지 양도의 비용은 매매 가격을 0.85로 나눌 때 (역)계산할 수 있다. 이는 다음의 공식으로 도출된다.

토지 양도(f)의 비용 = 매매 가격/0.85 − 매매 가격

후속의 진행 과정에서 토지 양도가 없는(oF) 개발비의 계산은 위에서 설명한 대로 수행된다. 모든 부동산 물건에 대한 토지 양도가 (평균) 25퍼센트라고 가정한다.

아래에는 토지 양도가 없는 개발비, 제곱미터당 순 건축부지의 개발비 그리고 기준지가와 비교한 매매 가격이 있는 비교표가 있다. 이것은 토지 양도가 공제될 때, 토지 양도가 없는 개발비가 순 건축부지의 개발비와 비교하여 어떻게 감소하는지를 명확히 한다.

표 30. 순 건축부지, 총 건축부지, 매매 가격, 기준지가, 상업용지의 비교(n=155)(X=사례 3건 미만)

상업용지	(사례의) 건수	순 건축부지 개발비	토지 양도가 없는(oF) 개발비	토지 양도 비율	기준지가 대비 순 건축부지 개발비
비행장	32	20€	18€	10%	80%
외부 위치	28	19€	17€	11%	82%
내부 위치	4	30€	26€	13%	69%
병영	102	35€	28€	20%	61%
외부 위치	44	18€	15€	17%	61%
내부 위치	58	47€	38€	19%	60%
특수 건물	9	33€	22€	33%	64%
외부 위치	2	X€	X€	X%	66%
내부 위치	7	35€	23€	34%	63%
행정 관리 및 서비스 건물	12	28€	22€	21%	60%
외부 위치	7	23€	21€	9%	68%
내부 위치	5	35€	24€	31%	48%
전체 결과	155	31€	25€	19%	65%

위의 표에서는 상업적 후속 이용이 있는 부동산을 우선 제시하고 있다. 또한 특정 건수의 사례에 어떤 값이 부여되어 있는지를 명확히 한다. 오른쪽 열은 기준지가의 몇 퍼센트가 순 건축부지에 대한 매매 가격으로 지급되었는지를 보여준다(건수가 적은 값은 특정할 수 없게 되었다). 토지 양도의 (가상) 비용은 순 건축부지의 개발비와 토지 양도가 없는 개발비 사이의 차이(차액)에서 비롯된다. 예를 들어, 외부 위치에 있는 병영의 경우 토지 양도는 순 건축부지 개발비(18-15유로)에서 3유로의 몫을 가진다.

이제 예전과 동일한 구조로 고가용 후속 이용을 위한 값이 있는 표가 따른다.

표 31. 순건축부지, 총건축부지, 매매가격, 기준지가, 고가용지의 비교
(n=117, X=사례 3건 미만이기 때문에 특정하기 어려움)

고가용지	(사례의) 건수	순 건축부지 개발비	토지 양도가 없는(oF) 개발비	토지 양도 비율	기준지가 대비 순 건축부지 개발비
비행장	6	97€	96€	1%	98%
외부 위치	4	130€	129€	1%	98%
내부 위치	2	X€	X€	X%	98%
병영	85	128€	113€	12%	78%
외부 위치	13	152€	146€	4%	88%
내부 위치	72	123€	107€	13%	76%
특수 건물	13	110€	73€	34%	49%
외부 위치	2	X€	X€	X%	46%
내부 위치	11	97€	67€	31%	50%
행정관리 및 서비스 건물	13	72€	52€	28%	59%
외부 위치	5	78€	62€	21%	58%
내부 위치	8	68€	46€	32%	59%
전체 결과	117	118€	101€	14%	74%

이 표는 토지 양도의 공제로 인해 토지 양도가 없는 실제 개발비가 순 건축부지의 개발비에 비해 낮다는 점을 분명히 보여준다. 이는 논리적인데, 왜냐하면 가격이 총 건축부지의 개발비로 변경되기 때문이다. 전반적으로 토지 양도는 결과적으로 개발비의 14~19퍼센트를 차지한다.

6.4.3 개발비: 매매 시점의 영향

주요 효과 분석(그림 31 참조)은 매매 연도가 순 건축부지의 개발비에 영향을 미치는 것을 보여주었다. 이 연구에서 매매 가격은 매매 연도의 각 기준지가와 비교되기 때문에, 이론적으로는 그렇지 않아야 한다. 기준지가가 경기 상승에 뒤처져도, 그것은 다음 해에 다시 균형을 맞추어야 한다.

표 32. 순 건축부지 개발, 연도(n=272)

연도	기준지가 대비 순 건축부지 개발비	순 건축부지 개발비	기준지가	매매 가격 제곱미터당 유로 (€/m²)
2010	74.89%	54€	92€	24€
2011	72.98%	65€	115€	34€
2012	78.47%	88€	146€	35€
2013	66.43%	71€	94€	22€
2014	62.76%	63€	123€	34€
2015	57.37%	74€	111€	40€
2016	47.97%	77€	174€	76€
전체 결과	67.55%	68€	115€	34€

실제로 위의 표는 기준지가의 할인이 2012년과 2016년 사이에 거의 80퍼센트에서 50퍼센트 미만으로 계속하여 하락하고 있음을 보여준다(135). 다른 요인은 그래픽으로 표현되어 있다.

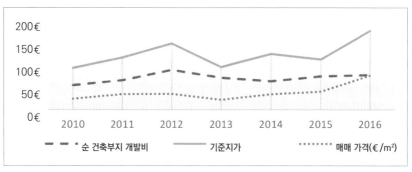

그림 37. 기준지가와 매매 가격의 추이(n=272)

순 건축부지의 개발비는 약 70유로 수준을 유지하는 반면, 기준지가와 매매 가격은 상관관계가 있다는 사실이 눈에 띈다. 그러므로 2010년부터 2016년 사이에 매매 가격과 그에 상응하는 기준지가가 모두 상승하지만, 개발비는 동일한 수준을 유지하고 상승하는 기준지가와 비교하여 하락함에 따라 매매 연도는 개발비에 영향을 미치고 있다.

특정 부동산 유형의 특성을 배제하기 위해 병영에 대해 동일한 평가가 수행된다.

표 33. 매각 연도별 개발비(n=187)

병영	기준지가 대비 순 건축부지 개발비	순 건축부지 개발비	옛(舊) 기준지가	매매 가격 제곱미터당 유로(€/m²)
2010	75.06%	65€	106€	24€
2011	71.68%	68€	130€	37€
2012	73.43%	109€	180€	47€
2013	72.79%	80€	102€	22€
2014	60.18%	67€	134€	26€
2015	62.30%	72€	96€	24€
2016	43.31%	92€	171€	79€
전체 결과	67.95%	77€	124€	33€

병영을 살펴보면, 역시 2012년과 2016년을 제외하고 비슷한 양상이 나타난

다. 2012년의 높은 개발 비용은 선취 선택권의 도입과 연관이 있을 수 있다(3.3.1절 참조). 특수 부동산이 매각되었지만, 이는 일반적 할인(1열)으로, 따라서 다른 것보다 저렴하지 않았다는 점을 가정할 수 있다. 2016년에는 기준지가와 매매 가격이 모두 상당한 상승을 보여주고 있지만, 그럼에도 불구하고 양자 간의 비율은 예년에 비해 낮다. 이는 과도한 매입 가격에 그 이유가 있다. 불빈게자Bulwiengesa라는 회사의 조사[210]에 따르면, 부동산 경기지수가 200(2012년)에서 280(2016년)으로 상승하였다. 이 기간 제7장의 전문가 인터뷰에서 나중에 밝혀질 것처럼, 투자자들의 수익 요구도 감소하였다. 2016년의 매매 가격은 (비록 그것이 이상값으로 판명되더라도) 추가 분석에 사용되는데, 왜냐하면 이 매매 가격을 이상값으로 제거하는 것은 과학적으로 잘못된 것이기 때문이다. 한편으로 2015년의 가격은 최저 가격으로 제거되어야만 하며, 다른 한편으로 이 가격은 현재 시장을 반영한다.

토지 양도가 없는 개발비는 토지 양도로 조정되지만, 예를 들어 개발자 이윤과 기타 비용을 여전히 포함하고 있다.

6.4.4 건축비와 고정 비용

이 시점의 분석까지 순 건축부지의 개발비는 이제까지 (6.4.2절의 토지 양도에 이르기까지) 차별화하여 고찰하지 않은 비용 블록을 말한다. 개발비를 보다 차별화하여 고찰할 수 있도록 하기 위해, 이 비용 블록의 개별 부분(개발자 이윤, 기반시설 설치, 25퍼센트의 토지 양도, 대기 기간 등)에 관해서는 이미 설명하였다. 일반적으로 인프라 및 공공녹지의 건축비는 프로젝트 개발의 나중 시점에 알려지기 때문에 유일하게 알려진 비용인 반면, 연역적 가치의 다른 구성 요인(개발자 이윤, 대기 기간)의 금액에 관해서는 논란의 여지가 있다(무지알(Musial)의 인터뷰, 2018). 프로젝트 개발의 초기(및 현재의 부 포트폴리오에서도)에는 건축비가 알려지지 않았다. 따라서 건축비가 개발비에서 얼마만한 비용을 차지할 수 있는지를 가정해야 한다. 건축비는 계획에 따라 다르지만, 평균값을 기준으로 가정하면 나머지 비용(개발자 이윤, 기반시설 설치, 25퍼센트의 토지 양도, 대기 기간 등)을 계산할 수 있다. 이를 통해 향후 프로젝트 개발에서도 계산 가능한 개발비와 건축비를 개략적으로 산정할 수 있는 공식을 찾을 수 있다.

이 개발비의 배분을 검토하기 위해, 다음과 같은 논제가 구성된다.

연역적 매매 가격은 잘 알려진 바와 같이 비교 기준지가에서 개발비를 차감한 값이다. 따라서 개발비에서 차지하는 개별 비율(개발자 이윤, 기반시설 설치, 대기 기간, 토지 양도, 해체 등)을 더한 매매 가격은 역산하면, 비교 기준지가가 산출된다. 계산 가능한 (고정)비용(개발자 이윤, 대기 기간, 토지 양도)만 매매 가격에 더하면, 기준지가와의 차이가 발생한다. 이 차이가 건축비(철거와 인프라 조성)이다.

검토를 위해, 다음과 같은 시스템이 구성된다.

1. 개발자 이윤, 대기 기간의 비용 그리고 토지 양도는 "고정 비용"으로, 즉 수익 또는 토지의 규모에 따라 다르다. 대기 기간의 할인은 대기 기간의 지속과 부동산 이자율과 관련한 가정에 의해 산정될 수 있으며, 제곱미터당 유로 단위로 표현된다. 이를 통해 고정 비용을 건축비에까지 계산할 수 있었다(상향식).

2. 이에 따라 기준지가에서 매매 가격과 고정 비용을 공제한 후 해체 및 개봉備封 비용211(기념물 보호가 없는 한), 외부 후속 비용 그리고 인프라 조성(건축비)이 남게 된다.

다음 그림은 이를 보여준다.

순 건축부지 개발비	철거+토공사	건축비	기준지가
	기반시설 설치 및 공공녹지의 조성		
	대기 기간	고정 비용 (상향식)	
	개발자 이윤과 위험		
	자치단체로의 토지 양도		
	매매 가격		

그림 38. 개발비 구성 요소 도식

자치단체로의 토지 양도[를 위해 필자는 총 건축부지의 25퍼센트를 설정하여, 토지 양도가 없는 개발비용of을 산출하였다(위 참조). 대기 기간에 대한 할인은 매매 가격에서 계산할 수 있는데, 왜냐하면 이는 제곱미터당 연역적으로 결정된 가격을 할인한 결과이기 때문이다. 예를 들어, 매매 가격(€/m²)이 부동산가치평가령ImmoWertV 부속서 2에 따른 할인을 기준으로 개발 이전 지가의 70퍼센트(€/m²)일 경우, 개발 전 지가는 역으로 계산할 수 있다. 따라서 매매 가격(€/m²)과의 차이는 대기 기간의 비용(€/m²)에 해당한다.

할인율과 대기 기간

일반적으로 비교 가격이 결여하고 있으므로, 보편타당한 할인율과 이에 관한 연구도 없다(Kleber et al., 2017: 1582). 이에 따라 부동산 이자율은 클라이버가 (연방정부의 성공적인 매각을 바탕으로 한 사례에서) 인정한 것을 참조한다(상게서: 1584, 난외번호 523). 그러나 개발과 관련된 부동산 이자율은 감정평가위원회에 개별적으로 조회해야만 하였다. 개발 기간도 중요한 역할을 하며, 그것은 토지의 규모와 매각 토지의 시장 흡수에 영향을 받는다. 무지알에 따르면, 병영의 개발(버세팅 없이)은 2~4년이 소요된다고 한다(무지알 인터뷰, 2018). 필자는 25헥타르 미만의 토지에 대해서는 2~4년, 25헥타르 이상의 토지에 대해서는 8년의 개발 기간을 선택하였다. 더욱 차별화된 개발 기간(예를 들어, 5헥타르당 1년의 기간)은 부분적으로 불합리한 수치로 이어지고, 특정 건축 방식과 도시에 대한 추가적인 수정이 필요하다. 이러한 차별화된 계산은 부록의 신뢰할만한 엑셀 표가 없이는 더 이상 이해할 수 없으므로, 개발자는 이 표가 누락되어 있으므로 출판물에 명시된 값을 더 이상 사용할 수 없다. 그러므로 대기 기간과 부동산 이자율과 관련하여 필자는 다음과 같은 가정을 해야만 하였다. 즉, 상업용 개발은 문헌에서 한층 더 높은 위험과 연관되어 있으므로, 여기서 할인율은 주거용 개발보다 더 높다. 필자가 선택한 부동산 이자율(4퍼센트 및 7퍼센트)은 클라이버의 권고안(Kleiber, 2017: 2304, 난외번호 196)을 따르고 있다. 이와 관련하여 드란스펠트[212]는 인터뷰에서 다음과 같이 진술하고 있다(Dransfeld, 2018). "개발은 매각까지 최소한 4

년이 걸린다. 그렇지만 훨씬 긴 대기 기간이 발생할 수도 있다. 주거용 부동산(예를 들어, 단독주택 등)의 이자율은 약 2~4퍼센트이고, 다세대주택의 경우에는 약 3~6퍼센트이다. 상업용의 경우에는 6~8퍼센트가 된다. 그러나 이것은 각 지역과 도시 그리고 위치에 따라 크게 다르다. 부동산 이자율은 각 감정평가위원회에 조회해야 한다. 여기서 우선 건축 기대의 정도를 추정한 다음 할인 공식(연도로 표시한 대기 기간 및 이자율)에 따라 할인을 산정해야 한다."

개발 기간 및 대기 기간에 대해 포괄적으로 계산한 요율에서 부동산가치평가령ImmoWertV 부록 2의 가격표(금리 및 연도로 나타낸 기간에 따른)에서 가져온 특정한 할인된 공제가 도출된다.

규모	후속 이용	
	고가용지	상업용지
25ha 미만		
이자율(년)	4%, 4년	7%, 4년
할인 요인	0.8548	0.7921
할인	14.52%	20.79%
25ha 이상		
이자율(년)	4%, 8년	7%, 8년
할인 요인	0.7307	0.6274
할인	26.93%	37.26%

그림 39. 부동산 이자율과 대기 기간, 가정

할인 요인=q-n=1/q^n; q=1+p/100

(여기서 p=부동산 이자율, n=개발 기간)

위의 가정이 계산된 후 표에 기재되어 있다. 순 건축부지의 개발비와 현재 가격 요인을 이용하여 할인을 분할하여(예를 들어, 현행 가격/0.7307) 계산할 수 있었다(그림 40. 대기 기간의 역산 참조).

하향식 및 상향식 비용의 비교
가정을 사용하여, '상향식' 원칙(아래 참조)에 따라 '고정 비용'을 합산할 수 있으며, 따라서 건축비를 산정할 수 있는데, 왜냐하면 이 건축비는 '고정 비용'과 순 건축부지의 개발비 간의 차이를 나타내기 때문이다. 아래 그림에서 정상적인 연역적 경로는 왼편(위에서 아래로 읽음)에 표시되고, 반대 경로(아래에서 위로 읽음)는 오른편에 표시되어 있다. 이 연구에서도 이용되는 반대 경로의 경우에는 매매 가격과 기준지가만을 알 수 있다. 기준지가가 조사되고, 나머지 요인들에 대해서는 가정을 행하였다.

그림의 오른편에는 고정 비용이 매매 가격에 따라 산정되므로, 건축비가 남게 된다.

연역적 계산	순 건축부지 제곱미터당 유로 (€/m²)		고정 비용을 통한 역산	
1) 기준지가 및 수익	순 건축부지 200€/m²		기준지가−고정 비용(매매 가격 포함)=건축비	200€ −135€ =65€
기반시설 설치 및 공공녹지 건축비 및 해제 공제	순 건축부지 65€/m²		(조사된) 비교 기준지가	200€
2) 개발 후 총 건축부지 가격 (5년)	순 건축부지 200€ −65€ =135€/m²		'고정 비용'(매매 가격 포함)의 합계	순건축부지 135€
대기 기간에 대한 공제, 5년 기간 동안의 5% (현행 가격 요인) =0.7835	순 건축부지 135€ ×0.7835 =105.77€/m²		대기 기간 ÷ 0.7835	105.75€ ÷ 0.7835 =134.97€/m² =약 135€/m²
개발자 이윤 15% 공제	105.77€ ×0.85 =89.91€/m²		개발자 이윤 ÷ 0.85	순 건축부지 89.89€ ÷ 0.85 =105.75€/m²
3) 총 건축부지 지가	89.91€/m²			
토지 양도 25%(f) 공제	89.91€ ×0.25 =22.25€/m²		토지 양도 25% 가산	67.42 ÷ 0.75 =89.89€/m²
	89.91€ −22.25€ =67.42€		토지 양도가 없는 (oF) 개발비	
			매매 가격 ÷ 0.75	
4) 100,000m²에 대한 거래 가격	총 건축부지 67.42€/m²		매매 가격 (알려짐)	총 건축부지 67.42€/m²

그림 40. 대기기간의 역산

고정비용에 대한 공식은 포괄적으로 설정한 가정(예를 들어, 25퍼센트의 토지 양도, 15퍼센트의 개발자 이윤)에서 도출할 수 있다

매매 가격(1유로) / 토지 양도(0.75) / 개발자 이윤(0.85) / 할인율(0.8548)
= 매매가격+고정 비용(1.835배);
따라서 고정비용: 매매에 사용된 유로당 0.835유로

이 공식을 그림 39에 계산하여 입력하면, 고정 비용을 계산하는 데 다음과 같은 요인이 나타난다.

매매 가격으로부터 고정 비용의 계산		
규모	후속 이용	
	고가용지	상업용지
25ha 미만 이자율(년) 고정 비용	4%, 4년 매매 가격의 0.835배	7%, 4년 매매 가격의 0.98배
25ha 이상 이자율(년) 고정 비용	4%, 8년 매매 가격의 1.147배	7%, 8년 매매 가격의 1.5배
가정: 25%의 토지양도, 15%의 개발자 이윤		

그림 41. 매매 가격으로부터 고정 비용의 계산

첫 번째 비교에서는 개별 항목으로 계산된 "고정 비용"(상향식)을 앞의 장에서 산정된 개발비(기준지가에서 매매 가격을 뺀 수익)와 비교한다. 철거, 후속 비용, 인프라 조성 그리고 녹지 등의 건축비는 고정 비용(하향식)에 포함되지 않으며, 이론적으로 순 건축부지의 개발비(하향식)와의 차이에서 발생한다(매매 가격은 두 방법 모두에서 발생하고, 따라서 관련성이 없으므로 비용 요율로 생략할 수 있다).

다음 표는 고가용 개발의 위에서 언급한 개별 항목을 포함하고 있으며, 이 항목들을 요약하고, 이를 순 건축부지의 개발비와 비교하고 있다.

표 34. 순 건축부지 개발비와 고정 비용의 비교, 고가용지(n=272)

고가용 후속 이용	(사례의) 건수	고정 비용	순 건축부지 개발비	차이 (건축비)
비행장	6	2€	97€	95€
병영	85	37€	128€	91€
행정 관리 및 서비스 건물	13	50€	72€	22€
특수 건물	13	91€	110€	18€
전체 결과	117	42€	118€	76€

행정 관리 건물과 특수 건물의 경우, 고정 비용이 평균보다 훨씬 낮다. 따라서 이 경우에는 많은 사례에서 일부 비용이 발생하지 않는다. 부록에는 토지의 공제가 없는 행정 관리 건물과 특수 건물의 건축비를 보여주는 표 56이 포함되어 있다. 이 두 가지 유형의 경우, 토지 양도를 적용하지 않더라도 건축비는 병영보다 여전히 낮다.

낮은 건축비는 각각의 매매 가격에서 (역산을 통해 산정한) 고정 비용이 기준지가에 거의 도달하여, 건축 조치에 대한 재정적 여유가 거의 없다는 것을 의미한다.[213] 이는 낮은 건축비만이 발생하거나 실제 최종 매각 가격(프로젝트 개발 후)이 각각 설정된 비교 기준지가보다 훨씬 높다는 것을 의미한다. 그러나 한층 더 높은 매각 가격의 변동은 다른 모든 사례에서도 가능하며, 따라서 이 연구의 평가 시스템을 변화시키기 때문에 고려되지 않는다. 드란스펠트는 이와 관련하여 인터뷰에서 다음과 같이 언급하였다. "수요가 매우 크고, 따라서 시장이 과열된 대도시 지역에서는 건물이 없는(미개발) 건축부지의 현재 지가 수준이 더 이상 기준지가 수준에 완전히 반영되지 않는 경우가 종종 있다. 이것은 물론 경기 상황과 위치에 따라 다르며, 기준지가는 과거의 매매 계약에 기초하는 반면, 현재(평가일 기준) 시장 가격은 이미 더 발전하였을 수도 있기 때문이다." 1990년대 중반에 예를 들어 신연방주(구동독)의 일부 대도시에서는 분기마다 지가가 현저히 상승하였다고 드란스펠트는 밝혔다(Dransfeld, 2018 인터뷰).

건축비

다음 그림에서는 고정 비용이 매매 가격과 기준지가(순 건축부지 개발비) 사이의 차액의 범위보다 훨씬 낮으므로, 비행장과 병영의 경우 비용 항목이 분명히 결여되어 있음이 명백하다.

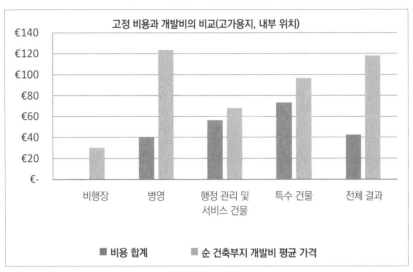

그림 42. 내부 위치에 있는 고가용지 개발의 경우, 순 건축부지 개발비와 고정 비용의 비교(n=117)

토지 양도를 포함한 거의 모든 종류의 비용은 고정 비용에 포함된다. 따라서 고정 비용과 순 건축부지의 개발비 사이의 차이(차액)는 철거 및 인프라 건축비라고 가정할 수 있다.[214]

다음으로 상업용 개발(모든 위치)에 대해 고찰하려고 한다.

상업용 개발비를 비교할 경우, 고정 비용과 순 건축부지의 개발비 사이의 차이도 있지만, 개발비는 비용 수준과 마찬가지로 낮다. 이로부터 상업용 개발의 경우, 건축비도 고가용 개발보다 낮다는 결론을 도출할 수 있다.

아래 표에서는 고가용 개발을 위한 건축비를 위치와 유형에 따라 차등화하고 있다. 행정 관리 건물과 특수 건물의 경우, 위치와 관계없이 낮은 가격이 발생한다. 적은 사례 수 때문에 이 수치는 비행장의 수치와 마찬가지로 실제로 유효하지 않다.

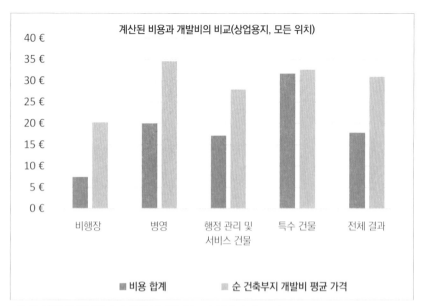

그림 43. 상업용지 개발의 경우, 순 건축부지 개발비와 고정 비용의 비교(n=155)

표 35. 고가용 후속 이용의 경우, 고정 비용과 순 건축부지 개발비의 비교(n=117)
(X=3건 미만으로 특정하기 어려움)

고가용지	건수	순 건축부지 개발비	고정 비용	차이 (건축비)	개발비 대비 건축비 비율
외부 위치	24	135€	33€	102€	75%
비행장	4	130€	3€	127€	98%
병영	13	152€	16€	136€	90%
행정 관리 및 서비스 건물	5	78€	40€	37€	48%
특수 건물	2	X€	X€	X€	-6%
내부 위치	93	114€	45€	69€	61%
비행장	2	X€	X€	X€	98%
병영	72	123€	40€	83€	67%
행정 관리 및 서비스 건물	8	68€	56€	12€	17%
특수 건물	11	97€	73€	23€	24%
전체 결과	117	118€	42€	76€	64%

고가용 후속 이용이 가능한 병영의 건축비는 내부 위치(순 건축부지 제곱미터당 83유로)에서 외부 위치(순 건축부지 제곱미터당 136유로)보다 훨씬 낮다. 개발비에서 건축비가 차지하는 비율도 마찬가지이다. 현재의 포트폴리오에서 고가용 후속 이용의 경우, 건축비는 순 건축부지 제곱미터당 평균 76유로이며, 개발비의 64퍼센트를 차지하고 있다.

이제 상업용 부동산에 대한 동일한 평가가 이어진다. 표 36은 5열의 건축비에서 상당히 낮은 가격을 보여준다.

표 36. 상업용 후속 이용의 경우, 고정 비용과 순 건축부지 개발비의 비교(n=155)
(X=3건 미만으로 특정하기 어려움)

상업용지	건수	순 건축부지 개발비	고정 비용	차이 (건축비)	건축비의 비율
외부 위치	81	19€	8€	11€	56%
비행장	28	19€	7€	12€	64%
병영	44	18€	10€	9€	47%
행정 관리 및 서비스 건물	7	23€	7€	16€	70%
특수 건물	2	X€	X€	16€	68%
내부 위치	74	44€	28€	16€	36%
비행장	4	30€	13€	17€	58%
병영	58	47€	28€	19€	41%
행정 관리 및 서비스 건물	5	35€	31€	3€	10%
특수 건물	7	35€	39€	-3€	-10%
전체 결과	155	31€	18€	13€	42%

상업용 부동산의 경우, 건축비가 차지하는 비율은 고가용 개발(13유로에서 76유로)의 경우보다 비중과 금전적 측면에서 훨씬 낮다. 내부 위치에서 36퍼센트의 점유율을 가진 건축비는 고가용 개발 건축비(61퍼센트)의 거의 절반에 달한다. 행정 관리 건물과 특수 건물의 경우, 건축비의 비율이 내부 위치에서 매우 낮고 외부 위치에서 높다. 이는 외부 위치에서 계획권이 없으므

로 조성하기가 한층 더 어려운 건물의 지속적인 이용(재사용)과 관련이 있을 수 있다.

고가용 및 상업용 건축부지 간의 건축비의 금전적 차이는 아마도 계산상으로 그 근거를 찾아볼 수 있다. 즉, 기준지가와 상공업 용도지역Gewerbliche Bauflächen의 순 건축부지 개발비는 고가용 개발보다 낮다. 비평가들은 여기서 비용 블록으로서의 건축비는 후속 이용과 관계없이 동일해야 한다는 점을 지적할 수 있다. 이에 따라 상업용 개발의 경우 매매 가격은 상당히 낮아야 하지만, 이 점이 이 포트폴리오에서는 그렇지 않다. 예를 들어, 건축비(철거, 기반시설 설치 등)가 항상 최소 제곱미터당 76유로이면, 제곱미터당 76유로 미만의 상업용 기준지가에 대해 상업용 프로젝트 개발을 진행하는 것(자치단체는 제외)은 의미가 없을 것이다. 그곳에서 그럼에도 불구하고 상업용 건축부지가 개발되고 있으므로, 그러한 개발을 경제적으로 만드는 또 다른 요인이 있어야 한다. 그것은 미래의 세금 수입 또는 지원 보조금일 수 있다. 이 문제는 전문가 인터뷰에서 검토하게 될 것이다.

병영의 수가 많으므로, 여기서 개발비 계산법을 보다 자세히 살펴보고 비교할 가치가 있다.

표 37. 병영의 건축비(n=187)

병영	건수	순 건축부지 개발비	고정비용	차이 (건축비)	개발비 대비 건축비 비율
상업용지	102	35€	20€	15€	42%
외부 위치	44	18€	10€	9€	47%
내부 위치	58	47€	28€	19€	40%
고가용지	85	128€	37€	91€	71%
외부 위치	13	152€	16€	136€	90%
내부 위치	72	123€	40€	83€	68%
전체 결과	187	77€	28€	49€	64%

병영의 예에서 특히 두드러지는 점은, 상업용 건축부지로의 후속 이용이 금전적으로나 비율적으로나 비례적으로 낮은 건축비와 개발비를 발생시키고 있으며, 상업용 개발의 건축비는 위치와 상관없이 개발비에서 거의 동일한 비율을 차지한다는 것이다(약 45퍼센트). 이것은 상업용 토지의 경우 기반시설 용지 비율이 주거용 토지(택지)의 경우보다[215] 낮다는 사실에 따른 것일 수 있는데, 왜냐하면 순 토지 면적이 일반적으로 더 크기 때문이다(위 참조). 군軍 집회장을 후속 이용할 수 있는 것도 중요한 역할을 할 수 있는데, 이는 두 가지의 영향을 미치기 때문이다. 즉, 건물을 계속 이용할 경우, 철거 비용이 없고 건물의 가치는 그대로 유지된다. 블레저와 야코비는 또한 병영 부지의 17.31퍼센트만이 건축되고 있다고 계산하였다(Bläser & Jacoby, 2009: 166). 따라서 병영 부지에서는 철거 없이 후속 고밀도화를 위한 더 많은 공간이 있을 것이다. 위의 표는 병영을 고가용 후속 이용하는 경우 철거와 기반시설 설치를 위해 제곱미터당 약 83~136 유로를 건축비로 설정해야 함을 보여준다(차이의 열). 그러나 여기서는 나중에 보여주듯이 기준지가 수준에 대한 종속성이 존재한다.

결론적으로 우선 상업용 개발에서는 기반시설 설치가 덜 필요할 것으로 보이는데, 왜냐하면 토지가 한층 더 넓고(Kleiber et al., 1997: 1586, 난외번호 532에 인용된 독일도시회의(Deutscher Städtetag)도 참조), 경우에 따라 인프라와 기존 재고 건물이 후속적으로 이용되기 때문이다. 따라서 필자는 상업용에 대한 낮은 개발비의 경우 계산상의 우연적인 산물로 가정하지 않는다. 이 포트폴리오에 속한 건물의 후속 이용에 관해서는 다른 곳에서 차별화하여 살펴볼 것이다.

전체적으로 철거 및 기반시설 설치를 위한 건축비 계산법은 순 건축부지 개발비의 약 40~70퍼센트, 즉 매매 가격과 기준지가 사이의 범위임을 알 수 있다. 예외는 외부 위치의 병영 및 내부 위치의 행정 관리 및 서비스 건물을 후속 이용하는 경우이다. 이것은 기존 건물의 후속 이용 가능성을 배경으로 논리적인 것으로 보인다.

다음 표는 기준지가와 관련하여 병영에 대한 개별 유형의 비용을 보여준다.

표 38. 병영의 기준지가 대비 건축비(n=187)

병영	건수	기준지가 대비 순 건축부지 개발비	개발비 중 건축비	기준지가 대비 건축비 비율
상업용지	102	61%	42%	20%
외부 위치	44	61%	47%	20%
내부 위치	58	60%	40%	20%
고가용지	85	78%	71%	60%
외부 위치	13	88%	90%	78%
내부 위치	72	76%	68%	56%
전체 결과	187	69%	64%	38%

주목할 만한 것은 상업용 후속 이용의 경우 병영의 개발비가 위치와 상관없이 기준지가의 60퍼센트와 건축비가 기준지가의 20퍼센트에 해당한다는 점이다. 따라서 상업용 후속 이용의 경우, 건축비는 고가용 후속 이용의 경우(여기서는 기준지가의 약 60퍼센트에 달함)보다 훨씬 낮다. 상업용 토지의 기준지가는 전국적으로 고가용 후속 이용보다 낮은데, 이는 비율적으로나 금전적으로나 건축 조치를 위한 자금이 적다는 것을 의미한다(앞의 표를 참조). 상업용 후속 이용이 이루어지고 있는 많은 병영의 경우, 적어도 인프라와 일부 건물들이 후속 이용되었다는 추측이 제기되고 있다. 인프라의 조성은 최대 60퍼센트까지 지원된다.[216] 기준지가가 낮은 지역에서는 이것이 유일한 경제적 대안으로 보인다. 그렇지만 고가용 개발을 위한 접근이 매우 현실적으로 보인다.

6.4.4.1 건축비: 토지의 규모

위에서 언급한 건축비 공식을 확인하려면, 아래에서 기준지가 대비 매매 가격을 다시 설정해야 한다. 이번에는 규모(6.4에 1개)의 군집으로 나누어진다. 분석의 목표는 위에서 언급한 공식이 어떤 부동산에 적용되고, 적용되지 않는지를 찾아내는 것이다.

표 39. 규모의 군집, 건축비 대비 매매 가격, 외부 위치(반올림 차이 가능)(n=105)

건축비 모든 유형	상업용지		고가용지		총계	
외부 위치	건축비	기준지가 대비 매매 가격	건축비	기준지가 대비 매매 가격	건축비	기준지가 대비 매매 가격
0~1ha	–	–	7€	20%	7€	20%
1~2ha	–1€	48%	51€	31%	10€	45%
2~4ha	6€	40%	112€	23%	41€	35%
4~6ha	37€	9%	45€	43%	39€	19%
6~8ha	14€	27%	82€	25%	33€	26%
8~10ha	–3€	61%	–	–	–3€	61%
10~15ha	18€	26%	160€	14%	65€	22%
15~25ha	16€	26%	278€	6%	56€	23%
25~35ha	15€	20%	12€	2%	15€	18%
35~50ha	13€	12%	93€	2%	25€	11%
50ha 이상	14€	22%	92€	1%	40€	15%
합계 외부 위치	11€	31%	102€	20%	32€	29%

위의 표는 기준지가 대비 모든 부동산 유형의 매매 가격을 보여준다. 여기서 매매 가격의 이질성이 분명히 나타난다. 세분된 분류로 인해 개별 가격은 주의해서 고찰해야 하는데, 왜냐하면 4헥타르부터 부분적으로 개별 항목 당 1~3건의 사례만을 사용할 수 있기 때문이다. 그러므로 데이터의 보호를 위해 이 표에서도 해당 숫자가 표시되어 있지 않다. 건축비와 매매 가격은 각각 평균적으로 기준지가의 약 3분의 1을 차지한다.

결과적으로, 개발비나 매매 가격에 대한 할인은 토지의 규모에 따라 증가한다고 말할 수 있다. 이것은 특히 4헥타르 이상의 규모에서 두드러진다. 그러나 이 가설은 제곱미터당 건축비가 규모의 경제로 인해 건축 사업 계획의 규모에 따라 감소해야 하므로 상식과 모순된다. 이에 따라, 필자는 가치평가 체계에서

표 40. 규모의 군집, 건축비 대비 매매 가격, 내부 위치(반올림 차이 가능)(n=167)

건축비 모든 유형	상업용지		고가용지		총계	
내부 위치	건축비	기준지가 대비 매매 가격	건축비	기준지가 대비 매매 가격	건축비	기준지가 대비 매매 가격
0~1ha			20€	41%	20€	41%
1~2ha	-18€	62%	29€	49%	11€	54%
2~4ha	19€	45%	79€	25%	43€	37%
4~6ha	27€	30%	68€	24%	54€	26%
6~8ha	32€	30%	29€	20%	31€	25%
8~10ha	22€	11%	93€	16%	72€	14%
10~15ha	35€	34%	124€	15%	87€	23%
15~25ha	38€	20%	103€	9%	85€	12%
25~35ha	17€	17%	58€	26%	27€	20%
35~50ha	22€	27%	93€	6%	57€	17%
50ha 이상	29€	15%	207€	6%	100€	11%
합계 내부 위치	16€	40%	69€	28%	45€	33%
전체 결과 외부 위치/ 내부 위치	13€	35%	76€	26%	40€	31%

그럴 수 없더라도 제곱미터당 매매 가격은 매각 사례의 규모가 증가함에 따라 하락한다고 결론짓는다. 그런데 연방부동산업무공사도 입찰 절차에서 매각을 진행하기 때문에, 입찰자는 적절한 할인을 받을 수 있다.

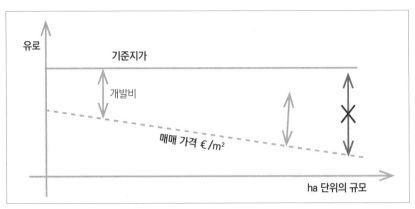

그림 44. 건축비, 규모, 매매 가격

앞의 표에서 4헥타르 미만의 상업용 개발의 경우, 매매 가격 할인과 따라서 건축비가 특히 낮다는 것을 분명히 알 수 있다. 1헥타르 미만으로 선별된 매각 사례를 평가하면, 기준지가 대비 매매 가격이 특별히 높고, 따라서 개발비가 낮다는 사실을 확인할 수 있다.

1헥타르 미만의 매각 사례에서 기준지가에 대한 낮은 할인은 아마도 인접한 기존 인프라의 사용과 그에 따른 낮은 기반시설 설치 비용 그리고 연방건설법전 제34조에 따른 사업 계획의 승인 가능성과 그에 따른 대기 기간의 단축 때문일 것이다.

부록의 표 57에서는 철거와 건축이 이루어졌을 수 있는[217] 사례만을 평가하기 위해, 건축비가 부(-)의 값인 병영은 제외하였다. 이에 따라 병영의 수는 187건에서 129건으로 감소하였다. 이와 동시에 기준지가 대비 매매 가격이 하락하고 있다. 이러한 사례들을 제외하면, 병영의 경우 기준지가의 약 20퍼센트가 지급되고, 따라서 개발비(수익 마진 포함)가 최소한[218] 기준지가의 80퍼센트라는 경향이 분명해진다. 또한 건축비가 부(-)의 값인 부동산 물건을 제외하는 것을 통해, 기준지가에 대한 할인이 상승하고 있다는 점(표의 마지막 행)도 눈에 띈다.

병영의 경우 개발비의 범위를 명확히 하기 위해, 아래 표는 표준편차를 나타낸 것이다.

표 41. 1ha(헥타르) 미만 토지의 기준지가(n=232)

1ha 미만 소규모 토지의 경우 기준지가 대비 매매 가격	기준지가 대비 매매 가격 상업용지	기준지가 대비 매매 가격 고가용지	전체 결과
내부 위치	78%	120%	89%
0.199ha 이하	72%	212%	117%
0.2~0.4ha	84%	72%	82%
0.4~0.6ha	82%	63%	78%
0.6~0.8ha	70%	74%	71%
0.8~1ha	81%	48%	71%
외부 위치	61%	11%	56%
0.199ha 이하	83%	15%	77%
0.2~0.4ha	66%	11%	60%
0.4~0.6ha	43%	–	43%
0.6~0.8ha	36%	8%	31%
0.8~1ha	50%	–	50%
전체 결과	72%	105%	79%

표 42. 병영의 경우 순 건축부지 개발비의 폭(n=187)

병영	건수	기준지가 대비 매매 가격	평균 기준지가	순 건축부지 개발비	개발비의 표준편차
상업용지	102	39%	54€	35€	43€
외부 위치	44	39%	27€	18€	17€
내부 위치	58	40%	74€	47€	52€
고가용지	85	22%	203€	128€	90€
외부 위치	13	12%	182€	152€	85€
내부 위치	72	24%	207€	123€	91€
전체 결과	187	31%	124€	77€	83€

병영을 상업적으로 후속 이용하는 경우, 순 신축부지 개발비의 표준편차는 평균값의 100퍼센트 이상이지만, 낮은 수준이다(35유로). 고가용 개발의 경우 편차

는 여전히 70퍼센트이다. 위의 표에 나온 수치는 초기 비용 계산을 위한 지침이 될 수 있지만, 토지의 규모와 후속 이용과 같은 요인들을 함께 고려해야 한다. 또한 건축비에 따른 낮은 기준지가에 특별한 주의를 기울여야 한다.

6.4.4.2 건축비: 기준지가 군집

개발비가 기존 기준지가로 인해 얼마나 변화하는지에 대해서는 아래에서 분석한다. 드란스펠트는 높은 기준지가가 낮은 기준지가보다 더 많은 개발 여지를 줄 것으로 추정하였다(2012: 53). 이 진술은 오히려 후속 이용의 품질과 관련된 것으로 볼 수 있다. 예를 들어, 300유로가량의 높은 기준지가는 100유로가량의 기준지가보다 완전한 철거를 통한 주거 용도에 더 많은 재정적 여지를 준다. 또한 분석 초기의 평가는, 성장 지역의 기준지가에 대한 할인이 축소 지역보다 적고, 이는 다시 성장 지역의 기준지가 수준과 관련이 있을 수 있음을 보여주었다. 그러나 이 논제는 매각자가 높은 개발비를 감당할 수 있는 여지를 남겨두는 매매 가격을 설정하는 한 정확하다.

다음에서 건축비가 기준지가에 따라 변화하는지 또는 동일한 수준으로 유지되는지를 검토해야 한다. 이 포트폴리오에 있는 272건의 부동산의 기준지가를 군집으로 분류하였다. 다음 표에서 매매 가격 할인 및 순 건축부지 개발비의 평균값을 이러한 군집으로 나누었다. 추가로 후속 이용에 따라 모든 것을 분류하였다.

표 43에서는 제곱미터당 유로 단위의 순 건축부지 개발비는 기준지가가 상승함에 따라 증가함을 바로 확인할 수 있다.

이와 동시에 기준지가에 대한 할인 비율은 비슷한 수준을 유지하거나 약간 증가한다(그림 45). 고가용 개발의 경우, 기준지가 대비 매매 가격이 상업용 개발에 비해 낮은데, 이는 할인 금액에서 알 수 있다. 이 계산에서는 매매 가격과 기준지가를 고려하였기 때문에, 기준지가에 따라 상승하는 개발비는 기준지가의 상승에 따른 매매 가격이 일정하므로 발생하지 않는다. 따라서 개발비와 비교 기준지가 간에 직접적인 연관성이 존재한다. 즉, 기준지가가 높으면 높을수

표 43. 기준지가 군집, 순 건축부지 개발비(n=272)

기준지가 군집	상업용지		고가용지		전체	
	기준지가 대비 매매가격	순 건축 부지 건설비	기준지가 대비 매매가격	순 건축 부지 건설비	기준지가 대비 매매가격	순 건축 부지 건설비
25€ 미만	40%	10€	26%	12€	38%	10€
25~50€	27%	27€	14%	31€	24%	28€
50~100€	30%	49€	32%	54€	31%	51€
100~150€	44%	66€	21%	101€	29%	90€
150~250€	43%	133€	20%	158€	25%	152€
250~350€	–	–	37%	178€	37%	178€
350~600€	–	–	44%	232€	44%	232€
600€ 이상	–	–	42%	386€	42%	386€
전체	35%	31€	26%	118€	31%	68€

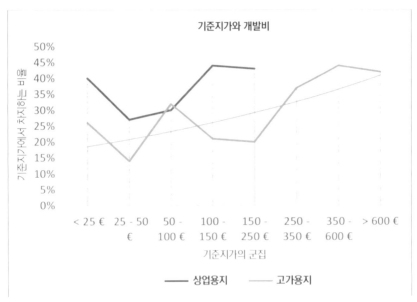

그림 45. 기준지가의 군집, 순 건축부지 개발비(n=272)

록, 개발비는 그만큼 더 들고, 토지의 매매 가격도 그만큼 더 높아진다. 하지만 금전적 개발비는 토지 양도(25퍼센트)와 거래 비용을 포함하므로 기준지가에 따라 자연스럽게 상승한다. 토지 양도의 비용은 기준지가에 따라 상승한다. 그렇지만, 토지 양도는 상향식 개발비의 일부일 뿐이다. 앞에서 순수 건축비는 개발비의 약 40퍼센트를 차지한다는 것을 입증하였다. 고가용 개발을 바탕으로 기준지가가 상승함에 따라 건설비도 상승하는지를 확인해야 한다. 이를 위해 건축비의 지표를 보완하였다.

표 44. 기준지가의 군집, 건설비, 고가용지(n=117)

고가용지	건수	총 건축 부지 제곱미터당 매매 가격	기준지가 대비 매매 가격	순 건축 부지 개발비	건축비	기준지가 대비 건축비
25€ 미만	8	3€	26%	12€	10€	53%
25~50€	11	5€	14%	31€	27€	74%
50~100€	17	22€	32%	54€	36€	41%
100~150€	32	26€	21%	101€	79€	61%
150~250€	23	47€	20%	158€	126€	63%
250~350€	17	93€	37%	178€	91€	32%
350~600€	6	182€	44%	232€	80€	18%
600€ 이상	3	200€	42%	386€	137€	22%
전체 결과	117	55€	26%	118€	76€	52%

그 결과는 명백하다. 즉, 건축비는 기준지가로 150~250유로의 군집까지 상승한 다음 정체한다. 이제 고가용 후속 이용이 가능한 병영에 대한 평가가 뒤따르는데, 왜냐하면 이는 나중의 이 연구와 관련될 것이며, 아마도 향후 전환 사례의 상당 부분에 영향을 미칠 것이기 때문이다.

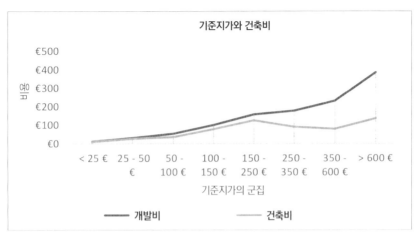

그림 46. 기준지가의 군집, 건설비, 고가용 도식(n=117)

표 45. 기준지가의 군집, 건설비, 고가용, 병영(n=85)

병영 고가용지	건수	총 건축 부지 제곱미터당 매매 가격	기준지가 대비 매매 가격	순 건축 부지 개발비	건축비	기준지가 대비 건축비
25€ 미만	5	4€	19%	15€	12€	64%
25~50€	8	5€	11%	33€	29€	79%
50~100€	9	24€	35%	53€	33€	35%
100~150€	25	19€	15%	109€	92€	72%
150~250€	20	33€	17%	164€	136€	68%
250~350€	12	79€	31%	189€	118€	43%
350~600€	4	195€	46%	236€	72€	14%
600€ 이상	2	X€	36%	X€	X€	35%
전체 결과	85	48€	22%	128€	91€	60%

그러므로 건축비는 기준지가에 따라 상승하고 기준지가 250유로 이상에서 정체한다고 결론지을 수 있다.[219] 또한, 기준지가에서 매매 가격과 건축비가 차지하는 비율은 250유로까지 상승하는 경향이 있다.

따라서 한편으로 높은 기준지가가 개발에 더 많은 여지를 준다는 것을 확인할 수 있을 것이다. 다른 한편으로 높은 기준지가는 또한 건축비가 기준지가와 선형적으로 상승하지 않으며, 따라서 수익에서 공제할 수 있는 비용이 적기 때문에 매각자에게 더 높은 수입을 가져다준다.

6.4.4.3 개발자 계산의 건축비

개발자 계산(계정)은 5.3.1절에 제시되어 있다. 그 안에는 모든 수익과 비용이 할인되지 않은 상태로 설정되어 있으며, 대기 기간의 비용은 (신용) 이자율을 사용하여 단일 블록으로 표현되어 있다. 이러한 접근은 기준지가가 예측대로 변경되지 않으면 부분적으로 다른 값으로 이어진다. 연방부동산업무공사가 부동산가치평가령ImmowertV에 따라 거래 가격을 산정하기 때문에, 필자는 현재 포트폴리오의 사전 분석을 위해 개발자 계산과 좀 더 자세한 현금흐름할인평가방식DCF(5.3.2절)을 제외하였다. 그러나 개발자 계산이 상향식 고찰에서 어떤 결과를 제공하는지 하는 문제가 제기된다. 따라서 포트폴리오의 건축비는 추가로 병영에 대한 개발자 계산을 사용하여 산정되었다. 다음의 두 부분으로 나누어진 표는 우선 개발자 계산에 따른 결과와 연역적 계산의 결과를 보여준다(위 참조).

표 46. 개발자 계산의 결과와 연역적 가격의 비교(병영의 경우만)(n=187)

개발자 계산	순 건축부지 개발비	고정 비용	차이 (건축비)	건축비 비율
상업용지	35€	30€	5€	14%
외부 위치	18€	13€	5€	28%
내부 위치	47€	43€	4€	9%
고가용지	128€	64€	64€	50%
외부 위치	152€	26€	126€	83%
내부 위치	123€	72€	52€	42%
전체 결과	**77€**	**46€**	**31€**	**40%**

위의 표는 개발자 방법을 사용하여 비용을 합산하면 고정 비용이 더 높아진다는 사실을 보여준다. 결과적으로 개발자 계산의 건축비는 연역적 절차보다 낮다.

연역적 계산 (표 37 참조)	순 건축부지 개발비	고정 비용	차이 (건축비)	건축비 비율
상업용지	35€	20€	15€	42%
외부 위치	18€	10€	9€	47%
내부 위치	47€	28€	19€	40%
고가용지	128€	37€	91€	71%
외부 위치	152€	16€	136€	90%
내부 위치	123€	40€	83€	68%
전체 결과	77€	28€	49€	64%

6.4.5 기념물 보호와 지속 이용

기념물 보호는 개발비에 실질적으로 영향을 미치는 요인으로 거론할 수 있다 (4.6.1절 참조). 클라이버는 기념물 보호를 위해 토지 가격에 대해 5~10퍼센트의 할인을 적용한다(Kleiber, 2017: 2383, 난외번호 2131이하). 드란스펠트 역시 기념물 보호가 비경제적인 토지 이용으로 이어질 수 있다고 설명한다(2012: 56). 필자의 입장에서는 현재의 포트폴리오에서 건물의 지속 이용(재사용)이 완전 해체에 비해 더 높은 매매 가격을 달성하였다고 추정하는데, 왜냐하면 계속 이용하는 것은 한편으로 건물의 원가와 다른 한편으로 절감한 철거 비용을 통해 시장 가격에 두 배의 긍정적인 영향을 미치기 때문이다. 무지알은 군 전환용지에 종종 기념물 보호가 있다고 말하고 있다(Musial Interview, 2018). 이에 따라 필자는 285건의 기념물 보호와 지속 이용을 조사 분석하였다.

표 47. 기념물 보호 건수(n=272)

기념물 보호			지속 이용(재사용)	
전체	부분적	1~2 건물	전체	아님 / 모름
37	12	5	13	205

전체 또는 부분적으로 기념물 보호를 받고 있는 사례의 18퍼센트와 건물이 지속 이용(재사용)되고 있는 사례의 10퍼센트만을 조사할 수 있었다. 아래에서 하위 1~2개의 개별 건물에 대한 기념물 보호는 평가하지 않는다. 기념물 보호에 관한 분석에서는 어려운 출처 상황에 주목해야 한다. 즉, 필자는 인터넷에서 구할 수 있는 출처를 이용하여 기념물 부동산을 조사하였다. 따라서 기념물로 보호받는 부동산의 비율은 여기에 표시된 것보다 확실히 더 높을 수 있다.

매매 가격을 기준지가 및 개발비와 비교할 때, 부분적으로 기념물로 보호받고 있는 부동산과 보호받고 있지 않은 부동산 간에 명확한 차이가 나타난다. 아래 표의 "기념물 보호" 범주에는 위에서 언급한 전부 또는 부분적으로 기념물 보호가 있는 부동산만을 포함한다.

표 48. 기념물 보호 1(n=272)

모든 유형	상업용지			고가용지		
위치	기준지가 대비 매매 가격	순 건축 부지 개발비	건축비	기준지가 대비 매매 가격	순 건축 부지 개발비	건축비
외부 위치	33%	19€	11€	19%	135€	102€
기념물 보호	15%	22€	17€	37%	233€	99€
기념물 아님	34%	19€	10€	16%	116€	103€
내부 위치	43%	44€	16€	28%	114€	69€
기념물 보호	46%	39€	17€	21%	126€	86€
기념물 아님	42%	45€	16€	31%	108€	62€

위의 표에서 가장 두드러진 차이는 외부 위치에 있는 고가용 후속 이용이 가능한 부동산에서 나타난다. 그러나 이와 관련한 사례의 건수는 적다. 기념물 보호는 간접적으로 존속 보호를 제공하기 때문에, 보호받는 부동산의 경우 고가용 후속 이용(예를 들어, 주택)에 대한 비교 기준지가 할인은 기념물 보호가 없는 부동산보다 낮을 수 있다. 외부 위치에 있는 상업용의 경우에는 이것과 정반대이다.

병영을 살펴보면, 기념물로 보호받고 있는 부동산과 기념물로 보호받고 있지 않은 부동산 간의 차이가 상대적으로 두드러진다.

표 49. 기념물로 보호받고 있는 병영(n=187)

병영	상업용지			고가용지		
위치	기준지가 대비 매매 가격	순 건축부지 개발비	건축비	기준지가 대비 매매 가격	순 건축부지 개발비	건축비
외부 위치	39%	18€	9€	11%	152€	136€
기념물 보호	26%	31€	24€	–	–	–
기념물 아님	40%	17€	8€	11%	152€	136€
내부 위치	43%	47€	19€	23%	123€	83€
기념물 보호	48%	38€	15€	24%	139€	94€
기념물 아님	42%	49€	20€	23%	117€	79€

외부 위치에 있는 기념물로 보호받고 있는 병영에 대한 언급은 타당하지 않을 수 있는데, 왜냐하면 이 경우에 기념물로 보호받고 있는 건물은 세 가지의 (상위 8) 사례만이 있기 때문이다. 그러나 내부 위치에 있는 기념물로 보호받는 병영의 경우 사례의 건수가 더 많고(n=33), 기념물 보호는 개발비와 기준지가에 대한 할인에 거의 영향을 미치지 않는다고 말할 수 있다. 따라서 기념물보호에 대한 할인은 클라이버가 언급한 5~10퍼센트 범위에서 움직이고 있다(Kleiber, 2017: 2383).

6.5 결론: 개발비와 매매 가격
6.5.1 군 전환 부동산의 비용은 얼마인가?
앞의 계산과 결과를 기반으로 하여 부동산에 대한 개략적인 가치평가가 행해질 수 있다. 이를 위해서는 군 전환 부동산의 유형, 주거연담지역에서의 위치, 후속 이용의 방식 그리고 총 건축부지 규모 등을 알아야만 한다. 물론 이것은 (??) 출발 시가의 가장 작은 차이가 결과에 상당한 편차를 초래하기 때문에 그 어떤 가치평가도 대체하지 않는다(Reuter, 2011: 53). 규모의 군집으로 분류한 결과, 매매 가격이 (토지) 규모에 따라 하락하는 것으로 입증되었지만, 세분한 분석으로 평균값의 오차 한계가 드러나고 있음이 분명해졌다. 특히 비행장, 특수 건물, 행정 관리 건물 그리고 외부 위치의 병영의 경우, 분석의 사례 수가 적거나 그 값은 큰 범위를 보여준다. 또한 높은 기준지가가 더 많은 개발의 여지를 제공하고 높은 기준지가가 매각자에게 더 높은 수입을 가져다준다는 점이 확인되었는데, 이는 기준지가 대비 건설비의 비율이 먼저 상승하다가 그 후에 하락하기 때문이다.

6.5.2 군사시설 반환부지의 전환의 비용은 얼마인가?

이 질문에 대한 답은 이론적으로 간단하다. 즉, 매입자에게는 아무런 비용도 들지 않는다는 것이다. 그 이유는 연역적 거래 가격 평가에 있다. 즉, 매매 가격과 개발비는 비용 측면에서 발생하고 계속된 매각의 수익에서 공제되지만, 이는 이윤을 발생시킨다. 개발된 토지를 자가 용도로 사용하더라도, 시장 가격이 (전환과 상관없이) 지급된다. 이와 관련한 가장 좋은 예는 대규모 할인 없이 소비자에게 매각된 외국 주둔군의 주택이다. 이 전환은 민간 제3자로부터 매입하는 것 이상의 비용이 들지 않는다.

하지만, 이 연구의 기본적인 질문은 다음과 같다. 즉, 군 부동산 자산의 전환에 얼마만 한 비용이 발생하고, 매매 가격은 어떻게 산정되느냐 하는 것이다. 이 질문에 대해서는 변환이 임박한 부동산의 개발비에 대한 이 장에서 언급한 기준 가격을 사용하여 적어도 개략적으로 답변할 수 있다. 또 다른 흥미로운 질문은 다음과 같다. 즉, 2010년과 2016년 사이에 전환 비용이 얼마나 들었느냐 하는 것이다.

매입자에 대한 전환 비용의 간단한 계산은 연역적 가치평가의 시장 가치에 따른 매각에 기반할 수 있다. 결국, 매입자는 기준지가에 순 건축부지를 곱한 것에서 이윤을 차감한 것을 지급한다. 이것은 전환 토지의 개발비와 매매 가격을 포함하고 있다.

총 건축부지×기준지가	순 건축부지(75%)로 계산	10%의 이윤 공제
33억 8,000만 €	25억 4,000만 €	22억 8,000만 €

따라서 2010년과 2016년 사이에 군사시설 반환부지의 전환은 매입자에게 (건축 준비가 완료된 건축부지에 대해서만) 22억 8,000만 유로의 비용이 들었다. 이 밖에도 지상 건축 공사가 있었다. 그런데, 이러한 가격에는 전환과 관계없이 자체 가치가 있는 토지에 대한 비용, 즉 기준지가가 포함된다. 따라서 군 전환용지를 건축부지로 변환하는 데 드는 비용이 얼마인가? 하는 질문이 제기된다.

이 질문에 대답하기 위해, 앞 장의 결과와 용어를 참조하게 된다. 우선 몇 가지 사전 고려 사항을 살펴볼 필요가 있다. 즉, 군사시설 반환부지의 전환은 개발자에게 먼저 순수 매매 가격의 비용을 발생시킨다. 여기에 개발비, 다시 말해 건축부지 생산의 비용이 추가된다(아래 그림 참조). 이 건설비는 건축비(송, 철거, 토공사, 기반시설 설치 및 공공녹지의 조성)와 추가로 모든 토지의 매각까지의 대기 기간의 비용(부동산 이자율을 통해 표시됨)으로 구성된다.

순 건축부지 개발비	자치단체로의 토지 양도	총 건축부지 개발비	전환 비용
	대기 기간		
	개발자 이윤과 위험		
	기반시설 설치 및 공공녹지의 조성		
	철거 및 토공사		
매매 가격			

그림 47. 전환 비용

위에서 언급한 질문에 답변할 때, 무상으로 자치단체로의 토지 양도(기반시설 설치 및 공공녹지 조성에 드 지)는 비용 측면에서 문제가 되지 않는다. 무상으로 양도되는 토지는 지가가 있지만, 이는 순 건축부지를 계산할 때 (언어적 절차에) 거래 가격에서 매매 가격을 낮추기 위해 이미 고려하였다. 매각(무상의 양도)에서는 이 토지에 자금이 유입되지 않는다. 따라서 아래 표에서는 이 질문에 답변하기 위해 토지 양도가 없는 개발비(6.4.2참)를 사용한다(표 50, 2열 참 6).

따라서 군사시설 반환부지 전환의 금전적 비용은 매매 가격과 토지 양도가 없는oF 개발비로 구성된다. 아래 표의 3열에서 개발비가 부(-)의 값인 사례는 제외하였다. 음수의 개발비는 매입자가 기준지가보다 더 많이 지급하였으며, 따라서 매입 토지를 건축적으로 변경할 수 없음을 의미한다. 따라서 3열에는 토지를 개축해야만 하였던 모든 사례들을 포함하고 있다.

2010년 초부터 2016년 말까지 독일 연방 전역에서 군 부동산(1헥타르 이상)의 변환 비용은 얼마였는가?

표 50. 2010~2016년 전환 비용(n=285)

연도	토지 양도가 없는(oF) 개발비 총계	부(-)의 값인 개발비 제외
2010	186,218,270€	220,937,161€
2011	129,679,095€	232,108,512€
2012	319,089,587€	360,623,882€
2013	270,554,799€	280,635,584€
2014	133,478,906€	149,713,283€
2015	131,177,520€	135,570,162€
2016	58,785,902€	80,217,103€
전체 결과	1,228,984,079€	1,459,805,687€

큰 규모의 군 전환용지의 변환 비용은 2010년 이후로 14억 6,000만 유로로 추정되었다. 이 중 약 4억 2,000만 유로가 공공부문의 매입자에게 지급되었다.[220] 이로부터 연방과 주의 지원 보조금은 공제되어야 한다. 결국, 이러한 전환 비용은 우선 연방정부 또는 연방부동산업무공사에 남게 되는데, 왜냐하면 매매 가격은 (연역적 계산을 통한) 비용만큼 감소하기 때문이다. 그러나 군사 부동산에 대한 대안이 없으므로, 이는 개발자에게 실제로 발생하는 가상 비용이다.

이러한 전환 비용에는 부동산의 반환과 토지의 새로운 이용 사이의 기간 동안 기초자치단체의 국민 경제적, 사회적 비용이 포함된다. 즉, 군인 감소로 인한 주요 할당 손실, 지역 경제적 매출 손실 그리고 군인 가족의 재배치 및 그로 인한 도시 사회의 격차 등이다. 그러나 연구 결과에 따르면, 장기적으로 부정적인 영향이 없을 것이라는 희망이 있다(Paloyo et al., 2010: 12). 이 전환은 일부 자치단체에게 도시의 확장으로서 중심부에 위치한 대규모 토지를 개발할 기회를 제공하기도 한다. 많은 민간 소유자가 자신의 가치관에 따라 토지를 매입해야만 한다면, 이것은 지급할 수 없을 것이다. 결과적으로 전환 비용은 가능성과 관련하여 낮은 것으로 분류할 수 있다. 현재 포트폴리오의 전환에서 얻을 수 있는 계산상의 수익은 25억 유로에 달하였다.

6.6 제6장의 요약

이 연구는 이론적 시장 가격이 아니라, 인증된 매매 가격을 다루고 있다. 이러한 매매 가격은 예전에 연방부동산업무공사에 의해 연역적 절차의 거래 가격으로서 산정되었거나 입찰 절차에서 달성되었다. 매매 가격의 인증은 매입자가 해당 가치평가를 수락하였음을 나타낸다. 따라서 이것은 실제 부동산 가격이다.

민간 부동산 거래의 경우, 위임받은 거래 가격 감정평가인은 매각인과의 협상을 위한 기준으로써 거래 가격을 산정한다. 매각자인 연방부동산업무공사는 "완전한 가격"(즉, 시세 가치)으로만 매각할 수 있으므로, 이 가격에서 벗어나는 매매 가격은 협상할 수 없다. 따라서 거래 가격 감정평가인은 군 전환용지의 매매 가격을 산정한다. 이에 따라 연방부동산업무공사의 매매 가격에도 가치평가의 규칙을 적용할 수 있는데, 왜냐하면 매매 가격은 매입자 또는 매각자의 개인적 환경에서 비롯되는 가치평가와 관련이 없는 요인을 포함할 수 없기 때문이다. 매매 계약이 가치평가를 참조하고 개선(수정) 조항을 포함하고 있으므로 정보의 비대칭 문제도 경미하다.

개별 매각 가격을 분석하기 위해, 필자는 추가로 비교 기준지가, 주거연담지역에서의 위치, 매각 토지의 총 건축부지, 기념물 보호 그리고 연방건축도시공간계획연구원(BBSR)의 도표를 사용한 각 자치단체의 성장 및 축소 자치단체로의 분류 등의 요인을 수집하거나 보완하였다. 또한 순 건축부지의 개발비는 해당 기준시가에서 매매 가격을 차감하여 산정하였다.

연방부동산업무공사의 포트폴리오 분석은 이 연구에서 예를 들어 병영과 비행장(군 공항)과 같은 특정 부동산 물건 유형의 제곱미터당 평균 매매 가격을 간단히 설명하는 것으로부터 시작하게 된다. 이것은 부동산에 대한 상세한 분석이 타당하다는 것을 분명히 한다. 즉, 가장 비싼 10퍼센트에 해당하는 매각 사례를 삭제하면, 병영의 제곱미터당 평균 매매 가격은 이미 절반으로 감소한다.

그런 다음, 필자는 통계 분석을 통해 개별 부동산의 순 건축부지NBL 개발비의 차이를 그 위치와 후속 이용만으로 설명할 수 없다는 사실을 분명히 한다. 주거연담지역에서의 위치는 심지어 가정한 것보다 큰 영향을 미치지 않았다. 이와 반대로, 또한 매우 많은 요인의 조합이 변동에 책임이 없다. 즉, 285건의 사례에 대한 개발비의 거의 절반은 이미 다섯 가지 요인으로 설명할 수 있다. 따라서 분석의 사례들은 이러한 요인에 따라 검증하였다.

선택된 285건의 매각 사례는 159개의 기초자치단체에 분포하고 있는데, 그중 대부분은 구연방주(서독지역)에 있다. 제2차 세계대전 후의 배치 입지 정책과 달리, 여기서 분석한 사례의 대부분은 구조적으로 취약한 농촌 지역이 아니라, 성장하는 중도시와 대도시에 있었다. 한때 국방부가 "구조적으로 취약한" 것으로 분류하였던 작은 기초자치단체가 현재 성장하는 도시로 변모한 정도를 이해할 필요가 없다. 너무 많은 요인이 성장의 원인이 될 수 있다. 여기서 분석한 사례의 약 3,300헥타르 중 2,200헥타르가 상업적으로 후속 이용되었기 때문에, 예전의 병영이 새로운 성장을 이끌 수 있을 것으로 예상되는데, 왜냐하면 그중 약 660헥타르가 적어도 성장하는 기초자치단체에 있었기 때문이다.

매매 가격의 총액을 살펴볼 때, 외부 위치에서는 상업용 개발이 우세하지만, 내부 위치에서는 고가용 개발이 우세하다. 내부 위치에 있는 토지의 구매 가격 총액이 차지하는 비율은 80퍼센트로 매우 높다.

상업용 개발의 우세로 인해, 대부분의 매각은 비교 기준지가가 100유로 미만인 지역에서 이루어졌다. 상업용 개발을 위한 비교 기준지가는 제곱미터당 77유로였다. 상업용 건축부지의 평균 가격은 고가용 건축부지(제곱미터당 184유로)의 약 40퍼센트였다. 군 전환 부동산에 대해 지급한 매매 가격은 기준지가를 기반으로 한 패턴을 보여주었다. 이렇듯 이 매매 가격은 외부 위치에서보다 내부 위치에서 높았으며, 명칭에서 이미 알 수 있듯이 고가용 개발의 경우에 더 높았다. 따라서 여기서 일반적인 매매 가격과 가격 계산법을 가진 포트폴리오에 대해서도 언급할 수 있으므로, 추가 평가가 타당하다.

다양한 부동산 유형을 분석하였으나, 외부 구역에 있는 병영과 비행장만이 세부적인 분석에 충분한 사례 수(10건 이상)를 보였다. 병영이 285건의 매각 사례 중 193건으로 가장 큰 비중을 차지하고 있다. 우선 통계적으로 확인된 이상값(특이값)을 가진 사례들을 조정하였기 때문에, 원래 285건의 사례에서 272건의 사례가 남게 되었다. 행정 관리 건물과 특수 건물의 사례 수가 적어 일부 매각이 가중되기 때문에, 이 부동산 유형에 대한 설명은 더 주의해서 고찰해야 한다. 대부분의 매각이 10헥타르 미만이어서, 규모가 클수록 불확실성도 커지고 있다.

순 건축부지NBL의 개발비를 분석하기 위해, 비교 기준지가ebf[221]와 총 건축부지의 제곱미터당 매각 가격 사이의 차액 범위를 산정하였다. 이러한 방식으로 산정된 순 건축부지 개발비를 여기서 "하향식"이라고 지칭한다. 흥미롭게도 순 건축부지의 거의 모든 개발비는 기준지가의 60~80퍼센트에 달하고 있다. 4~35헥타르 사이의 병영의 경우, 이 개발비는 기준지가의 최소 60퍼센트이다. 이것은 총 건축부지의 매매 가격이 기준지가의 최대 40퍼센트임을 의미한다. 고가용 개발을 위한 순 건축부지의 개발비(€/m²)는 외부 및 내부 구역에서 동일하다. 내부 위치에 있는 상업용 개발의 경우, 개발비가 외부 위치에 비해 금전적으로 2배나 높으나, 비율적으로는 위치와 무관하다. 개발비와 관련하여 토지 양도는 상당한 비용 요인이라는 점에 유의해야 하는데, 왜냐하면 토지 양도를 통해 연역적 가격(제곱미터당)의 25퍼센트에 해당하는 비용이 발생하고, 토지는 연역적 가치(매매 시가)를 통해 매입되어야 하기 때문이다. 기준지가는 내부 위치에서 훨씬 높으므로, 토지 양도는 여기서 제곱미터당 개발비에 상당한 영향을 미친다. 이에 따라 한 단계 더 나아가 순 건축부지의 개발비를 토지 양도로 줄임으로써, 토지 양도가 없는 개발 비용에 대한 가격을 나타낼 수 있었다.

토지 양도 외에도 개발자 이윤도 고정된 것으로 가정하고 "고정 비용"에 추가된다. 또한 매매 가격 및 거래 가격은 수익에서 비용을 차감한 계산의 할인 결과이기 때문에, 대기 기간에 대한 할인을 고정 비용에서 고려해야 하였다. 고정 비용은 매매 가격에서 역산하여 산정할 수 있으므로, 이와 관련한 비용 블록이 발생하며, 이 비용 블록은 순 건축부지의 개발비에서 공제되었다(하향식). 나머지 비용은 해체, 개봉, 인프라 및 녹지 조성에 대한 비용과 경우에 따라 후속(부속) 비용이어야 한다(이하에서 전체적으로 "건축비"라고 함). 그러나 이 계산된 비용 블록이 순 건축부지의 개발비를 초과한다면, "고정 비용"에 매매 가격을 더한 값이 기준지가를 상회한다는 것을 의미한다. 이로부터 그 어떤 건축비나 특정 비용(예를 들어, 토지 양도와 같은)도 발생하지 않는다는 결론을 도출할 수 있었다.[222] 이러한 사례들은 부(-)의 값을 보이는 건축비(예를 들어, -10유로)로 표시된다.

순 건축부지 개발비	철거 및 토공사	건축비	기준지가
	기반시설 설치 및 공공녹지의 조성		
	대기 기간	고정 비용 (상향식)	
	개발자 이윤과 위험		
	자치단체로의 토지 양도		
	매매 가격		

그림 48. 개발비 구성 요소 도식

분석 결과, 건축비는 개발비의 40~70퍼센트를 차지하였다. 내부 위치에 있는 행정 관리 건물과 특수 건물은 예외인데, 이 경우 건축비가 부분적으로 부(-)의 값을 나타내었기 때문이다(표 36). 이러한 낮은 가격은 낮은 인프라 요구와 높은 후속 이용률과 관련이 있다고 추정된다. 병영을 살펴보면, 위치와 후속 이용과 관련하여 건축비의 차이가 나타난다. 이렇듯 내부 위치에서 고가용 후속 이용을 위한 건축비는 현실적으로 제곱미터당 83유로이며, 내부 위치에서 상업용 후속 이용의 경우에는 제곱미터당 19유로에 불과하다.

실제로, 규모의 군집에 따른 세분한 고찰에서 개별 사례는 건축비의 비율이 기준지가의 약 20퍼센트에서 7퍼센트로 감소하는 것으로 나타났다. 병영의 고가용 개발의 경우, 위치에 따라 제곱미터당 83~136유로의 순 건축부지를 건축에 사용해야 하는 반면, 이것이 예전 비행장의 상업용 개발에는 제곱미터당 11~17유로에 불과하다. 병영의 건축비는 기준지가의 평균 40퍼센트이지만, 하향식 개발 비용의 65퍼센트에 달한다. 흥미롭게도 성장 지역의 건축비(BBSR. 2016에 따름)는 다른 지역보다 높았는데, 이에 필자는 이것이 성장 지역의 한층 더 높은 기준지가와 관련이 있을 수 있다고 추정한다.

이 가설에 따라 매각 사례는 추가로 기준지가 등급으로 군집화하였다. 그 결과 우선 기준지가가 상승할수록 순 건축부지의 개발비도 상승한다는 사실을 알 수 있는데, 이는 토지 양도의 비용 분담 때문이었다.

토지 양도를 공제하면 다음과 같은 결과가 나오는데, 즉 건축비의 분담 비율이 처음에는 기준지가가 높을수록 상승하지만, 기준지가가 상승하면 다시 하락한다는 것이다. 그 이유는 건축비가 가치평가에서 입증되어야 하며, 선형적으로 상승할 수 없기 때문이다. 입찰 절차에서도 가장 낮은 비용 계산법을 가진 입찰자가 이상적으로 가장 높은 가격을 달성한다. 건축비의 몫이 정체함에 따라 연방부동산업무공사는 또한 250유로의 기준지가부터 이론적인 수익의 더 큰 몫을 얻게 된다.

계산된 개발비는 부동산의 규모에 따라 상승하며, 이는 물론 기대되는 규모의 경제로 인해 그럴듯하지 않다. 따라서 토지의 규모가 커질수록 제곱미터당 매매 가격이 감소한다고 가정할 수 있다. 그러나 드란스펠트Dransfeld는 감정평가 실무에서 이 결과를 확인할 수 없었다.[223]

따라서 이 연구의 결과로 다음과 같이 말할 수 있다.

• 특정 부동산에 대해 50퍼센트 이상의 일치 가능성이 있는 매매 가격을 예측할 수 있다.
• 토지의 규모(㎡)에 따라 매매 가격은 하락한다.
• 건축비는 기준지가에 따라 상승한다.

• 기준지가가 높을 경우, 매각자(연방부동산업무공사)는 매매 가격보다 더 높은 부가
 가치의 부분을 얻는다.

이러한 결과가 부동산 경제와 어떤 관련이 있는가? 유사한 건물 재고로 인해
연방부동산업무공사의 매매 가격도 양호하게 비교할 수 있다. 매각 사례가 많
으므로, 이 결과가 예외가 될 가능성은 거의 없다. 이에 따라 이 계산법은 연방
부동산업무공사가 가진 포트폴리오의 많은 부분에 적용되며, 다만 예외는 다
소 심각할 수 있다. 예를 들어, 병영에 대한 개발비로서 순 건축부지 제곱미
터당 128유로와 같은 개별 비용 계산법은 다른 개발에도 타당한 것으로 보인
다. 이 핵심 수치는 이 연구에서 처음으로 대규모 포트폴리오를 통해 뒷받침되
었다.
 그러나 모든 결과에서 항상 고려해야 할 점은 다음과 같다. 즉, 나머지는 두
비용 블록에서 가장 작은 부분이며, 따라서 불확실하다는 점이다. 개발비의 표
준편차는 부분적으로 100퍼센트이며, 내부 위치의 고가용 후속 이용이 가능한
병영의 경우 제곱미터당 91유로이다(표 42). 따라서 이 분석의 모든 결과는 참조
사항으로서만 활용할 수 있다.
 제곱미터당으로 계산된 매매 가격은 더 나은 건축이 기대되는 토지에 대한
문헌의 이론적 견적액과 일치한다는 점을 긍정적으로 강조할 수 있다. 이것은
한편으로 연방부동산업무공사의 매매 가격이 시장과 일치하고, 다른 한편으로
민간 경제의 다른 부동산에 대한 참조 사항으로 적용될 수 있음을 의미한다.
결과를 검토하고 지식을 얻기 위해 (연방부동산업무공사 데이터베이스의 경험적 '섬'에 추가하
여) 다음 장에서 군사시설 반환부지 전환 전문가를 인터뷰하고 비용 추정을 요
청하였다.

175. 따라서 연방부동산업무공사의 내부 보고서나 계산을 활용하지 않았다.

176. (옮긴이) 주거 가옥이 연속(연담)하는 동시에 일정 정도 집적하고 있는 시가지 지역이다.

177. "건축적 내부 구역과 외부 구역의 경계 지역에 기준지가 구역의 경계가 있는 경우에는 연방건설법전 제34조 제4항에 따른 규정에 근거해야 한다." 기준지가결정지침 2011(BRW-RL 2011). 거기에 명시된 조항은 다음과 같다. "기초자치단체는 규정에 따라 1)연담건축지역(기존시가지구역)에 대한 경계를 설정할 수 있으며, 2)토지이용계획에 있는 토지가 건축부지로 표시되어 있다면, 외부 구역의 건물이 있는 지역은 연담건축지역으로 설정할 수 있으며, 3)관련 토지가 인접 지역의 건축적 이용을 통해 상응하는 특성이 나타나고 있다면, 개별 외부 구역 토지는 연담건축지역에 포함시킨다." 연방건설법전 제34조 제4항

178. 부분적으로 매입자의 의도가 실현될 수 없었기 때문에, 후속 이용의 고려는 나중에 근본적으로 변경되었다. 나중에 변경된 후속 이용은 조사에서 고려되지 않고, 원래의 계획(상업용 또는 주거용)이 기재되었다.

179. 예를 들어, 엠덴(Emden)에 있는 칼 폰 뮐러(Karl von Müller) 병영의 태양광 발전부지, 올덴부르크(Oldenburg) 항공기지의 일부, 비트부르크(Bitburg) 비행장의 일부 등이다.

180. 예를 들어, 주거용 70퍼센트(제곱미터당 200유로)와 영업용 30퍼센트(제곱미터당 80유로) : 0.7×200유로+0.3×80유로=제곱미터당 164유로

181. 환산(역계산) 비적용. 비교 토지 B의 가격 인상: 21퍼센트(75유로에서 95유로로). 토지 D의 환산 125유로×0.79=2011년의 A에 대한 기준지가로써 98유로.

182. (이 연구에서 말하는) 주거용 부동산은 전환 전후에 주거 목적으로 사용된 부동산을 말한다. 따라서 매각가격은 연구 목적(주요어: 원가)과 관련하여 그 어떤 이점도 없다.

183. 기타 지표에 해당하는 부동산은 개별적으로 확인하고 경우에 따라 적절한 범주로 분류하였다. 나머지 부동산은 예를 들어 무선 표지(어떤 지점에서 특정한 전파를 발사하여 항공기나 선박에 그 위치를 알려 항로의 안전을 도모하는 항행 원조 시설 — 옮긴이), 폭탄 투하 장소, 사격장 등이다.

184. 이러한 도로 양도 중 일부가 개발의 일부였지만, 기반시설 설치 면적이 무상으로 기초자치단체로 양도되는 것은 연역적 가치평가 방식에서 일반적이다.

185. 일부 병영은 부분으로 매각되었다(예를 들어, 볼프하겐(Wolfhagen)의 포메른(Pommern) 병영, 슈타데(Stade)의 폰 괴벤(Von-Goeben) 병영, 올덴부르크(Oldenburg)의 항공기지, 뤼첸부르크(Lütjenburg)의 쉴(Schill) 병영, 하나우의 후티에(Hutier) 병영). 이러한 사례에서는 토지의 규모가 매우 다양하지만, 총 매각 면적은 1헥타르를 훨씬 넘어서고 있다.

186. 이와 관련하여 토지 등기소가 부동산 소유권 양도 등기를 기재하는 데 필요한 시간이 결정적이다. 이것이 연방부동산업무공사의 경우에는 면제되는데, 왜냐하면 연방부동산업무공사는 공법 기관으로서 일반적으로 신뢰를 받고 있으며, 매입자는 부동산 소유권 양도 등기의 비용을 절약할 수 있기 때문이다.

187. 출처: Landtag BW(바덴-뷔르템베르크 주의회), 2015: 5.

188. 이와 관련한 질문은 다음과 같다. 5년이 된 매매 가격을 현지의 기준지가 상승을 사용하여 현재 연도(2016년)로 환산하는 것이 과학적으로 타당하다고 생각하는가? 이 기간에 건축비는 10퍼센트 상승하였다.

189. Baukosteninformationszentrum Deutscher Architektenkammern: BKI.

190. 건축비 외에도 자치단체로의 토지 양도는 (토지의 가치에 따라) 상당한 공제 항목을 구성한다.

191. 예를 들어, 데트몰트(Detmold)의 호바트(Hobart) 병영, 파더보른(Paderborn)의 바커(Barker) 병영, 헤르포트(Herford)의 웬트워스(Wentworth) 병영

192. (옮긴이) 연방국경수비대(Bundesgrenzschutz: BGS)를 말한다.

193. https://www.az-online.de/uelzen/bad-bodenteich/kaserne-830000-euro-4568780. html

194. http://m.immobilien-zeitung.de/1000047884/2018-ist-baubeginn-fuer-hanauer- wohn-quartierpioneer-park

195. https://www.schwarzwaelder-bote.de/inhalt.horb-a-n-die-kaserne-gehoert-der-stadt.69ab782c-67b7-4a6d-b408-5683fe3e3ae9.html

196. http://www.badische-zeitung.de/lahr/lahr-kauft-flugplatz-fuer-3-4-millionen- euro-66776795.html

197. https://www.shz.de/lokales/sylter-rundschau/muehsames-ringen-um-gelaende-der -ehemaligenmarineversorgungsschule-id10184441.html

198. http://www.infranken.de/regional/bad-kissingen/bad-brueckenau/oberwildflecken- gemeindekauft-geisterstadt;art14323,556572

199. https://www.shz.de/lokales/holsteinischer-courier/30-hektar-fuer-das-messe- arealid18563276.html

200. https://www.hasepost.de/stadt-osnabrueck-kauft-kaserne-limberg-94567/

201. 포트폴리오의 부동산 유형을 연방 주에 따라 구분하면, 구연방주(자를란트주, 함부르크주 그리고 브레멘주는 제외)에서는 대부분 토지가 매각되었음을 알 수 있다(규모뿐만 아니라 총 건축부지에 따른). 이것은 아마도 독일 통일 후 구동독의 구소련군(서부집단군)의 전환용지가 대부분 무상으로 브란덴부르크, 작센 그리고 튀링겐 등의 각 주로 이전되었다는 사실 때문일 것이다(Kratz, 2003: 65이하).

202. "기초자치단체의 건축지역에 위치하고 건축부지로 예상된 최소 100제곱미터 규모의 미건축 토지"(연방통계청(Statista.de), 2017년 1월 31일 접속, 2014년부터 2016년까지 연방 주별 독일의 건축 준비가 완료된 토지의 가격(€/m²)).

203. 바이에른(Bayern)주와 슐레스비히-홀슈타인(Schleswig-Holstein)주에서는 매우 높은 기준지가를 가진 입지에서 총 5건의 매각이 포함되어 있음을 추가해야 할 것이다(뮌헨은 주 평균 대비 약 900퍼센트, 질트(Sylt)는 약 600퍼센트). 이러한 토지가 없으면, 평균이 상당히 낮아질 것이다(표 22의 괄호 안에 표시됨). 덧붙여서, 연방통계청은 외부 위치에 있는 건축부지에 대한 건축부지 가격을 제공하지 않기 때문에 외부 위치에서의 매각을 비교할 수 없다.

204. '순 건축부지의 개발비(Entwicklungskosten des Nettobaulandes)'라는 용어 대신에 '개발 비용(Entwicklungsaufwand)'이라는 용어는, f로 언급된 무상의 기초자치단체로의 토지 양도를 포함하고 있기 때문에 비교 기준지가와 매매 가격(제곱미터당) 간의 차이에 대해 보다 더 정확할 것이다. 개발자는 기반시설 설치를 영구적으로 보유하지 않기 위해, 이러한 토지를 매입 토지에서 무상으로 기초자치단체로 양도한다. 또한 통상의 일관된 용어를 사용하기 위해, 비록 토지 양도를 포함하고 있지만 계속적으로 순 건축부지 개발 비용이 아니라 순 건축부지 개발비(또는 하향식)가 언급된다.

205. 출처: 질트룬트사우(Sylter Rundschau)의 프리데리케 로이스너(Friederike Reußner)의 2015년 7월 10일자 기사, "구 해군보급학교 부지를 둘러싼 힘든 씨름", https://www.shz.de/10184441, 2016년 4월 21일 접근

206. 'Vergleichswertrichtlinie — VW-RL'은 'Richtlinie zur Ermittlung des Vergleichswerts und des Bodenwerts'을 말한다.

207. 기업 입주에 따른 긍정적 효과로 인해, 손실에도 불구하고 자치단체는 상업용 건축부지의 개발을 기대한다.

208. 여기에서 자주 언급되는 부동산의 (상업용/고가용) '후속 이용(Nachnuztung)'과의 언어적 혼동을 피하기 위해 건물의 '지속 이용(Weiternutzung)'(재사용)을 언급하고자 한다.

209. '분산 분석(ANOVA: analysis of variance)'을 말한다.

210. https://www.bulwiengesa.de/sites/default/files/immobilienindex_2018.pdf

211. (옮긴이) 토양 밀봉, 봉쇄 또는 피복을 해체, 철거, 회복하는 데 들어가는 비용을 말한다.

212. 설문: 등기 후 즉시 개발을 개시할 수 있을 때, 대기 기간에 대한 할인은 몇 퍼센트입니까? (명백한 토지상의 이상이 없는 자치단체의 평균). 귀하께서는 부동산 이자율과 개발 기간을 평균적으로 얼마로 설정하십니까?

213. 예를 들어, 위의 표에서 특수 건물의 매매 가격과 기준지가(순 건축부지 개발비) 사이의 차액의 범위는 110유로이다. 높은 매매 가격으로 인해 고정 비용은 이미 91유로이므로, 이론적으로 건축 조치를 위해 18유로만이 남는다. 추정컨대 공제되는 비용이 적기 때문에, 다른 유형에 비해 기준지가에서 매매 가격이 차지하는 비중이 높다.

214. 개별 사례의 경우 높은 건축비가 아니라 비교 기준지가가 낮아 더 낮은 매매 가격이 합의되었기 때문에 이론적으로 고정 비용이 더욱 낮을 가능성이 있다.

215. 주거용의 경우, 28퍼센트 대신 평균 24퍼센트

216. Förderprogramm(지원 프로그램): Gemeinschaftsaufgabe 'Verbesserung der regionalen Wirtschaftsstruktur': GRW(공동 과제 '지역경제구조개선').

217. 학술적 관점에서 볼 때, 필자의 기준지가 계산법이 잘못 선택되었을 가능성이 여전히 존재한다. 그러나 대부분의 매각 사례는 일반적인 규칙을 준수한다고 가정한다.

218. 최소한: 기준지가가 매각 가격인 한 유효하다. 개발자는 한층 더 높은 매각 가격을 계산하였을 수 있다.

219. 350유로 이상을 보여주는 사례 수가 적기 때문에, 이 이상의 하락 추세는 유효하지 않다.

220. 연방부동산업무공사의 SAP-System의 데이터

221. 기반시설 설치 부담금이 없는(ebf.)

222. 세 번째 가능성인 계산된 수익이 기준지가를 초과할 가능성은 제외되었다. 계산의 체계성 때문에 모든 경우에 적용되어야 하기 때문이다.

223. J는 인터뷰(2018)에서 규모(기기) 때문에 대기 기간이 잠재적으로 증가할 수 있다고 말하였다. "만약 여러 개의 병영이 한 장소에서 동시에 시장에 나오고 구매자가 하나의 패키지로 이 병영을 취득한다면, 이는 달라질 수 있다. 이것은 가격 인상으로 이어질 수 있다."

제7장 전문가 인터뷰를 통한 연구의 검증

군사시설 반환부지의 전환 사례에 대한 앞의 분석은 군 전환용지의 향후 매각에 대한 특정 가격 및 비용 지수를 도출하였다. 따라서 실제 매각 가격과 각각의 기준지가를 기반으로 하여 각각의 후속 이용을 위한 내부 또는 외부 위치에 있는 특정 부동산 유형의 개발비를 산정할 수 있었다. 이러한 비용 계산법이 전문가에 의해 어느 정도까지 확인되는지를 아래에서 평가해 보고자 한다.

전문가의 선정(표본 추출)과 마찬가지로 전문가 인터뷰의 방법은 이미 2.3절에서 설명하였다. 이 장은 군사시설 반환부지의 전환이라는 주제에 대한 추가적인 경험적 접근 방법으로 사용된다. 먼저 표준화된 설문지에 대한 설명과 의도가 뒤따르고, 지침 인터뷰Leitfadeninterviews에 대한 소개가 이어진다. 가독성을 위해 필자는 지침 인터뷰에 대한 응답을 앞의 장들에 통합하였다.

7.1 표준화된 설문지

제2장에서 설명한 것처럼, 선정된 군 전환 전문가들이 응답한 표준화된 설문지가 있었다. 먼저 방법론과 평가를 서술한 다음, 표준화된 설문지의 세 부분에 있는 개별 질문과 답변에 관해 설명한다.

표준화된 설문지의 전문가들은 익명성을 이유로 아래에서 E1, E2, E3 등으로 표시된다. 분석을 위해 엑셀 표에 답변을 삽입하였다. '네'와 '아니오'의 답변과 진술을 목적으로 하는 질문의 경우, 답변을 두 부분으로 작성하였다. 세 번째 단계에서 답변을 압축하였는데, 즉 의미에 따라 요약하였다. 이렇게 하면 결과를 한층 양호하게 나타낼 수 있다.[224]

7.1.1 제1부 – 특정 가설에 대한 질문

첫 번째 부분의 질문은 문헌에서 비롯되었으며, 독일에서 군사시설 반환부지의 전환 과정을 분류하는 것과 관련이 있다.

7.1.1.1 계획(수립)에 대한 자치단체의 영향에 관한 질문

귀하는 최종적으로 시행된 개발 계획에 미치는 자치단체의 영향을 얼마나 높게 평가하십니까? 백분율은 개발 프로젝트가 자치단체의 의지와 일치하는 비율을 나타냅니다. 소유자 및 투자자 0퍼센트 → 100퍼센트 자치단체

위에서 설명한 바와 같이, 계획권으로 인해 자치단체는 이론적으로 법률로 제한되고 정치 조직에 의해 통제되는 계획의 자유를 가지고 있다. 그러나 수요에 따라 자치단체는 입지하려는 사용자와 투자자를 찾기 위해 계획상의 권리를 양보해야 한다. 개발 계획권은 토지의 가치에 직접적인 영향을 미치기 때문에, 연방부동산업무공사는 가능한 한 경제적인 개발 계획에 관심을 두고 있다. 자치단체가 군사시설 반환부지를 선취할 경우, 자치단체는 예를 들어 50퍼센트 미만의 순 건축부지 (점유) 비율과 같은 미약한 토지 지정을 통해 해당 토지의 거래 가격을 인하할 수 있다. 첫 번째 질문은 최종적으로 시행된 개발 계획에 자치단체가 얼마나 큰 영향을 미치는지를 찾아내기 위한 것이다.

전문가들은 자치단체가 계획에 주된 영향을 미치지만, 이상적 방식으로는 결코 100퍼센트이지는 않다고 추정한다.[225] 따라서 군사시설 반환부지의 전환에는 일정 수준의 양보 사항이 있지만, 원칙적 계획은 변경되지 않는다고 가정할 수 있다.

7.1.1.2 건축 가능한 공공 수요 용지의 가격에 관한 질문

귀하의 생각으로는 건축할 수 있는 공공 수요 용지의 가격은 어느 정도입니까?(비교 기준지가의 퍼센트로)

이 질문은 예를 들어 유치원, 놀이터 또는 학교 등을 위한 토지와 같은 공공 수요 용지의 가치를 다룬다. 군 전환용지에 이러한 용도의 지정은 비교적 빈번하게 발생한다. 지정된 공공 수요 용지의 가치는 이와 관련한 시장이 존재하지 않기 때문에 평가하기란 쉽지 않다. 군 전환용지의 경우 기존 재고의 가격을 활용할 수 없으므로 실제로 연역적 가치를 추정해야 하며, 이때 초기 출발 가격을 산정하기가 용이하지 않다. 추가적인 계산법은 연방부동산업무공사가 자치단체에 매각하는 것이 변하지 않는 공공 수요라는 것이다. 실제로 자치단체는 공공 수요 용지에 관해 비교 기준지가에 대한 할인을 요구하고 있다.

모든 답변[226]은 도로와 토지 양도가 아니라면 미래의 공공 수요 용지의 경우 30퍼센트 이상의 가치를 보고 있다. 응답자의 절반은 비교 기준지가의 100퍼센트에서 이 값을 보고, 과반수는 60퍼센트 이상으로 보고 있다. 군사시설 반환부지의 전환에서 가치평가와 관련하여, 이는 미래 공공 수요 용지(토지 양도에 포함되지 않음)가 비교 기준지가의 최소 60퍼센트로 설정되어야 하며, 이때 예를 들어 철거와 기반시설 설치와 같은 건축부지의 제조비는 공제되어야 한다는 것을 의미한다. 그런데 병영 건물을 자치단체의 행정 건물로 이용 전환하는 것은 할인 없이 사무실의 지가를 통해 산정될 것이다. 드란스펠트는 지침 인터뷰에서 이와 관련하여[227] 다음과 같이 설명한다. "장래 시청의 토지가 대규모의 군 전환 부동산의 일부가 아니며 신규로 개발하거나 재정비할 필요가 없는 경우(토지 정비가 필요 없음)에는 다음과 같은 진술이 유효하다. 그러면 '실제' 건축부지가 있을 수 있다. 건물을 시청사로 양호하게 후속 이용할 수 있는 경우에는 일반적으로 수익 가격 평가 방식을 적용해야 한다. 그러나 개축 비용이 극단적으로 높으면, 경우에 따라 원가(가격) 평가 방식으로 전환해야 할 수도 있다(주요어: 원가 부담). 따라서 공공 수요 용지와 관한 논의는 이 경우 발생하지 않는다"(Dransfeld Interview, 2018). 그러므로 필자는 다수의 의견에 동의하며, 변하지 않는 (영속적인) 공공 수요의 경우 미래의 공공 수요에 따른 비교 기준지가에 대한 할인을 행하지 않을 것이다. 이 포트폴리오의 사례를 평가할 때, 도로f를 제외한 미래 공공수요에 따른 이용에 대한 할인을 행하지 않았다.

7.1.1.3 비경제적 자치단체 매입에 관한 질문

수치상으로 표현할 수 없지만, 자치단체가 군 전환용지 또는 유휴지를 매입하여 개발한 사례를 얼마나 많이 알고 있습니까?(연성적 요인과 향후 세수는 고려하지 않음)

매입 가격 평가에서 매입자가 기준지가를 훨씬 상회하는 가격을 지급하고 이 경우 (가격이 상승하는) 기존 재고의 보존을 계획하지 않은 경우가 나타나기 때문에, 매입자도 이론적으로 너무 많은 금액을 지급하지 않았는지 하는 문제가 제기된다(위의 부의 값을 나타내는 개발비 참조). 예를 들어, 상업용 개발에서 건축비는 낮은 기준지가의 평균 7퍼센트였다. 또한 기준지가가 제곱미터당 20유로인 프로젝트 개발은 비경제적이다. 매입자가 자치단체라고 한다면, 매매 가격은 다른 요인으로 설명될 수 있다. 이 전문가 설문은 순수하게 도시 개발과 관련된 이유로 자치단체가 비경제적인 부동산을 인수하고 개발할 준비가 되어 있는지를 확인하는 데 그 목적이 있다. 답변[228]은 보다 양호하게 분석할 수 있도록 군집화하였다.

전문가의 답변[229]에 따르면, 응답자의 대다수가 여러 사례를 알고 있으므로, 자치단체가 비경제적인 가격으로 군 전환용지와 유휴지를 매입하는 경우가 이미 있었다. 전문가들의 지역적 관할권 측면에서 이러한 차이점에 대한 설명은 찾을 수 없다. 그러나 두 가지 답변에서 그 이유를 찾아볼 수 있다. "많은 사례가 있다. 공공 지원금(예를 들어, 도시건설촉진 지원금)을 사용할 수 있는 경우(사실 매우 빈번한 경우), 많은 사례가 있다"E5. 그리고 "두 지역은 수년 동안 공공 자금(유럽지역 개발기금, 도시건설촉진 지원)을 통해서만 개발될 수 있었다"E2. 따라서 공공 지원금이 가능하므로, 자치단체가 비경제적인 가격으로 매입하는 경우가 많이 있을 수 있다. 그렇지만 반대로, 이러한 자치단체는 지원금이 경제성을 만들어내기 때문에, 너무 많은 것을 지급하지 않았다. 연방정부의 경우, 이것은 낮은 매매 가격이 아니라 연방 지원금을 통해 지역 경제 촉진을 추진한다는 것을 의미한다. 이것은 유럽연합에 의해 다시금 인정되고, 따라서 불법적 보조금은 결코 아니다.

7.1.1.4 지가와 개발비가 관련이 있는지에 관한 질문

지가가 상승함에 따라 개발비가 상승합니까?(예를 들어, 더 나은 입지의 혹은 더 높은 후속비용 때문에)

드란스펠트는 높은 지가가 개발에 더 큰 여지를 허용한다는 논제를 내놓았다(Dransfeld, 2012: 53). 이 논제는 필자가 지가가 상승함에 따라 인프라에 대한 요구도 증가한다고 가정함으로써 확대될 수 있다. 6.4.4.2절의 평가는 이를 입증한다. 6개의 답변은 부분적으로 인용구로도 표현되는 설명을 제시하였다.

응답자의 대다수[230]는 지가와 인프라의 품질 간에 연관성이 있다고 보고 있다. 예를 들어, "높은 가격의 위치에서는 기반시설 설치와 인프라에 대한 요구가 더 큰 경향이 있다. 하지만 그 상관관계가 선형적이지 않다." 그렇지만 답변의 맥락은 모든 전문가가 지가 수준이 높은 지역에서 자치단체의 높은 인프라 요구 사항을 알고 있다는 것을 분명히 한다. 그러므로 필자가 확인한 건축비와 지가 수준 사이의 연관성은 다른 개발 토지에서도 존재하며, 그리고 (이 계산에서 처럼) 선형적으로 상승하지 않는다고 가정할 수 있다. 따라서 이 결과는 다른 유휴지로 전용될 수도 있다.

7.1.1.5 기념물 보호 할인에 관한 질문
귀하는 기념물로 보호받는 토지의 경우, 지가에 대한 할인을 적용합니까?

군사시설 반환부지의 전환과 관련된 문헌은 기념물 보호의 경우 기준지가에 대한 할인을 규정하고 있다. 군 전환용지에 비교적 많은 기념물 보호가 지정되어 있으므로, 이 문제에 대해 전문가들에게 질문할 필요가 있다. 이는 데이터베이스의 매각 가격에 대한 분석을 보완한다.

대다수[231]의 전문가들은 할인을 적용하고 있다. 그러나 그들의 설명에서 이것은 기념물이 토지의 이용을 상당히 제한하거나 기존 재고의 보존이 경제적이지 않은 경우에만 해당한다는 사실을 분명히 한다. 한 명의 전문가만이 일반적 할인(10~20퍼센트)을 진술하고 있다. 그러나 "아니오"라고 표시한 전문가들도 이를 매입자 측의 원칙으로 설명하고 있다. 다양한 답변에서 단 하나의 결론을 도출할 수 있다. 즉, 기념물 보호에 대한 할인이 적절한지 그렇지 않은지는 개별 사례에 달려 있다. 기념물 보호로 인한 비경제적인 제약의 경우, 할인에 관련한 거의 의견 일치가 나타나고 있다.

7.1.1.6 산출된 매각 가격에 관한 질문

4년 이상의 프로젝트 개발에서 모든 토지가 매각될 때까지 기준지가와 산출된 매각 가격은 어떻게 다를 수 있습니까?(%로)

이 질문은 마지막 장의 분석에서 여러 많은 매각 사례가 부(-)의 개발비를 보여주었기 때문에, 산출된 수익을 계산하는 것을 목적으로 하고 있다. 일부 개발자는 기준지가와는 상당히 다른 매각 가격을 예상한다고 추정할 수 있다. 그러나 필자의 경험에 따르면, 개발자는 그들의 계산에서 약간 더 높은 매각 가격을 사용하지만, 결코 더 높은 것이 아니라 오히려 현재 비용을 사용한다. 이에 따라 부(-)의 개발비는 미래의 지가 상승이 아니라, 기준지가 이상으로 토지를 매각할 수 있다는 희망에 기반을 두고 있다고 할 수 있다.

5명의 전문가가 이 질문에 응답하였다. 답변의 다양성으로 인해, 먼저 인용문은 다음과 같다. "20퍼센트까지 주변부 위치에서도 부(-)의 값이다." "매각 가격은 기준지가를 초과하는 경향이 있다." "위치와 시장에 따라 다르다. 현재 그러한 할증은 여전히 생각할 수 있지만, 수익률 기대도 다시 바뀔 것이다. 개발 위험이 다시 더 강하게 가격으로 책정되고 있다." "일반적인 백분율로 진술하는 것은 불가능하다. 개별 사례의 고려 사항은 경기 추이, 시장 상황, 공간상의 위치(농촌 지역, 대도시 지역) 등에 달려 있다." "매각 가격은 종종 비용에서 잔여 금액으로 산정되며, 이러한 점에서 개발 중인 미래 기준지가에서 추정할 수 있다."

응답자들은 아마도 질문을 달리 이해하였을 것이다. 세 가지의 답변은 일부 개발자가 적어도 대도시 지역에서 매각에 기준지가보다 높은 가격을 책정하고 있음을 확인해 준다. 따라서 필자의 추정을 명확히 확인할 수 없었다.

7.1.1.7 요약

전문가들의 답변은 일반적으로 균일하지 않으며, 모든 전문가가 모든 질문에 완전히 응답하지도 않았다. 그럼에도 불구하고 거의 모든 질문에서 다수의 의견이 나왔다. 이 점에 있어 문헌에는 이에 관해 통일된 진술이 없으므로, 이러한 질문이 선택되었다는 점에 유의해야 한다. 따라서 다수의 개인 의견을 바탕으로 그리고 해당 분야에 대한 광범위한 지식을 갖고 있다고 하더라도 8명이라는 전문가의 수가 적기 때문에 결론 도출에는 불확실성이 존재한다. 이러한 질적 전문가 인터뷰의 문제는 이 연구의 시작 부분에서 설명되었다. 이와 상관없이 선정된 전문가들은 독일의 대규모 군 전환 프로젝트의 약 80퍼센트를 알고 있어야 한다. 그들은 또한 유휴지 개발이라는 주제에 대해 잘 알고 있으며, 이 점은 이들의 답변을 더 가치 있게 만든다.

한 가지 분명한 결과는 자치단체의 개발 계획이 아무런 영향을 미치지 않고서 실현되는 것은 아니라는 것으로, 개발자 또는 연방부동산업무공사가 기본적으로 이를 준수해야 한다는 것이다.

공공 수요 용지의 가격과 관련한 답변은 경향으로서만 평가될 수 있다. 군전환용지에 보상 규정을 적용하는 것은 다수의 의견에 따르면 가능하다. 이 점에 관해서는 연구가 더 필요하다.

비경제적인 자치단체의 매입 예를 활용하면, 또 다른 문제 제기를 통해 더 명확한 결과를 얻을 수 있었다는 것은 자명하다. 필자는 질문을 달리 던져야만 하였다. 만약 거기서 지원금이 경제성 고찰에서 제외되었다면, 거의 모든 전문가는 지원금 없이 경제적으로 실행 불가능한 몇 가지 사례를 알고 있다고 답변하였을 것이다. 이것이 이 연구의 결과를 확인시켜 주었을 것이다. 기념물 보호와 관련하여, 질문은 다음과 같은 대답을 예측할 수 있도록 차별화하여야 하였다. 즉, "기념물 보호로 인해 토지를 경제적으로 개발할 수 없는 경우, 지가에 대해 할인해야 합니까?" 여기서 "아니오"는 놀라울 것이다. 따라서 좀 더 차별화된 고찰이 필요하다. 필자는 기념물 보호를 다소 차별화하여 살펴보았으며, 경향적인 결과를 보여줄 수 있었다. 그러나 전문가들의 답변은 이를 반박

하거나 확인할 수 없었다. 지가에 대한 할증과 관련한 질문도 명확한 결과를 가져오지 못하였지만, 적어도 추가 연구를 위해 이 미개척 분야에 대한 전문가의 인용문을 제시하였다.

인프라의 품질이 또한 지가 수준에 따라 달라진다는 사실을 확인한 것은 명백하다고 볼 수 있지만, 이제까지 문헌에서는 찾아볼 수 없었던 사실이며, 따라서 추가적인 연구가 필요한 흥미로운 연구 결과이다.

이러한 다소 질적인 질문에 이어 보다 양호하게 평가할 수 있는 답변이 있는 질문을 던졌는데, 왜냐하면 다음에서는 주로 비용 지수값에 관한 것이기 때문이다.

7.1.2 제2부 – 개발비 지수값

개발비에 관한 질문은 가능한 평균값을 표현하기 위한 것이다. 값은 집계된 형태로 표시된다. 8명의 전문가 중 어느 사람도 비용 추정의 발표에 동의하지 않았다.

비용 추정의 근거를 마련하기 위해, 병영을 사례로 선택하고 부록으로 설문지에 첨부하였다. 이것은 전문가들이 그것들을 알아채지 못하도록 약간 왜곡되었다. 값은 실제 예를 사용하여 선택되었다. 이 병영의 지수값은 다음과 같다.

현황	계획
토지 8.5ha	50%의 용적률 0.4; 건폐율 1.0
50%의 교통용지	50%의 용적률 0.8; 건폐율 2.4
반환된 순 토지면적 30,000㎡	26채의 단독주택, 나머지는 사무실 건물
8개의 병사 블록(3층, 30년)	단독주택 기준지가 300€/㎡(기반시설 설치 부담 제외)
4개의 집회장(60년대)	상업용지 기준지가 80€/㎡

그림 49. 사례 토지에 대한 전문가 설문의 정보

순 건축부지는 이 연구에서 상정한 것과 마찬가지로 동일한 공식으로, 즉 75퍼센트를 사용하여 계산된다. 그 결과는 6만 3,750제곱미터이다(계획의 용적률은 건축 면적만을 참조하고 건축 밀도를 나타낸다).

질문 2a 및 2b: 개발비

제2부의 첫 번째 질문은 병영 개발비의 추정치를 얻기 위한 것이었다.

귀하는 (직감에 근거하여) 부록의 병영을 상업용 건설부지(건물의 철거를 포함)로 개발할 때 어느 정도 비용이 들 것으로 추정합니까?

귀하는 (직감에 근거하여) 부록의 병영을 건축 준비가 완료된 주거용 건축부지(택지)로 개발할 때, 어느 정도 비용이 들 것으로 추정합니까?

8명의 전문가 중 7명은 다음과 같은 평균 결과로 질문에 응답하였다.

표 51. 전문가의 비용 추정 결과

개발비	전문가		필자	
n=7	순 건축부지 m²당	기준지가 비율	순 건축부지 m²당	기준지가 비율
상업용지	140.14€/m²	175%	47€/m²	60%
주거용지	181.71€/m²	60%	123€/m²	75%

위의 개요에서, 기준지가가 140유로인 상업용 건축부지의 개발은 (병영을 이러한 목적을 위해 철거하는 한) 가치가 없다는 것을 분명히 알 수 있다. 필자는 기준지가에 대한 참조를 추가하였다. 비교를 위해 위의 표에 이 연구의 결과를 포함시켜 놓았다. 고가용 개발에 대한 전문가의 추정치는 그 금액이나 기준지가에 대한 할인 측면에서 이 연구의 결과와 우선 제한적으로만 비교할 수 있다. 전문가의 개발비 추정치는 모든 점에서 더욱 높지만, 기준지가에 대한 할인은 더욱 낮다 (300유로의 60퍼센트). 이 연구의 분석은 병영을 고가용 건축부지로 개발하기 위한

평균 기준지가 207유로에서 75퍼센트가 할인된 것으로 나타났다(표 42 참조).

질문 2c: 철거 공사비

다음 질문은 설문지의 부록에 수록된 사례 병영의 고가용 개발에 관한 것이다. 이 연구에서는 개별 매각 사례의 건축비를 계산하였다. 이러한 건축비는 철거와 기반시설 설치 및 녹지의 조성으로 구성된다. 먼저 전문가에게 철거 비용에 관해 질문하였다.

귀하는 여기서 완전한 철거를 위해(토양 오염 구역을 폐기 처리하지 않음) 무엇을 설정하고 있습니까?

철거 비용에 대해서는 일반적으로 개축 공간 세제곱미터당 또는 연면적BGF 제곱미터당 입찰을 통해 산정할 수 있는 비용 지수값이 있다. 이 설문지에는 사례 병영에 대해 철거를 위한 산출의 기준으로서 다음과 같은 건축 조건을 제시하였다. 즉, 반환된 순 토지면적NH 30,000제곱미터, 군 병사 블록 8개(3층, 1930년대), 4개의 집회장(1960년대), 교통용지 50퍼센트. 이에 따라 연면적은 집회장과 군 병사 블록 그리고 밀봉된 토지 면적이므로 부정확하게만 계산할 수 있다.

그런데 질문은 세제곱미터당 철거 비용 추정치를 얻는 것이 아니라, 전문가가 자체 프로젝트를 기반으로 8.5헥타르의 사례 병영에 대한 지수값을 개발하고 명명하는 것을 목표로 하고 있다. 그럼에도 불구하고 여기서 철거 비용을 대략 계산해야 한다.

순 토지면적 $30,000m^2 \times$ 높이 $3m \times 20€/m^3 = 1,800,000€ =$ 토지 $21€/m^2$, 여기에는 개봉빼미 비용은 포함되어 있지 않음

전문가들은 다음과 같은 비용 추정치를 제시하였다.

철거	순 건축부지	기준지가	총 건축부지
평균값	62.00€/m² (n=5)	21% (n=5)	35€/m² (n=5)

결과는 놀라운 것이 아니다. 기준지가 제곱미터당 80유로인 상업용 개발의 경우에도 인프라를 계속하여 이용할 수 있다면, 해체는 제곱미터당 62유로에 상당할 것이다.

질문 2d: 인프라 건축비

철거비용 외에도 기반시설 설치 및 공공녹지에 대한 비용이 발생한다. 이에 따라 이 비용에 대해서도 질문을 던졌다.

귀하는 내부 인프라의 조성 공사를 위해 무엇을 설정하고 있습니까?(토지에서 차지하는 비율 25퍼센트의 경우)

기반시설 설치	순 건축부지	기준지가	총 건축부지	교통용지
평균값	66.00€/m² (n=7)	22% (n=7)	42.25€/m² (n=4)	170.83€/m² (n=5)

철거 비용의 평균 가격이 62유로(앞의 질문 2c)로 설정되고 기반시설 설치 및 공공녹지에 대한 비용이 제곱미터당 66유로로 설정된다면, 이 건축비는 합계 순 건축부지 제곱미터당 128유로가 된다. 이는 제곱미터당 300유로인 사례 병영 기준지가의 43퍼센트에 상당한다. 이 43퍼센트의 값은 제곱미터당 250~350 유로의 기준지가 범위에서 고가용 후속 이용을 통해 내부 구역에 있는 병영에 대한 필자의 계산값과 정확히 일치한다(표 45 참조). 규모의 군집을 기반으로 하여 8~10헥타르 규모로 고가용 후속 이용이 가능한 내부 구역에 있는 병영의 경우 건축비는 제곱미터당 93유로이며, 10~15헥타르 규모의 병영의 경우에는 건축비가 제곱미터당 124유로로 계산되었다(표 40 참조).

전문가의 진술을 바탕으로 건축비가 기반시설 설치와 철거로 절반으로 나누어진다는 결론을 내릴 수 있다. 그런데, 유감스럽게도 전문가들의 개별적인 답변에서 이러한 절반의 분할은 단 한 번뿐이었다.

질문 2e: 이윤 계산

다음 질문은 특히 2016년에 매매 가격이 시간이 지남에 따라 상승하고 있다는 관찰에서 도출된 것이었다. 개발자 이윤에 대한 사전 고찰에서 이자율에 따른 수익 요구 사항의 변경을 참조하였다. 유감스럽게도 부동산 경제에서는 이에 관한 연구가 존재하지 않았다. 질문은 다음과 같다.

위험 및 이윤에 대한 당신의 포지션은 어떻습니까?

이 질문에 대한 수치로 된 5개의 답변이 있었지만, 모두 다른 참조를 하고 있었다.

자기자본의 5~10% (n=2)	10% (1×수익 대비, 1×비용 대비, 1×자기자본 대비)

전문가E6도 추가로 2011년에 대해 당시 높았던 위험 및 수익 포지션이 10~15퍼센트이었다고 말하였다. 답변의 경우, 진술이 해당 연도가 아니라 전체 조치에 적용된다는 점에 유의해야 한다. 5년의 개발에서 이것은 연 2퍼센트의 이윤을 기대한다는 것을 의미한다. 문헌은 여전히 15~30퍼센트를 이야기하였으나 (Kleber et al., 2017: 1587), 전문가들은 최대 10퍼센트를 언급하고 있다. 필자는 자체 계산에서 연역적 절차를 사용하여 15퍼센트의 개발자 이윤을 상정하였다. 돌이켜 보면, 이는 포트폴리오가 2010년부터 2016년까지의 기간을 포괄하기 때문에 적절하다.

비용 추정의 요약

전문가들은 철거와 기반시설 설치에 대해 제곱미터당 평균 128유로(%, 300유로인 기준지가의 43퍼센트)를 설정하였다. 제곱미터당 128유로는 고가용 후속 이용을 위한 병영의 순 건축부지 개발비와 정확히 일치하지만, 내부 구역에 있는 병영에 대해 계산된 제곱미터당 83유로의 평균 건축비(표 37) 또는 기준지가의 평균 56퍼센트(표 38)와는 일치하지 않는다. 그러나 모든 병영의 평균 기준지가는 사례 병영의 기준지가보다 낮다는 점에 유의해야 한다. 기준지가의 군집이 있는 표 45를 활용하면, 전문가의 추정은 표(기준지가의 43퍼센트)와 일치한다. 전문가들은 이 연구의 또 다른 기본 가정, 즉 상향식 및 하향식 비용 모델을 확인해 주었다. 전문가의 건축비 추정치인 128유로(기준지가의 43퍼센트)와 총 개발비 약 182유로(기준지가의 퍼센트) 사이의 차액은 54유로(기준지가의 18퍼센트)이다. 이 18퍼센트는 거래 비용과 자금 조달(금융) 비용을 가산한 개발자 이윤(현재 전문가에 의해 10퍼센트로 추정됨)일 수 있다. 중기적으로 건축비는 상승할 것으로 예상된다. 이러한 이유로 향후 개발에서는 기준지가와 관련하여 이 연구의 개발비와 건축비 추정치를 사용하는 것이 바람직할 것이다.

7.1.3 제3부 – 전환 주제에 관한 개방적인 질문

설문지의 세 번째 부분에서는 전문가들에게 군사시설 반환부지의 전환이라는 주제에 대한 추가적인 생각을 표현할 기회가 있었다. 개방적인 문제 제기는 질문자가 경우에 따라 숨겼을 수도 있는 특정 초점을 강조할 수 있어야 한다. 무엇보다도 전체 인용문에서 발췌한 내용을 이 연구에 통합시켰다. 개별 설문지는 기밀로 다루어져야 하며 공개해서는 안 되기 때문에, 필요한 경우 발췌한 인용문의 맥락을 분류할 수 있도록 개별 전문가의 완전한 진술을 여기서 찾아볼 수 있다.

슈뮈츠Schmütz 및 바인슈토크Weinstock
"전환은 준비 단계와 개발 단계 모두에서 까다로운 과제이다. 모든 이해 당사자들(매각자인 연방정부, 자치단체, 정치권 그리고 시민 등)이 프로세스의 중요성을 이해하고 목표를 공유해야 한다. 일정 규모의 전환은 자치단체 행정의 일상 업무와 겹치며, 부수 업무 정도로 운영할 수 없다. 협력 모델과 평가 및 위험 공유에서 더 큰 유연성을 갖춘다면, 더욱 빠른 성과를 얻을 수 있다."

카츠Katz

"군사용지와 민간용지의 전환은 매우 다각화된 주제이다! 농촌 지역에서 자연보호를 위해서만 활용할 수 있는 토지에서 소도시에 산재해 있는 퇴락한 행정건물(우체국, 철도시설 등만이 아니라, 구 시청사와 법원 또는 경찰서에 이르기까지 점점 더 늘어나고 있음)을 거쳐 관광 지역의 매력적인 수변 시설 또는 성장 도시의 중심부에 자리 잡고 있는 도심 토지에 이르기까지 엄청나게 다양한 프로필이 존재한다. 중요한 것은 자치단체와의 공동의 계획 관점에 합의하고 적절한 절차를 통해 개발자와 투자자를 초기에 전략에 참여시키는 것이다. 이미 오염된 토지를 '녹색 입지'로 경쟁력 있게 만들기 위해, 지원 보조금은 열세에 있는 부동산 시장이나 '지급할 수 있는' 주거에 사용되어야 한다. 현재의 건설 공사와 기반시설 설치 사업에 대한 비용 산출은 경기 상황으로 인해 거의 감당하기 어렵다. 또한 현재의 매각자는 종종 개발 계획과 기반시설 설치의 위험에 대한 비현실적 인식을 가지고 있으므로 토지 가격도 불균형적으로 상승하고 있다."

마이어스Meiers

"군사시설 반환부지의 전환 사업 계획을 실행하는 것은 특히 농촌 공간 및 지역에서 종종 크게 문제가 된다. 얻을 수 있는 (낮은) 토지 수익으로 인해 '초기 출발 가격'(연방부동산업무공사의 매매 가격)과 '재편성 가격'(제3자에게의 매각 가격) 사이의 차액에서 비롯되는 생산비와 개발비(0 시 점잖, 계획, 해체, 기반시설 설치)는 종종 조달할 수 없다. 여기서 자금 조달 격차를 해소하기 위해 도시건설촉진 자금이 절대적으로 필요하다. 개발비를 최소화하기 위해 과거에 군사적으로 사용하였던 기존 인프라와 건물을 가능한 한 유지하고 재편성 구상에 포함시켜야 한다(직접 위기 기존 건물에의 전환)."

7.2 지침 인터뷰

필자는 두 명의 전문가와 지침 인터뷰를 진행하였다. 이 장에서는 전문가를 먼저 소개한다. 그런 다음 답변의 핵심 내용을 제시하고 답변에서 결론을 도출하려고 한다. 이 간행물에서는 가독성을 높이기 위해 전문가의 답변을 앞의 장들에 인용문으로 삽입하였다.[232]

외르크 무지알Jörg Musial, 연방부동산업무공사

무지알Musial은 연방부동산업무공사의 매각 부처의 책임자이다. 질문은 연방부동산업무공사의 내부 견해를 문서화하는 것을 목표로 한다. 그러나 그는 행정 관청의 조직원으로서가 아니라 전문가로서의 입장을 취하고 있다는 점에 유의해야 한다. 답변에서 그 어떤 법적 청구도 발생하지 않는 것이 중요하다. 이 방식은 답변이 일반적으로 다소 짧게 유지되고 추정치를 포함하지 않는 공식 진술에 비해 과학적 부가가치를 가져올 수 있으므로 택하였다.

에그베르트 드란스펠트Egbert Dransfeld

드란스펠트는 25년 동안 공인된 감정평가인으로 활동하면서 여러 많은 군사 시설 반환부지의 전환과 그 거래 가격을 파악하고 있다. 더군다나 스스로 인정한 바에 따르면, 그는 "수많은" 철도 및 상업 유휴지를 감정 평가하였다. 또한 그는 이 주제에 관한 학술논문을 발표하였다.

지침 인터뷰의 요약

드란스펠트와 무지알은 군 전환용지와 다른 유휴지를 비교할 수 있다고 보고 있다. 드란스펠트는 다음과 같이 진술하고 있다. "두 가지 유형의 토지 모두 인위적인 기존 용도가 있으며 후속 이용 개념을 가지고 있고, 규모의 비율이 유사하며, 규모에 의해 일반적으로 연방건설법전 제1조에 따른 계획 (수립) 요구가 성립한다. 계획 요구 사항은 일정 수준의 통제 노력이 필요한 계획 프로세스로 연결된다." 무지알에 따르면, 다른 유휴지와의 차이점은 민간 건설권이 없고,

토양 오염 구역 상황이 문제가 될 것이 없으며, 군 전환용지에 종종 기념물 보호가 있다는 것이다. 농촌 지역에서는 도시 지역보다 경제적 후속 이용을 찾기가 훨씬 어렵다고 한다. 따라서 군 전환용지와 관련하여 낮은 기준지가에서는 지가가 낮고 개발비가 높으므로 개발이 한층 더 비경제적이다(표 43 참조). "특히 대도시 지역에서는 기준지가가 높으므로 건물을 철거하고 토지를 고가용으로 후속 이용하는 것이 한층 더 유리하다." 그리고 "모든 유휴지에는 건물을 종종 후속 이용이 불가능하거나 후속 이용해서는 안 된다는 공통점이 있는데, 개발계획을 따르는 경우에도 그러하다"라고 무지알은 진술하고 있다. 사실, 이 연구에서 인용한 사례의 10퍼센트에 대해서만 건물의 지속이용(재사용)을 조사할 수 있었다. 드란스펠트에 따르면, 특히 제국시대와 1930년대의 군 부동산에서 부동산을 둘러싸고 주거지 개발이 이루어져 왔다고 한다. 그는 토지의 규모에 따라 하락하는 지가와 기준지가를 초과하는 매각 가격을 부정한다. 게다가 그는 자치단체의 의도적으로 가격을 하락시키는 개발 계획을 알지 못하고 있다. 또한 드란스펠트는 필자의 특정 접근 방법을 확인하였기 때문에, 매각 데이터베이스의 분석을 갱신할 필요가 없었다. 이러한 것들은 예를 들어 제곱미터당 50~200유로의 개발비 범위, 비행장의 총 건축부지에 대한 추정 또는 대기 기간에 관한 이 연구의 부동산 이자율 등이다. 설명한 시나리오의 공공 수요 용지에 대해 할인이 이루어져서는 안 된다는 드란스펠트의 확인은 이 분야를 탐구하기 위한 또 다른 기초이다.

7.3 전문가 인터뷰의 결론

전문가 인터뷰는 질적 방법이 대표적이지 않더라도 근본적인 결과를 제공해 주었다. 그러나 설문조사에 참여한 전문가들은 독일 연방 전역에 걸쳐 군사시설 반환부지의 전환 영역을 다루고 있어 인터뷰 결과를 기초 연구로 볼 수 있다. 이를 앞선 장의 분석 결과와 연결하면, 각각의 방법이 단독으로 있을 때보다 전체적으로 더 많은 것을 얻을 수 있다. 전문가들은 대부분 결과와 필자의 접근 방법을 확인하였지만, 소수의 경우에는 잘못된 것이라고 지적하기도 하였다.

표 52. 전문가 분석과 필자 분석 결과의 비교(n=17)

사례 병영에 대한 비용 항목	전문가의 추정	필자의 분석 결과
순 건축부지 개발비	181€/m² (중간값 177€/m²)	250~350€/m²의 기준지가 구역에서 178€/m²
기준지가 대비 개발비	기준지가의 60%	기준지가 대비 매매 가격=37%는 250~350€/m²의 기준지가 구역에서 기준지가의 63%인 개발비에서 산출
기준지가 구역에서의 건축비 250~350€/m²	128€/m²	병영에 대해서는 83€/m²로, 다만 250~350€/m²의 기준지가 구역에서만: 기준지가의 43%=128€/m²

결론적으로, 이 연구가 산정한 상업용 후속 이용에 대한 개발비는 전문가의 추정치보다 현저히 낮다고 할 수 있다. 이로부터 상업용 개발을 위한 이 연구의 매매 가격은 병영의 완전한 해체에 근거한 것이 아니라는 결론을 내릴 수 있다. 그러나 병영의 고가용 후속 이용을 위해 산정된 개발비는 유효한 것으로 보인다. 사례 병영에 대한 전문가의 건축비 추정치는 이 연구의 내부 위치에 있는 모든 병영(제곱미터당 83유로)에 대해 계산된 건축비보다 약간 더 높다(표 37). 물론, 전문가의 평가는 기준지가 구역의 제곱미터당 250~350유로(표 45 참조)에서 고가용 개발이 이루어지는 병영에 관한 이 연구의 결과와 거의 정확하게 일치한다. 즉, 128유로의 건축비는 사례 병영 기준지가의 43퍼센트에 해당한다.

표준화된 설문지에 응답한 전문가와 드란스펠트 모두 개발자의 재매각 가격이 기준지가보다 높다는 필자의 가설(6.4.1.1절)을 확인할 수 없었다. 따라서 이것은 삭제된다. 하지만, 개발자가 수요가 높은 지역에서 더욱 높은 매각 가격을 설정한다는 증거는 있다. 토지의 신규 개발에 있어 인프라의 품질은 기준지가의 수준에 달린 것으로 보인다. 건물을 공공 수요 용지로의 이용 전환을 위해 전문가와 필자의 압도적인 의견은 할인 없이 전체 비교 기준지가를 적용해야 한다는 것이다. 전반적으로 모든 전문가는 높은 기준지가 또는 수요가 높은 지역에서 다른 지역에서 여전히 가능한 것보다 질적으로 더 높은 수준으로 개발이 이루어질 수 있다고 설명하고 있다. 그래서 예를 들어 그곳에서는 기준지가 이상으로 매각될 수 있는데, 이는 다른 지역에는 적용되지 않는다. 여기서도 수요가 높은 도시들의 개발 계획에 대한 자치단체의 영향이 이 연구에서 산정된 70퍼센트보다 높은지를 조사해야 한다. 이것은 가정할 수 있다. 무지알과 마찬가지로 드란스펠트[233]도 자치단체에서 의도적으로 가격을 낮추는 공식적 개발 계획을 알지 못하고 있다. 따라서 자치단체가 군사시설 반환부지를 선취할 때 경제적으로 저평가된 토지로 인해 거래 가격을 하락시키는 방식으로 계획한다고 가정할 수 없다.

---

224. 예를 들어, "대부분의 전문가들은 ...(중략)... 라고 동의하였다."

225. 8명의 전문가는 자치단체의 영향력을 평균 68퍼센트, 이 가운데 4명은 70퍼센트, 나머지는 최소 60퍼센트 그리고 최대 80퍼센트로 추정하고 있다.

226. 2명의 전문가가 이 질문에 응답하지 않았다. E5, E6 그리고 E7은 0~60퍼센트의 값을 보고, 이 중 한 전문가는 60퍼센트, 또 다른 한 전문가는 30퍼센트이다. 2명의 전문가(E2와 E3)는 예를 들어 토지양도(f) 또는 기존의 그리고 확정된 공공 수요일 경우에는 이를 0유로로 보고 있다. 그러나 공공 수요에 따른 사용이 계획된 경우, 두 전문가(E2와 E3)는 전체 비교 기준지가를 적절한 것으로서 판단하고 있다. 한 전문가(E1)는 "100퍼센트"로 답변하였다.

227. 질문: "귀하는 장차 시청으로 사용될 군 전환용지의 전체 가치를 어떻게 산정합니까?"

228. 전체 응답 수는 8개이며, "아무런 사례도 알지 못함"(3개), "몇몇 사례를 알고 있음(예시적)"(2개), "6건" 및 "5~10건"(3개), "다수" 및 "30 중 29건"(2개)

229. "그렇다"(3회), "조금 그렇다"(2회), "그렇지 않다"(3회)

230. "네"(3회), "다소 네"(2회), "다소 아니오"(3회)

231. "네"(4회), "가끔"(1회), "아니오"(3회)

232. 이 장은 제출한 박사학위 논문에서 과학적 증거를 만족시키기 위해 훨씬 더 자세히 설명하였다. 가독성을 위해 장을 줄였다.

233. 질문: 귀하는 기초자치단체가 선취의 맥락에서 거래 가격을 낮추기 위해 필요한 것보다 더 많은 가격이 될 이지는 토지를 시청하고 있다는 인상을 당신은 얼마나 자주 받았습니까? 드란스펠트의 답변: "도시들이 이를 적극적으로 추진하고 있다는 것은 나에게는 명확하지 않다."

제8장 결론과 전망

연구를 끝내면서 우선 분석 문제에 대해 답변을 제시한다. 그다음 간략한 성찰과 향후 연구 필요성에 관한 설명이 이어진다. 마지막으로 이 연구는 결론으로 마무리한다.

8.1 연구 질문에 대한 답변

목표 1(학술적)**: 군사시설 반환부지의 변환에 대한 설명**

- 연구 상황은 어떠한가?(2.1절)
  - 군 전환용지의 개발 비용에 관한 연구 문헌은 거의 없다. 그러나 토지 전환에 관한 몇 편의 문헌은 존재한다. 자세한 답변은 2.1장에서 이루어진다.
- 독일에서 군사시설 반환부지 전환의 현재 상황은 어떠한가?(3.1.3절)
  - 2015년부터 네 번째의 군사시설 반환부지 전환 물결이 진행되고 있다. 대도시 지역에서는 장기적으로, 예를 들어 유휴지와 같은 부정적인 영향은 없을 것으로 예상된다. 도시 지역의 주거 입주의 압력으로 인해 토지는 빠르게 개발될 수 있다.
- 군 전환 부동산을 비교하기 위해 유형화할 수 있는가?(3.1.2절)
  - 이 연구에는, 즉 뒤돌아보면 물건의 유형과 위치에 따른 유형화가 적합하였다. 자치단체의 관점에서 군 전환용지는 다른 지역의 유휴지와 함께 개발 잠재력에 따라 유형화되어야만 한다. 이 경우 지역의 경쟁에 있는 토지를 고려하는 것이 중요하다.
- 연방부동산업무공사, 자치단체 그리고 개발자의 역할은 무엇인가?(3.2절)
  - 연방부동산업무공사와 자치단체는 항상 군사시설 반환부지의 전환에 관여하고 있다. 특히 자치단체가 선취 권한을 행사하고자 할 때, 이들은 이해관계에 따라 서로 대립한다. 그 배경은 연방정부가 최상의 가격을 추구해야 하지만, 자치단체는 (특히 개발자의 역할에서) 가격을 희생하면서 가능한 한 품질

높은 계획을 추구하는 데 있다.

- 매각 과정에서 무엇에 주목해야 하는가?(3.3절)
  - 해당 절에서 설명한 것처럼, 개발 계획은 신속하고 현실적이어야 하며, 연방부동산업무공사와 협의해야 한다. 선취는 자치단체가 재정적 부담과 위험을 감수할 수 있는 때에만 행사되어야 한다. 이를 위해 처음에는 기준지가를 활용하여 투자를 추정하는 것이 중요하다(5.6절). 연방정부의 가격 할인 (할인 지침(VerbR))은, 자치단체가 상응하는 용도를 통해 경제적 불이익을 받는 경우에만 실제로 사용할 수 있다.

- 프로젝트 개발에서 어떤 논제와 위험에 주목해야 하는가?(3.5절)
  - 군 전환용지는 기존 재고의 측면에서 다른 유휴지와 구별되지 않는다. 전체적으로 고가용 후속이용에서 잠재력이 훨씬 양호하다고 말할 수도 있다. 일반적으로 철거를 위한 소요 비용은 더욱 많이 들지만, 토양 오염 구역에 대한 (정화 처리) 비용은 다른 유휴지보다 낮다(아래 참조).

- 토양 오염 구역은 개발과 매매 가격에 어느 정도 영향을 미치는가?(5.5절)
  - 구서독의 군 전환용지(석유소와 같은 특수한 경우를 제외하면)의 토양 오염 구역의 위험은 산업 유휴지보다 현저히 낮다. 이는 오염이 의심되는 토지가 예를 들어 기름(유류)탱크나 정비창과 같이 점상(點狀)이기 때문이다. 산업용지의 경우에는 특정 건물의 과거 이용으로 인해 일반적으로 넓은 면적에 걸쳐 의심받고 있다.

- 군 전환용지의 변환은 다른 유휴지와 비교할 수 있는가? 군 전환용지에 특수성이 있는가?(3.1.4절)
  - 개발 계획적 그리고 건축적 측면과 관련하여 필자와 전문가들은 동일한 주제를 다루어야 하므로, 군 전환용지가 일반적 유휴지라는 점에 동의하고 있다. 물론 소유권 구조에는 큰 차이가 존재한다. 군 전환용지는 연방정부에 속하며, 이는 연방예산법 제63조에 따라 매각 시 완전한 가격(시장 가격)을 달성해야 하는 의무를 부여받고 있다.

목표 2(실행과 관련하여): 도시계획적 수단에 대한 서술

• 기존 재고 건축물의 이용 전환이 계획법적으로 가능한가?(4.1절)

　◦ 외부 구역에서는 기념물로 보호받거나 자치단체가 계획을 승인하는 경우
　에만 이용 전환의 가능성이 주어진다. 내부 구역에서는 사업 계획이 적절
　하다면, 연방건설법전 제34조가 말하는 지역에서의 소규모 토지의 이용 전
　환이 가능하다. 건물의 이용 전환은 건설법과 별도로 볼 수 있다. 그러나
　전체적으로 보면, 자치단체 자체의 동의 없이는 장기적인 개발이 거의 불
　가능하다고 사실이 드러난다.

• 군사시설 반환부지의 전환을 나름대로 통제하기 위해 자치단체가 활용할 수
　있는 수단은 무엇인가? 이 점에서 일반 유휴지에 비해 특수성이 존재하는
　가?(4.3절)

　◦ 자치단체는 도시계획의 통상적 수단을 활용할 수 있다. 재개발 절차는, 비
　록 (다른 이유에서) 거의 언제나 예비 조사가 시작되더라도 계획적 관점에서 전
　혀 의미가 없다. 후속 비용을 줄이기 위해 도시계획 계약을 권장할 수 있
　다. 그러나 신속한 전환이 중요한 경우에는 사전에 연방부동산업무공사와
　조정해야 한다. 또한 이 점에 대해 경험이 없는 자치단체에는 외부 자문을
　권장한다.

• 자치단체와 연방부동산업무공사는 각각 최종 계획에 어떤 영향을 미치는
　가?(7.1절)

　◦ 모든 전문가는 자치단체의 영향력을 50퍼센트 이상으로 보고 있다. 이상적
　으로 계획은 자치단체의 의지와 100퍼센트 일치해야 하지만, 이것이 개발
　자와 협력할 경우에는 유토피아적이다. 따라서 연방부동산업무공사는 경
　제적 이유에서 자치단체 계획에 영향을 미친다.

목표 3(학술적): 군 전환용지의 가치평가

• 연방정부가 자치단체에 매각할 때, 특별한 가치평가 방식을 준수해야 하는
　가?(예를 들어, 조달 가격 원칙, 공공 수요 용지)(5장)

◦ 군 전환용지는 민간의 계획권이 없으며, 이에 따라 기존 재고 건물의 일반적인 거래 가격이 더 이상 적용되지 않는다. 따라서 거래 가격은 연역적 방식에 따라 결정되어야 한다. 경우에 따라 공공 후속 이용의 경우, 연역적 가격 외에 공공 수요 토지의 가격을 산정하는 것이 바람직하다. (빛 안 되는) 전문가들은 공공 수요 용지에 대해 비교 기준지가의 0퍼센트에서 50퍼센트 사이를 설정하고 있다. 비용은 이것으로부터 공제하고, 건물 가격이 이것에 추가된다.

• 매매 가격에 상당한 영향을 미치는 요인은 무엇인가?(5.4.3절)

◦ 분석에 따르면, 그 요인은 미래의 계획권, 기존 재고 상황 그리고 기초자치단체의 경제적 성장(기준지가와 상관없음) 등이다. 특히 내부 구역에 있는 병영의 경우, 이것이 (도시와) 통합적 위치에 놓여 있는지 그렇지 않은지는 중요하지 않다.

• 군 전환용지에 대해 분석된 매각 가격이 다른 유휴지에 대한 결론을 도출할 수 있을 만큼 그럴듯한가?(5.2절)

◦ 매각 가격은 클라이버(Kleiber, 2017)의 완공이 덜된 토지Rohbauland 또는 건축이 기대되는 토지Bauerwartungsland에 대한 포괄 추정치와 공공 수요 용지의 가격과 일치한다. 토양 오염 구역을 예외로 하면 군 전환용지의 경우 개발비가 다른 유휴지와 동일하므로 비교 가능성이 주어져 있지만, 지금까지 입증되지 않았다. 이 비교에서 차이점의 주된 요인은 건물 재고와 그 후속 이용이다. 전반적으로 연방부동산업무공사의 매각 가격은 놀라울 정도로 낮거나 높지 않으며, 역산을 통해 설명할 수 있다고 말할 수 있다.

목표 4(학술적): 군 전환용지의 개발비

• 평가한 포트폴리오는 연방부동산업무공사의 매각에 대해 어느 정도 대표성을 띠는가?(6.3.3절)

◦ (이 민간가) 평가한 포트폴리오는 2010년부터 2016년까지 연방부동산업무공사 전체 매각의 약 25퍼센트에 지나지 않는다. 따라서 이는 1헥타르 이상

의 규모(크기)(이 순서대로)를 가진 병영, 비행장 그리고 행정 관리 건물 및 특수 건물의 매각을 대표한다.

• 어떤 요인이 통계적으로 보아 매매 가격에 영향을 미치는가?(6.3절)

  ◦ 예전(과거) 이용의 유형이 중요한 역할을 한다. 계속하여 이용할 수 있는 행정 관리 건물은 비행장에 비해 제곱미터당 높은 매매 가격을 보였다. 기준지가는 당연히 후속 이용에 따라 매매 가격에 큰 영향을 미치는데, 왜냐하면 가치평가는 이를 기준으로 하기 때문이다. 통계적으로 살펴볼 때, 주거 연담지역의 위치가 각 기초자치단체의 (경제적) 성장보다 기준지가에 대한 할인에 놀랄 정도로 중요하지 않다.[234] 매매 연도는 통계적으로도 상당한 영향을 미친다. 이렇듯 2016년의 평균 가격은 그 이전 연도들보다 훨씬 높다. 2016년의 제곱미터당 매매 가격이 통계적으로 2014년 이전보다 두 배나 높다. 불빈게자bulwiengesa의 부동산 지수는 이 기간 130에서 160으로 상승하였다. 규모 역시 매매 가격에 통계적인 영향을 미친다.

• 기준지가와 군 전환 부동산의 종류, 규모 그리고 위치 사이에 관련성이 있는가?(6.3절)

  ◦ 군 전환 부동산의 종류는 기준지가의 할인에 상당한 영향을 미친다. 앞에서 설명한 것처럼, 위치는 기준지가에 대한 할인에 비교적 낮은 영향이 미친다. 하지만 중심부와 외부 구역 간의 지가 차이로 인해 위치는 매매 가격의 수준과 관련이 있다. 상업용 기준지가의 경우, 이러한 차이는 훨씬 덜 뚜렷하다.

• 매각 가격은 실제로 계획된 후속 이용을 기반으로 하며, 그리고 예를 들어 도시 내에 있는 병영은 외부 위치에 있는 병영과 마찬가지로 동일하게 할인된 기준지가로 매각되는가?(6.3절)

  ◦ 기준지가에 대한 할인은 주로 후속 이용을 기반으로 하며, 위치를 거의 고려하지 않는다.[235] 여기서 유의할 점은, 상업용 기준지가(집회장의 경우)는 대개 기초자치단체 전역에서 유사한 수준이며, 이는 기준지가에 대한 할인에 위치의 차이가 큰 영향을 미치지 못하는 이유일 수도 있다는 것이다. 또 다른

이유는 외부 위치에 (과거 병영을 위한) 인프라가 이미 존재하기 때문일 수 있다. 따라서 이 비용 항목은 기준지가에서 공제로서 생략될 수 있다.

• 독일에서 군 전환 비용은 얼마인가?(6.5.2절)

  ◦ 1헥타르 이상의 큰 군 전환용지를 변환하는데 2010년 이후 약 12억 3,000만 유로가 소요되었다. 이 중 약 4억 2,000만 유로가 공공 매입자의 몫이었는데, 이때 연방정부와 주의 지원금은 차감될 수 있다. 전체적으로 개발자는 군사시설 반환부지의 전환에 총 22억 8,000만 유로를 지출하고, 2억 4,500만 유로의 이윤을 얻었다(10퍼센트의 이윤율 기준).

8.2 성찰

이 연구를 시작할 때, 유휴지의 매각 가격을 포함하고 있는 다른 출처의 여타 매각 데이터베이스를 분석 평가할 계획을 세웠다. 이를 위해 두 대기업체의 자료 전달과 관련한 초기 논의를 진행하였다. 이에 대한 평가는 유휴지 매각의 결과를 군 전환용지의 매각 결과와 비교하기 위해 확실히 흥미로울 것이다. 그러나 그 후 연구가 진행되면서 데이터 간의 근본적인 차이가 존재한다는 사실이 밝혀졌다. 즉, 산업 유휴지의 매매 가격은 대부분 토양 오염 구역의 정화 처리 비용을 포함하고 있으며, 기업의 부동산은 연방부동산업무공사의 부동산보다 이질적이며, 그 포트폴리오는 지역적으로 제한되어 있다. 따라서 분석의 결과는 제한적으로만 비교할 수 있다. 또한 충분한 수의 대규모 유휴지를 포함하는 데이터베이스만이 문제가 되며, 매각 가격은 엄격하게 기밀로 유지되기 때문에 데이터의 획득은 매우 많은 노력이 필요하거나 아무런 접촉 없이는 불가능하다. 따라서 필자는 이 연구에서 다른 데이터베이스를 사용하지 않기로 결정하였다.

연방부동산업무공사의 데이터베이스를 분석할 때, 예를 들어 토지 양도(25퍼센트)나 대기 기간의 경우처럼 개별 '고정 비용'의 좀 더 세분된 설계가 가능하였을 것이다. 결국 이는 결과를 더욱 구체화하였을 것이지만, 결과의 요약을 더 어렵게 만들었을 것이다. 개별 부동산의 기념물 보호에 관한 노력이 많이 드는 조사는 예를 들어 흥미로운 결과를 가져왔지만, 결정적 결과는 아니었다. 필자가 많은 요인을 세분하면 할수록, 제3자가 향후 유휴지를 계산하기는 그만큼 더 어려웠을 것이다. 예를 들어, '후속 비용 추정기'와 같은 계산 프로그램은 예상되는 후속 비용을 분석하기 전에 많은 매개 변수(예를 들어, 건축 밀도, 주택 수)를 입력할 것이다. 전환 초기에는 이러한 매개 변수를 알 수 없으므로, 이러한 세부적인 계산은 비로소 나중의 개발 계획 상태에 도움이 된다. 또한 여기에 제시된 사례에서 예를 들어 건축 밀도와 같은 이러한 매개 변수의 많은 것들은 공개 자료원을 통해 조사할 수 없었다. 따라서 필자는 자신의 결과를 '후속 비용 추정기' 프로그램의 결과와 비교하는 일을 포기하였다. 요약하면, 현실적인 결과를 도출하였으며, 처음으로 대규모 유휴지의 변환 비용을 전체적으로 산정하였다고 말할 수 있다.

8.3 추가 연구

이 연구에서 일부 주제에 관한 연구가 여전히 필요하다는 사실을 보여주었다. 다음과 같은 연구가 여전히 수행될 수 있을 것이다.

- 이 연구의 결과를 상업용 유휴지에 관한 매각 데이터와 비교한다. 그러나 유휴지의 매각 가격은 훨씬 이질적이고 대부분 지역적으로만 활용할 수 있다.
- 매각된 군사시설 반환부지의 전환 사례와 매각 연도에서 여전히 포트폴리오에 남아 있는 사례를 비교한다.
- 이 연구의 결과를 '후속 비용 추정기' 프로그램 또는 'projektchek.de'을 사용하여 도출한 결과와 비교한다. 그런데, 이를 위해서는 좀 더 상세한 연구가 필요하다. 후속 비용 계산기에 필요하고 계획된 건축 밀도를 파악하기 위해서는 두 기초자치단체 중 한 기초자치단체에 대해 자료를 기록해야 할 것인데, 왜냐하면 데이터 자료가 부족하고 매각 시점에 밀도가 아직 확정되지 않았기 때문이다. 게다가 후속 비용 계산기에는 해당 연도(2010~2016년)의 가격을 수록해야 한다.

- 연방부동산업무공사의 초기 감정평가 가격을 알고 최종 매매 가격에서 가능한 편차를 분석하는 것이 추가 연구에 흥미로울 것이다.
- 계획에 대한 자치단체의 영향이 지역의 경제적 성장(연방건축도시공간계획연구원(BBSR)의 표에 따라)에 따라 감소하는지 아니면 증가하는지를 파악하는 것은 흥미로울 것이다.
- 공공 수요 용지의 매매 가격을 독일 연방 전역에 걸쳐 분석할 수 있다.
- 비록 전문가들은 부정하였지만, 민간 개발자가 매각을 위해 지가에 얼마만한 인상, 즉 할증을 기대하는지를 알아내는 것은 흥미로울 것이다.
- 신규 개발에서 인프라의 품질이 지가 수준에 얼마나 정확히 의존하는지를 알아내는 것은 흥미로울 것이다.

8.4 연구의 결론

어떻게 하면 군사시설 반환부지의 전환이 성공할 수 있을까? 군 주둔지의 폐쇄와 외국 군대의 철수는 무엇보다도 대도시 지역 밖의 자치단체의 문제가 된다. 대규모 토지를 전환하려면, 충분히 훈련받은 인력과 시간 그리고 실행 가능한 개발 계획이 필요하다. 군 전환용지는 다른 유휴지와 양호하게 비교할 수 있다. 비록 구연방주(서독지역)의 토양 오염 구역 문제가 산업 유휴지와 비교하였을 때 그다지 관련성이 없다고 하더라도, 나중의 계획 변경과 경제적 피해를 피하기 위해 재고 조사에서 유의해야 할 동일한 주제들이 많다. 클라이버는 "과거 군사 용지를 건축부지로 개발하는 것은 (초기 단계에 이미 싹 생각나는 점과) 아마도 가장 비싼 건축부지의 취득이 될 것이다(물론 여기도 일반적인 도시계획적 측면이 요구되고, 따라서 최대화된다)"라고 서술하였다(Kleiber et al., 2017: 2444, 난외번호 595). 이 연구가 분석한 수백 가지의 사례에서 (그 실현 과정에서 발생하는 모든 문제에도 불구하고) 전환은 이미 성공적이었다. 목표를 향해 가는 길에는 기복이 있다. 즉, 먼저 수천 개의 군 일자리와 구매력을 잃은 다음, 도시 개발을 위한 새로운 기회에 대한 기쁨 그리고 이를 뒤이은 개발 계획과 가격에 대한 (그 때) 소유자인 연방부동산업무공사와의 논의가 있다. 그러나 결국 매매 계약은 누군가가 토지를 긍정적으로 개발할 것이라는 점을 알고 공증 받는다. 자치단체가 해당 토지를 직접 취득할 경우, 공증 후 비용이 많이 드는 건축 단계가 시작된다. 군사시설 반환부지의 전환이 성공적인지는 후속 마케팅에서 비로소 확인할 수 있다.

사진 9. 프라이부르크의 개발이 완료된 보방(Vauban) 군 전환지구

군 전환용지를 새롭게 계획할 때, 다른 곳에서 실현할 수 없는 희망하는 바를 토지에 투영하지 않도록 유의해야 한다. 종종 연방부동산업무공사의 거래 가격이 자유로운 계획을 방해하며, 이는 계획권과 관련이 있다. 그러므로 계획권은 자치단체와 연방부동산업무공사 그리고 투자자 사이에 빈번한 논란의 대상이 되기도 한다. 민간 유휴지와 달리, 연방의 연방부동산업무공사는 필요한 경우 기존 용도를 지속할 수 있는 선택권을 가지고 있지 않다. 군사 건물의 상당 부분은 공식적으로 합법적으로 건립되었으며, 각 시대의 건축 규정에 부합한다고 가정할 수 있다. 그러나 군사적 이용은 건축이용령BauNVO에 따른 민간 이용과 거의 비교할 수 없으므로, 적어도 외부 구역에서는 민간 후속 이용에 대한 계획법적 존속 보호가 없다. 하지만 내부 구역에서도 연방부동산업무공사는 유사한 사용자에게 병영을 대여할 수 없는데, 왜냐하면 그것은 다른 군대일 수도 있기 때문이다.

계획과 가격은 상호 의존적이기 때문에, 자치단체는 연방부동산업무공사의 참여와 그 경험을 피할 수 없다. 이 연구에서 설문에 응한 전문가들에 따르면, 자치단체는 계획의 상당 부분을 실행할 수 있지만, 타협하지 않는 것은 아니다. 연방부동산업무공사는 연방 행정 관청의 하나이며, 연방정부는 군사시설 반환부지의 전환을 촉진하기를 희망하지만, 공사는 민간 토지 소유자와 마찬가지로 가격 증대를 위한 계획을 옹호한다. 그런데, 연방정부는 시장 가격 이하로 토지를 매각하지 않을 것이다. 즉, 완전한 가격(연방예산법 제63조)과 최고 입찰 절차는 감추어진 보조금 지원을 방지하기 위해 법률로 명시되어 있다.[236] 더군다나 연방 주는 또한 연방부동산업무공사의 접근 방식이 독주가 되지 않도록 완전한 가격으로 매각할 의무가 있다. 그러므로 연방정부는 군사시설 반환부지의 선취에서 자치단체를 시장 가격보다 낮은 매매 가격이 아니라, 지원금이나 할인지침을 통해 촉진한다.[237] 따라서 불법적인 정부 보조금의 혐의[238]는 방지할 수 있는데, 왜냐하면 이 가격 할인은 유럽연합의 승인을 받았기 때문이다. 연방부동산업무공사의 매각 결정에 가격뿐만 아니라 사회적 측면도 포함시키도록 연방부동산업무공사법을 개정하려는 여러 많은 입법적 이니셔티브는 연방하원의 예산위원회에서 실패하였다. 사회적 측면은 연방 전역에 걸쳐 통일적이어야만 한다. 할인 지침은 사회주택에 대한 할인을 허용하지만, 자녀가 많은 가족이나 저소득 가정에 대한 재매각과 같은 지역적인 목적에는 적용되지 않는다. 그러나 2018년에 연방부동산업무공사의 신임 이사장은 연방부동산업무공사가 매매 가격과 이에 따른 연방 재정을 다소 희생하더라도 향후 주택 건설을 위한 단기 용지를 제공할 계획이라고 발표하였다 (tagesspiegel.de, 2018년 11월 16일). 이는 주택 건설이 이제까지 사전에 매각해야만 실현될 수 있었기 때문에 군사시설 반환부지의 전환에 전환점이 되고 있다. 만약 연방부동산업무공사가 자체적으로 주택을 건설한다면, 많은 개발 용지의 매매 가격에 대한 협상은 무효가 될 것이다. 그러나 연방정부의 주택에 대한 수요는, 주거 입주의 압력이 높고 연방부동산업무공사 보유 토지가 거의 없는 곳에서만 발생한다. 독일 연방공화국의 다른 지역에서는 올바른 매매 가격에 대한 협상이 계속될 것이다.

특히 군사시설 반환부지의 선취 절차에서 자치단체와 연방부동산업무공사는 매우 적절한 역할에 따라 행동한다. 즉, 때로는 행정 관청으로서, 때로는 이윤 지향적 시장 참여자로서 행동한다. 이 양자의 행동은 그 자체로 일관성이 있지만, 시간과 자원이 필요하다. 비록 양측이 군사시설 반환부지의 신속한 전환에 동의하였더라도, 연방부동산업무공사의 지시 사항의 변경이나 시의회에서의 과반수 의석의 변경으로 인해 전환 과정이 상당히 길어질 수 있다. 그러나 궁극적으로 이는 민간 토지 거래에서도 발생할 수 있다. 즉, 공증이 이루어지기 직전에 어느 한 당사자 측이 떨어져 나가거나 매매 가격이 불확실할 수 있다. 독일 연방하원의 선취 선택권과 자치단체의 계획권으로 인해, 자치단체와 연방부동산업무공사는 군사시설 반환부지의 전환에서 서로 연결되어 있으며, 이는 이를테면 공동 상속자들 간의 부동산 협상을 크게 연상시킨다. 왜냐하면, 제3자가 그렇게 원하였기 때문에 거기에서도 가격에 합의해야만 하기 때문이다. 그래서 선취에서의 분쟁은 정상적이지만, 한 측이 고집을 부릴 때에는 많은 시간이 소요된다.

연역적 가치평가를 통해, 매입자가 매매 가격을 포함하여 개발을 위해 무엇을 투자해야 하는지는 실제로 분명한데, 즉 기준지가에 순 건축부지를 곱하는 것이다(경우에 따라 이윤을 공제). 연역적 가치평가 방식에서 개발비는 이 값에서 공제되고, 나머지는 매매 가격으로 연방부동산업무공사에 지급된다. 이것은 이 연구의 분석에서도 명확해졌다(아래 참조). 하지만, 계획에 따라 비용이 너무 높다면, 매각은 연방부동산업무공사에게 별로 가치가 없다. 따라서 연방부동산업무공사는 일반적인 개발비를 준수하도록 주의를 기울이고, 연방 전역에 걸친 비교를 한다. 하지만 실제로 비용은 수익을 초과할 수 있지만, 부(-)의 거래 가격은 존재하지 않는다. 그러므로 군사시설 반환부지의 전환은 본질적으로 올바른 매매 가격과 일반적인 개발비에 관한 것이다.

필자는 272건의 대규모 군사용지(1헥타르 이상)의 매각 사례를 자세히 분석하고, 군사시설 반환부지의 전환뿐만 아니라 유휴지의 연역적 가치평가에 관한 여러 다양한 지식을 얻었다. 독일 연방 전역에 걸쳐 수많은 실제 매매 가격을 평가하고 이를 지역적 요인과 관련시킨 연구는 지금까지 알려지지 않았다. 이러한 완료된 연방부동산업무공사의 매각을 기반으로 하여, 필자가 작성한 다양한 매개 변수를 사용하여 자치단체의 군사시설 반환부지의 전환에 대한 초기 매매 가격과 건축비를 추정할 수 있다.

이 연구에서 다룬 부동산의 약 50퍼센트에 적용되는 간단한 공식이 향후 전환 물건에 대해서도 만들어질 수 있다.

표 53. 지가에 대한 할인 요약(n=272)

다음에 대한 간단한 공식	토지 양도를 포함한 순 건설부지 개발비	개발비 중 건축비	총 건설부지 매매 가격
주택 및 사무실로의 후속 이용이 있는 **내부 위치**의 병영	기준지가의 75% 평균 123€/m² 개발비	개발비 중 70%	기준지가의 25%
주택 및 사무실로의 후속 이용이 있는 **외부 위치**의 병영	기준지가의 90% 평균 152€/m² 개발비	개발비 중 90%	기준지가의 10%
상업용 후속 이용이 있는 **내부 위치**의 병영	기준지가의 60% 평균 47€/m² 개발비	개발비 중 40%	기준지가의 40%
상업용 후속 이용이 있는 **외부 위치**의 병영	기준지가의 60% 평균 18€/m² 개발비	개발비 중 50%	기준지가의 40%
상업용 후속 이용이 있는 **외부 위치**의 비행장	기준지가의 75% 평균 19€/m² 개발비	개발비 중 65%	기준지가의 25%

위의 표는 제6장의 표에서 반올림한 결과를 요약한 것이다. 상업용 개발의 경우, 병영의 매매 가격은 위치와 상관없이 기준지가의 약 40퍼센트에 달하며, 이때 개발비의 절반은 철거 및 인프라의 건축비로 발생한다. 그러나 고가용 후속 이용의 경우(예를 들어, 주택), 병영에 대해 기준지가의 75퍼센트에서 90퍼센트 사이의 상당한 할인이 이루어지고 있다. 상업용 후속 이용이 가능한 외부 구역에 있는 비행장에 대해서도 마찬가지이다. 고가용 후속 이용이 있는 병영의 개발비는 최소한 순 건축부지 제곱미터당 123유로이다. 이 비용에서 자치단체로의 무상의 토지 양도를 공제하면, 투자해야 할 개발비는 제곱미터당 107유로

이다(6.4.2절). 그렇지만 토지를 매입할 때 토지 면적을 보상해야 하므로, 토지 양도를 책정해야 한다. 위의 표에는 행정 관리 건물과 특수 건물은 빠져 있는데, 이는 보다 상세한 평가에서 병영(187건)과 달리 47건의 수치는 너무 적기 때문이다. 흥미롭게도 전문가들은 사례 병영의 건축비를 기준지가의 43퍼센트로 추정하였으며, 따라서 표 45에 있는 기준지가의 군집에 있는 병영에 대한 필자의 분석 결과와 동일한 결과를 도출하였다.

필자의 매개변수는 일반적인 개발 계획을 가진 대부분의 병영에 적용된다. 그러나 다양한 이상값은 궁극적으로 자세한 평가가 필요하다는 사실을 입증하였다. 그럼에도 불구하고 자치단체는 이제 매매 가격의 범위를 사용하여 토지를 제공받지 않고도 계획한 자체 개발을 감당할 수 있는지를 검토할 수 있다. 연방정부의 할인 지침(VerbR. 2018)은 개발이 공공 목적을 수반하는 경우 민간 개발자와 비교하여 경제적 행동 여지를 크게 확대하고 있다. 이를 통해 자치단체는 토지를 거래 가격으로 매입할 수 있으며, 작은 부동산 물건(350,000유로 미만)의 경우 매매 가격을 0유로로 낮추는 할인을 받을 수 있다. 그러나 할인, 즉 가격 인하는 유럽연합 보조금법으로 인해 복잡한 사안의 문제이며, 사회적 영향과는 관계없이 할인이 가능한 모든 용도가 군 전환용지에 배치되도록 유도한다.

군사시설 반환부지의 전환을 위한 매개변수 외에도 이 연구에서 더 많은 결과를 얻었으며, 이는 확실히 다른 유휴지에 원용할 수 있다. 예를 들어, 지가가 높을수록 개발자가 조성해야 할 인프라의 품질도 상승할 수 있다는 점이 확인되었다. 이 점에서도 기준지가가 높은 대도시 지역이 또다시 유리하다. 그러나 (분석에 따르면) 매각자인 연방부동산업무공사는, 기준지가에 따라 제곱미터당 매매 가격이 상승하지만 여기서 산정된 건축비가 일정 정도 상승한 다음 하락하기 때문에, 지가 수준이 높은 경우 개발자의 나머지 이윤을 빼앗아 가게 된다 (6.4.4절). 이것은 위에서 언급한 논제, 즉 개발자가 토지의 전환에서 기준지가 (10퍼센트의 이윤 공제)를 투자해야 한다는 점을 확인시켜 준다. 그러므로 자치단체는 자체 개발을 행하는 경우 계획에 따른 이윤을 얻는 것이 아닌데, 왜냐하면

이 이윤은 매각자에게 돌아가기 때문이다. 그렇지만 자치단체는 연역적 가치 평가에서 인프라에 대해 이루어지는 할인으로 인해 인프라를 상환 받는다. 기준지가가 상승하면, 인프라에 대한 비용도 증가한다. 그러므로 기준지가가 높은 자치단체는 군 전환용지에 한층 양호한 인프라를 조성할 수 있다고 가정할 수 있다. 개략적인 계산에 따르면, 매입자는 2010년과 2016년 사이에 대규모 토지의 전환으로 2억 5,400만 유로의 이윤을 얻었다(6.5.2절).

그러나 앞서 언급한 수학적 이윤은 부분적으로 실제 손실로 상쇄된다. 주변부 지역에서는 지원 보조금이 없는 개발이 경제적이지 않다는 점이 금방 드러나고 있다. 이 연구에서 다룬 많은 기초자치단체에서 고가용 개발(예를 들어, 주택)을 위한 기준지가는 제곱미터당 120유로 미만이었으며, 상업용 건축부지의 가격은 이것의 약 3분의 1이었다. 전문가가 추정한 순 건축부지의 제곱미터당 약 128유로에 이르는 철거와 기반시설 설치에 대한 건축비는 어느 개발자도 투자하지 않을 것이다. 그러므로 주변부 지역에서 상업용 개발은 건물과 인프라를 계속하여 후속 이용하는 경우에만 자치단체에 이익이 될 수 있다. 따라서 주변부 지역에 있는 기초자치단체에는 할인과 지원 보조금의 이용이 있는 선취만이 남는다.

그러나 이 연구의 개발비에 대한 모든 설명에는 항상 다음과 같은 사항을 고려해야 한다. 즉, 매매 가격, 다시 말해 수익과 비용의 두 부분의 결과로 생기는 나머지는 세 가지 요인 중 가장 작은 요인이며, 그 크기는 불확실하다.

비용 120만 €	수익 140만 €
매매 가격 20만 €	

왜냐하면, 매매 가격(예를 들어, 20만 유로)은 비용이 120만 유로에서 100만 유로로 떨어지고 수익이 140만 유로로 동일하게 유지될 때 손쉽게 두 배가 될 수 있기 때문이다. 이는 연방부동산업무공사의 힘든 협상 과정을 설명할 수 있다.

이 연구에서 산정한 개발비의 표준편차(기준 지가에서 매매 가격을 차감한 값)는 부분적으로 매우 높다. 따라서 이 분석의 모든 결과는 단서로써만 활용될 수 있다. 공정적으로 강조할 수 있는 것은 개별 부동산 유형에 대한 기준지가에서 매매 가격이 차지하는 비율(예를 들어, 80퍼센트의 할인 때문에 20퍼센트)이 양호한 건축이 기대되는 토지에 대한 문헌의 이론적인 포괄 견적값Pauschale과 일치한다는 점이다. 철거 비용도 고려하면, 기준지가에 대한 할인이 더욱더 낮아진다. 이는 연방부동산업무공사의 매매 가격이 시장 가격과 일치하고, 산정된 개발비가 민간 경제 부문의 다른 부동산에 대한 근거로 간주될 수 있음을 의미한다. 궁극적으로 군사시설 반환부지 전환의 성공은 유리한 매매 가격이 아니라, 현실적인 개발계획과 자치단체 매입의 경우 또한 연방정부의 지원 보조금과 할인 지침의 유의미한 활용에 있다.

234. 즉, 기준지가에 대한 매매 가격의 비율

235. 물론 기준지가는 위치의 특질에 따라 결정된다.

236. '공공부문에 의한 건축물 또는 토지에 대한 국가 지원 요소에 관한 위원회의 공지'에 따른 불법적 지원(97/C 209/03)

237. 2012년부터 자치단체는 민간 입찰을 고려하지 않고도 거래 격으로 (전환) 부동산을 매입할 수 있다(할인 지침(VerbR)).

238. 자치단체 매입자는 명백한 손실 없이 토지를 매입한 다음, 예를 들어 개발하여 재매각하거나 임대하는 경우 하나의 기업으로 간주할 수 있다. 연방정부는 전체 유럽연합의 다른 민간 부동산 개발자에게 불이익을 주었을 것이다.

용어집

거래 가격: 통상적인 사업 거래에서 토지에 대해 감정평가인이 산정한 가격(부동산가치평령)

건축비: 여기에서는 해체, 토지 관리 그리고 인프라 및 공공녹지의 신규 조성에 대한(계산된) 투자를 지칭하는 개념

고가용 후속 이용: 이 연구에서의 정의로, 주택 및 사무실 용도를 말함

고정 비용: 이 연구에서 대기 기간과 개발자 이윤(15퍼센트) 그리고 자치단체로의 토지 양도(25퍼센트) 비용에 대한 가정을 기반으로 하여 계산된 개발비의 일부

기반시설 설치(비용): 내부 기반시설 설치(도로와 수로) 및 공공녹지 조성을 위한 비용

기준지가의 군집: 다양한 기준지가를 가격의 범위에 따라 분류한 것(예를 들어, 100~150유로)

내부 위치: 주거지역 내에 있는 위치 또는 주거지역과 직접적으로 연결된 위치

대기 기간: 부동산가치평가령ImmoWertV 제2조 제2항인 토지의 건축적 이용의 실현 가능성에 대한 법적 그리고 실제적 전제 조건이 충족될 때까지의 예상되는 기간. 미래 수익의 현행 가격은 대기 기간을 통해 할인됨

매매 가격: 매각 건에 대한 (공증된) 구매 가격

비교 기준지가: 필자가 후속 이용에 대한 척도로서 연관시킨 기준지가(6.2.1.7절)

상업용 후속 이용: 이 연구에서의 정의로, 건축이용령BauNVO에 따른 집회장, 상업지구 GE, 공업지구의 용도를 말함

상향식 비용: 고정 비용 참조

수익: 건축부지 매각으로 얻는 이윤의 합(여기서는 기준지가)

순 건축부지 개발비: 순 건축부지, 즉 건축 준비가 완료된, 매각할 수 있는 토지에 대한 개발비

순 건축부지: 토지 양도를 공제한 총 건축부지

역사적(과거의) **기준지가:** 공증 연도의 기준지가(비교 기준지가 참조). 연역적 가치평가에서 수익으로 설정됨

연방부동산업무공사BImA: 독일 본Bonn에 본부를 둔 부동산업무에 관한 연방공사. 연방정부의 모든 부동산에 대한 소유자. 연방재무부의 법률 및 사무 감독 아래에 있는 연방 최고의 행정 관청

연역적 가치평가: 재고에서 이용 전환의 경우보다 가격이 낮은 토지에 대한 가격 계산 방법. 가격 = 개발비와 이윤을 차감한 건축부지 매각으로 얻는 수익

외부 위치: 이 책에서의 위치에 대한 정의. 예를 들어 연방건설법전 제35조와 같이 계획법과 무관하게 주거연담지역 밖에 있는 위치

전환: 반환된 군사부지의 변환

총 건축부지: 매매 토지 또는 이 연구에서 인프라와 공공녹지를 위한 용지를 포함한 매매 토지. 비록 함께 매각되지만, 건축이 기대되지 않는 인접 산림이나 기타 녹지는 포함되지 않음

토지 양도: 미래의 기반시설 설치 토지 및 공공녹지를 자치단체로 무상으로 양도하는 것(이를 위한 건축비는 없음)

토지 양도가 없는아 **개발비:** 총 건축부지의 제곱미터당 개발비

참고문헌

AH KOSAR 2010. Ferber, Uwe; Stahl, Volker; Hesse, Gerold; Denner, Alexandra; Schrenk, Volker; Henning, Diana: *Kostenoptimierte Sanierung und Bewirtschaftung von Reserveflächen — Arbeitshilfe für Eigentümer, Investoren und Kommunen.* Forschungsvorhaben "Kostenoptimierte Sanierung und Bewirtschaftung von Reserveflächen" (KOSAR) im Rahmen des BMBF-Programmes "Forschung für die Reduzierung der Flächeninanspruchnahme und ein nachhaltiges Flächenmanagement" (REFINA). Leipzig 2010.

Aring, 2005. Aring, Jürgen: *Bodenpreise und Raumentwicklung*; in: Geographische Rundschau. 2005, Heft 57, S. 28-34.

Bagaeen 2006. Bagaeen, Samer G.: *Redeveloping former military sites: Competitiveness, urban sustainability and public participation*; in: Cities (23) 5/2006, S. 339-352 zit. n. Jacoby 2008.

Balla et al. 2009. Balla, Stefan; Wulfert, Katrin; Peters, Heinz-Joachim: *Leitfaden zur Strategischen Umweltprüfung (SUP).* Forschungsbericht 206 13 100. Bundesministerium für Umwelt, Naturschutz und Reaktorsicherheit (Hrsg.). Dessau-Roßlau 2009.

Bartke & Schwarze 2009. Bartke, Stephan; Schwarze, Reimund: *Marktorientierte Wertermittlung — Das EUGEN-Wertermittlungsmodul und das Konzept des Marktorientierten Risikoabschlags (MRA)*; in: BBG 2009, S. 98-110.

Battis et al. 2016. Battis / Krautzberger / Löhr / Mitschang / Reidt: *Baugesetzbuch*, 13. Auflage, beck-online (ohne Seitenangaben, Zitierung nach Bezugsparagraphen). Zugriff am 15.06.2018.

Baumgart & Schlegelmilch 2007. Baumgart, Sabine; Schlegelmilch, Frank: *Nutzung 'auf Probe' — Zwischennutzungen als strategisches Instrument der Stadtentwicklung*; in: Landschaftsarchitekten, Heft 4, 2007. S. 6-8.

Baumgart et al. 2011. Baumgart, Sabine; Overhageböck, Nina; Rüdiger, Andrea: *Eigenart als Chance? — Strategische Positionierungen von Mittelstädten.* Münster 2011.

BBR 2007. *Perspektive Flächenkreislaufwirtschaft Kreislaufwirtschaft in der städtischen / stadtregionalen Flächennutzung — Fläche im Kreis.* Band 3. Bonn 2007.

BBG 2009. Brandenburgische Boden-Gesellschaft für Grundstücksverwaltung und -verwertung, Zossen (Bearb., Hrsg.). Freygang, Martina (Bearb.): *Methodenkatalog. Vorstellung der im Verbundvorhaben SINBRA entwickelten Methoden zur Inwertsetzung nicht wettbewerbsfähiger Brachflächen.* Zossen 2009.

BBSR 2015a. Bundesinstitut für Bau-, Stadt- und Raumforschung (BBSR) im Bundesamt für Bauwesen und Raumordnung (BBR) (Hrsg.): *Umwandlung von Nichtwohngebäuden in Wohnimmobilien.* BBSR-Online-Publikation 09/2015. Bonn.

BBSR 2015b. *Wachsen und Schrumpfen von Städten und Gemeinden im bundesweiten Vergleich. Excel-Tabelle.* https://www.bbsr.bund.de/BBSR/ DE/Raumbeobachtung/Raumabgrenzungen/wachsend-schrumpfend-gemeinden/ downloads.html; Zugriff am 02.02.2018.

Behrendt et al. 2010. Behrendt, Dieter; Gesa, Friedrich; Kleinhückelkotten, Silke; Neitzke, H.-Peter: *Leitfaden Flächenbewertung ECOLOG-Institut für sozialökologische Forschung und Bildung* (Hrsg.). Hannover 2010.

Bell 2006. Bell, Albrecht: *Die Konversion militärischer Liegenschaften;* in: Zeitschrift Landes- und Kommunalverwaltung 2006, S. 102-107. Baden-Baden.

Beuteler et al. 2011. Beuteler, Klaus; Jacoby, Christian; Schultz, Heiko: *Arbeitshilfe Nachhaltiges Konversionsflächenmanagement — entwickelt am Beispiel der Militärkonversion in Schleswig-Holstein.* Universität der Bundeswehr München (Hrsg.). Neubiberg 2011.

BfN 2010. Bundesamt für Naturschutz (BfN): *Natura 2000 — Kooperation von Naturschutz und Nutzern.* Bonn 2010.

BICC 1996. Conversion survey 1996: *Global Disarment, Demilitaization and Demobilisation.* Oxford. Bonn International Center of Conversion (Hrsg.). Bonn 1996.

BImA 2014. Bundesanstalt für Immobilienaufgaben: *Jahresabschluss zum 31. Dezember 2014.* [Jahresabschluss_BImA_2014_Presse.pdf]. Bonn 2014.

Bläser & Jacoby 2009. Bläser, Thomas; Jacoby, Christian: *Monitoring und Evaluation von Stadt- und Regionalentwicklung am Beispiel militärischer Konversion;* in: Nachrichten der ARL, 2009, S. 156-177. Hannover 2009.

BMUB & BMVg 2014. Bundesministerium für Umwelt, Naturschutz und Reaktorsicherheit, Bundesministerium der Verteidigung: *Arbeitshilfen Kampfmittelräumung — Baufachliche Richtlinien zur wirtschaftlichen Erkundung, Planung und Räumung von Kampfmitteln auf Liegenschaften des Bundes.* Berlin 2014.

BMUB 2014. Bundesministerium für Umwelt, Naturschutz, Bau und Reaktorsicherheit (Hrsg.): *Arbeitshilfen Boden- und Grundwasserschutz — Baufachliche Richtlinien zur Planung und Ausführung der Sanierung von schädlichen Bodenveränderungen und Grundwasserverunreinigungen.* Berlin 2014.

BMUB 2015. Bundesministerium für Umwelt, Naturschutz, Bau und Reaktorsicherheit (Hrsg.): *Integrierte städtebauliche Entwicklungskonzepte in der Städtebauförderung — Eine Arbeitshilfe für Kommunen.* Bonn 2015.

BMVBS 2008. Bundesministerium für Verkehr, Bau und Stadtentwicklung (Hrsg.): *Zwischennutzungen und Nischen im Städtebau als Beitrag für eine nachhaltige Stadtentwicklung.* Berlin 2008.

BMVBS 2013. Bundesministerium für Verkehr, Bau und Stadtentwicklung (Hrsg.): *Praxisratgeber Militärkonversion.* Berlin 2013.

BMVg 2004a. Bundesministerium der Verteidigung (Hrsg.): *Die Stationierung der Bundeswehr in Deutschland.* Berlin 2004.

BMVg 2004b. Bundesministerium der Verteidigung (Hrsg.); Meyer-Bohne, Thomas (2004): *Militärisches Bauen — Das Bauen in der Zeit der 70er bis 80er Jahre. Fachinformationen Bundesbau.* Berlin 2004.

BMVg 2005. Bundesministerium der Verteidigung (Hrsg.); Meyer-Bohne, Thomas: *Militärisches Bauen — Das Bauen in der Zeit der 30er bis 40er Jahre.* Fachinformationen Bundesbau. Berlin 2005.

BMVg 2009. Bundesministerium der Verteidigung (Hrsg.). Meyer-Bohne, Thomas: *Militärisches Bauen — Das Bauen in der Zeit der 50er bis 60er Jahre.* Fachinformationen Bundesbau. Berlin 2009.

Bogner et al. 2014. Bogner, Alexander; Littig, Beate; Menz, Wolfgang: *Interviews mit Experten — Eine praxisorientierte Einführung.* Reihe Qualitative Sozialforschung. Wiesbaden 2014.

Bundestag 2010. Deutscher Bundestag: *Veräußerung von ehemals militärisch genutzten Liegenschaften durch die Bundesanstalt für Immobilienaufgaben.* Antwort der Bundesregierung. Drucksache 17/1057. 2010. Berlin.

Bundestag 2014. Deutscher Bundestag: *Liegenschaftspolitik der Bundesanstalt für Immobilienaufgaben bei Wohnungen.* Drucksache 18/2089. Antwort der Bundesregierung. Berlin 2014.

Bundestag 2017. Deutscher Bundestag: *Geschäftspraxis der Bundesanstalt für Immobilienaufgaben.* Drucksache 18/11684. Antwort der Bundesregierung. Berlin 2017.

Bundestag 2018. Deutscher Bundestag, Wissenschaftlicher Dienst: *Die Aufgaben der Bundesanstalt für Immobilienaufgaben und die der Bauverwaltungen des Bundes.* Drucksache WD 7-3000-067/18. Berlin 2018.

Coskun-Öztürk et al. 2018. Coskun-Öztürk, Birsen; Krause, Pascale Livia;

Krüger, Thomas: *Neue Instrumente der Entscheidungsunterstützung in Planungsprozessen;* in: RaumPlanung 196, 2/3 2018, S. 57-61.

Davy 2006. Davy, Benjamin: *Innovationspotentiale für Flächenentwicklung in schrumpfenden Städten — am Beispiel Magdeburg.* Dortmund 2006.

DIFU 2012. Deutsches Institut für Urbanistik gGmbH (Hrsg.): *Untersuchung der Kostenbeteiligung Dritter an den Infrastrukturkosten von Baumaßnahmen.* Berlin 2012.

DIFU 2017. Deutsches Institut für Urbanistik; vhw — Bundesverband für Wohnen und Stadtentwicklung e.V. (Hrsg.): *Bodenpolitische Agenda 2020-2030. Warum wir für eine nachhaltige und sozial gerechte Stadtentwicklungs - und Wohnungspolitik eine andere Bodenpolitik brauchen.* Berlin 2017.

DIFU 2018. Deutsches Institut für Urbanistik gGmbH (Hrsg.): *Studie zur Städtebauförderung: Erfolgsfaktoren und Hemmnisse der Fördermittelbeantragung, - bewilligung und - abrechnung.* Abschlussbericht. Berlin 2018.

Dransfeld & Hemprich 2017. Dransfeld, Egbert; Hemprich, Christian: *Kommunale Boden- und Liegenschaftspolitik — Wohnbaulandstrategien und Baulandbeschlüsse auf dem Prüfstand.* Forum Baulandmanagement NRW (Hrsg.). Dortmund 2017.

Dransfeld & Lehmann 2008. Dransfeld, Egbert; Lehmann, Daniel: *Der Einfluss von Zwischennutzungen auf den Verkehrswert und die Wirtschaftlichkeit von Immobilien. Ergänzende Studie im Rahmen des ExWoSt-Forschungsvorhabens "Zwischennutzungen und Nischen im Städtebau als Beitrag für eine nachhaltige Stadtentwicklung".* Dortmund 2008.

Dransfeld 2004. Dransfeld, Egbert: *Flächenmanagement und Wertermittlung zur Reaktivierung von Bahnbrachen;* in: Informationen zur Raumentwicklung. 2004, Heft 9/10, S. 577-592.

Dransfeld 2007. Dransfeld, Egbert: *Verkehrswertermittlung bei Schrumpfung* *und Leerstand.* Bonn 2007.

Dransfeld 2012. Dransfeld, Egbert: *Bewertung von Konversionsflächen;* in: Der Immobilienbewerter. 2012, Heft 1, S. 3-8.

DVW 2011. DVW - Deutscher Verein für Vermessungswesen e.V. — Gesellschaft für Geodäsie, Geoinformation und Landmanagement: *Brachflächenrevitalisierung — eine strategische Aufgabe.* Merkblatt 2-2011. Vogtsburg-Oberrotweil 2011.

DVW 2012. DVW – Deutscher Verein für Vermessungwesen e.V. — Gesellschaft für Geodäsie, Geoinformation und Landmanagement. Frielinhaus, Benedikt; Kötter, Theo.: *Städtebauliche Kalkulation — Eine Methode zur Ermittlung von Siedlungs- und Infrastrukturkosten.* Vogtsburg-Oberrotweil 2012.

Estermann 1997. Estermann, Hans: *Brachflächenrecycling als Chance — die Brache eine Ressource?* in: Kompa, Reiner; Pidoll, Michael von; Schreiber, Bernd (Hrsg.): Flächenrecycling: Inwertsetzung, Bauwürdigkeit, Baureifmachung. S. 5-17. Berlin 1997.

EU-Rechnungshof 2012. Europäischer Rechnungshof: *Wurde die Revitalisierung von Industrie- und Militärbrachen erfolgreich gefördert?* Sonderbericht 23. Luxemburg 2012

FaKo StB 2014. Fachkommission Städtebau der Bauministerkonferenz: *Arbeitshilfe zu den rechtlichen, planerischen und finanziellen Aspekten der Konversion militärischer Liegenschaften.* Ministerium für Finanzen und Wirtschaft Baden-Württemberg (Hrsg.). Stuttgart 2014.

Finkel et al. 2009. Morio, Maximilian; Schädler, Sebastian; Finkel, Michael: *Konfliktanalyse, Kostenschätzung und ganzheitliche Bewertung mit dem Entscheidungsunterstützungstool EUGEN;* in: BBG 2009, S. 127-150. Tübingen 2009.

Freistaat Sachsen 2001. Freistaat Sachsen, Staatsministerium für Umwelt und

Landwirtschaft, Sächsisches Landesamt für Umwelt und Geologie (Hrsg.): *Marktorientierte Bewertung altlastenbehafteter Grundstücke — Methodische Grundlagen für die Ermittlung der Minderung des Verkehrswertes und daraus resultierende umwelt- und wirtschaftspolitische sowie finanztechnische Konsequenzen.* Materialien zur Altlastenbehandlung 2001. Dresden 2001.

gif 2008. Gesellschaft für Immobilienwirtschaftliche Forschung e. V.: *Ermittlung des Marktwerts (Verkehrswerts) von werdendem Bauland.* Wiesbaden 2008.

gif 2016. Gesellschaft für Immobilienwirtschaftliche Forschung e. V.: *Redevelopment — Leitfaden für den Umgang mit vorgenutzten Gebäuden.* Arbeitspapier. PDF. Wiesbaden 2016.

Glaser & Strauß 2010. Glaser, Barney; Strauß, Anselm: *Grounded Theory: Strategien qualitativer Sozialforschung.* Göttingen 2010.

Großmann et al. 1996. Großmann, J.; Grunewald, V.; Weyers, G.: *Grundstückswertermittlung bei Altlastenverdacht;* in: Grundstücksmarkt und Grundstückswert. 1996, Heft 7(3), S. 154-160.

Grundmann 1994. Grundmann, Martin: *Regionale Konversion: Zur Theorie und Empirie der Reduzierung der Bundeswehr.* Beiträge zur Konversionsforschung, Bd. 3. Münster 1994.

Grundmann 1995. Grundmann, Martin: *Rüstungskonversion: Erfolg durch Wandel der Unternehmenskultur.* Kiel 1995.

Grundmann 1998. Grundmann, Martin: *Truppenabbau, Konversion und Möglichkeiten eigenständiger Regionalentwicklung in Deutschland;* in: Carmona-Schneider, Juan-Javier; Klecker, Peter; Schirm, Magda (Hrsg.): Konversion — Chance für eine eigenständige Regionalentwicklung? Materialien zur Angewandten Geographie, Bd. 34, S. 49-62. Bonn 1998.

Gutsche & Schiller 2005. Gutsche, Jens-Martin; Schiller, Georg: *Das Kostenparadoxon der Baulandbereitstellung;* in: Wuppertal Institut für Klima,

Umwelt, Energie GmbH im Wissenschaftszentrum Nordrhein-Westfalen (Hrsg.): Wuppertal Bulletin zu Instrumenten des Klima- und Umweltschutzes (WB). Ausgabe 2/2005. Wuppertal 2005.

Gutsche 2009. Gutsche, Jens-Martin: *Flächeninanspruchnahme: Kostenstrukturen und Rahmenbedingungen*; in: Preuß, Thomas; Floeting, Holger (Hrsg.): Folgekosten der Siedlungsentwicklung — Bewertungsansätze, Modelle und Werkzeuge der Kosten-Nutzen-Betrachtung. Reihe REFINA, Band III. Deutsches Institut für Urbanistik GmbH (difu). Berlin 2009.

Hauschild 2017. Hauschild, Anne Maria: *§12 Immobilienvermögen*; in: Depenheuer, Otto; Kahl, Bruno (Hrsg.): Staatseigentum — Legitimation und Grenzen. Berlin und Heidelberg 2017.

Hessen Agentur 2015. Hessen Agentur GmbH (Hrsg.): *Erstellung von Kosten- und Finanzierungsübersichten im Rahmen von Konversionsprojekten — Arbeitshilfe.* Wiesbaden 2015.

Jacoby 2008. Jacoby, Christian: *Konversionsflächenmanagement zur nachhaltigen Wiedernutzung freigegebener militärischer Liegenschaften (REFINA-KoM) — Schlussbericht Konzeptionsphase.* Universität der Bundeswehr München (Hrsg.). Neubiberg 2008.

Just 2017. Just, Tobias: *Immobilienmarktprognosen für Einzelmärkte*; in: Rottke & Voigtländer (Hrsg.): Immobilienwirtschaftslehre — Ökonomie. Wiesbaden 2017.

Kirchhoff & Jacobs, ARGE. 1995. Kirchhoff, Jutta; Jacobs, Bernd, usw.: *Kostengünstige Umnutzung aufgegebener militärischer Einrichtungen für Wohnzwecke, Wohnergänzungseinrichtungen und andere Nutzungen.* Hamburg 1995.

Kleiber & Simon 2007. Kleiber, Wolfgang; Simon, Jürgen: *Verkehrswertermittlung von Grundstücken: Kommentar und Handbuch zur Ermittlung von Verkehrs-, Versicherungs- und Beleihungswerten unter Berücksichtigung von WertV und BelWertV.* 5 Aufl., Köln 2007.

Kleiber et al. 2017. Kleiber, Wolfgang, et al.: *Verkehrswertermittlung von Grundstücken : Kommentar und Handbuch zur Ermittlung von Marktwerten (Verkehrswerten) und Beleihungswerten sowie zur steuerlichen Bewertung unter Berücksichtigung der ImmoWertV.* 8. Aufl., Köln 2017.

Koch 2012. Koch, Eva: *Städtebauliche Instrumente bei der Konversion von Militärarealen. Beiträge zum Raumplanungsrecht 244.* Zentralinstitut für Raumplanung an der Universität Münster (Hrsg.). Münster 2014.

Kötter 2005. Kötter, Theo: *Städtebauliche Kalkulation — Voraussetzung für eine wirtschaftliche Baulandentwicklung;* in: DVW Mitteilungen 1/2005. S. 31-44.

Kratz 2003. Kratz, Walther: *Konversion in Ostdeutschland — Die militärischen Liegenschaften der abgezogenen Sowjetischen Streitkräfte, ihre Erforschung, Sanierung und Umwidmung.* Berlin 2003.

Krebs 2011. Krebs, Walter in: Schmidt-Assmann, Eberhard: *Besonderes Verwaltungsrecht.* Berlin 2011.

Kuschnerus 2010. Kuschnerus, Ulrich: *Der sachgerechte Bebauungsplan — Handreichung für kommunale Planung.* 4. Aufl., Bonn 2010.

Landtag BW 2015. Landtag von Baden-Württemberg: *Gestaltung der Konversion in Baden-Württemberg. Antrag und Stellungnahme.* Drucksache 15 / 6384. Stuttgart 2015.

Landtag BW 2017. Landtag von Baden-Württemberg: *Brachliegende Konversionsflächen in Baden-Württemberg. Kleine Anfrage und Antwort.* Drucksache 16/1530. Stuttgart 2017.

LWL 2018. Landschaftsverband Westfalen-Lippe, Rechnungsprüfungsamt (Hrsg.): *Einführung in die Prüfung der Liegenschaftsverwaltung.* Münster 2018.

Mayer 2017. Mayer, Christoph: *Bauplanungsrechtliche Fragestellungen* der Konversion ehemals militärisch genutzter Flächen — Aktuelle Rechtsentwicklungen aufgrund der Entscheidung des BVerwG 4 CN 2.16; in: Zeitschrift für deutsches und internationales Bau- und Vergaberecht (ZfBR) 2017, S. 229-233. beck-online, Zugriff am 08.09.2018.

Mitschang 2006. Mitschang, Stephan: *Restriktionen europäischer Richtlinien für die kommunale Planungshoheit;* in: Zeitschrift für deutsches und internationales Bau- und Vergaberecht (ZfBR) 2006, S. 642-654. beck-online, Zugriff am 08.09.2018.

Müller 2014. Laura Müller: *Bundeswehrreform und Konversion — Nutzungsplanung in den betroffenen Gemeinden.* Wiesbaden 2014.

Nickel & Eiding 2011. Eiding, Lutz; Nickel, Harald: Die planungsrechtliche Situation von Konversionsflächen. NVwZ, 6/2011, S. 336-340. München 2001.

Oroz & Pirisi 2014. Orosz, Éva; Pirisi, Gábor: *Weiße Flächen werden bunt — Stand und Probleme der Militärkonversion in Ungarn;* in: Europa Regional 20.2012 (2014), 4, S. 183-199.

Palkowitsch 2011. Palkowitsch, Oliver: *Konversion und Stadtentwicklung in Potsdam — Das neue Bornstedter Feld.* Potsdam 2001.

Paloyo et al. 2010. Paloyo, Alfredo; Vance, Colin; Vorell, Matthias: *The Regional Economic Effects of Military Base Realignments and Closures in Germany.* Ruhr Economic Papers Nr. 181. Essen u. a. 2010. Online unter http://www. rwiessen.de, abgerufen am 08.05.2017.

Prediger 2014. Pediger, Nicole: *Konversion im Spiegel städtischen Flächenmanagements: am Beispiel der Pioneer Kaserne in Hanau.* Diplomarbeit, Disserta Verlag. Hamburg 2014.

Reuter 2002. Reuter, Franz: *Zur praktikablen Verwendung des Residualverfahrens bei der Ermittlung von Verkehrswerten;* in: Geodäsie im Wandel — Einhundertfünfzig Jahre Geodätisches Institut. Dresdner Beiträge aus geodätischer Forschung und Lehre, Heft 1. Dresden 2002. Online: https://tudresden.de/bu/umwelt/geo/gi/lm/ressourcen/dateien/publikationen/artikel/residualverfahren.pdf?lang=de; abgerufen am 16.05.2018.

Reuter 2009. Reuter, Franz: *Anmerkungen zum deduktiven Preisvergleich für werdendes Bauland unter Beachtung der ImmoWertV*; in: Flächenmanagement und Bodenordnung. Heft 2/2009. Wiesbaden. S. 193 ff.

Reuter 2011. Reuter, Franz: *Deduktiver Preisvergleich für werdendes Bauland im Kontext der ImmoWertV*; in: Immobilien & bewerten. Heft 02/2011. S. 52.

Rottke & Voigtländer 2017. Rottke, Nico B.; Voigtländer, Michael (Hrsg.): *Immobilienwirtschaftslehre — Ökonomie*. Wiesbaden 2017.

Rottke et al. 2016. Hamberger, Karl; Goepfert, Alexander; Rottke, Nico (Hrsg.): *Immobilienwirtschaftslehre — Recht*. Wiesbaden 2016.

Ruckes 2013. Ruckes, Anke: *Potenziale und Restriktionen für eine gewerbliche Folgenutzung von innerstädtischen Verfügungsflächen*. Dissertation an der FU Berlin. Berlin 2013.

Scheidler 2017. Scheidler, Alfred: *Der im Zusammenhang bebaute Ortsteil im Sinne von § 34 BauGB*; in: Zeitschrift für deutsches und internationales Bau- und Vergaberecht (ZfBR) 2017. S. 750-754. beck-online, Zugriff am 08.10.2018.

Schröer & Kullick 2013. Schröer, Thomas; Kullick, Christian: *Das BImA -Gesetz als Bremse bei der Entwicklung von Konversionsflächen*; in: Neue Zeitschrift für Baurecht und Vergaberecht (NZBau) 2013. Heft 6, S. 360-362.

Schulte 2012. Schulte, Karl-Werner (Hrsg.): *Immobilienökonomie III. Stadtplanerische Grundlagen*. Berlin 2012.

Schulte 2014. Schulte, Karl-Werner (Hrsg.): *Immobilienökonomie II. Rechtliche Grundlagen*. Berlin 2014.

Seele 1998. Seele, Walter: *Bodenwertermittlung durch deduktiven Preisvergleich*; in: Vermessung und Raumordnung. 12/1998. S. 393-411.

Städtetag 2017. Deutscher Städtetag (Hrsg.) (2017): *Neuausrichtung der Wohnungs- und Baulandpolitik. Positionspapier des Deutschen Städtetages, beschlossen vom Präsidium am 12. September 2017* in Kassel. Berlin 2017.

Städtetag et al. 2019. Deutscher Städtetag, Deutscher Landkreistag, Deutscher Städte- und Gemeindebund und Bundesanstalt für Immobilienaufgaben(BImA): *Gemeinsame Information zu Verfahrens- und Wertermittlungsgrundsätzen — Information des Deutschen Städtetages, des Deutschen Landkreistages, des Deutschen Städte- und Gemeindebundes und der Bundesanstalt für Immobilienaufgaben (BImA) zur Mobilisierung bundeseigener Grundstücke für Zwecke des Wohnungsbaus.* Bonn / Berlin 2019.

Tessenow 2006. Tessenow, Heiko: *Konversion militärischer Liegenschaften in Tauberbischofsheim — Diskussion von Entwicklungsansätzen mittels Workshop. Studien zur Raumplanung und Projektentwicklung.* Heft 2/06. München 2006.

Weitkamp 2009. Weitkamp, Alexandra: *Brachflächenrevitalisierung im Rahmen der Flächenkreislaufwirtschaft.* Dissertation am Institut für Geodäsie und Geoinformation der Rheinischen Friedrich-Wilhelms-Universität zu Bonn. Bonn 2009.

Weyrauch 2010. Weyrauch, Bernhard: *Die Begründung zum Bebauungsplan — Rechtliche Anforderungen und praktische Empfehlungen.* Dissertation an der TU Berlin, Fakultät VI — Planen Bauen Umwelt. Berlin 2010.

Wieschollek 2006. Wieschollek, Stefan: *Konversion: Ein totgeborenes Kind in Wünsdorf-Waldstadt? Probleme der Umnutzung des ehemaligen Hauptquartiers der Westgruppe der Truppen zur zivilen Kleinstadt.* BICC paper 49. Bonn 2006.

법령 출처

노르트라인-베스트팔렌주 기념물보호법 DenkSchG NRW. Gesetz zum Schutz und zur Pflege der Denkmäler im Lande Nordrhein-Westfalen

부동산가치평가령ImmowertV. Verordnung über die Grundsätze für die Ermittlung der Verkehrs werte von Grundstücken

연방건설법전BauGB. Baugesetzbuch in der Fassung der Bekanntmachung vom 3. November 2017 (BGBl. I S. 3634)

연방부동산업무공사법BImAG. Gesetz über die Bundesanstalt für Immobilienaufgaben vom 9. Dezem ber 2004 (BGBl. I S. 3235); geändert durch Artikel 15 Absatz 83 des Gesetzes vom 5. Februar 2009 (BGBl. I S. 160)

연방예산법BHO. Bundeshaushaltsordnung

연방자연보호법BNatSchG. Gesetz über Naturschutz und Landschaftspflege (Bundesnatur-schutzgesetz)

연방토양보호법BBodSchG. Gesetz zum Schutz vor schädlichen Bodenveränderungen und zur Sanierung von Altlasten

자치단체공과금법KAG. Kommunalabgabengesetz

할인 지침 VerbR. Richtlinie der Bundesanstalt für Immobilienaufgaben (BImA) zur verbil ligten Abgabe von Grundstücken

인터넷 출처

BMU.de 2018.
https://www.bmu.de/themen/natur-biologische-vielfalt-arten/naturschutz-biologische-vielfalt/gebietsschutz-und-vernetzung/ nationales naturerbe/ (Zugriff am 05.06.2018)

BMF.de 2017.
https://www.bundesfinanzministerium.de/Monatsberichte/2017/05 /Inhalte/ Kapitel-3-Analysen/3-7-Gruene-Konversion-von-Bundesflaechen. html (Zugriff am 05.06.2018)

BMF.de 2018.
https://www.bundesfinanzministerium.de/Content/DE/Reden/2018/2018-06-12-BIMA.html (Zugriff am 01.11.2018) tagesspiegel.de 2018. https://www.tagesspiegel.de/wirtschaft/immobilien/bundesanstalt-fuer-immobilienaufgaben-die-bima-veraendert-ihre geschaeftspolitik/23641684. html (Zugriff am 20.11.2018)

전문가 인터뷰

Dransfeld Interview. Dransfeld, Egbert. Interview am 25.06.2018 in seinem Büro in Dortmund.

Musial Interview. Musial, Jörg. Interview am 11.05.2018 in seinem Büro in Bonn.

부록 1. 부동산 목록

아래의 부동산 명칭은 필자가 이해하기 쉽게 만들었다.

명칭[239]	지역	주소	연방주[240]
일레나우 병영 (Kaserne Illenau)	아헌 (Achern)	일레나우어 알레 13 (Illenauer Allee 13)	바덴-뷔르템베르크 (BW)
동원군 기지 (MOB)	비티히하임 (Bietigheim)	무겐슈투르머 하르트 (Muggensturmer Hardt)	바덴-뷔르템베르크 (BW)
연방군장비보관소 (MUZ)	비티히하임 (Bietigheim)	안 데어 베(국도)드라이 (An der B3)	바덴-뷔르템베르크 (BW)
브라이스가우 산업단지 (Gewerbepark Breisgau)	에쉬바흐 (Eschbach)	막스 임멜만 알레 (Max-Immelmann-Allee)	바덴-뷔르템베르크 (BW)
구 플라크 병영 (Ehem. Flak-Kaserne)	프리드리히스하펜 (Friedrichshafen)	암 팔렌브룬넨 (Am Fallenbrunnen)	바덴-뷔르템베르크 (BW)
피엑스 등 (PX u. a.)	하이델베르크 (Heidelberg)	체르니링 14 (Czernyring 14)	바덴-뷔르템베르크 (BW)
구 신마청, 브라이트휠렌 (Ehem. Remonte-Amt, Breithülen)	헤롤트슈타트 (Heroldstatt)	신마창(新馬廠) (Remontedepot)	바덴-뷔르템베르크 (BW)
구 호헨베르크 병영 (Ehem. Hohenberg-Kaserne)	호르프 암 네카 (Horb am Neckar)	빌데칭거 슈타이지 (Bildechinger Steige)	바덴-뷔르템베르크 (BW)
군 훈련장 및 건물 (Truppenübungsplatz u. Gebäude)	임멘딩겐 (Immendingen)	탈만스베르크 (Talmannsberg)	바덴-뷔르템베르크 (BW)
연방군서비스센터 운영부지(BWDLZ-Betriebsgelände)	임멘딩겐 (Immendingen)	하르트슈트라세 (Hardstraße)	바덴-뷔르템베르크 (BW)
군인회관 (Soldatenheim)	임멘딩겐 (Immendingen)	탈만스베르크 (Talmannsberg)	바덴-뷔르템베르크 (BW)

구 마켄젠 병영 (Ehem. Mackensen- Kaserne)	칼스루에 (Karlsruhe)	린트하이머 크베르알레 (Rintheimer Querallee)	바덴-뷔르템베르크 (BW)
나토 예비비행장 라르 (NATO- Reserveflugplatz Lahr)	라르 / 슈바르츠발트 (Lahr / Schwarzwald)	프리츠 린더스바허 슈트라세 (Fritz- Rindersbacher- Straße)	바덴-뷔르템베르크 (BW)
구 에버하르트 루트비히 병영 (Ehem. Eberhard- Ludwig-Kaserne)	루트비히스부르크 (Ludwigsburg)	그뢰너슈트라세 (Grönerstraße)	바덴-뷔르템베르크 (BW)
예거호프(보병부대) 병영 (Jägerhof Kaserne)	루트비히스부르크 (Ludwigsburg)	알트 뷔르템베르크 알레(Alt- Württemberg- Allee)	바덴-뷔르템베르크 (BW)
테일러 병영 (Taylor Barracks)	만하임 (Mannheim)	하펠란트슈트라세 30 (Havellandstr.30)	바덴-뷔르템베르크 (BW)
만하임 툴리 병영 (Turley Barracks Mannheim)	만하임 (Mannheim)	프리드리히 에버트 슈트라세 (Friedrich-Ebert- Straße)	바덴-뷔르템베르크 (BW)
모스바흐 네카탈 병영 (Neckartalkaserne Mosbach)	모스바흐 (Mosbach)	루텐바흐탈슈트라세 (Luttenbachtalstraße)	바덴- 뷔르템베르크(BW)
라인아우 주둔군탄약고 및 도로 (Rainau StOMunNdl u. Straße)	라인아우 (Rainau)	동원군 기지 (MOB-Stützpunkt)	바덴-뷔르템베르크 (BW)
조프르 병영 (Kaserne Joffre)	라슈타트 (Rastatt)	요제프슈트라세 19 (Josefstr. 19)	바덴-뷔르템베르크 (BW)
말름스하임 공항 부분 용지 (Teilfläche Flugplatz Malmsheim)	레닝겐 (Renningen)		바덴-뷔르템베르크 (BW)
구 군장비보관소 (Ehem. Verwahrlager)	지겔스바흐 (Siegelsbach)	뮈리히벡 (Mührigweg)	바덴-뷔르템베르크 (BW)

구 리요테 병영 (Ehem. Kaserne Lyauthey)	빌링겐 슈베닝겐 (Villingen-Schwenningen)	키르나허 슈트라세 36 (Kirnacher Str. 36)	바덴-뷔르템베르크 (BW)
레디 병영 (Ready-Kaserne)	아샤펜부르크 (Aschaffenburg)	쿨름바허 슈트라세 (Kulmbacher Straße)	바이에른 (BY)
구 주둔군 행정관리 건물 (ehem. StoV-Gebäude)	바이로이트 (Bayreuth)	크리스티안 리터 폰 랑하인리히 슈트라세 (Christian-Ritter-von-Langheinrich-Straße)	바이에른 (BY)
구 연방군 마르그라펜 병영 (ehem. BW-Margrafenkaserne)	바이로이트 (Bayreuth)	크리스티안 리터 폰 포프 슈트라세 (Christian-Ritter-von-Popp-Straße)	바이에른 (BY)
카프라이트 병영 (Karfreit-Kaserne)	브란넨부르크 (Brannenburg)	누스도르퍼 슈트라세 (Nußdorfer Straße)	바이에른 (BY)
에르딩 노르트코프겔 비행장 (Nordkopfgel.-Flugpl. Erding)	에르딩 (Erding)	노르트코프 (Nordkopf)	바이에른 (BY)
연방군 지휘부지원학교/ 연방군 정보기술전문학교 펠다핑 (FUEUSTGSBW/ FSBWIT Feldafing)	펠다핑 (Feldafing)	투칭거 슈트라세 (Tutzinger Straße)	바이에른 (BY)
기벨슈타트 북부 비행장 (Flugplatz Giebelstadt-Nordteil)	기벨슈타트 (Giebelstadt)	암 벨트헨 (Am Wäldchen)	바이에른 (BY)
구 퇼츠 그라일링 미군 비행장 (Ehem. US-Flugp. Tölz-Greiling)	그라일링 (Greiling)		바이에른 (BY)
항공기지 (Fliegerhorst)	카우프보이렌 (Kaufbeuren)	아펠트링거 슈트라세 (Apfeltranger Straße)	바이에른 (BY)

포병 병영 부분 용지 (Teilfläche Artilleriekaserne)	켐프텐 (Kempten)	카우프보이렌 슈트라세 (Kaufbeurer Straße)	바이에른 (BY)
지방병무청 (Kreiswehrersatzamt)	켐프텐 (Kempten)	힌테름 지헨바흐 (Hinterm Siechenbach)	바이에른 (BY)
구 하비 병영 (Ehem. Harvey- Kaserne)	키칭겐 (Kitzingen)	플룩플라츠슈트라세 (Flugplatzstraße)	바이에른 (BY)
미군 라슨 (US-Larson)	키칭겐 (Kitzingen)		바이에른 (BY)
벨펜 병영 (Welfenkaserne)	란스베르크 암 레흐 (Landsberg am Lech)	이글링거 슈트라세 (Iglinger Str.)	바이에른 (BY)
구 란슈트 쇠흐병영 (Ehem. Schochkaserne Landshut)	란슈트 (Landshut)	니더마이어슈트라세 81-105 (Niedermayerstr. 81-105)	바이에른 (BY)
구 라이프하임 비행장 (Ehemaliger Flugplatz Leipheim)	라이프하임 (Leipheim)	귄츠부르거 슈트라세 70 (Günzburger Str. 70)	바이에른 (BY)
구 퓌르스텐펠트브룩 비행장 (Teilfläche ehem. Flugplatz FFB)	마이자흐 (Maisach)	알테 브루커 슈트라세 (Alte Brucker Straße)	바이에른 (BY)
구 군비행장 (Ehem. milit. Flugplatz)	멤밍거베르크 (Memmingerberg)	슐라이프벡 1 (Schleifweg 1)	바이에른 (BY)
구 크론프린츠(황태자) 루프레흐트 병영 (Ehem. Kronprinz- Rupprecht- Kaserne)	뮌헨 (München)	슐라이스하이머 슈트라세 426 (Schleißheimer Str. 426)	바이에른 (BY)
오버슐라이스하임 비행장 (Flugpl. Oberschleißheim)	오버슐라이스하임 (Oberschleißheim)	페르디난트 슐츠 알레 (Ferdinand-Schulz- Allee)	바이에른 (BY)

레겐스부르크 니벨룽겐 병영 (Nibelungenkaserne RGB)	레겐스부르크 (Regensburg)	칼 마리아 폰 베버 슈트라세 (Carl-Maria-von-Weber-Straße)	바이에른 (BY)
구 레드워드 병영 (Ehem. Ledward-Barracks)	슈바인푸르트 (Schweinfurt)	니더베르너 슈트라세 (Niederwerner Straße)	바이에른 (BY)
그륀터 병영의 일부 용지 (Flurstück der Grünterkaserne)	존트호펜 (Sonthofen)	잘츠벡 (Salzweg)	바이에른 (BY)
구 오버빌트플레켄 뢴 병영 (Ehem. Rhönkaserne Oberwildflecken)	빌트플레켄 (Wildflecken)	비쇼프스하이머 슈트라세 (Bischofsheimer Straße)	바이에른 (BY)
크로이츠베르크 산업단지 (Gewerbepark Kreuzberg)	빌트플레켄 (Wildflecken)	비쇼프스하이머 슈트라세 (Bischofsheimer Straße)	바이에른 (BY)
분지델, 슈네베르크 구 군부대 (Wunsiedel, Schneeberg, ehem. Truppenanlage)	분지델 임 피히텔게비르게 (Wunsiedel im Fichtelgebirge)	슈네베르크 (Schneeberg)	바이에른 (BY)
하나우-뷔르츠부르크 3824 도로(레이튼 병영 교차점) (Trasse Hanau-Würzburg-3824 (Knoten Leighton Kaserne))	뷔르츠부르크 (Würzburg),	로텐도르퍼 슈트라세 (Rottendorfer Straße)	바이에른 (BY)
미군 독일 사령부 (US HQ Deutschland)	베를린 (Berlin)	클레이알레 170, 172 (Clayallee 170, 172)	베를린 (BE)
클라도어 담 184A-218A (Kladower Damm 184A-218A)	베를린 (Berlin)	클라도어 담 224-288 (Kladower Damm 224-288)	베를린 (BE)

칼스호스트 동부 택지 II (Karlshorst-Ost Wohnbaufl. II)	베를린 (Berlin)	츠비젤러 슈트라세 2-50/ 모 9 (Zwieseler Straße 2-50/ MO 9)	베를린 (BE)
칼스호스트 동부 택지 I (Karlshorst-Ost Wohnbaufl. I)	베를린 (Berlin)	츠비젤러 슈트라세 2-50/ 모 9 (Zwieseler Straße 2-50/ MO 9)	베를린 (BE)
구 블랑켄펠데 병영 (Ehem. Kaserne Blankenfelde)	블랑켄펠데 말로 (Blankenfelde-Mahlow)	윈스도르퍼 벡 (Jühnsdorfer Weg)	브란덴부르크 (BB)
담스도르프 병영 (Kaserne Damsdorf)	담스도르프 (Damsdorf)	괼스도르퍼 슈트라세 22 (Göhlsdorfer Str. 22)	브란덴부르크 (BB)
에버스발데, 창고물건 (Eberswalde, Lagerobjekt)	에버스발데 (Eberswalde)	알텐호퍼 슈투라세 53 (Altenhofer Straße 53)	브란덴부르크 (BB)
옌쉬발데 / 드레비츠 (Jänschwalde / Drewitz)	옌쉬발데 (Jänschwalde)	플룩플라츠슈트라세 (Flugplatzstraße)	브란덴부르크 (BB)
레니츠 기갑부대 메르키셰 병영 (Märkische Kaserne Lehnitz, PzArt)	오라니엔부르크 레니츠 구역 (Oranienburg, OT Lehnitz)	뮐렌베커 벡 (Mühlenbecker Weg)	브란덴부르크 (BB)
구 (동독)인민군 병영 (Ehem. NVA-Kaserne)	플라텐부르크 (Plattenburg)	안 데어 아이헤 (An der Eiche)	브란덴부르크 (BB)
무명 (ohne Namen)	프렌츨라우 (Prenzlau)	프란츠 빈홀츠 슈트라세 23a (Franz-Wienholz-Str. 23a)	브란덴부르크 (BB)
노이제딘 연방군기기 (Bundeswehrstützpunkt Neuseddin)	제디너 제 (Seddiner See)	게베르베슈트라세 (Gewerbestraße)	브란덴부르크 (BB)
건축부지 (Baufläche)	슈탄스도르프 (Stahnsdorf)	하인리히 칠레 슈트라세 (Heinrich-Zille-Straße)	브란덴부르크 (BB)

폰 하르덴베르크 병영 (Von-Hardenberg- Kaserne)	슈트라우스베르크 (Strausberg)	프뢰첼러 소세 (Prötzeler Chaussee)	브란덴부르크 (BB)
뮐렌벡 병영 (Kaserne Mühlenweg)	슈투라우스베르크 (Strausberg)	뮐렌벡 (Mühlenweg)	브란덴부르크 (BB)
구 사령부 훈련장 (Ehem. Übungsplatz Kommandantur)	비트슈토크 / 도세 (Wittstock / Dosse)	굴뮐러 슈트라세 (Kuhlmühler Straße)	브란덴부르크 (BB)
빌헬름 카이젠 병영 (Wilhelm-Kaisen- Kaserne)	브레멘 (Bremen)	라주머 헤어슈트라세 (Lasumer Heerstraße)	브레멘 (HB)
탱크 정비 및 세척장 (Panzerwartungs- u. Waschplatz)	뷔딩겐 (Büdingen)	바이 데어 카제르네 (Bei der Kaserne)	헤센 (HE)
암스트롱 병영 (Armstrong Barracks)	뷔딩겐 (Büdingen)	암 리페르츠 (Am Lipperts)	헤센 (HE)
나탄 할레 창고 (Nathan-Hale- Depot)	다름슈타트 (Darmstadt)	세프 알레 (Schepp-Allee)	헤센 (HE)
켈리 병영 (Kelley Barracks)	다름슈타트 (Darmstadt)	에숄브뤼커 슈트라세 (Eschollbrücker Straße)	헤센 (HE)
에른스트 루트비히 테아터 (Ernst-Ludwig- Theater)	다름슈타트 (Darmstadt)	클라우젠부르거 슈트라세 / 안네 프랑크 슈트라세 / 에숄브뤼커 슈트라세 (Klausenburger Straße / Anne- Frank-Straße / Eschollbrücker Straße)	헤센 (HE)
나탄 할레 창고 (Nathan-Hale- Depot)	다름슈타트 (Darmstadt)	세프 알레 (Schepp-Allee)	헤센 (HE)
에어렌제 항공기지 (Fliegerhorst Erlensee)	에어렌제 (Erlensee)	춤 플리거호스트 (Zum Fliegerhorst)	헤센 (HE)

뢰델하임 (Rödelheim)	프랑크푸르트 (Frankfurt)	가우그라펜슈트라세 (Gaugrafenstraße)	헤센 (HE)
프리츠 에얼러 병영 (Fritz-Erler-Kaserne)	풀다탈 (Fuldatal)	암 플리거호스트 (Am Fliegerhorst)	헤센 (HE)
구 장교카지노 (Ehem. Offizierskasino)	겔른하우젠 (Gelnhausen)	그림멜스하우젠슈트라세 (Grimmelshausenstraße)	헤센 (HE)
피엑스 숍 (PX Shop)	기센 (Gießen)	그륀베르거 슈트라세 (Grünberger Straße)	헤센 (HE)
켈러 극장 (Keller Theatre)	기센 (Gießen)	뢰트게너 슈트라세 (Rödgener Straße)	헤센 (HE)
고등학교 (High School)	기센 (Gießen)	뢰트게너 슈트라세 (Rödgener Straße)	헤센 (HE)
미군 창고 (US-Depot)	기센 (Gießen)	뢰트게너 슈트라세 (Rödgener Straße)	헤센 (HE)
베르크병영 (Bergkaserne)	기센 (Gießen)	안 데어 카제르네 (An der Kaserne)	헤센 (HE)
후티에 병영 (Hutier Kaserne)	하나우 (Hanau)	람보이슈트라세 91-111 (Lamboystr. 91-111)	헤센 (HE)
카드웰 클럽, 미군 스포츠센터 (Cardwell Club, US-Sporthalle)	하나우 (Hanau)	켐니처 슈트라세 (Chemnitzer Straße)	헤센 (HE)
요크호프 병영 (Yorkhof-Kaserne)	하나우 (Hanau)	켐니처 슈트라세 1-17 (Chemnitzer Str. 1-17)	헤센 (HE)
볼프강 병영 (Wolfgang-Kaserne)	하나우 (Hanau)	아샤펜부르거 슈트라세 (Aschaffenbuger Straße)	헤센 (HE)
파이오니어 병영 (Pioneer Kaserne)	하나우 (Hanau)	아샤펜부르거 슈트라세 (Aschaffenburger Straße)	헤센 (HE)

올드 아르고너 병영 (Old Argonner Kaserne)	하나우 (Hanau)	에른스트 바르텔 슈트라세, "올드 아르고너" (Ernst-Barthel- Straße, "Old Argonner")	헤센 (HE)
블뤼허 병영 (Blücher Kaserne)	헤센 리히테나우 (Hessisch Lichtenau)	아틸러리슈트라세 (Artilleriestraße)	헤센 (HE)
되른베르크 병영, 오스트프로이센 병영 (Dörnberg-Kaserne, Ostpreußen- Kaserne)	홈베르크(에프체) (Homberg (Efze))	바스무트스호이저 슈트라세 45-50 (Waßmuthshäuser Str. 45-50)	헤센 (HE)
마가진(탄약)호프 구역 II(잔여 면적) (Magazinhof Teil II (Restfläche))	카셀 (Kassel)	로이쉬너슈트라세 (Leuschnerstraße)	헤센 (HE)
뤼티히 병영 (Lüttich-Kaserne)	카셀 (Kassel)	오이겐 리히터 슈트라세 (Eugen-Richter- Straße)	헤센 (HE)
위생부대 (Sanitätshauptdepot)	로르흐 (Lorch)	비스퍼탈 (Wispertal)	헤센 (HE)
구 경기병 병영 (Ehem. Husarenkaserne)	존트라 (Sontra)	후자렌알레 (Husarenallee)	헤센 (HE)
볼프하겐 폼메른 병영 (Pommernkaserne Wolfhagen)	볼프하겐 (Wolfhagen)	가스터펠더 홀츠 (Gasterfelder Holz)	헤센 (HE)
프로라, 구역 (Prora, Block)	빈츠 (Binz)	프로라슈트라세 (Prorastraße)	메클렌부르크- 포어포메른 (MV)
노이 포제린 다메로 병영 (Damerow-Kaserne Neu Poserin)	카로 (Karow)	안 데어 슈트라세 나흐 골트베르크 (An der Straße nach Goldberg)	메클렌부르크- 포어포메른 (MV)

레르츠 비행장, 서부집단군 물건 31 (WGT-Objekt 31, Flugpl. Lärz)	레르츠 (Lärz)	비행장 (Flugplatz)	메클렌부르크-포어포메른 (MV)
서부집단군 물건 41번 (WGT-Objekt Nr. 41)	루트비히스루스트 (Ludwigslust)	테첸틴 (Techentin)	메클렌부르크-포어포메른 (MV)
뤼초 병영 (Lützow-Kaserne)	슈타벤하겐 (Stavenhagen)	뤼초 병영 (Lützow-Kaserne)	메클렌부르크-포어포메른 (MV)
구 서부집단군 주둔지 (Ehem. WGT-Garnison)	비스마르 (Wismar)	뤱셰 슈트라세 / 암 페스트플라츠 (Lübsche Straße / Am Festplatz)	메클렌부르크-포어포메른 (MV)
구 병영 (Ehem. Kaserne)	칭스트 (Zingst)	한스헤거 슈트라세 (Hanshaeger Str.)	메클렌부르크-포어포메른 (MV)
블뤼허 병영 앞의 일부 부지 (Teilfläche vor der Blücher-Kaserne)	아우리히 (Aurich)	자카거락슈트라세 9 (Skagerrakstr. 9)	니더작센 (NI)
병영 (Kaserne)	바트 보덴타이히 (Bad Bodenteich)	슈타덴저 슈트라세 (Stadenser Straße)	니더작센 (NI)
연방군 병원 (Bundeswehr-Krankenhaus)	바트 츠비셴안 (Bad Zwischenahn)	엘멘도르퍼 슈트라세 65 (Elmendorfer Str. 65)	니더작센 (NI)
구 지방병무청 (Ehem. Kreiswehrersatzamt)	브라운슈바이크 (Braunschweig)	그뤼네발트슈트라세 (Grünewaldstraße)	니더작센 (NI)
하인리히 데어 뢰베 병영 (Heinrich-der-Löwe-Kaserne)	브라운슈바이크 (Braunschweig)	브라운슈바이거 슈트라세 1 (Braunschweiger Str. 1)	니더작센 (NI)
장교회관 (Offiziersheim)	뷔케부르크 (Bückeburg)	운데름 보갠 20 (Unterm Bogen 20)	니더작센 (NI)

구 마운트배튼 학교 (Ehem. Mountbatten School)	첼레 (Celle)	비테슈트라세 (Wittestraße)	니더작센 (NI)
트렌처드 병영 (Trenchard Barracks)	첼레 (Celle)	호에 벤데 (Hohe Wende)	니더작센 (NI)
쇼이엔 (Scheuen)	첼레 (Celle)	프리츠슈트라세 (Fritschstraße)	니더작센 (NI)
구 칼 폰 뮐러 병영 (Ehem. Karl-von-Müller-Kaserne)	엠덴 (Emden)	가이벨슈트라세 (Geibelstraße)	니더작센 (NI)
기프호른 알테 병영 (Alte Kaserne Gifhorn)	기프호른 (Gifhorn)	빌셔 벡 (Wilscher Weg)	니더작센 (NI)
비행기지 (Fliegerhorst)	고슬라 (Goslar)	마리엔부르거 슈트라세 (Marienburger Straße)	니더작센 (NI)
마켄젠 병영 (Mackensen-Kaserne)	힐데스하임 (Hildesheim)	제나토 브라운 알레 22 (Senator-Braun-Allee 22)	니더작센 (NI)
슐리펜 병영 (Schlieffen-Kaserne)	뤼네부르크 (Lüneburg)	마이스터벡 (Meisterweg)	니더작센 (NI)
지휘부 (Führungsbereich)	노르트홀츠 (Nordholz)		니더작센 (NI)
도너슈베 병영 (Donnerschwee-Kaserne)	올덴부르크 (Oldenburg)	크란베르크슈트라세 (Kranbergstraße)	니더작센 (NI)
올덴부르크 비행기지 (Fliegerhorst Oldenburg)	올덴부르크 (Oldenburg)	알렉산더슈트라세 461 (Alexanderstr. 461)	니더작센 (NI)
빈켈하우젠 병영 (Winkelhausen-Kaserne)	오스나브뤼크 (Osnabrück)	안 데어 네터 하이데 (An der Netter Heide)	니더작센 (NI)

학교 (Schule)	오스나브뤼크 (Osnabrück)	엘러슈트라세 68 (Ellerstraße 68)	니더작센 (NI)
샤른호스트 병영(벨파스트 병영) (Scharnhorst Kaserne (Belfast Barracks))	오스나브뤼크 (Osnabrück)	제단슈트라세 (Sedanstraße)	니더작센 (NI)
메처 병영(프레스타틴 병영) (Metzer Kaserne (Prestatyn Barracks))	오스나브뤼크 (Osnabrück)	제단슈트라세 (Sedanstraße)	니더작센 (NI)
학교 (Schule)	오스나브뤼크 (Osnabrück)	레르헨슈트라세 145 (Lerchenstr. 145)	니더작센 (NI)
병영 (Kaserne)	오스나브뤼크 (Osnabrück)	란트베어슈트라세 (Landwehrstraße)	니더작센 (NI)
롬멜 병영 (Rommel-Kaserne)	오스터로데 암 하르츠 (Osterode am Harz)	베르크슈트라세 27 (Bergstr. 27)	니더작센 (NI)
폰 괴벤 병영 (Von-Goeben- Kaserne)	슈타데 (Stade)	오텐베크 (Ottenbeck)	니더작센 (NI)
프리스란트 병영 (Friesland-Kaserne)	파렐 (Varel)	슈타인브뤼크벡 47 (Steinbrückenweg 47)	니더작센 (NI)
렌사이데 병영 (Kaserne Lehnsheide)	피셀회베데 (Visselhövede)	첼러 슈트라세 60 (Celler Str. 60)	니더작센 (NI)
비스바덴브뤼케 (Wiesbadenbrücke)	빌헬름스하펜 (Wilhelmshaven)	비스바덴브뤼케 (Wiesbadenbrücke)	니더작센 (NI)
체트아 (ZA)	아헨 (Aachen)	프로인더 벡 7 (Freunder Weg 7)	노르트라인- 베스트팔렌 (NRW)
테오도르 쾨르너 병영 (Theodor-Koerner- Kaserne)	아헨 (Aachen)	린터트슈트라세 (Lintertstr.)	노르트라인- 베스트팔렌 (NRW)

졸다텐파크플라츠 (Soldatenparkplatz)	아우구스트도르프 (Augustdorf)	게네랄펠트마샬(원수) 롬멜 슈트라세 (Gfm.-Rommel- Straße)	노르트라인- 베스트팔렌 (NRW)
구 레트 병영 (Ehem. Reeth- Kaserne)	빌레펠트 (Bielefeld)	포츠다머 슈트라세 (Potsdamer Straße)	노르트라인- 베스트팔렌 (NRW)
구 리치먼드 병영 (Ehem. Richmond- Barracks)	빌레펠트 (Bielefeld)	암 슈타트홀츠 (Am Stadtholz)	노르트라인- 베스트팔렌 (NRW)
운동장 (Sportplatz)	블롬베르크 (Blomberg)	네더란트슈트라세 (Nederlandstraße)	노르트라인- 베스트팔렌 (NRW)
갈비츠 병영 (Gallwitzkaserne)	본 (Bonn)	빌몽블 슈트라세 80 (Villemombler Str. 80)	노르트라인- 베스트팔렌 (NRW)
구 프라이헤르 폰 슈타인 병영 (Ehem. Freiherr-v.- Stein-Kaserne)	코스펠트 (Coesfeld)	플람셴 60 (Flamschen 60)	노르트라인- 베스트팔렌 (NRW)
하르트 병영 (Haard-Kaserne)	다텔른 (Datteln)	하흐하우제너 슈트라세 (Hachhausener Straße)	노르트라인- 베스트팔렌 (NRW)
구 호바트 병영 (Ehem. Hobart- Kaserne)	데트몰트 (Detmold)	리히트호펜슈트라세 (Richthofenstraße)	노르트라인- 베스트팔렌 (NRW)
구 연방군병원 (Ehem. Bundes- wehrkrankenhaus)	데트몰트 (Detmold)	헬트만슈트라세 (Heldmanstraße)	노르트라인- 베스트팔렌 (NRW)
장크트(聖) 바바라 병영 (St. Barbara Kaserne)	뒬멘 (Dülmen)	레터하우스슈트라세 (Letterhausstraße)	노르트라인- 베스트팔렌 (NRW)
모리츠 폰 나사우 병영 (Moritz-von- Nassau-Kaserne)	엠머리히 암 라인 (Emmerich am Rhein)	놀렌부르거 베 (Nollenburger Weg)	노르트라인- 베스트팔렌 (NRW)

병영 (Kaserne)	그레프라트 (Grefrath)	암 비스트 (Am Bist)	노르트라인- 베스트팔렌 (NRW)
파라켈수스 병영 (Paracelsus- Kaserne)	함 (Hamm)	페터 뢰트겐 플라츠 (Peter-Röttgen- Platz)	노르트라인- 베스트팔렌 (NRW)
델브뤼커 슈타인벡 등 (Dellbrücker Steinweg u.a.)	쾰른 (Köln)	델브뤼커 슈타인벡 (Dellbrücker Steinweg)	노르트라인- 베스트팔렌 (NRW)
타보라 학교 (Schule Tabora)	쾰른 (Köln)	폰 크바트 슈트라세 118 (Von-Quadt-Str. 118)	노르트라인- 베스트팔렌 (NRW)
브래드버리 병영 (Bradbury Barracks)	크레펠트 (Krefeld)	켐페너 알레 149 Kempener Allee 149)	노르트라인- 베스트팔렌 (NRW)
구 리퍼란트 병영 (Ehem. Lipperland- Kaserne)	리프슈타트 (Lippstadt)	마스트홀터 슈트라세 130 (Mastholter Str. 130)	노르트라인- 베스트팔렌 (NRW)
구 주둔군 행정관리부대 (Ehem. StOV)	운나 (Unna)	카메너 슈트라세 112 (Kamener Str. 112)	노르트라인- 베스트팔렌 (NRW)
누트사이트 병영 (Nutscheidkaserne)	발트브뢸 (Waldbröl)	누트사이트슈트라세 (Nutscheidstr.)	노르트라인- 베스트팔렌 (NRW)
구 마셜 병영 (Ehem. Marshall- Kaserne)	바트 크로이츠나흐 (Bad Kreuznach)	미쉘린슈트라세 (Michelinstraße)	라인란트-팔츠 (RP)
아르탈 병영 (Ahrtal-Kaserne)	바트 노이에나르 아르바일러 (Bad Neuenahr- Ahrweiler)	헤르슈트라세 109 (Heerstr. 109)	라인란트-팔츠 (RP)
구 프랑스군 병영 (Ehem. frz. Kaserne)	비트부르크 (Bitburg)	뫼처 슈트라세 28 (Mötscher Str. 28)	라인란트-팔츠 (RP)
비트부르크 비행장 (Flugplatz Bitburg)	비트부르크 (Bitburg)	비트루브크 비행장 (Flugplatz Bitburg)	라인란트-팔츠 (RP)

덱스하임 게잠트 (Dexheim Gesamt)	덱스하임 (Dexheim)	미군 병영 외부 (Außerhalb US-Kaserne)	라인란트-팔츠 (RP)
헤르메스카일 주둔군 행정관리 서비스건물 (StOV-Dienstgebäudc Hermeskeil)	헤르메스카일 (Hermeskeil)	구젠부르거 슈트라세 4 (Gusenburger Str. 4)	라인란트-팔츠 (RP)
헤르메스카일 병영 (Kaserne Hermeskeil)	헤르메스카일 (Hermeskeil)	트리어러 슈트라세 200 (Trierer Str. 200)	라인란트-팔츠 (RP)
노이브뤼케 (Neubrücke)	호프슈테덴 바이어스바흐 (Hoppstädten-Weiersbach)	암 하셀트 (Am Hasselt)	라인란트-팔츠 (RP)
홀 병영 (Hohl-Kaserne)	이다르 오버슈타인 (Idar-Oberstein)	홀슈트라세 43 (Hohlstr. 43)	라인란트-팔츠 (RP)
콜레라거(석탄야적지) (Kohlelager)	란다우 인 데어 팔츠 (Landau in der Pfalz)	오이칭거 슈트라세 50 (Eutzinger Str. 50)	라인란트-팔츠 (RP)
베스터발트 병영 (Westerwald Kaserne)	몬타바우르 (Montabaur)	코블렌처 슈트라세 27 (Koblenzer Str. 27)	라인란트-팔츠 (RP)
구 동원군지원기지 (Ehem. MobStP)	뉜슈바일러 (Nünschweiler)	암 데어 베 10 (An der B 10)	라인란트-팔츠 (RP)
후스터회에 산업단지 (Gewerbepark Husterhöhe)	피르마젠스 (Pirmasens)	텍사스 아베뉘 5 (Texas Avenue 5)	라인란트-팔츠 (RP)
무명 (ohne Namen)	라인뵐렌 (Rheinböllen)	암 피슐러바흐 (Am Fischlerbach)	라인란트-팔츠 (RP)
무명 (ohne Namen)	자르부르크 (Saarburg)	사달러 슈트라세 1 (Schadaller Str. 1)	라인란트-팔츠 (RP)
무명 (ohne Namen)	자르부르크 (Saarburg)	이르셔 슈투라세 (Irscher Straße)	라인란트-팔츠 (RP)
무명 (ohne Namen)	자르부르크 (Saarburg)	클로스터슈트라세 50 (Klosterstr. 50)	라인란트-팔츠 (RP)
비행장 (Flugplatz)	젬바흐 (Sembach)	윌리엄스 로드 (Williams Road)	라인란트-팔츠 (RP)

구 몬트 로열 병영 (Ehem. Kaserne Mont Royal)	트라벤 트라바흐 (Traben-Trarbach)	위브 덴 바인베르겐 (Über den Weinbergen)	라인란트-팔츠 (RP)
프랑스 학교 (Frz. Schule)	트리어 (Trier)	루이 파스퇴르 슈트라세 12 (Louis-Pasteur-Str. 12)	라인란트-팔츠 (RP)
넬스 렌첸 창고 (Nell's Ländchen Lager)	트리어 (Trier)	메테르니히슈트라세 35 (Metternichstr. 35)	라인란트-팔츠 (RP)
카스텔노 병영 (Kaserne Castelnau)	트리어 (Trier)	펠링거 슈트라세 121 (Pellinger Str. 121)	라인란트-팔츠 (RP)
벨러 병영 (Wäller-Kaserne)	베스터부르크 (Westerburg)	랑겐하너 슈트라세 36 (Langenhahner Str. 36)	라인란트-팔츠 (RP)
동원군 지원기지 (MOB-StPkt)	보름스 (Worms)	라이젤하이머 슈트라세 37 (Leiselheimer Str. 37)	라인란트-팔츠 (RP)
홈부르크 장비창 (Gerätehauptdepot Homburg)	홈부르크 (Homburg)	암 준더바움 (Am Zunderbaum)	자르란트 (SL)
주둔군 행정관리부대 (StOV)	장크트 벤델 (St. Wendel)	톨레이어 슈트라세 / 하르슈베르거 호프 (Tholeyer Straße / Harschberger Hof)	자르란트 (SL)
무명 (ohne Namen)	드레스덴 (Dresden)	니케르너 벡 (Nickerner Weg)	작센 (SN)
병영 (Kaserne)	라이프치히 (Leipzig)	막스 리버만 슈트라세 36b 및 36c (Max-Liebermann-Str, 36b und 36c)	작센 (SN)
병영 (Kaserne)	마리엔베르크 (Marienberg)	퇴퍼슈트라세 3b (Töpferstraße 3b)	작센 (SN)
주둔지 (Garnison)	바른부르크(잘레) (Bernburg (Saale))	일베르슈테터 슈투라세 / 칸츨러슈투라세 (Ilberstedter Straße / Kanzlerstraße)	작센-안할트 (ST)

무명 (ohne Namen)	비터펠트 볼펜 (Bitterfeld-Wolfen)	로이데너 슈트라세 / 암 뮐펠트 22 (Reudener Straße / Am Mühlfeld 22)	작센-안할트 (ST)
도로테아 폰 에르크슬레벤 박사 병영 (Dr.-Dorothea- von-Erxleben- Kaserne)	할레(잘레) (Halle (Saale))	노르트슈트라세 66 (Nordstr. 66)	작센-안할트 (ST)
구 쾨텐 비행장 (Ehem. Flugplatz Köthen)	쾨텐(안할트) (Köthen (Anhalt))	에더리처 슈트라세 (Edderitzer Straße)	작센-안할트 (ST)
구 콜레라거(석탄야적지) (Ehem. Kohlelager)	슈텐달 (Stendal)	고텐슈트라세 / 작센슈트라세 (Gotenstraße / Sachsenstraße)	작센-안할트 (ST)
구 푸시킨 병영 (Ehem. Puschkinkaserne)	슈텐달 (Stendal)	뫼링거 벡 10 / 12 (Möringer Weg 10 / 12)	작센-안할트 (ST)
무명 (ohne Namen)	자이츠 (Zeitz)	프리덴슈트라세 80 (Friedensstr. 80)	작센-안할트 (ST)
무명 (ohne Namen)	바트 제게베르크 (Bad Segeberg)	브람슈테더 란트슈트라세 (Bramstedter Landstraße)	슐레스비히-홀슈타인 (SH)
탄약창고 (MunDepot)	엥에 잔데 (Enge-Sande)	레커 슈트라세 (Lecker Straße)	슐레스비히-홀슈타인 (SH)
발더제 병영 + 훙거리거 볼프 비행장 (Waldersee Kaserne + Flugplatz Hungriger Wolf)	호엔로크슈테트 (Hohenlockstedt)	토버슈트라세 / 헤레플리거슈트라세 (Towerstraße / Heerefliegerstraße)	슐레스비히-홀슈타인 (SH)
카펠른 해군사관학교 (MWS Kappeln)	카펠른(슐라이) (Kappeln (Schlei))	바바라슈트라세 (Barbarastraße)	슐레스비히-홀슈타인 (SH)
구 군지휘부 (Ehem. Wehrbereichs- Commando)	킬 (Kiel)	니만스벡 (Niemannsweg)	슐레스비히-홀슈타인 (SH)

무명 (ohne Namen)	클라인 비텐제 (Klein Wittensee)	슈트란트벡 1-5 (Strandweg 1-5)	슐레스비히-홀슈타인 (SH)
장교 해변회관 (Offiziers- Strandhäuser)	리스트(질트) (List (Sylt))		슐레스비히-홀슈타인 (SH)
구 해군 군수학교 (Ehem. Marine- versorgungsschule)	리스트(질트) (List (Sylt))	토마스플라츠 1 / 리스트란트슈트라세 (Thomasplatz 1 / Listlandstraße)	슐레스비히-홀슈타인 (SH)
구 쉴 병영 (Ehem. Schill Kaserne)	뤼첸부르크 (Lütjenburg)	킬러 슈트라세 (Kieler Straße)	슐레스비히-홀슈타인 (SH)
무명 (ohne Namen)	묄른 (Mölln)	힌덴부르크슈트라세 (Hindenburgstraße)	슐레스비히-홀슈타인 (SH)
구 군피복보급담당처 (Ehem. Bekleidungsamt)	노이뮌스터 (Neumünster)	막스 에이트 슈트라세 (Max-Eyth-Straße)	슐레스비히-홀슈타인 (SH)
숄츠 병영 (Scholtz-Kaserne)	노이뮌스터 (Neumünster)	하르트 148 (Haart 148)	슐레스비히-홀슈타인 (SH)
구 군피복보관창고 (Ehem. Bekleidungskammer)	노이뮌스터 (Neumünster)	메멜란트슈트라세 (Memellandstraße)	슐레스비히-홀슈타인 (SH)
구 에거슈테트 병영 (Ehem. Eggerstedt- Kaserne)	핀네베르크 (Pinneberg)	에거스테터 슈트라세 (Eggerstedter Straße)	슐레스비히-홀슈타인 (SH)
구 슈미트 상사 병영 (Ehem. Feldwebel- Schmid-Kaserne)	렌스부르크 (Rendsburg)	슐레스비거 소세 91 (Schleswiger Chaussee 91)	슐레스비히-홀슈타인 (SH)
구 국경수비대 물건 (Ehem. Grenztruppenobjekt)	비르켄휘겔 (Birkenhügel)	발트슈트라세 (Waldstraße)	튀링겐 (TH)
구 슈타이거 병영 (Ehem. Steigerkaserne)	에어푸르트 (Erfurt)	암 탄넨벨트헨 44 (Am Tannenwäldchen 44)	튀링겐 (TH)
구 국경수비대 물건 (Ehem. Grenztruppenobjekt)	위첸바흐 (Jützenbach)	하우프트슈트라세 1 (Hauptstraße 1)	튀링겐 (TH)

무명 (ohne Namen)	라이나탈 (Leinatal)	암 데어 베 88 / 암 파크 (An der B 88 / Am Park)	튀링겐 (TH)
무명 (ohne Namen)	뮐하우젠 (Mühlhausen)	벤데베어슈트라세 124 (Wendewehrstraße 124)	튀링겐 (TH)
구 수류탄 중대 (Ehem. Grenkompanie)	슈트라우프하인 (Straufhain)		튀링겐 (TH)

일부 부동산의 명칭과 주소는 공개된 출처에서 필자가 조사, 변경 또는 보완하였다. 목적은 SAP의 원래 명칭과 비교하여 부동산의 위치를 보다 잘 찾을 수 있도록 하는 것이었다.

239. 명칭은 대부분 연방부동산업무공사의 목록에서 가져온 것이다.

240. BB(브란덴부르크), BE(베를린), BW(바덴-뷔르템베르크), BY(바이에른), HB(브레멘), HE(헤센), MV(메클렌부르크-포어포메른), NI(니더작센), NRW(노르트라인-베스트팔렌), RP(라인란트-팔츠), SH(슐레스비히-홀슈타인), SL (자를란트), SN(작센), ST(작센-안할트), TH(튀링겐)

부록 2. 전문가 인터뷰를 위한 설문지

1. 일반 문항

a. 자치단체가 최종적으로 시행되고 있는 개발 계획에 얼마나 영향을 미친다고 평가하십니까? 개발 프로젝트가 자치단체의 의지에 몇 퍼센트 부응하는지를 백분율로 기입해 주십시오. 소유자 및 투자자 0퍼센트 → 자치단체 100퍼센트

0%				50%				100%

b. 귀하의 관점에서 살펴볼 때, 건축 가능한 공공 수요 용지의 가격은 어느 정도입니까?(비교 기준지가의 퍼센트로)

c. 수치상으로 표현할 수 없지만, 자치단체가 군 전환용지 또는 유휴지를 매입하여 개발한 사례를 얼마나 많이 알고 계십니까?(연성적 요인과 장래 세수는 고려하지 않음)

d. 지가가 상승함에 따라 개발비가 상승합니까?(예를 들어, 인프라의 개선 또는 높은 후속 비용 때문에)

e. 기념물로 보호받는 토지의 경우, 지가에 대한 할인을 적용합니까?

□ 아니오 / □ 네, 기타 이유 서술:

f. 4년 이상의 프로젝트 개발에서 모든 토지가 매각될 때까지 기준지가와 산출된 매각 가격은 어떻게 다를 수 있습니까?(%로)

2. 계산

모든 부동산 전문가는 자기 경험을 바탕으로 건축부지 개발에 대한 추정값을 가지고 있습니다. 이 연구에서 필자는 거의 300여 건의 군 전환 토지의 개발비

를 조사하였습니다. 필자는 이 결과를 전문가의 추정값과 비교해 보고자 하였습니다. 응답한 정보는 당연히 기밀로 유지되며, 희망하는 경우 암호화하여 보관하게 될 것입니다.

부록에 토지의 예시로서 주민이 20만 명인 도시의 도시 구조에 있는 병영을 찾아볼 수 있습니다. 부록에서도 이에 대한 자세한 데이터를 찾아볼 수 있습니다. 다음 질문은 이 토지와 관련이 있습니다. 가능한 많은 값을 입력해 주시길 바랍니다.

a. 직감에 근거하여 부록에 있는 병영을 상업용 건축부지로 개발하는 데(건물의 철거와 함께) 어느 정도 비용이 들 것으로 추정하십니까?

토지 € /m²(제곱미터당 유로)	순 건축부지 € /m²(제곱미터당 유로)
유로	유로

b. 직감에 근거하여 부록에 있는 병영을 건축 준비가 완료된 택지로 개발하는 데 어느 정도 비용이 들 것으로 추정하십니까?

토지 € /m²(제곱미터당 유로)	순 건축부지 € /m²(제곱미터당 유로)
유로	유로

c. 이 경우에 완전한 철거[241]를 위해 어느 정도 비용이 들 것으로 추정하십니까?(토양 오염 구역을 폐기 처리하지 않음)

토지 € /m²(제곱미터당 유로)	순 건축부지 € /m²(제곱미터당 유로)	연면적BGF € /m³(세제곱미터당 유로)
유로	유로	유로

d. 이 경우에 내부 인프라의 조성 공사[242]를 위해 어느 정도 비용이 들 것으로 추정하십니까?(b 사례에서 제시하는 비용 25퍼센트인 경우)

토지 € /m²(제곱미터당 유로)	순 건축부지 € /m²(제곱미터당 유로)	교통용지 € /m²(제곱미터당 유로)
유로	유로	유로

e. 위험 및 이윤에 대한 귀하의 포지션은 어떻습니까?

수익의 %	자기 자본의 %	매매 가격의 %	기타
%	%	%	....

3. 진술

원하신다면, 여기서 군사시설 반환부지의 전환 또는 유휴지 개발이라는 주제에 관해 진술할 수 있습니다. 필자는 이 진술을 경우에 따라 연구에서 기명 인용문으로 사용할 수 있습니다.

연구의 제2부에서 답변은 종합 정리하여 인용됩니다. 본인은 답변의 학술적 이용과 논문 및 필자 펠릭스 놀테Felix Nolte의 모든 후속 출판물에서의 성명의 언급에 동의합니다. 제3자에게는 전달되지 않습니다.

설문지의 첨부

200,000명의 주민이 있는 도시의 도시 구조 속의 병영

현황	계획
토지 8.5ha 50%의 교통용지 반환된 순 토지면적 30,000㎡ 8개의 병사 블록(3층, 30년) 4개의 집회장(60년대)	50%의 용적률 0.4; 건폐율 1.0 50%의 용적률 0.8; 건폐율 2.4 26채의 단독주택, 나머지는 사무실 건물 단독주택 기준지가 300€ /㎡ (기반시설 설치 부담 제외) 상업용지 기준지가 80€ /㎡

---

241. 철거=개봉을 포함한 부지의 정리 정돈. 건물의 후속 이용이 없음

242. 기반시설 설치 시설물의 조성 공사=(토양 오염 구역, 토양, 전쟁 무기 등의) 폐기 처리 비용이 없는 토공사, 하지만 각종 재설치는 포함함. 도로, 관로, 녹지 그리고 하수(분리 시스템)의 건설. (건축) 면적의 약 25퍼센트. 기초자치단체에 토지 양도의 비용이 없음

부록 3. 표

현장 답사

표 54. 필자가 답사한 군 전환용지

도시, 부동산	유형, 시기	현장답사 시 상태
빌레펠트, 카테릭 병영 (Bielefeld, Catterick Barracks)	병영, 영국 주둔군사령부 1930년대 (Kaserne, HQ BFG, 1930er)	운영 중 (in Betrieb)
빌레펠트, 라벤스베르거 병영 (Bielefeld, Ravensberger Kaserne)	참모부 병영, 1930년대 (Stabs-Kaserne, 1930er)	사무실 및 사회서비스 (Büros und soziale Dienste)
빌레펠트, 공군피복청 앞의 리치먼드 병영 (Bielefeld, Richmond Barracks, davor Luftwaffenbekleidungsamt)	병영, 1930년대 (Kaserne, 1930er)	현재 렝크베르크 및 연방이주 및 난민청 (heute Lenkwerk und BAMF)
뷘데, 구 소련 군사고문단 (Bünde, ehem. sowj. Militärmission)	주거단지, 1950년대 (Wohnsiedlung, 1950er)	비어 있음 (leer)
다름슈타트, 캉브레 프리츠 병영 (Darmstadt, Cambrai-Fritsch-Kaserne)	병영, 1938 (Kaserne, 1938)	비어 있음 (leer)
다름슈타트, 링컨 주거단지 (Darmstadt, Lincoln Housing-Area)	주거단지 (Wohnsiedlung)	개발 중 (in Entwicklung)
데트몰트, 연방군 병원 (Detmold, Bundeswehrkrankenhaus)	1930년대	비어 있음 (leer)
데트몰트, 에밀리엔 병영 (Detmold, Emilien-Kaserne)	1904~1934년	대학 (Universität)
데트몰트, 호바트 병영 (Detmold, Hobart Barracks)	1930년	부분 개발 (teilweise entwickelt)
디프홀츠, 비행기지 (Diepholz, Fliegerhorst)	1936년	시민 공동사용 (zivile Mitnutzung)

에센, 구스타프 하이네만 병영 (Essen, Gustav- Heinemann-Kaserne)	1936년	메디온 주식회사 (Medion AG)
귀터슬로, 마세르그 병영 (Gütersloh, Masergh Barracks)	1930년대	운영 중 (in Betrieb)
귀터슬로, 프린세스 로열 병사 (Gütersloh, Princess Royal Barracks)	비행장, 1930년대 (Flugplatz, 1930er)	2016년 이후 비어 있음 (leer seit 2016)
귀터슬로, 파르세발 및 토마스 만 슈트라세 주거단지 (Gütersloh, Siedlungen Parseval-und Thomas- Mann-Straße)	주거단지, 1950년대 (Wohnsiedlung, 1950er)	주거지 (Bewohnt)
함, 파라켈수스 병영 (Hamm, Paracelsuskaserne)	1935년	대학, 주거지 (Hochschule, Wohnen)
헤머, 블뤼허 병영 (Hemer, Blücher-Kaserne)	기갑부대 병영, 1939년 (Panzerkaserne, 1939)	이용 전환 (Umgenutzt)
헤르포트, 함머스미스 병영 (Herford, Hammersmith Barracks)	기갑부대 병영, 1930년대 (Panzerkaserne, 1930er)	비어 있음 (leer)
헤르포트, 아들러 및 비르켄슈트라세 주거단지 (Herford, Siedlungen Adler- und Birkenstraße)	주거단지, 1950년대 (Wohnsiedlung, 1950er)	부분적으로 주거지로 이용 (teilweise bewohnt)
헤르포트, 웬트워스 병영 (Herford, Wentworth Barracks)	보병 병영, 1930년대 (Infanterie-Kaserne, 1930er)	비어 있음 (leer)
홀츠비케데, 엠셔 병영 (Holzwickede, Emscher- Kaserne)	병영, 1950년대 (Kaserne, 1950er Jahre)	비어 있음 (leer)
리프슈타트, 리퍼란트 병영 (Lippstadt, Lipperlandkaserne)	1930년대	주거지로 개발 중 (in Entwicklung zu Wohngebiet)
뤼네부르크, 슐리펜 병영 (Lüneburg, Schlieffen Kaserne)	1930년대	주거지로 개발 중 *in Entwicklung zu Wohngebiet)

뤼네부르크, 샤른호스트 병영 (Lüneburg, Scharnhost Kaserne)	1930년대	로이파나 대학 *Leuphana Universität)
민덴, 장크트 조지 병영 (Minden, St. Georges-Kaserne)	1930년대	산업단지로 이용 전환 (umgenutzt in Gewerbebebiet)
뮌스(베스트팔렌), 불러 스윈턴 워털루 병영 (Münster (Westf,), Buller-Swinton-Waterloo-Kaserne)	1930년대	로덴하이네 산업단지 (Gewerbepark Loddenheide)
뮌스터(베스트팔렌), 옥스퍼드 병영 (Münster (Westf,), Oxford-Kaserne)	1936년	비어 있음 (leer)
뮌스터(베스트팔렌), 포츠머스 병영 (Münster (Westf,), Portsmouth-Kaserne)	1930년대	주거지 및 신규 건축 (Wohnen im Bestand und Neubau)
뮌스터(베스트팔렌), 리히트호펜 병영 (Münster (Westf,), Richthofen-Kaserne)	1930년대	운영 중(연방부동산업무공사 및 공군) (in Betrieb (BImA und Luftwaffe))
뮌스터(베스트팔렌), 폰 아이넴 병영 (Münster (Westf,), Von-Einem-Kaserne)	독일제국, 1901년 (Kaiserreich, 1901)	1998년 이후 대학 (seit 1998 Universität)
뮌스터(베스트팔렌), 윈터본 병영 (Münster (Westf,), Winterbourne-Kaserne)	구 슈파이허슈타트(창고도시), 1939년 (ehem. Speicherstadt, 1939)	사무실 (Buros)
뮌스터(베스트팔렌), 요크 병영 (Münster (Westf,), York-Kaserne)	1937년	비어 있음 (leer)
오스나브뤼크, 퀘벡 병영 (Osnabruck, Quebec Barracks)	1937년, 구 모로수용소 (1937, ehem. Gefangenenlager)	예비군 구역으로 개발 중 (in Entwicklung zum Landwehrviertel)

파더보른, 알란브루크 병영 (Paderborn, Alanbrooke Barracks)	기갑부대 병영, 1910~1960년 (Panzerkaserne, 1910~1960)	운영 및 비어 있음 (sowohl in Betrieb als auch leer)
파더보른, 바커 병영 (Paderborn, Barker Barracks)	1930년대	운영 중 (in Betrieb)
파더보른, 젠네 (Paderborn, Senne)	군 훈련장 (Truppenübungsplatz)	운영 중 (in Betrieb)
지겐, 방공호 (Siegen, Luftschutzbunker)	1940년대	비어 있음 (leer)
죄스트, 장교포로수용소 VI A 앞의 구 벨기에 벰 아담 대령 병영 (Soest, ehem. belgische Colonell-Bem-Adam-Kaserne, davor Oflag VI A)	1930년대	1994년 이후 비어 있음 (seit 1994 leer)
죄스트, 블라이도른 병영 앞의 구 벨기에 카날(운하) 반 베셈 병영 (Soest, ehem. belgische Kanaal-Van-Wessem-Kaserne, davor Bleidorn-Kaserne)	1938년	1994년 이후 비어 있으며, 부분 임대 (seit 1994 leer, teilweise vermietet)
죄스트, 룸베케 병영 (Soest, Rumbeke-Kaserne)	1930년대	전문대학 (Fachhochschule)
죄스트, 메처 병영 앞의 슈텐스트라에테 병영 (Soest, Steenstraete-Kaserne, davor Metzer Kaserne)	1930년대	현재 단독주택지구 (heute EFH Wohngebiet)

주州 평균과 비교한 기준지가

표 55. 2016년 이 연구에서 다룬 군 부동산의 연방 주별 평균 지가(n=285)

2016년 기준지가	위치		
연방주	외부 위치	내부 위치	평균
바덴-뷔르템베르크	83€	307€	176€
바이에른	173€	328€	283€
베를린	240€	400€	360€
브란덴부르크	21€	52€	41€
브레멘	–	55€	55€
헤센	35€	180€	139€
메클렌부르크-포어포메른	11€	157€	73€
니더작센	68€	112€	101€
노르트라인-베스트팔렌	90€	205€	184€
라인란트-팔츠	36€	69€	52€
자르란트	27€	–	27€
작센	–	152€	152€
작센-안할트	15€	54€	36€
슐레스비히-홀슈타인	160€	236€	190€
튀링겐	20€	29€	23€
전체 결과	77€	184€	143€

특수 건물에 관한 결과(토지 면적의 공제 없음)

표 56. 행정 관리 특수 건물의 건축비(토지 면적의 공제 없음)(n=47, X=특정하기 어려움)

토지 양도의 영향	건수	순 건축부지의 개발비	토지 양도가 없는 건축비	토지 양도가 있는 건축비
특수 건물	22	78€	36€	11€
내부 위치	18	73€	9€	13€
상업용지	7	35€	53€	-3€
고가용지	11	97€	42€	23€
외부 위치	4	102€	19€	3€
상업용지	2	X€	66€	16€
고가용지	2	X€	37€	-10€
행정 관리 및 서비스 건물	25	51€	26€	16€
내부 위치	13	55€	14€	9€
상업용지	5	35€	34€	3€
고가용지	8	68€	33€	12€
외부 위치	12	46€	19€	25€
상업용지	7	23€	53€	6€
고가용지	5	78€	14€	37€
비교: 모든 유형	272	68€	51€	40€

표 57. 규모의 군집 및 병영(부의 건축비 제외)(n=129)

병영 (부의 건축비 제외)	상업용지		고가용지		합계	
	기준지가 대비 건축비	기준지가 대비 매매 가격	기준지가 대비 건축비	기준지가 대비 매매 가격	기준지가 대비 건축비	기준지가 대비 매매 가격
외부 위치	19€	19%	136€	12%	53€	17%
1~2ha	11€	26%	57€	20%	34€	23%
2~4ha	11€	26%	157€	12%	84€	19%
4~6ha	43€	8%	–	–	43€	8%
6~8ha	26€	15%	138€	4%	63€	12%
8~10ha	4€	36%	–	–	4€	36%
10~15ha	13€	19%	188€	12%	79€	16%
15~25ha	20€	17%	246€	8%	45€	16%
25~35ha	11€	23%	–	–	11€	23%
35~50ha	23€	13%	94€	3%	41€	10%
50ha 이상	22€	13%	92€	1%	57€	7%
내부 위치	46€	19%	104€	17%	82€	18%
0~1ha	–	–	20€	41%	20€	41%
1~2ha	35€	30%	115€	21%	91€	24%
2~4ha	55€	21%	90€	25%	73€	23%
4~6ha	38€	20%	102€	19%	81€	20%
6~8ha	42€	25%	65€	13%	53€	19%
8~10ha	22€	11%	111€	9%	81€	10%
10~15ha	90€	5%	124€	15%	112€	12%
15~25ha	57€	3%	111€	9%	99€	8%
25~35ha	17€	17%	58€	26%	27€	20%
35~50ha	22€	27%	93€	6%	57€	17%
50ha 이상	24€	11%	207€	6%	146€	8%
전체 결과	34€	19%	109€	16%	73€	17%
이전	15€	39%	91€	22%	49€	31%

책을 옮기며

이 책은 「세계 국·공유지를 보다」 시리즈의 일환으로 기획된 번역서로, 독일의 군사시설 반환부지의 주거 및 상업 용지로의 전환 개발과 관련한 비용을 분석한 것입니다.

독일에서는 지난 1990년 독일 재통일 이후 과거 독일에 주둔한 외국군이 단계적으로 철수하고 구동독군의 독일 연방군으로의 흡수 및 국제 정세의 변화에 따른 연방군의 감축으로 인해 막대한 군사시설 반환부지가 발생하였으며, 그 후 이를 순차적으로 자치단체의 공공 용지와 민간의 주거 및 상업 용지 등으로 전환 개발을 추진해 오고 있습니다. 독일의 군사시설 반환부지는 모두 연방 국유지로, 국가의 모든 부동산 자산을 관리 경영하는 연방부동산업무공사 BimA가 국가적 필요가 더 이상 없는 경우, 대부분의 군사시설 반환부지를 기본적으로 자치단체나 민간에 매각하고 있습니다. 이에 따라 군사시설 반환부지를 공공 및 민간 용지로 전환 개발할 때, 군사시설 반환부지의 적정한 매매 가격이 얼마인지 그리고 이러한 전환 개발 프로젝트의 개발 비용은 어느 정도로 산정할 수 있는지를 파악하는 것이 중요한 문제로 제기되었습니다. 이에 이 책은 독일 연방부동산업무공사가 2010년에서 2016년 사이에 수행한 2,000여 건에 이르는 군 반환 토지 및 부동산의 매각 사례를 바탕으로 하여 군 전환용지의 매매 가격을 연역적으로 산정하고, 아울러 프로젝트 개발 비용을 체계적으로 분석하고 있습니다.

이 책은 독일 군사시설 반환부지의 발생 및 전환 개발 상황은 물론이고 전환 개발에 영향을 미치는 다양한 도시 개발 계획적 수단과 요인 그리고 전환 개발 군사시설 반환부지의 가치평가 등을 종합적으로 살펴보고 있습니다. 책의 저자인 펠릭스 놀테Fleix Nolte는 독일 연방부동산업무공사의 매각부서장으로 군 유휴지를 포함한 각종 국유지의 매각을 담당하고 있으며, 이와 관련한 다양한 실무 경험이 이 책에 담겨 있습니다.

이 책은 독일 군 유휴지의 전환 개발의 방향과 활용 사례를 소개하고 있어 우리의 상황에 직접 적용하기에 어려운 점도 있으나, 우리의 군사시설 반환부지의 전환 개발 과정과 활용 방향에 고려할 점을 제시하고 있다고 생각됩니다. 군사시설 반환부지의 전환 개발에 관심이 있는 자치단체의 실무자와 프로젝트 개발자에게 적잖은 도움을 줄 것입니다.

끝으로 「세계 국·공유지를 보다」 시리즈의 일환으로 독일의 군사시설 반환부지 전환 개발에 관한 이 책을 우리말로 번역할 수 있는 귀중한 기회를 주신 국토연구원 국·공유지연구센터의 관계자분들께 깊은 감사를 드립니다.

옮긴이 안영진